# DESCRIPTION

DES OPÉRATIONS FAITES EN ANGLETERRE POUR
DÉTERMINER LES POSITIONS RESPECTIVES

DES

## OBSERVATOIRES DE GREENWICH
## ET DE PARIS.

# DESCRIPTION

## DES OPÉRATIONS FAITES EN ANGLETERRE POUR DÉTERMINER LES POSITIONS RESPECTIVES

### DES

## OBSERVATOIRES DE GREENWICH ET DE PARIS;

Contenant les détails les plus circonstanciés sur les instruments qu'on a employés, les méthodes de travail qu'on a suivies, les résultats des observations et des mesures, etc. :

Traduite de l'anglais par R. PRONY, INGÉNIEUR EN CHEF DES PONTS ET CHAUSSÉES.

## A PARIS,

RUE DE THIONVILLE, N°. 116,

Chez Firmin Didot, Libraire pour le Génie, l'Architecture et les Mathématiques; Graveur et Fondeur de caracteres.

De l'imprimerie de Didot fils aîné, rue Pavée Saint-André.

1791.

# AVERTISSEMENT
## DU TRADUCTEUR.

L'ouvrage dont je publie la traduction est composé de trois mémoires, et d'un supplément au troisieme. Le premier mémoire, qui a paru séparément en 1787, contient la description de la mesure de la base de *Honslow-heat*, près de Londres, faite avec des tubes de verre de vingt pieds anglais de longueur : le second est un projet d'opérations trigonométriques, avec des considérations sur la figure de la terre, et des tables très étendues : le troisieme, qui est le plus considérable, offre le détail de toutes les opérations trigonométriques avec la mesure de la base de vérification.

Les instruments dont on s'est servi, et dont la construction est aussi ingénieuse que nouvelle, sont décrits avec une grande exactitude dans le discours, et représentés dans les planches très nettement et sur de grandes échelles. Je crois avoir rendu un service aux artistes en les leur faisant connoître.

La partie géodésique est traitée avec le même soin, et doit sur-tout exciter la curiosité à l'époque où l'on s'occupe en France d'une entreprise de même nature, mais beaucoup plus vaste, pour servir de base au nouveau systême des poids et mesures, fondé sur la longueur du méridien terrestre. L'histoire de l'esprit humain nous offre assez d'exemples de sa marche et de ses efforts dans les arts naissants ; ceux de la variété de ses ressources dans les arts qui touchent à leur perfection doivent être d'un intérêt plus piquant parcequ'ils sont moins communs. Des astronomes français sont occupés, en ce moment, à mesurer l'arc du méridien de Dunkerque à Barcelone. Lorsqu'ils auront publié les procédés qu'ils emploient pour cette grande et belle opération, il sera important de comparer ces procédés avec les plus perfectionnés de ceux qu'on a mis en usage jusqu'à présent; et j'ose assurer que la comparaison donnera un nouveau degré de confiance aux résultats du travail français. Si on considere en outre que l'arc depuis Dunkerque jusqu'au parallele de Greenwich formant le prolongement septentrional de celui de Barcelone à Dunkerque, l'histoire de l'une des mesures est intimement liée à celle de l'autre, on sentira qu'il étoit indispensable, sous tous les aspects, de faire connoître la premiere exécutée par nos voisins. L'amplitude totale est d'environ dix degrés. Et les Français auront la gloire d'avoir mesuré, pour leur part, plus des dix-neuf vingtiemes de la longueur totale.

Le principal auteur des mémoires est feu le major-général Roy, mort en 1790, qui étoit aussi chargé des opérations sur le terrain. Il a été secondé, dans l'une et l'autre espece de travail, par Isaac Dalby, ingénieur, à qui on doit divers détails théoriques insérés dans l'ouvrage, et le supplément publié après la mort du général.

Les recherches que contient le second mémoire sur la figure de la terre m'avoient engagé à m'occuper de cette question, et à faire une espece d'introduction où la matiere étoit traitée avec les détails qu'elle comporte, et où je considérois la forme du sphéroïde terrestre, tant d'après les lois de la pesanteur universelle que d'après les mesures géométriques, faites jusqu'à ce jour, de plusieurs arcs du méridien; mais lorsque mon travail a été fini, son étendue s'est trouvée excéder les bornes auxquelles j'aurois voulu le restreindre pour l'objet que j'avois en vue; et les occupations dont je suis surchargé ne me permettant pas de le refondre pour l'abréger, je me réserve de le publier dans un autre temps. Cependant j'ai cru devoir détacher de ce travail un résultat qui est de nature à piquer la curiosité d'un grand nombre de lecteurs, et qui n'a besoin d'aucune explication pour être parfaitement conçu; c'est le tableau de comparaison des degrés précédemment mesurés en France, tracé sur une planche jointe à celles de l'ouvrage anglais. Ce tableau fournit, pour corriger les irrégularités des mesures, un moyen graphique dont l'exactitude est très supérieure à celle que comportent les mesures elles-mêmes. Je me suis assuré par le calcul que, dans toutes les hypotheses qu'on peut raisonnablement faire sur la figure de la terre, le lieu géométrique des extrémités des degrés dans l'espace AB avoit si peu de courbure, que les différences secondes étoient absolument insensibles. D'après cela il s'agissoit de déterminer la position d'une ligne droite qui représentât la loi des différences premieres; et il m'a paru que la ligne AD remplissoit assez bien cette condition. Ainsi le 45ᵉ degré étant supposé de 57028 ou 57027 toises, la loi de l'augmentation vers le nord, ou de la diminution vers le midi, considérée dans une étendue de peu de degrés, est de 11 $\frac{3}{4}$ toises de différence entre deux degrés consécutifs. Si on adopte la longueur de 57027 toises pour le degré coupé en deux par le 45ᵉ parallele, cette loi donne 577012 toises pour l'arc du méridien partant de l'observatoire de Greenwich, et ayant du côté du midi une amplitude de 10° 6′ 55″, ce qui le termine à très peu près vers l'extrémité méridionale de l'arc qu'on mesure en France.

# ERRATA.

## PREMIER MÉMOIRE.

| PAGES. | LIGNES. | FAUTES. | CORRECTIONS. |
|---|---|---|---|
| 8, | 10, | Bansterd, | Bansted. |
| 11, | 31, | l'autre, | cette. |
| 27, | 8. | 2 pouces, | 2 pieds. |
| Idem, | 23, | intérieur, | intérieur. |
| 29, | 4, | inspecter, | lever. |
| 32, | 16, | déterminés, | déterminée. |
| Idem, | 6 de la note, | DB la différence, | DB sera la différence. |
| 35, | 31, | le 19, | le 15, |
| 36, | 1, | Hampton-Summer-House, | Hampton-Poor-House. |
| 38, | 7, | s'y trouverent, | s'y étoient trouvées. |
| 39, | 20, | fimes, | finimes. |
| 52, | 27, | verges. Avant que la coïncidence ait lieu, | verges, avant que la coïncidence ait lieu. |
| 54, | 16, | se, | le. |
| 56, | 1, | pour servir à la quatrieme mesure, | en répétant quatre fois cette longueur. |
| 59, | 4, | par, | pour. |
| 61, | dans la note, substituez par-tout le signe + au signe × ; faites la même chose aux notes des pages 62 et 64 ; à cette derniere, au lieu de | 1370, perches en bois = 2740 pieds, | =27.400 pieds. |
| 73, | 11, | cinquante révolutions ; | cinquante-cinq révolutions. |
| 80, | 3, | à compter, du bas de la page, en plus ou en moins, | plutôt en plus qu'en moins. |

## SECOND MÉMOIRE.

| | | | |
|---|---|---|---|
| 5, | 22, | dans la même maniere, | de la même maniere. |
| 25, | 28, | de la courbe, | de la courbure. |
| Iᵉʳ tableau. | au bas des deux dernieres colonnes à droite, | 44375, 5 \| + 192,<br>38164, 0 \| | 44372, 0 \| + 17, 6<br>38162, 0 \| |

## TROISIEME MÉMOIRE.

| | | | |
|---|---|---|---|
| 42, | 18, | à la gauche, | à la droite. |
| 45, | 10, | à la droite, | à la gauche. |
| 47, | 30, | Folkstone-urnpike, | Folkstone-turnpike. |
| 76, | 13, | comme une, | commune. |
| 106, | 20 de la note, | des méridiens égale, | des méridiens comme égale. |
| 108, | 3, | réfraction, | réfraction. |
| 145, | 1, | un pour les côtés, | lieu pour les côtés. |

*Nota.* On observera de placer à la page 108 du troisieme Mémoire un tableau contenant une table des réfractions.

# DESCRIPTION

## DES MOYENS EMPLOYÉS

### POUR MESURER LA BASE

## DE HOUNSLOW-HEATH.

*Introduction.*

LA description exacte d'un pays est généralement regardée comme un travail d'une grande utilité publique : elle sert de base assurée à presque toutes les especes d'améliorations intérieures qu'on peut faire en temps de paix; elle fournit les meilleurs moyens de former de bons plans de défense contre les invasions de l'ennemi en temps de guerre; et c'est dans cette derniere circonstance que son importance se fait mieux sentir. Il arrive de là que si un pays n'est pas décrit, ou est peu connu, l'événement d'une guerre donne naissance aux premiers progrès de sa géographie. En effet, dans les différents mouvements des armées, sur-tout si le théâtre de la guerre est étendu, chaque officier trouve des occasions répétées de contribuer plus ou moins, suivant sa situation, à la perfection de cette géographie: toutes les observations étant ultérieurement recueillies, on publie une carte, plus parfaite que ce qu'on avoit précédemment, mais qui, étant encore défectueuse, fait voir la nécessité d'entreprendre un travail plus soigné, lorsque le temps et les circonstances peuvent le permettre.

L'origine et les progrès de la rebellion qui troubla les montagnes d'Écosse en 1745, et qui fut entièrement étouffée l'année suivante par son altesse royale feu le duc de Cumberland à la bataille de Culloden, démontrerent au gouvernement de quelle importance infinie il seroit pour l'état qu'un pays que la nature rend si inaccessible, fût reconnu et percé, en établissant des postes militaires dans son intérieur, et en ouvrant des routes de communication jusques à ses parties les plus reculées. Dans cette vue, on campa en 1747 un corps d'infanterie au fort Auguste, sous le commandement du feu lord Blakeney, pour lors major général : feu le lieutenant général Watson, mon respectable ami, pour lors lieutenant quartier maître général dans le nord de la Bretagne, fut employé dans ce camp. Cet officier, ingénieur actif et infatigable, zélé promoteur de toutes les entreprises utiles, ami ardent et inébranlable des sciences, conçut la premiere idée de faire une carte géographique des montagnes. Je fus chargé de commencer cette carte en qualité d'assistant quartier maître, et j'eus ensuite une très grande part à son exécution : elle fut entreprise sous les auspices du duc de Cumberland. On se proposoit d'abord de n'y comprendre que les montagnes, mais néanmoins on y comprit ensuite le pays plat; et ainsi elle renferma tout le continent de l'Écosse, les isles, à l'exception de quelques unes des plus petites qui étoient près des côtes, n'ayant pas été levées.

Quoique ce travail, qui est encore en manuscrit, et auquel on n'a pas mis la derniere main, ait un grand mérite, et réponde parfaitement à l'objet qu'on s'étoit d'abord proposé; cependant, ayant été exécuté avec des instruments d'une qualité commune ou même inférieure, et la somme annuellement destinée pour son exécution n'étant pas suffisante pour donner à un aussi grand projet toute la perfection possible, on doit plutôt le considérer comme une magnifique esquisse militaire, que comme une carte géographique fort exacte. Toutefois elle auroit été complétée, et plusieurs de ses imperfections corrigées, si la rupture occasionnée par la guerre de 1755 ne l'eût empêché, en fournissant un service d'une autre espece à ceux qu'on auroit pu employer à la perfection de la carte d'Écosse.

Lors de la conclusion de la paix de 1763, il entra d'abord dans les vues du gouvernement de faire une description géné-

rale de toute l'isle aux dépens de la nation. A l'égard de l'exécution de ce travail, dont la direction devoit m'être confiée, la
carte d'Écosse en auroit fait partie, en étendant les grands triangles jusqu'à l'extrémité la plus septentrionale de l'isle, et les
remplissant avec les détails tirés de la minute de cette carte.
Ainsi cet ouvrage imparfait auroit été complété, et la nation
auroit recueilli le fruit de tout ce qui avoit été fait jusqu'alors,
sans y ajouter une grande dépense.

On ne doit pas s'attendre que j'assigne les causes du long délai
qui a retardé l'exécution d'un projet si louable ; il me suffit de
dire qu'un espace de douze ans s'étant écoulé depuis qu'on en
avoit proposé l'idée sous le point de vue d'un travail qui ne
pouvoit être exécuté que dans le temps d'une profonde paix, et
n'y ayant eu rien de fait avant le commencement de la malheu-
reuse guerre d'Amérique, on sentit évidemment la nécessité
d'avoir encore une fois la paix avant de faire aucun nouvel effort pour cet objet. Cependant j'avois toujours l'espoir qu'un
travail qui me paroissoit mériter l'attention du public, seroit un
jour commencé, et ensuite, par une persévérance graduelle,
conduit à sa perfection. Plein de cette idée, dans les courses
qu'exigeoit mon service militaire et qui me donnoient le
moyen de connoître l'intérieur du pays, je ne manquois pas
d'observer, au moins d'une maniere générale, les situations qui
me paroissoient les plus propres à la mesure des bases nécessaires pour la formation des grands triangles, et pour l'enchaî-
nement de leurs différentes séries.

La paix de 1783 étant conclue, et mon service m'ayant retenu
dans la ville et aux environs pendant toute la durée de l'été, j'ai
profité de cette occasion, et mesuré, pour ma propre satisfaction particuliere, une base de 7744, 3 pieds à travers les champs,
qui sont entre Jews-Harps, près Marybone, et Black-Lane,
près Pancras. Cette base devoit servir de fondement à la suite
de triangles levés dans le même temps pour déterminer la situation relative des clochers et autres lieux les plus remarquables

dans la capitale et aux environs, tant pour leur position respective entre eux, qu'à l'égard de l'observatoire royal de Greenwich.

Le principal objet que j'eus en vue, indépendamment de ce que cela pouvoit servir à réveiller dans le public l'idée de faire revivre le projet presque oublié de 1763, fut de faciliter la comparaison des observations faites par des amateurs d'astronomie sur les limites de la carte projettée, nommément Richmond et Harrow à l'ouest, et Shooter's-Hill et Wansted à l'est; et pensant que le résultat de ces opérations trigonométriques pourroit être agréé par la société royale, je commençois à faire les calculs relatifs à cet objet, lorsque, sans m'y attendre, je découvris qu'il étoit question d'une opération de même nature, mais bien plus importante par son objet. Je sentis que cela suspendroit au moins pour le moment mes observations particulieres, et peut-être les rendroit toutes inutiles, à moins qu'on ne les regardât désormais comme des choses de pure curiosité, propres à faire connoître jusqu'à quel point des opérations faites sur une petite base et avec un petit instrument (un quart de cercle d'un pied de rayon) seroient conformes à celles faites sur une beaucoup plus grande base, les angles étant relevés avec un grand instrument, et le meilleur dont on pourroit faire usage dans les opérations mentionnées ci-après.

Au commencement d'octobre 1783, M. le comte d'Adhemar, ambassadeur de France, communiqua à M. Fox, pour lors un des principaux secrétaires d'état de sa majesté, un mémoire de M. de Cassini de Thury, dans lequel il expose le grand avantage qui résulteroit pour l'astronomie, si l'on faisoit une suite de triangles depuis le voisinage de Londres jusqu'à Douvres, pour les y lier avec ceux exécutés actuellement en France, et déterminer ainsi, plus exactement qu'on ne l'a fait jusqu'à présent, la situation respective des deux plus fameux observatoires d'Europe [1].

---

(1) Le mémoire de M. de Cassini, avec les remarques de cet astronome royal sur les

Le secrétaire d'état communiqua ce mémoire, par ordre de sa majesté, à sir Joseph Banks, digne et respectable président de la société royale. Ce savant voulut bien me le communiquer vers le milieu de novembre, et me proposa en même temps, de la part de la société, de me charger de l'exécution de cette opération. J'acceptai la proposition sans hésiter, étant assuré que bientôt après, par le canal du ministere, mon entreprise auroit la gracieuse approbation de sa majesté.

Ce généreux et bienfaisant monarque, dont les lumieres et l'amour pour les sciences se manifestent suffisamment par la protection constante qu'il leur accorde, et sous les auspices de qui on les voit fleurir chaque jour, accorda bientôt les fonds qui furent jugés nécessaires.

Nous avons à cœur de faire l'emploi des sommes qu'il donne si libéralement, avec toute l'économie que pourra comporter l'exécution la plus parfaite de l'opération, de maniere qu'elle se termine à l'honneur de la nation en général, et de la société royale en particulier.

L'opération dont nous allons rendre compte, étant la premiere de cette espece qui ait jamais été faite dans ce pays sur une aussi grande échelle, se divise assez naturellement en deux parties. La premiere est le choix et la mesure de la base, faite avec tout le soin et l'attention possible, comme servant de fondement à tout l'ouvrage. La seconde est la disposition des triangles par lesquels la base doit être liée avec les parties de la côte de l'isle qui sont les plus près de la côte de France, la détermination de leurs angles au moyen du meilleur instrument qu'on pourra se procurer pour cet objet, et qui fournira le résultat ou la conclusion. Nous n'avons à entretenir la société que de la premiere partie seulement, comme formant un objet suffisamment distinct par lui-même, et nous avons jugé plus à propos de faire voir

assertions qui y sont contenues relatives à l'incertitude de la situation respective des deux observatoires, sera donné dans la suite.

qu'on n'avoit point perdu de temps pour faire des progrès raisonnables, que d'en différer la description jusqu'à ce que toute l'opération fût entièrement finie.

### *Choix de la base.* ( PLANC. I. )

Hounslow-Heath ayant toujours paru une des situations les plus commodes pour tous les projets de la même espece qui ont été agités depuis peu, à cause de son voisinage, tant de la capitale que de l'observatoire royal de Greenwich, de sa grande étendue et du niveau surprenant de sa surface, sans aucun obstacle local quelconque qui puisse rendre la mesure difficile, étant pareillement situé très commodément pour toutes les opérations semblables que sa majesté pourroit ordonner à l'avenir, et qui s'étendroient de là en différentes directions jusqu'aux parties les plus reculées de l'isle, on proposa à M. Joseph Banks d'examiner sur le champ le local, afin de nous mettre en état d'asseoir un jugement sur la meilleure position de la ligne à mesurer.

Le 16 d'avril 1784 ayant été fixé de concert pour cet examen, et M. Cavendish, avec le docteur Blagden, accompagnant le président, nous commençâmes nos observations à la place appellée King's-Arbour, à l'extrémité nord-ouest des bruyeres, entre Cranford-Bridge et Long-Ford; et nous étant avancés de là à travers une petite gorge, formée par Hanworth-Park et Hanworth-Farm, nous nous arrêtâmes à Hampton Poor-House, près le côté de Bushy-Park, à l'extrémité sud-est des bruyeres, la distance totale étant de plus de 5 milles.

Cette inspection nous fit sentir que la premiere partie de l'opération pour faciliter la mesure devoit être aussitôt que la terre scroit assez seche pour permettre de tracer soigneusement la base, de nettoyer à travers les broussailles et les petites inégalités du terrain un sentier étroit, tout le long des bruyeres.

### *Premier tracé de la base, et nettoiement du terrain.* ( PLANC. I. )

Dans la vue de prendre les mesures les plus sûres pour l'exécution du travail, on jugea à propos de se servir de soldats au lieu des laboureurs du pays, pour tracer la base, nettoyer le terrain, et pour aider dans les opérations subséquentes; car, en même temps que c'étoit le moyen le plus économique, il parut évident que des soldats seroient plus attentifs aux ordres que des paysans, et que, campant sur les lieux, ils fourniroient les sentinelles nécessaires pour garder, sur-tout pendant la nuit, tout ce qui concernoit les opérations : il falloit en effet pourvoir soigneusement à ce qu'on n'y touchât pas pendant les interruptions qu'on faisoit au travail. En conséquence douze hommes d'infanterie, consistant en un sergent, un caporal et dix soldats, eurent ordre d'aller de Windsor à Hounslow-Heath, où ils camperent le 26 mai, tout près de Hanworth Summer-House, auquel lieu on avoit envoyé d'avance les tentes, équipages de camp, outils pour faire les retranchements, etc.

Quelle que puisse avoir été la direction particuliere donnée à la base considérée par ses extrémités, on voit aisément, à l'aspect du plan, qu'elle a dû être dirigée dans les bruyeres à travers la petite gorge formée par Hanworth-Park et Hanworth-Farm. La premiere attention à faire fut donc d'en conduire le tracé de maniere à éviter un étang ou terrain graveleux, toujours plein d'eau, qui est sur les lieux. On y parvint aisément, en dirigeant la ligne près d'Hanworth Summer-House. En pointant de là une lunette vers le sud-est, et laissant Hampton Poor-House un peu vers l'ouest ou vers la droite, il arriva par hasard que la ligne coïncidoit avec une fleche remarquable vue à la distance de onze ou douze milles, et que nous avons su depuis être l'église de Bansted. Cet objet étant le mieux situé et le plus apparent qu'on pût appercevoir, on dirigea sur lui la premiere section ou la section sud-est de la base comprise entre Summer-House et l'angle du petit champ joignant Hampton Poor-House; et les soldats furent mis à l'ouvrage le même jour pour défricher le tracé, ce qui fut fait sur deux à trois verges de largeur moyenne. Le travail fut continué pendant huit à dix jours, parceque la partie basse des bruyeres entre la riviere de Wolsey et Poor-House étoit encombrée de broussailles.

Lorsque le nettoiement de la premiere partie fut achevé, la seconde, comprise entre Summer-House et le grand chemin allant de Staine à Londres, fut tracée de la maniere suivante. Nous nous étions pourvus de deux tentes pyramidales, l'une de 25 et l'autre de 15 pieds de hauteur : on en plaça une à la station près Summer-House; on mit ensuite, de distance en distance, des signaux formant une seule ligne avec le pavillon et la fleche de Bansterd. La troisieme partie, comprise entre la route de Staine et King's-Arbour, fut tracée de la même maniere.

Ce premier tracé de la base fut fait par le moyen d'une lunette ordinaire, qu'on tenoit à la main, afin de ne perdre aucun temps lorsqu'on employoit les soldats à défricher le terrain qui devoit être mesuré; l'instrument des passages (qui m'appartient, et dont la préparation du support portatif a demandé quelque temps) n'étoit pas encore prêt à être employé, comme il l'a été ensuite, lorsqu'on a tracé la base plus exactement.

Le camp des soldats étoit encore à sa premiere position, savoir à l'angle de Hanworth-Park, ce lieu étant le plus commode pour la premiere et la seconde parties de la base; mais comme il étoit trop éloigné de la troisieme, afin qu'il n'y eût pas de temps perdu, et que les hommes ne se fatiguassent pas par des marches inutiles, la moitié de la troupe, sous le commandement du caporal, fut détachée vers le nord et logée dans les villages voisins, afin de défricher la troisieme partie, pendant que le sergent, avec le reste de la troupe, défrichoit la seconde. L'extrême humidité de la saison prolongea cette opération au-delà de ce qu'on avoit imaginé : elle ne fut entièrement finie qu'après la premiere semaine de juillet. Nous allons suspendre ces détails, pour donner la description des instruments dont on a fait usage subséquemment dans la premiere et la seconde mesures.

*Chaîne d'acier.* (PLANC. II.)

Un des premiers instruments que l'habile artiste, M. Ramsden,
eut ordre de préparer, fut une chaîne d'acier de cent pieds de
longueur, la meilleure qu'il pourroit faire. Nous n'étions pas dans
l'intention, et on ne peut pas le supposer, de nous en tenir au
résultat que cette chaîne nous donneroit pour la longueur de
la base : mais nous espérâmes qu'un instrument de cette sorte
pourroit être fait de maniere à mesurer les distances beaucoup
plus exactement qu'aucun autre de son espece fait jusqu'à présent, et nous regardâmes comme un objet de quelque conséquence de tâcher de simplifier et rendre aisée au possible la
mesure des bases à l'avenir; opération qui jusqu'à présent a toujours été trouvée fastidieuse et pénible, nous pouvons même
ajouter maintenant incertaine, lorsqu'elle a été faite avec des
perches ou mesures en bois, comme on s'en convaincra par la
description donnée ci-après.

La construction de la chaîne, qui est sur les principes de celle
d'une montre, sera, bien comprise par la figure de ses principales parties, représentée dans la planche II, où le premier
chaînon ou zéro est vu en plan et élévation, dans l'état où il a
d'abord été employé à mesurer la surface du terrain. Chaque
chaînon est composé de trois principales parties, savoir, une
longue bande, deux petites ayant moitié de l'épaisseur de la
premiere, avec des trous circulaires près des extrémités de chacune, et des chevilles d'acier fondu de la grosseur du diametre
des trous, pour servir à réunir et attacher les chaînons entre eux.
La surface intérieure des trous des petites plaques est rendue
âpre et raboteuse avec la lime, tellement que lorsqu'elles embrassent les extrémités des deux grandes bandes consécutives,
les chevilles passées dans ces trous y sont parfaitement serrées,
et comme unies aux petites plaques, tandis que les extrémités
embrassées des longues bandes tournent librement autour de
la cheville dans le milieu de sa longueur.

2

A chaque dixieme chaînon, l'articulation qu'on vient de décrire est posée à angle droit avec les articulations précédentes, c'est-à-dire que les petites plaques y sont posées horizontalement, les clous qui les traversent étant verticaux. Ces articulations, dont l'objet principal étoit de rendre la chaîne propre à être réduite dans un petit espace en repliant sur elle-même à chaque dixieme chaînon, ont aussi servi à adapter sur la surface horizontale qu'ils présentoient, de petites pieces circulaires en cuivre, sur lesquelles on a gravé les chiffres 1, 2, 3, etc. jusqu'à 9, marquant les parties décimales de la longueur totale. Ainsi l'articulation du milieu, qui séparoit le 50° chaînon du 51°, portoit le chiffre 5.

La chaîne, dans sa premiere construction (car nous en sommes à parler des changements qu'on y a faits ensuite), avoit cent pieds de longueur, y compris les deux mains ou anneaux extrêmes de cuivre; à l'extrémité de chaque main, étoient des trous demi-circulaires, de même diametre que les fiches ou petits piquets d'acier qu'on devoit planter successivement dans le terrain pour servir à compter le nombre des chaînes lorsqu'on mesureroit à la maniere ordinaire. Cette premiere maniere d'appliquer la chaîne fit bientôt connoître, comme nous aurons occasion de le dire après, combien sa construction étoit parfaite, et qu'avec quelques précautions elle pouvoit donner encore un plus grand degré de précision en la plaçant sur des supports ou sur des planches posées sur la surface de la terre, ou à une petite distance de cette surface. Pour cet effet, les deux chaînons extrêmes ont été changés et mis chacun à un pied de longueur, sans y comprendre les mains. On concevra aisément la nature de ce changement, en consultant la planc. II. Il consiste à visser au côté inférieur de la main, très près de l'articulation, deux pieces de cuivre portant un biseau, l'une marquant zéro, et l'autre cent pieds[1].

---

[1] Ces pieces, qui étoient d'abord de cuivre, ont depuis été faites en acier, parceque le tranchant ou biseau étant plus dur, court moins risque d'être endommagé.

Vers un trait tracé sur le biseau de la premiere, étoit suspendu un fil d'argent portant un perpendicule, et on pouvoit, au moyen d'un appareil très simple qu'on décrira dans la suite, l'amener à coïncider très exactement avec un point quelconque du commencement. A l'autre extrémité, on traçoit une ligne avec un canif, ou autre instrument tranchant, sur une plaque ou carte destinée à cet objet, qu'on changeoit lorsqu'il étoit nécessaire. On a pareillement fait usage, ce qui a même mieux rempli l'objet proposé, d'une ligne tracée sur une plaque mobile de cuivre, attachée sur le support ou planche qui soutenoit la chaîne, et qu'on faisoit coïncider avec le biseau sous lequel elle étoit tracée. L'extrémité des 100 pieds étoit, par ce moyen, promptement déterminée, et ainsi la mesure pouvoit être continuée avec grande exactitude jusqu'à une distance quelconque.

Si on veut faire servir la chaîne ainsi perfectionnée aux mesures ordinaires prises sur la surface de la terre, les pieces qu'on vient de décrire étant attachées avec des vis, on pourra aisément les ôter et en substituer d'autres exactement de même longueur, ayant des trous demi-circulaires (ils sont représentés dans la planche par des lignes ponctuées, tracées près de l'articulation de la main) pour recevoir les fiches dont on fait usage dans les mesures ordinaires.

Cette excellente chaîne paroît n'avoir souffert aucune extension sensible par l'usage qu'on en a fait jusqu'à présent. Elle est si exactement construite, que, lorsqu'on l'étend sur le terrain, comme dans l'usage ordinaire, les longues bandes d'acier étant placées verticalement ou sur le côté, si quelqu'un tenant un des bouts avec les deux mains donne une petite secousse, la commotion se communique en peu de secondes à l'autre bout, en faisant décrire à la chaîne une courbe ondulée, et la personne qui tient l'autre main ou anneau extrême reçoit une secousse subite par l'effet de la pesanteur du métal. Cette chaîne pese environ dix-huit livres; et quand elle est pliée, elle se renferme aisément dans une boîte de 14 pouces de long, 8 pouces de large, et autant de hauteur.

### *Perches de bois.*

Les bases qui ont été mesurées jusqu'à présent en différents pays, avec une grande apparence de soin et d'exactitude, l'ont été toutes ou en grande partie avec des perches de bois, d'une espece quelconque, dont la longueur avoit été d'abord déterminée par le moyen d'un étalon de métal, et, dans les usages qu'on en faisoit ensuite, corrigée par le même étalon. Ayant ainsi devant nous plusieurs exemples qui pouvoient nous guider dans notre choix, il étoit assez naturel que nous suivissions la même méthode dans l'opération à faire à Hounslow-Heath, prenant d'ailleurs tous les soins imaginables pour que nos perches fussent faites de la meilleure matiere qu'on pourroit se procurer, avec des précautions particulieres pour les rendre parfaitement inflexibles, circonstance à laquelle on n'avoit pas encore eu égard.

Comme on trouvoit quelque difficulté à se procurer un pin d'une longueur suffisante, parfaitement dégagé de nœuds et propre à notre objet, M. Joseph Banks s'attacha de bonne heure à demander du secours à l'amirauté; en conséquence, il obtint un ordre pour se faire fournir ce qui étoit nécessaire dans les chantiers de sa majesté à Deptford, où l'on coupa sur le champ un vieux mât de la Nouvelle-Angleterre, et un autre de bois de Riga.

Le sapin blanc de la Nouvelle-Angleterre est plus léger, moins sujet à se tourmenter, et plus sec, que le bois rouge de Riga. Mais le premier étant examiné plus soigneusement, fut trouvé trop endommagé par les coups de feu en quelques parties, et trop plein de nœuds dans d'autres pour remplir notre objet. Nous eûmes donc recours au bois de Riga, qui étoit vraiment très beau et très uni, et si parfaitement de droit fil, qu'on pouvoit en enlever une fibre et la détacher comme un fil presque d'un bout à l'autre.

On agita si l'on donneroit aux perches 25 ou 30 pieds de longueur, et on en fit une de la premiere dimension; mais ayant été trouvée trop lourde, on jugea à propos de se contenter de perches d'environ 20 pieds.

Il y eut différentes opinions sur la maniere d'employer les perches à la mesure : quelques uns prétendoient que le contact ou l'application bout-à-bout des perches devoit être préféré, tandis que d'autres, avec une plus grande apparence de raison, étoient d'avis d'ajuster les extrémités pour mesurer en faisant coïncider des lignes. La premiere méthode est, sans contredit, la plus expéditive : mais elle est sujette à un grand inconvénient, c'est que toutes les erreurs tombent dans le même sens ; au lieu que dans la seconde, quoique beaucoup plus fastidieuse, les erreurs provenant du défaut de coïncidence, ayant lieu tantôt dans un sens et tantôt dans l'autre, se compensent ou se détruisent mutuellement, et qu'ainsi il n'y a finalement aucune erreur.

Dans la vue de satisfaire les deux partis, et pour mettre, s'il étoit possible, la question hors de doute, on jugea à propos de faire des perches de l'une et l'autre maniere, afin d'admettre, après l'essai des deux méthodes, celle qui seroit reconnue par l'expérience être la meilleure.

On ordonna en conséquence de faire trois perches à mesurer, ainsi qu'une perche étalon avec laquelle les premieres pussent de temps en temps être comparées. Leur construction sera mieux conçue par le plan, l'élévation et la figure des principales parties dans la planche III, que par une description particuliere énoncée dans le discours ; il suffira de dire que les tiges de chaque perche à mesurer avoient chacune 20 pieds 3 pouces de long comptés des extrémités des ferrures de métal de cloche, 1 pouce $\frac{1}{4}$ de largeur, et environ 2 pouces d'épaisseur : on les rendit parfaitement ou au moins sensiblement inflexibles, en les arc-boutant avec solidité dans les sens horizontal et vertical. La perche étalon fut seulement arc-boutée latéralement ; elle peut être censée représentée par le plan d'une des perches à mesurer, à l'exception que sa tige est un peu plus forte, et qu'elle a 2 ou 3 pouces de longueur de plus à chaque bout : les raisons de ces différences seront expliquées ci-après.

Pour en venir aux plaques, on observera que deux petites pièces d'ivoire, chacune tenue avec de petites vis, sont incrustées sur la surface supérieure des perches, à un pouce et demi des extrémités des ferrures. Sur ces pièces d'ivoire, des lignes noires sont tracées de maniere que la longueur de la perche entre ces lignes soit exactement de 20 pieds ou 240 pouces, mesure qu'on a adoptée pour l'usage des coïncidences, et qu'on a déterminée de la maniere que nous détaillerons ci-après. Aux perches mesurant par contact, la distance entre les extrémités des parties arrondies des ferrures étoit de 243 pouces.

Immédiatement derriere chaque piece d'ivoire, on a formé une cavité au-dessous de l'épaisseur et dans le milieu de la largeur de la perche ; elle reçoit une roue de cuivre dont le diametre a environ $\frac{8}{10}$ de pouce, et dont l'axe tourne dans la fourche d'un ressort de cuivre de 5 pouces de long, retenu par le moyen d'une vis sous la perche, immédiatement après les traverses qui sont aux extrémités. Le ressort n'est point assez fort pour empêcher la roue d'être enfoncée dans la cavité par le poids de la perche, qui, lorsqu'elle est ajustée, reste entièrement sur la surface des deux supports qui soutiennent ses extrémités. Mais quand la perche doit être mue sur ses supports, on tourne la tête de la vis qui passe par-dessus cette perche et s'appuie sur le milieu du ressort ; les petites roues se trouvent pressées du haut en bas, et supportent tout le poids de la perche, qui alors est aisément mue en avant ou en arriere pour se mettre dans la position qu'exige le contact ou la coïncidence.

Les traverses placées à environ 5 pouces et demi de l'extrémité des perches, et 1 pouce 3 quarts de l'insertion des arcs-boutants, sont chacunes d'environ 9 pouces de longueur, 1 et demi de largeur, et près d'un pouce d'épaisseur, ayant leur surface inférieure bien dressée avec celle des perches. Ces pieces

servent non seulement à rendre les perches plus stables sur
leurs supports contre l'action du vent sur les arcs-boutants,
mais encore à donner prise à des vis de pression, ou étaux verticaux et horizontaux, destinés à fixer les perches sur leurs supports par l'un ou l'autre côté, suivant qu'on use du contact ou
de la coïncidence, et ainsi qu'on l'expliquera plus en détail ci-
après, en décrivant le dessus des supports.

*Echelle de cuivre servant d'étalon, et méthode pour déterminer*
*la longueur des perches de bois.*

Lors de la vente de feu M. James Short, très habile opticien,
j'achetai une échelle de cuivre très bien divisée, de la longueur
de 42 pouces, avec une division de Vernier de 100 à un bout,
et une de 50 à l'autre bout, au moyen de quoi on pouvoit très
bien évaluer le $\frac{1}{1000}$ d'un pouce. Cette échelle appartenoit originairement à feu M. Graham, célèbre horloger, et le nom de
Jonathan Sisson étoit gravé dessus; mais il est constant qu'elle
a été divisée par feu M. Bird, lorsqu'il travailloit avec Sisson.

La société sait très bien que l'échelle de cuivre, d'environ 42
pouces de long, sur laquelle sont rapportées la longueur de l'étalon de la verge déposé à la Tour, celle de l'Echiquier, et celle
de la demi-toise de France, ainsi que le double de cette même
échelle, envoyé à Paris pour l'usage de l'académie royale des
sciences, ont été faites par M. Jonathan Sisson, sous la direction
immédiate de M. Graham. D'après cela, quoiqu'on pût supposer, avec raison, que l'échelle dont je suis actuellement propriétaire, et qui avoit appartenu à M. Graham, fût conforme à
celles ci-dessus mentionnées, à la confection desquelles la société royale avoit apporté tant de soins et de peines; cependant,
afin qu'il n'y eût aucune incertitude sur une chose de cette
espèce, on jugea à propos, pour établir la longueur absolue de
la base que j'ai mesurée près de Londres en 1783, et dont j'ai
parlé dans l'introduction de ce mémoire, de faire la compa-

raison des deux échelles. Ayant en conséquence obtenu un ordre du président pour être admis dans les appartements de la société, je m'y rendis le 13 août après midi : on sortit les deux échelles de leur étui, et on les plaça sur la table de la chambre d'assemblée, avec un thermometre à côté d'elles, afin qu'elles pussent acquérir la même température. On en fit la comparaison le 15 août au matin, avec le secours de M. Ramsden, qui avoit apporté pour cet effet un compas à verge très curieux, dont la vis micrometre rendoit très sensible un mouvement de $\frac{1}{5000}$ de pouce. Ayant pris avec précision une longueur de 3 pieds sur l'étalon de la société, et l'ayant appliquée sur mon échelle, elle y fut trouvée exactement de 36 pouces, la température étant à 65°. On appliqua ensuite le compas sur la longueur de la verge de l'Échiquier, et il y eut une différence évaluée, par le moyen du micrometre, à $\frac{69}{10000}$ ou environ $\frac{7}{10001}$ de pouce.

Ayant ainsi trouvé mon échelle exactement conforme à l'étalon de la société, il reste à montrer quel usage on en a fait pour fixer la longueur des perches relativement à l'opération de Hounslow-Heath. En premier lieu, M. Ramsden prépara un compas à verge assez grand pour mesurer 20 pieds, arc-bouté de la même maniere que les perches, mais un peu plus épais, et armé, pour l'usage, de ses pointes et d'un micrometre. La perche étalon étant construite, fut mise sur un établi solidement placé à cet effet, et parfaitement dressé. A l'un de ses côtés, et à la distance d'environ 20 pieds 2 pouces de centre en centre, on vissa fortement deux pieces de métal de cloche. Ces pieces avoient environ $2\frac{1}{4}$ pouces de longueur, $\frac{3}{8}$ de pouce d'épaisseur, et s'élevoient au-dessus de la tige d'environ 2 pouces, de maniere à arraser le plan des surfaces des perches à mesurer lorsqu'elles étoient placées sur la perche étalon.

Une large planche sciée dans le mât de la Nouvelle-Angleterre, de 30 pieds de longueur, 9 ou 10 pouces de largeur, et environ 3 pouces d'épaisseur, ayant été placée de champ dans le même lieu, sur une partie des supports préparés pour l'opération, fut, dans cette position, applanie, dressée et polie. Un fil d'argent fut tendu d'un bout à l'autre de la planche dans son milieu, et six espaces, de 40 pouces chacun, furent marqués sur le côté de ce fil : on divisa ces espaces par sept clous de cuivre, d'environ $\frac{1}{10}$ de pouce de diametre, qui furent enfoncés dans le bois, et leur tête polie avec la pierre ponce. Pendant toute cette opération et les suivantes, le thermometre placé à côté de l'échelle de cuivre fut stationnaire, ou à-peu-près, à 63°.

On marqua un petit point sur la tête d'un des clous extrêmes; et ayant fait passer le fil d'argent par ce point et par le milieu de l'autre clou, on prit avec le plus grand soin une longueur de 40 pouces sur l'échelle de cuivre avec le compas à verge, dont on plaça une des pointes sur le point mentionné ci-devant, et avec l'autre pointe on traça un petit arc de cercle sur la tête du second clou. On retira alors le compas; et plaçant une de ses pointes à l'intersection de l'arc et du fil d'argent, on marqua avec l'autre pointe un point sur le troisieme clou, sous le milieu de l'épaisseur du fil; de ce point, comme centre, on traça un petit arc sur le même clou où le premier avoit été tracé. On détermina de cette maniere les six divisions de 40 pouces chacune, terminées alternativement par des points et des arcs, cette méthode ayant été trouvée par M. Ramsden plus exacte dans la pratique, que celle où on ne fait usage que de points seulement.

Ayant ainsi obtenu une longueur exacte de 20 pieds, on la prit entre les pointes du grand compas à verge, et on la reporta sur la surface des pieces de métal de cloche, placées, comme on l'a déja dit, sur le côté de la perche étalon, de maniere à laisser plus d'un pouce et demi de la longueur desdites pieces au-delà des lignes marquant l'étendue des 20 pieds. Cela fait, les perches à mesurer furent successivement placées sur l'étalon; et leur côté étant appliqué contre les pieces de métal, on y rapporta la longueur de 20 pieds sur des morceaux d'ivoire incrustés, sur lesquels on grava des lignes très nettes tracées avec grand soin.

3

Quant à l'ajustement des levres ou extrémités des ferrures de métal de cloche qui devoient se trouver exactement à un pouce et demi au-delà des lignes marquées sur l'ivoire, de maniere que la longueur totale de la perche fût de 243 pouces; on observera qu'elles furent terminées en courbes régulieres de $3\frac{1}{2}$ pouces de rayon, dont le sommet excédoit le pouce et demi : on l'y ré-duisit en l'usant avec précaution par le frottement, de maniere cependant qu'il péchoit d'abord plutôt par excès que par dé-faut. Les deux perches furent placées dans le même plan et dans la même direction, leurs extrémités étant en contact : dans cette position, pour les réduire à leur vraie longueur, il falloit que l'espace intermédiaire compris entre les deux lignes tracées sur les pieces d'ivoire fût exactement de 3 pouces. Pour parvenir à ce but, on prit exactement une longueur de 3 pouces sur l'échelle de cuivre, et on la grava sur le côté d'un morceau d'ivoire séparé; ce morceau d'ivoire étant appliqué sur l'espace intermédiaire dont on vient de parler, cet espace fut graduelle-ment amené à la longueur demandée, au moyen de ce qu'on usa également par le frottement les deux extrémités des ferrures, jusqu'à ce qu'il correspondît parfaitement à la mesure prise sur l'échelle.

Les trois perches furent numérotées par un chiffre placé sur la surface du métal dont chaque extrémité étoit garnie; savoir, 1, 2; 3, 4; 5, 6. Cet ordre étant celui dans lequel on devoit en faire usage pour les opérations, fut aussi celui dans lequel on les arrangea, c'est-à-dire, la perche 1, 2, avec 3, 4, et avec 5, 6; et la perche 3, 4, de la même maniere avec 1, 2, et avec 5, 6.

Une de ces perches étant finie, fut trouvée peser 24 livres : on les plaça dans deux caisses, l'une grande et l'autre petite. La grande caisse, qui avoit environ $2\frac{1}{2}$ pieds de profondeur, pourroit être appellée une double caisse, parcequ'elle avoit deux couvercles qui s'ôtoient entièrement, et qui, tournés dans un sens ou dans l'autre, devenoient alternativement le dessus et le fond, ayant entre eux un fond qui leur étoit commun, mais qui étoit beaucoup plus près de l'un que de l'autre. Le petit côté contenoit la perche servant d'étalon, et l'autre deux de celles destinées à mesurer. Ce dernier moyen fut rendu praticable, en attachant sur les côtés des tasseaux fixés avec des vis, de manière qu'on pouvoit les ôter et les placer à volonté. Ainsi l'une des perches étant mise en place, l'autre s'appliquoit par-dessus dans une position inverse; et ayant chacune des arrêts particuliers pour les retenir dans leur position, le couvercle pouvoit être fixé avec des vis. La caisse se tournoit alors sens dessus dessous; et l'autre couvercle étant ôté, la perche étalon paroissoit à découvert sur le fond intermédiaire ou commun, qu'on avoit garni de traverses qui s'élevoient jusqu'à quelques pouces au-dessous de la surface qui devenoit alors le dessus de la caisse. On crut nécessaire de laisser l'étalon ainsi élevé, afin que la lumière pût se réfléchir librement dessus, et qu'étant supporté par le côté de la caisse le plus profond, on n'eût pas à craindre qu'il se tourmentât; car on doit se rappeller qu'il n'étoit arc-bouté que latéralement. Un ressort de cuivre étant fixé à chaque extrémité de l'étalon, servoit à tenir tendu le long de sa tige un fil de soie, moins sujet à accident qu'un fil d'argent; et par le moyen de petits coins préparés pour cet effet, et glissés entre l'étalon et les traverses sur lesquelles il étoit posé, on le conservoit toujours dans la même position : cela étant fait, on replioit le fil de soie, afin que les perches pussent être appliquées sur l'étalon pour les vérifier. A l'égard de la petite caisse, il y en eut une de faite et envoyée sur le terrain, avant la fin des opérations, avec les perches de bois; mais comme il s'étoit glissé quelque erreur dans ses dimensions, on ne put point y renfermer la troisieme perche.

### *Supports pour les perches servant à mesurer.*

Le terrain d'Hounslow-Heath se trouvant à très peu près de niveau, puisque la montée du sud-est au nord-ouest n'étoit que

d'un peu plus d'un pied sur mille dans la distance de 5 milles,
on vit aisément que la base à calculer, ou celle formant actuellement une courbe parallele à la surface de la mer à sa hauteur
au-dessus de cette surface, seroit si peu différente de la base
inclinée, mesurée sur la surface de la terre, ou parallèlement à
cette surface, qu'à peine faudroit-il en faire mention. On n'a cru
nécessaire de montrer combien une des extrémités de la base
étoit réellement plus haute que l'autre, que pour convaincre le
public que, dans une opération de cette espece, où on doit s'attendre à la plus grande précision, on n'a ni épargné la peine,
ni négligé la moindre circonstance.

L'usage fréquent de l'à-plomb étant une source d'ennui et
d'incertitude, sur-tout dans les temps venteux, au lieu de mesurer de niveau ou de mesurer la base réelle, comme il a été
d'usage de le faire jusqu'à présent (auquel cas il falloit se servir
de l'à-plomb, ou de quelque chose d'équivalent, chaque fois qu'on
montoit ou descendoit), on crut plus convenable de mesurer
l'hypothénuse et de calculer ensuite la base, après avoir observé
la hauteur relative des stations avec un niveau à bulle d'air : on
proposa donc de chercher la longueur de la base de Hounslow-
Heath, en mesurant dans l'air une ligne menée parallèlement à
la surface du terrain, d'une station à l'autre, ces stations étant
distantes de 200 verges ou 600 pieds, conformément à la figure
de la Planc. III.

On se servit pour ce dessein de deux especes de supports : la
premiere espece avoit une hauteur constante, et devoit se placer au commencement et à la fin de chaque longueur de 200
verges ; la seconde espece avoit des hauteurs variables, afin que
le dessus pût être amené plus aisément à coïncider avec la ligne
menée dans l'air d'un support fixe à l'autre. Les supports fixes,
dans leur premier état, représentés par celui qui est à main
gauche de la Planche relative aux perches de bois, avoient seulement 2 pieds 7$^{po}$ de hauteur ; mais lorsqu'on se servit ensuite
de verges de verre, on fixa par-dessus une piece additionnelle

de 10 pouces (comme on le voit à main gauche de la Planc. IV);
ce qui porta leur hauteur totale à 3 pieds et demi au-dessus du
terrain, y compris la plate-forme sur laquelle ils étoient placés.
Ils sont composés d'un trépied de bois blanc, dont les jambes
sont éloignées de trois pieds, liées par des traverses diagonales,
et mortoisées au-dessus dans une piece circulaire de même bois.
Sur la piece circulaire, est une table quarrée de chêne, recou-
verte en bois de mahoga, le tout n'excédant pas $\frac{5}{7}$ de pouces
d'épaisseur, et ayant 11 $\frac{1}{2}$ pouces en quarré.

On concevra aisément les supports mobiles dont on s'étoit
pourvu au nombre de dix-sept, par la figure à main droite des
Planc. III et IV. Leur construction générale, en ce qui concerne
les parties par lesquelles ils sont fixés sur le terrain, ne differe
pas de celles des supports fixes, excepté qu'ils sont de différentes
hauteurs, depuis 2 pieds jusqu'à 2 pieds 8 pouces, afin de les
rendre propres à se prêter aux irrégularités du terrain sur lequel
on sera obligé de les placer. Au milieu de chacun, est placé un
tuyau hexagone descendant depuis le dessus jusqu'à 2 ou 3
pouces du fond, où il est fixé par des pieces de bois aboutis-
santes à chaque jambage ; ce tuyau renferme une vis de bois
(ayant des filets sur trois côtés, et trois autres côtés plans), à
l'extrémité de laquelle la table quarrée est attachée. Cette vis
passe dans un écrou garni de quatre mains ou leviers, au moyen
de quoi la table peut être élevée ou abaissée à volonté; et lorsqu'elle est à la hauteur nécessaire, on la rend entièrement immobile au moyen d'une vis de fer à tête plate, qui, passant à
travers un des jambages, presse une plaque de fer placée dans
l'intérieur du tuyau contre un des côtés plans de la vis.

On a déja eu occasion, en décrivant les perches de bois, de
faire mention de l'espece d'étau horizontal et du vertical qui
servent à fixer sur la table du support les petites traverses attachées à leurs extrémités. On concevra la forme de cette table,
en regardant les deux plans dessinés à droite de la Planc. III,
l'un desquels représente les rainures faites pour recevoir alter-

nativement l'étau horizontal, selon le côté où est placée la perche à qui on doit faire faire le mouvement nécessaire pour la coïncidence, et l'autre la fait voir en place avec l'étau mis à côté en élévation. On voit sur celui-ci la première perche, ou la perche fixe, maintenue, vers le côté le plus éloigné de la table, par le moyen de l'étau vertical. La seconde perche, ou perche mobile, est fixée sur le devant; et pour cet effet, l'étau horizontal est placé dans la rainure la plus éloignée, où il est solidement retenu par un écrou placé au-dessous. La perche mobile est amenée à coïncider au moyen de deux vis à tête ronde, placées de chaque côté de la petite traverse. Cet appareil, quoique très bon dans la théorie, a offert trop peu de ressource dans la pratique, vu qu'il exigeoit que les supports fussent placés avec un degré de précision qu'on ne pouvoit pas obtenir sur le terrain sans une grande perte de temps. C'a été, comme on le verra ci-après, la vraie cause qui a fait rejetter la méthode de mesurer par coïncidence, pour s'en tenir à celle de mesurer par contact.

On a représenté, à gauche de la Planche III, le plan d'une des tables quarrées avec les extrémités des deuxieme et troisieme perches mises en contact. On voit qu'il n'y a qu'une seule des traverses de chaque perche qui puisse trouver place et être assujettie sur le support, les tables ayant été, par inadvertence, taillées trop courtes pour les admettre toutes deux. Quoique ceci ait une apparence d'imperfection, cependant il n'en est résulté aucun inconvénient dans la pratique, l'expérience ayant montré que, pour tenir la perche stable, il suffisoit de fixer l'une ou l'autre de ses extrémités. On voit, en élévation, à côté de la table, l'étau vertical, qui est le seul dont on ait fait usage.

Sur la face ou côté extérieur de chaque jambage des supports, tant fixes que mobiles, et dans la partie inférieure, étoient vissées des plaques de cuivre, ayant chacune deux trous percés au-dessus d'une rainure faite dans le bois. Au moyen de ces plaques, on appliquoit promptement à chaque pied des poids de plomb en forme de parallélipipede, pesant environ quatorze liv., ayant des pointes de cuivre arrangées pour entrer dans les trous, et s'introduire dans la partie étroite des rainures : ainsi chaque support, outre son propre poids, qui étoit d'environ trente-une livres, étoit chargé de quarante-deux livres de plomb, et rendu, par ce moyen, très ferme et très stable.

On prépara aussi un certain nombre de coins, toujours prêts à être placés sur les pieds des supports, au moyen desquels, et du niveau placé sur la table, on les mettoit dans la position convenable.

Malgré toutes ces précautions, on trouva, en opérant avec les perches de bois, qu'on perdoit beaucoup de temps à mettre les supports de niveau, sur-tout lorsque le terrain étoit plus inégal qu'à l'ordinaire, ou d'une nature molle et spongieuse. En conséquence, M. Smeaton conseilla (et aucun homme ne mérite plus que lui qu'on ait égard à ses conseils) d'employer, pour recevoir les jambages, des plate-formes en bois, assujetties sur de petits pieux enfoncés dans la terre, et nivelées avec soin. En conséquence, on se pourvut, pour opérer avec les verges de verre (Pl. IV.), de vingt plate-formes triangulaires en bois de sapin, d'un pouce d'épaisseur, dont les côtés avoient 3 pieds 2 pouces de longueur, avec un vuide dans le milieu, comme aussi d'une provision de piquets de hêtre d'environ 1 pouce et demi en quarré, et de différentes longueurs depuis 7 jusqu'à 12 ou 14 pouces. Trois de ces piquets, petits ou grands, selon que la circonstance l'exigeoit, étant enfoncés dans la terre, on mettoit leur tête à la hauteur convenable par le moyen du niveau de charpentier, et la plate-forme étoit posée dessus ; elle recevoit le support, dont la position étoit ultérieurement fixée par le moyen d'un niveau à bulle d'air placé sur la table. A la tête de chaque piquet, étoit un trou fait pour recevoir un fort cordeau, au moyen duquel et d'un maillet de camp on l'arrachoit aisément lorsqu'on vouloit mettre la plate-forme dans une nouvelle position.

## *Lunette, et jalons d'alignement.* (PLANC. III.)

Pour pouvoir tracer dans l'air une ligne de 200 verges ou de 600 pieds, d'un support fixe à l'autre, on se servit d'abord d'une corde extrêmement tendue sur le terrain : on sous-divisa la longueur avec de petites fiches de bois, placées contre la corde qui restoit fixe, et on détermina ainsi à très peu près les points correspondants au centre de chaque support intermédiaire. Une mire préparée pour cet effet, d'environ 14 pouces de longueur et $1\frac{1}{2}$ pouce de largeur, peinte en blanc avec une petite ligne noire dans le milieu, fut placée sur le support le plus éloigné : un télescope de 14 pouces de longueur, d'un pouce et demi de diametre, dont le grossissement étoit petit et l'objectif mobile, afin de pouvoir s'accommoder aux petites distances, fut placé sur le support le plus près, dont le côté qui regardoit le premier support fut élevé ou abaissé, au moyen des coins placés sous les jambages, jusqu'à ce que le réticule coïncidât avec la ligne noire de la mire. On s'étoit pourvu de trente-quatre jalons d'alignement; mais il est arrivé rarement qu'on en employât plus de huit ou dix dans chaque station. Ils étoient de bois blanc, de plus de 5 pieds de long, et un pouce en quarré, ferrés par le bout pour être plus aisément fichés en terre. Chaque jalon portoit une traverse de 6 ou 7 pouces de longueur et trois quarts de pouce de large. Cette traverse se mouvoit le long du jalon, jusqu'à ce que sa surface supérieure coïncidât avec les fils du réticule du télescope et la ligne noire de la mire; alors la surface inférieure désignoit la hauteur à laquelle la surface du support devoit être amenée dans l'endroit où étoit le jalon. Ayant obtenu exactement, de cette maniere, un certain nombre de points de la ligne tracée dans l'air depuis un support fixe jusqu'à l'autre, il fut fort aisé à tous les points intermédiaires de mettre les surfaces des autres supports, à très peu près, dans le même plan, en alignant seulement avec l'œil la surface du support ou jalon voisin.

*Vase et trépied pour conserver un point sur le terrain lorsqu'on discontinuoit les opérations le soir pour les recommencer le lendemain matin.*

On a déja dit précédemment, et, en rendant compte de l'essai de mesure fait avec la chaîne, on rappellera pour la derniere fois que la base a été divisée en hypothénuses de 200 verges ou 600 pieds chacune, marquées avec des piquets quarrés plantés en terre, et numérotés exactement, afin qu'on pût avec facilité reconnoître leur rang. Lors de la mesure avec les perches, il étoit assez ordinaire de finir le travail du jour près d'une station ou à la station même. Avec celles de 20 pieds, l'extrémité d'une perche répondoit presque toujours à peu de pouces du point où la mesure de la chaîne avoit déterminé la place d'un des piquets correspondants à l'hypothénuse : mais quand on se servit des perches de 20 pieds 3 pouces, on termina toujours le travail journalier à une fraction de perche, en suspendant un à-plomb à un point déterminé de sa tige, marqué pour ce dessein, et qui devenoit conséquemment le point de départ pour le travail du lendemain.

Le vase de cuivre dont on a fait usage en cette occasion a la figure d'un cône tronqué renversé, dont le diametre moyen est de 4 pouces, la profondeur de 5 environ, et les côtés fort peu inclinés. Il étoit placé dans un trou creusé en terre, immédiatement sous le point de suspension de l'à-plomb, et ne servoit qu'à contenir l'eau dans laquelle celui-ci faisoit ses vibrations.

On concevra la forme du trépied en voyant son plan et son élévation dans la Planche III : il est composé de deux fortes pieces de bois blanc mortoisées ensemble, de maniere qu'elles ressemblent à une demi-croix ou à la lettre T renversée, ayant des tiges de fer à leurs extrémités, auxquelles elles sont assujetties par des écrous quarrés placés par-dessus. Sur la surface du trépied, est une autre croix en mahoga, se mouvant le long d'une rainure dans la direction du grand côté, où elle est rendue fixe

par des vis de pression lorsqu'elle est dans la position qu'on de-
sire. Sur la demi-croix de mahoga, est une regle de cuivre dont le
mouvement est à angle droit avec le précédent, qui se fixe aussi
par des vis de pression, et à l'extrémité de laquelle on a tracé
une ligne très fine. L'opération du jour étant finie, on plaçoit le
trépied près du vase, son côté le plus long étant parallele à la
direction de la base, et les pointes de fer enfoncées dans la terre
de maniere qu'on ne pût l'ébranler sans un grand effort. On suspendoit alors un à-plomb, au moyen d'un fil de métal, à un point
quelconque de la tige quand on se servoit des perches de bois,
et au dernier bout, ou au bout fixe, pour les verges de verre[1].
La regle de cuivre étoit avancée de maniere à toucher presque
le fil; et, fixée dans cet état, on faisoit ensuite mouvoir la demi-
croix de mahoga, en avant ou en arriere, parallèlement à la direction de la base, jusqu'à ce qu'un observateur, couché par terre
pour cet effet, jugeât que la ligne tracée sur la regle coïncidoit
avec le fil de métal : alors on arrêtoit la demi-croix au moyen de
ses vis de pression. Une tente étoit ensuite dressée près de l'appareil, pour les soldats qui fournissoient les sentinelles nécessaires à la sûreté du tout, jusqu'à ce qu'on reprît les opérations :
l'objet principal étoit de se garantir, pendant la nuit, des insultes des bestiaux.

### *Roues pour fixer, d'une maniere permanente, les extrémités de la base.* ( PLANC. III. )

Avant de mesurer définitivement la base au moyen des perches, on prévit que, pour pouvoir avec certitude rapporter les
opérations aux mêmes points dans toutes les circonstances où
l'on voudroit corriger ou répéter notre opération, il étoit abso-

---

(1) Pour cet effet, on plaçoit un support
mobile sous la verge de verre, à environ 4
pieds de l'extrémité fixe; et on élevoit la table, jusqu'à ce qu'appuyant contre la partie
inférieure de la caisse, elle en supportât le

poids. Au moyen de cela, on pouvoit abaisser et ôter le support placé sous l'extrémité
fixe, ce qui rendoit la place libre pour mettre l'appareil.

lument nécessaire d'enfoncer profondément en terre des tuyaux
de bois, ou quelque chose de semblable, aux extrémités de la
base, de maniere que le peuple ignorant et grossier ne pût les
ôter ou les déranger sans une grande peine. On pria en conséquence M. Mylne, de la société royale, de donner ordre qu'on se
pourvût de deux tuyaux pareils, d'environ 6 pieds de longueur
chacun et 1 pied de diametre, avec un trou calibré de 4 pouces
à l'extrémité supérieure, sur 2 pouces de profondeur, et deux
pieces croisées près de l'extrémité inférieure, dans le genre ordinaire des poteaux. Pour perfectionner cette idée, M. Mylne proposa très judicieusement de supprimer les pieces croisées, et de
faire passer l'extrémité inférieure des tuyaux à travers le moyeu
d'une vieille roue de carrosse, afin de la rendre plus solide. Ce
changement fut approuvé; et ces machines ayant été exécutées,
furent aussitôt envoyées par eau à Hampton.

Le plan et la coupe d'une de ces roues, avec le côté plat par
en bas, sont représentés à gauche de la Planche III; et l'on
verra qu'au moyen de quatre pieces recourbées, faites en chêne,
le tuyau est solidement attaché à la roue, et maintenu dans sa
position rectangulaire sur le plan de cette roue. Le bout supérieur du tuyau est aussi protégé extérieurement par un cerceau
de fer; en dedans est une boîte de fer fondu, dont le diametre
inférieur a quatre pouces pour répondre à celui du trou. On prépara quatre pieux de chêne pour chaque roue, destinés à être
enfoncés au fond de la fosse préparée pour la recevoir; cette
fosse avoit 6 pieds de diametre et autant de profondeur. Le sol
près d'Hampton Poor-House étant léger et sablonneux, on enfonça aisément les pieux jusqu'à ce que leur partie supérieure
fût au même niveau : alors la partie plate des jantes de la roue
fut placée sur les pieux; on remplit la fosse de terre, qu'on com-
prima fortement autour du tuyau, jusqu'à la partie supérieure
où se trouvoit l'ouverture. Le sol de King's-Arbour s'étant trouvé
être un gravier très dur, on ne put y enfoncer ces pieux, et la
roue fut placée au fond de la fosse, à nud, sur le gravier.

Le vase de cuivre décrit précédemment avoit d'abord été destiné à être placé dans les tuyaux : c'est pour cela qu'il a deux couvercles. L'un est en demi-cercle avec un point central, marqué par une ligne qui coupe le diametre placé dans la direction de la base ; c'est avec cette ligne qu'on a fait coïncider, au commencement de la mesure, le fil de métal suspendu à l'extrémité de la premiere perche : l'autre couvercle a un très petit trou percé à son centre, à travers lequel doit passer le fil à-plomb suspendu au centre de l'instrument dont on fera usage pour relever les angles de la base, ou dans une autre station quelconque où il seroit nécessaire de l'amener exactement sur un point de la surface inférieure du terrain.

*Premiere mesure de la base avec la chaîne, et détermination des hauteurs relatives des stations au moyen du niveau à lunette et à bulle d'air.*

Nous avons, dans la description précédente des différents instruments dont on s'est servi pour la mesure de la base, expliqué complètement leur construction, leur usage, et la maniere de s'en servir ; par là, les détails où l'on est entré pour les faire entendre se sont trouvés mêlés d'une maniere anticipée à ceux qui concernent l'exécution : il reste à présent à donner le journal de nos opérations, et le résultat ultérieur de tout l'ouvrage.

Après de très longs délais, M. Ramsden donna enfin sa chaîne de cent pieds, avec un instrument des passages portatif, et nous prêta un excellent niveau à lunette et à bulle d'air, pour déterminer les hauteurs relatives : deux sections de la base furent nettoyées par les soldats, la troisieme bien avancée, et nous nous trouvâmes en état de commencer la premiere mesure le 16 juin.

M. Calderwood, lieutenant-colonel des gardes à cheval de sa majesté, et de la société royale, voulut bien dans le commencement nous promettre son assistance. M. Pringle, lieutenant-colonel dans le corps du génie, se rendit aussi obligeamment assistant volontaire, et peu de jours après M. Lloyd, de la société royale, pendant que M. Reynolds, enseigne du trente-quatrieme régiment, qui a été employé quelque temps à inspecter les environs des bruyeres, continuoit le travail avec le même soin que si la chose lui avoit été personnelle. Le plan gravé sur la Planc. I<sup>ere</sup>, et qui a été levé par cet officier, doit être consulté pour tout ce qui regarde la localité du terrain, tant dans ce que nous avons dit précédemment, que dans ce que nous dirons par la suite.

La partie la plus basse de la base avoit été distinguée par le pavillon de Saint Georges, fixé au haut d'une perche de sapin de 35 pieds de longueur, et une des tentes servant de signaux restoit encore à la station près de Summer-House. On attacha fermement, à un fort piquet de fer planté en terre, au bas de la perche qui portoit le pavillon, une corde de 200 verges; l'autre extrémité de la corde fut mise dans la direction de la base, et placée au bas d'un signal dans la même ligne que la tente. La corde ayant été enroulée autour d'un fort cabestan de fer, fut, par ce moyen, extrêmement tendue; une personne la soulevoit en différents points, et la laissoit successivement tomber, de maniere à mettre le tout dans la même ligne droite. Cinq personnes étoient nécessaires pour le maniement de la chaîne; savoir, deux à chaque extrémité pour l'ajuster, et une vers le milieu pour la tenir appliquée contre la corde, et la soulever dans quelques endroits lorsque la disposition du terrain rendoit cette précaution nécessaire. Le zéro, ou bout postérieur de la chaîne, étant amené à coïncider avec le point de départ, on planta, aussi droit qu'il fut possible, une fiche d'acier dans la cavité demi-circulaire de la main de cuivre qui étoit à l'autre bout: on traîna alors la chaîne jusqu'à ce que le demi-rond de la main d'arriere fût appliqué à la premiere fiche, et alors une seconde fiche fut placée dans la cavité de la main de devant. On mesura ainsi six chaînes, longueur de la premiere hypothénuse, et on enfonça en terre un piquet sur lequel étoit écrit n° 1, d'un peu plus d'un pouce en quarré, et environ six de longueur, dont la tête arrasoit à-peu-près la surface du terrain. Il faut observer que la sixieme fiche de chaque hypothénuse demeura constamment plantée dans la terre, jusqu'à ce que la premiere de l'hypothénuse suivante fût placée, afin d'éviter l'erreur qu'on auroit pu commettre en appliquant l'extrémité postérieure de la chaîne au piquet au lieu de la fiche.

On opéra de cette maniere le 16 juin; et, dans l'espace d'environ trois heures et demie, on finit la premiere mesure de la section sud-est de la base, comprenant les treize hypothénuses entre le pavillon et la station près Hanworth Summer-House, la distance étant de 78 chaînes ou 7800 pieds, faisant 2600 verges, et la température moyenne de l'air étant à 63°.

Le jour suivant, la section fut remesurée avec un soin égal, et la différence au treizieme piquet fut de 5 pouces seulement. Il faut observer qu'une partie considérable de cette différence vient probablement de la tension de la chaîne dans la riviere de Wolsey, joint à cela que les irrégularités du terrain étoient plus grandes dans cette section que dans les autres. La température moyenne de ce jour fut à 65°.

L'opération avec la chaîne fut suspendue pendant le 18 et le 19 juin, ce temps ayant été employé à agiter avec M. Ramsden certaines matieres relatives aux perches en bois, et à faire, pour l'extrémité postérieure de la chaîne, un crampon de l'invention du lieutenant-colonel Pringle. Cette machine, dont le plan en grand est tracé en lignes ponctuées, à la main de la chaîne, et dont on voit à côté deux élévations en petit, consiste en une plaque de fer demi-circulaire, du fond de laquelle sortent deux doubles fourches et une simple. Au milieu, entre les deux doubles fourches, est une cavité demi-circulaire, creusée pour recevoir la fiche d'acier d'un côté, tandis que le demi-rond de la main de cuivre l'embrasse de l'autre. Un enfoncement pratiqué au milieu reçoit une poignée de bois semblable à celle d'une épée. D'après cela, la main postérieure de la chaîne étant appliquée contre la fiche, le crampon embrassoit avec ses deux doubles fourches la partie droite du cuivre : alors, au moyen de la poignée de bois, on les enfonçoit de force dans la terre ; ce qui rendoit l'extrémité postérieure de la chaîne assez immobile pour ne pouvoir être dérangée par l'effort de deux hommes, occupés à l'autre bout à la mettre dans sa vraie position pour la fiche de devant.

Le lundi 21 juin, on reprit les opérations, en mesurant deux fois, et en sens contraire, les treize hypothénuses comprises dans la seconde section de la base, entre Hanworth Summer-House et le côté nord-ouest d'un vieux chemin romain, qui est la grande route de Staines à Londres. Cette partie étant la plus unie des bruyeres, et le crampon y ayant été employé, les deux mesures ne différerent que d'un pouce et demi dans une longueur de 7800 pieds. Cet exemple d'exactitude suffiroit pour prouver la grande excellence de la chaîne ; cependant nous en rapporterons ci-après un autre encore plus surprenant.

Le même jour qu'on mesura la seconde section de la base, on la nivela, ainsi que la premiere. L'opération du nivellement est si généralement connue, que le détail en seroit inutile. Il suffira de dire que le niveau à bulle d'air, dont on fit usage, étoit un instrument excellent, d'environ 18 pouces de longueur, qui pouvoit en tout temps être promptement et exactement vérifié, en l'inversant et le retournant sur ses chevalets. Le dessus des piquets terminant les hypothénuses supportoit les mires de nivellement placées de chaque côté du niveau. Cet instrument, placé au piquet intermédiaire, donnoit sur les mires, par son retournement, deux points également distants du centre de la terre, sans avoir besoin de la correction relative à la courbure ou à la réfraction. On comprendra aisément que les hauteurs relatives des piquets furent trouvées, en mesurant respectivement leurs distances du centre des mires et de l'axe de la lunette.

Les six premieres colonnes placées à la gauche de la premiere table, ou table générale, jointe à ce mémoire, contiennent le détail de tout ce qui est relatif au nivellement de la base, celui de la troisieme section ayant été nivelé le 22 juin. En examinant cette table, on verra que la différence de niveau de

la premiere section, est de. . . . . . . . . . . . . . . . 10,555 pieds.

celle de la seconde. . . . . . . . . . . . 8,580

de la troisieme. . . . . . . . . . . . . . 12,130

T O T A L. . . . . . . . . . . . . 31,265 pieds

entre l'extrémité la plus basse à Hampton Poor-House, et l'extrémité la plus élevée près de King's-Arbour.

Les nombres calculés dans la septieme colonne sont les réductions dépendantes des hauteurs susdites, ou les différences entre les hypothénuses de 600 pieds chacune, et les bases [1].

Quant aux autres colonnes de la table qui sont à droite, on les expliquera ci-après, lorsqu'on fera entrer en considération la dilatation des métaux, déterminés très soigneusement par des expériences faites avec le pyrometre.

Jusqu'à ce moment on n'avoit encore fait aucun usage de l'instrument des passages; car, pour l'appliquer avec utilité, il étoit nécessaire de placer en terre la roue portant le tuyau central de l'extrémité la plus basse de la base, et d'y adapter le pa-

---

(1) J'avois calculé la septieme colonne au moyen de la différence entre le quarré donné de l'hypothénuse, et celui de la hauteur trouvée par le nivellement. Le lieutenant-colonel Calderwood a fait le même calcul par une méthode plus courte. Dans la figure ci à côté, CE étant l'hypothénuse de 600 pieds, DE la hauteur verticale donnée par le niveau, DB la différence cherchée entre l'hypothénuse et la vraie base ; alors substituant la corde BE à la place de DE, on a la proportion suivante, $AB : BE :: BE : DB = \frac{\overline{BE}^2}{AB}$, c'est-à-dire que le quarré de la hauteur verticale, divisé par le double de l'hypothénuse, ou par 1200 pieds, est, sans erreur sensible, égal à la réduction DB. En effet, si DE égale 4 pieds, qui est la plus grande hauteur verticale, il ne sera surpassé par la corde BE que de $\frac{1}{36000}$ ce qui n'excédera pas $\frac{1}{10}$ de pouce. La différence entre les résultats des deux méthodes est si petite, qu'elle ne mérite pas qu'on y ait égard.

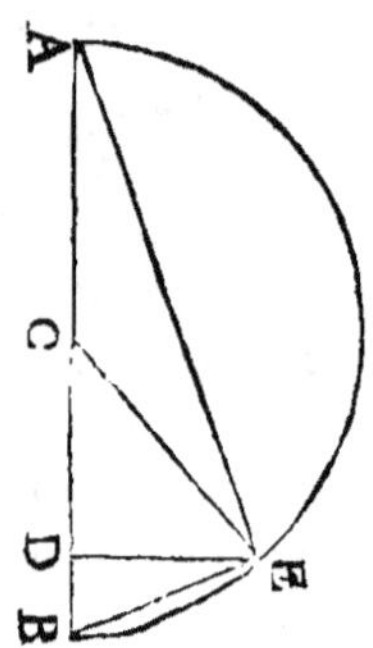

villon de Saint Georges, afin qu'étant placé dans le tuyau, il fût maintenu solidement avec des crampons dans la position verticale; ce qui ne pouvoit être opéré avec des cordes, comme nous en fîmes l'épreuve.

Ayant donc placé la roue et pris les précautions nécessaires pour affermir le pavillon, qu'on avoit peint en blanc afin qu'on pût le voir plus distinctement de l'extrémité la plus éloignée, le 22 juin l'instrument des passages fut placé sur le treizieme piquet, à Hanworth Summer-House, et dirigé sur le pavillon. Mais ayant reconnu que le plan vertical passant par le pavillon tomboit à l'est du centre de la fleche de Bansted, on fit mouvoir peu-à-peu l'instrument vers l'est, jusqu'à ce que, par des observations répétées, les trois points fussent jugés dans le même plan vertical: alors on ôta le piquet, et on le replaça exactement sous l'axe de la lunette, à quelques pouces de sa premiere position. La même opération fut répétée à la vingt-sixieme station, sur le côté le plus éloigné de la route de Staines, et enfin à la quarante-sixieme formant l'extrémité nord-ouest de la base. On fit là un creux pour la roue, dans lequel elle fut placée, sans cependant le remplir de terre sur le champ, cette opération ayant été différée jusqu'à ce que la mesure avec les perches de bois fût achevée. Ainsi, les extrémités et les deux points intermédiaires de la base étant, au moyen de l'instrument des passages, placés exactement dans un même plan vertical avec la fleche de Bansted, on voit aisément qu'en plaçant à volonté des pavillons colorés par intervalle, tous les autres points pouvoient être amenés à coïncider avec les premiers, afin que la déviation ne produisît aucune erreur sensible dans la mesure qu'on devoit faire. L'application de l'instrument des passages nous fit voir combien nous nous serions épargné de peine, si nous nous en étions servis plutôt : car, à la route de Staines, le tracé fait par les soldats s'écartoit de la vraie direction d'environ 2 pieds et demi vers l'ouest; et, à King's-Arbour, la déviation étoit presque double, de maniere qu'on fut obligé de l'élargir du côté oriental.

Le même jour que les principaux points de la base furent fixés, et qu'on nivela, ainsi qu'on l'a dit, la troisieme section, on la mesura en même temps avec la chaîne, et on trouva qu'elle contenoit 19 hypothénuses de 600 pieds chacune, et une de 404,55, faisant en tout 11804,55 pieds, entre la vingt-sixieme station sur la route de Staines, et le centre du tuyau près King's-Arbour, la température moyenne étant de 62° ½. On observera ici que la troisieme section ne fut mesurée qu'une fois avec la chaîne, le tracé n'étant pas suffisamment nettoyé pour répéter l'opération avec avantage. Quand ensuite le tracé fut achevé, on jugea plus à propos de se servir sur le champ des perches, que de perdre du temps à une répétition inutile, depuis que l'exactitude de la chaîne étoit suffisamment reconnue pour cette espece d'opération. On proposa d'en faire par la suite quelques épreuves plus rigoureuses.

Lorsqu'on détermina la longueur de la chaîne dans son état primitif par des points marqués sur des têtes de clous de cuivre enfoncés dans une planche tirée du mât de la Nouvelle-Angleterre, on trouva qu'à la température de 74° degrés, elle excédoit les 100 pieds de près d'un quart de pouce, ou 0,245 pouces. En conséquence, à la température de 63°, qui est celle où la longueur des perches a été déterminée, et qui différoit très peu de la moyenne température lorsqu'on les a employées, l'excès de la chaîne sur les 100 pieds devoit être de 0,161 pouces, ou 0,0134 pieds, conformément aux expériences faites sur de l'acier de même nature. Ainsi la somme des trois sections de la base formant 274 chaînes étant multipliée par 0,0134 pieds, on a 3,67 pieds pour l'équation de la chaîne, 4,55 pieds [1] à ajouter à leur longueur, qui devient alors égale à 27408,22 pieds du centre d'un tuyau à l'autre. Cet essai de mesure avec la chaîne auroit donné la vraie longueur de la base, si la surface avoit été uniformément incli-

_______

[1] Ces 4,55 pieds sont l'excès de la longueur totale de la base sur les 274 chaînes, qui n'est qu'additionnel, étant trop petit pour le faire entrer en considération dans l'équation de la chaîne.

née dans toute la longueur. Mais quoique la pente de Hounslow-Heath fût assez petite et assez régulière pour ne donner qu'un
peu plus d'un demi-pouce de différence entre les 46 hypothénuses et leurs projections horizontales, comme on peut le voir par la
table, cependant chacune de ces hypothénuses ayant de petites
irrégularités particulieres, qui dans chaque espace de 600 pieds
modifioient la mesure en raison de leur nombre et de leur hauteur, leur effet, réuni à celui de la déviation latérale, compense,
et un peu au-delà, l'excès de longueur de la chaîne, comme on
le verra bientôt en comparant la longueur de la base qu'on a à
présent avec celle donnée par les perches.

Le mauvais temps qui avoit régné une grande partie de juin,
devint encore pire à la fin de ce mois et dans la premiere semaine
de juillet; en sorte que, lors même que les perches de bois auroient été prêtes, on n'auroit pu s'en servir avec avantage. Les
soldats ne furent cependant pas oisifs; et lorsque le temps le per-
mettoit, une partie étoit employée à nettoyer le tracé, et l'autre
à aider M. Reynolds dans la levée du plan, dont quelques principaux points furent déterminés avec mon quart de cercle astronomique, qu'on plaça pour ce dessein à plusieurs points de la
base. Dans le même temps (le 8 juillet), je fis le nivellement
depuis la partie la plus basse de la base jusqu'à la surface de la
Tamise à Hampton, et je trouvai la pente de 36,1 pieds.

*Mesure de la base avec les perches de bois.* (PLANC. I. et III.)

Les perches de bois, quoique commencées à bonne heure en
juin, ne furent cependant entièrement finies que vers le 19 juillet, à cause des soins et des peines extraordinaires qu'on se donna pour les rendre plus parfaites qu'aucune de celles qui avoient
été faites jusqu'alors. M. Ramsden les apporta l'après-midi avec
les différentes parties de l'appareil nécessaire pour les mettre en
usage sur le terrain, au camp qu'on avoit transporté de Hanworth
Summer-House, à l'intersection de la base avec la riviere de Wel-
sey; de là on les transporta le lendemain de bon matin vers le

tuyau près Hampton Summer-House, où nous fûmes rencontrés par sir Joseph Banks, accompagné de MM. Blagden, Cavendish, Lloyd et Smeaton, tous prêts à nous aider dans les opérations que nous allions entreprendre.

Avant d'aller plus loin, je pense que c'est le lieu de rappeller avec reconnoissance que le respectable et digne président de la société royale, toujours zélé pour la cause des sciences, qui dès le commencement de l'opération nous avoit fait des visites réitérées pour nous offrir son secours en cas de besoin, dans le moment actuel, où l'on commençoit des opérations plus délicates, et où il étoit essentiel qu'on ne fût interrompu que le moins possible, non seulement prodigua ses soins du matin au soir sur le terrain pendant toute la durée du travail, mais, par une libéralité qui distingue toutes ses actions, donna ordre qu'il y eût toujours des tentes dressées tout près de là, où non seulement ceux qu'il invitoit, mais encore la foule des curieux qui étoient attirés dans l'endroit, trouvoient les choses nécessaires, et même des rafraîchissements. On imagine aisément combien ces précautions tendoient à expédier le travail, et combien elles le rendoient agréable à ceux qui venoient obligeamment y prendre part, et sur-tout à celui qui, d'abord coopérateur volontaire, se regardoit comme destiné à suivre les progrès du travail, et à le conduire à une fin heureuse.

On doit se rappeller, d'après la description qu'on a donnée des perches en bois, qu'elles ont été disposées pour mesurer, soit par la coïncidence des lignes tracées à un pouce et demi de leurs extrémités, soit par le contact des bouts sphériques des pieces de métal de cloche qui garnissoient ces extrémités. La premiere méthode, quoique la plus longue, fut celle qu'on proposa d'abord de mettre en usage.

On sortit du tuyau le support du pavillon, et le vase rempli d'eau fut mis à sa place. On prit toutes les précautions nécessaires pour se bien diriger, tant horizontalement, au moyen d'une corde tendue, que verticalement, au moyen des jalons d'alignement. La premiere ligne tracée sur l'ivoire de la premiere perche fut amenée, au moyen du perpendicule, à coïncider exactement avec le centre du vase; et la perche ayant été fixée dans cet état, le commencement de la base fut exactement déterminé. La seconde perche fut mise à la suite de la premiere, et mue au moyen de l'appareil décrit (PLANC. III), jusqu'à ce que sa ligne coïncidât avec celle de la premiere. La troisieme perche fut appliquée de la même maniere au côté opposé de la seconde, mue et fixée pareillement. On obtint ainsi une distance exacte de 60 pieds, prenant bien garde que le premier ajustement ne fût point dérangé lorsqu'on faisoit les suivants. Les étaux qui tenoient la premiere perche sur son support furent détachés, et deux hommes la porterent au côté opposé de la troisieme. On continua ainsi à mesurer la longueur de 15 perches, formant la moitié de la premiere hypothénuse.

Le temps employé à mesurer cette petite distance ne fut pas moindre que cinq heures; ce qu'on doit attribuer, comme on l'a dit expressément, à la nature bornée de l'appareil employé pour amener les perches en coïncidence, qui exigeoit tant de précision dans le placement des supports, qu'on ne pouvoit y parvenir qu'après plusieurs épreuves réitérées. Tous les coopérateurs du travail furent d'avis que cette méthode ne pouvoit être continuée, jusqu'à ce que du moins on eût trouvé un appareil plus commode; et alors on commença à se servir de la méthode des contacts, comme la seule qui dût être adoptée pour le moment [1].

_______________

(1) Quoique j'aie acquiescé à ce changement devenu nécessaire, néanmoins ce n'a pas été sans beaucoup de répugnance, parcequ'il laissoit indécise la question contestée des coïncidences et des contacts. Si on avoit mesuré par coïncidences une longueur de 81 perches, et qu'on eût mesuré par contact le même espace en sens contraire, la question auroit été décidée ; car si l'extrémité de la quatre-vingtieme perche eût répondu exactement au point de départ, les contacts étant plus expéditifs, auroient mérité la préférence. Si au contraire la quatre-vingtieme perche s'étoit trouvée trop courte pour atteindre le point de départ, il n'y a aucun doute que la différence seroit venue du choc des perches l'une contre l'autre, qui à la seconde mesure auroit fait perdre dans le compte total une petite portion de la longueur de chaque perche.

Les perches ayant donc été mises en contact l'une avec l'autre, nous fîmes de très grands progrès, et finîmes les opérations du jour au milieu de la quatrieme hypothénuse, où l'on plaça le trépied pour conserver le point de départ du lendemain matin.

Les perches placées dans la caisse à Londres, et comparées avec l'étalon, s'y trouverent conformes. On ne répéta pas la comparaison le 16; mais on la fit le 17 à 7 heures avant midi, sous une tente dressée dans le camp, et on trouva qu'elles excédoient l'étalon de $\frac{1}{50}$ de pouce, la température étant à 62°. Après la comparaison, on les transporta au lieu où étoit le trépied, où l'on recommença le travail, en faisant, au moyen d'un perpendicule, correspondre à l'intersection de la regle de cuivre le même point de la perche où l'on avoit terminé la mesure. On finit cette journée à l'extrémité de la dixieme hypothénuse; et les perches, ayant été transportées au camp et comparées, furent trouvées conformes à l'étalon.

La descente considérable du barometre depuis le soir du 17 jusqu'au matin du 19 nous présagea la pluie; cependant tout fut prêt au rendez-vous qui avoit été donné à l'extrémité la plus basse de la base, pour remesurer par le contact les deux premieres hypothénuses, qui le 16 avoient été mesurées en partie d'une maniere et en partie de l'autre. L'opération ayant été répétée avec grand soin, le point de la sixieme perche, qui répondoit exactement au centre de second piquet, se trouva au-delà de 45 pouc. justes, répondant à la différence en moins des 15 perches en coïncidence avec lesquelles l'opération avoit été commencée. La pluie commença alors; et les perches ayant été portées au camp, on les compara, et elles furent trouvées excéder chacune l'étalon de $\frac{1}{55}$ de pouce, ce qu'il faut attribuer à la grande humidité de l'air. La pluie devint forte; et ce qui nous donna les plus grands sujets de regret, fut que leurs majestés ayant bien voulu honorer le camp de leur présence et y séjourner quelque temps, le temps qui empiroit toujours nous mit dans l'impossibilité de leur montrer la nature de l'opération et les progrès qu'avoit faits le travail.

La pluie ayant duré plusieurs jours, on reprit les opérations le 23 à neuf heures du matin; et les perches ayant été comparées, furent encore trouvées excéder l'étalon de $\frac{1}{35}$ de pouce à la température de 61°. J'observerai ici qu'à mesure qu'on avançoit, on tenoit un registre exact du point de chaque perche, qui répondoit au centre d'un piquet d'hypothénuse : en faisant note de sa distance à l'une et à l'autre extrémité, et en même temps la succession des trois perches servant à connoître la mesure totale, on connoissoit aisément par là l'erreur produite par la chaîne à chaque station. Dans le dessein de rendre cette méthode plus aisée, on jugea à propos d'avancer la perche posée sur le trépied au n° 10, de 45 pouces justes, afin de remplir le déficit des quinze premieres perches en coïncidence, et que le nombre pût être compté depuis l'extrémité la plus basse de la base en perches entieres de 243 pouces, chaque révolution complete pour les trois étant de 729 pouces. Cela étant fait, les autres se succéderent à l'ordinaire, et nous fîmes le travail du jour à la dix-huitieme station, où les perches ayant été comparées à six heures après midi, leur moyenne longueur fut trouvée excéder celle de l'étalon de la soixante-septieme partie d'un pouce, la température étant à 54°.

Le samedi 24 juillet, les perches furent comparées trois fois, à sept heures trente minutes et à onze heures quinze minutes avant midi, et à cinq heures quarante-cinq minutes après midi. Leur excès moyen sur l'étalon fut trouvé d'un trentieme de pouce, à la température de 64°. La mesure fut continuée, dans le cours de la journée, depuis la dix-huitieme jusqu'à la vingt-septieme station, ou la premiere de la troisieme section de la base : on plaça là le trépied, et on n'y toucha pas jusqu'au lundi 2 août, à cause du mauvais temps.

En considérant combien il nous avoit fallu de peine pour avoir un résultat que nous aurions dû obtenir avec certitude après nous être servis des meilleures perches en bois qu'on eût encore faites, nous ne découvrîmes pas sans chagrin combien elles étoient sujettes à se dilater et à se contracter par l'humidité ou la sécheresse de l'atmosphere; en sorte que nous ne pouvions espérer par leur moyen de mesurer la base avec le degré d'exactitude auquel nous aspirions. Cependant, en ayant déja mesuré plus de la moitié, on jugea à propos de s'en servir encore dans leur état actuel, et on les enduisit de peinture ou vernis avant de continuer le travail.

La mauvaise saison, et les délais pour obtenir les instruments, avoient déja prolongé les opérations de Hounslow-Heath bien au-delà de ce qu'on avoit pensé d'abord, et l'imperfection des perches de bois ne nous donnoit pas l'espoir de les finir sitôt. Je songeois intérieurement aux différents expédients auxquels je pourrois enfin avoir recours; et des verges de métal d'une ou d'autre espece, dont la dilatation seroit déterminée par expérience, sembloient promettre un résultat sur lequel on pourroit compter. Le fer fondu paroissoit plus convenable, étant reconnu par expérience moins dilatable que l'acier; mais le grand poids de pareilles verges fournissoit une objection, et cet inconvénient ne pouvoit se parer qu'en tombant dans un autre, savoir la réduction de la longueur, qu'on doit toujours éviter autant qu'il est possible.

Sur cés entrefaites, le lieutenant-colonel Calderwood ne put plus nous aider sur le terrain, mais il venoit nous voir quelquefois. Dans une de ses visites, il me proposa de substituer des verges de verre aux perches de bois, en me citant une expérience que j'avois faite, par laquelle il paroissoit que les verges solides se dilatoient moins que les tubes [1]. Le lieutenant-colonel, avant

---

(1) L'expérience citée ici a été faite avec le pyrometre de M. Cumming, qui, par sa construction, ne peut pas fournir une détermination précise de la chaleur communiquée respectivement à l'étalon, à la verge et au tube. La nature des verges et des tubes de verre dont je fis usage alors, doit avoir été bien différente pour causer cette différence de dilatation; ou bien quelque irrégularité non apperçue de l'instrument m'aura donné un

de venir nous voir, avoit fait cette proposition à M. Ramsden,
qui n'avoit pas été d'avis de faire l'expérience, vu la grande
longueur des verges et la fragilité de la matiere. Il étoit d'ailleurs
assez difficile que des verges ou des tubes de verre de la longueur convenable ou environ fussent aussitôt prêtes que des verges quelconques de métal, et l'épargne du temps étoit un point
essentiel : on pria en conséquence le lieutenant-colonel Calderwood de faire un essai à la verrerie le plutôt possible, après son
retour à la ville. Il réussit bientôt, et obtint un beau tube de 18
pieds de long et environ un pouce de diametre, ce qui sembla
ne laisser aucun doute sur la possibilité d'en avoir de la longueur
convenable. La construction des verges solides d'une si grande
dimension ne fut pas trouvée praticable, vu qu'il étoit impossible de prendre en une fois une quantité suffisante de la matiere fondue dont on faisoit usage dans la verrerie.

Le mauvais temps de la premiere semaine de juillet ayant,
comme on l'a dit, suspendu les opérations, on employa ce temps
à se procurer un nombre suffisant de tubes de verre (l'un desquels n'avoit pas moins de 26 pieds de longueur), et à régler,
avec M. Ramsden, tout ce qui concernoit leur application à la
mesure. On différera leur description jusqu'à leur emploi sur le
terrain, après la fin des opérations avec les perches de bois.

Le lundi 2 août, à huit heures et demie du matin, on recommença les opérations par la comparaison des perches avec l'étalon : l'excès fut trouvé de $\frac{1}{10}$ de pouce à la température de 66°.
L'extrémité antérieure de la perche fut alors placée sur le trépied au n° 27, où se trouvoit une longueur exacte de 800 perches de 243 pouces chacune, comptée depuis l'extrémité la plus
basse de la base, et répondant à 810 perches de 240 pouces. On
jugea à propos de marquer ce point sur le terrain, afin de pouvoir le reconnoître lorsqu'on mesureroit en sens contraire avec

résultat illusoire ; car on trouvera, par les expériences données en détail ci-après, qu'un
pendule solide de verre se dilate plus qu'un
tube : néanmoins il n'y a pas de doute que des
verres de différentes pesanteurs spécifiques ne
soient susceptibles de différentes dilatations.

les verges de verre : cela fut exécuté en enfonçant deux petits piquets dans la terre, éloignés d'un pied, et placés de chaque côté de la base à angle droit avec sa direction. Un fil de soie étant alors tendu sur le sommet des piquets, et mû avec précaution jusqu'à ce qu'il touchât le fil du perpendicule suspendu à l'extrémité de la perche, on fit alors une petite entaille sur la tête des piquets, au moyen de laquelle on pouvoit replacer le fil dans la même position ; ce qui étant achevé, les piquets furent recouverts de terre. On mesura neuf hypothénuses dans le cours de cette journée, et à sept heures après midi le trépied fut placé à la trente-sixieme station. Les perches étant comparées, furent trouvées égales à l'étalon, à la température de $67°\frac{1}{2}$.

Le mardi 3 août on compara encore les perches, et leur excès étoit seulement de $\frac{1}{60}$ de pouce. Lorsqu'on fut arrivé au milieu de la quarante-unieme hypothénuse, le point correspondant à l'extrémité antérieure de la 1215e perche fut marqué sur le terrain par deux piquets et un fil de soie, comme on avoit fait à la vingt-sixieme. On continua alors la mesure vers l'extrémité nord-ouest de la base, qui fut trouvée contenir en tout 1353 longueurs de perches de 243 pouces chacune, qui, en y ajoutant 21 pouces à l'extrémité desquels fut placé le trépied, donnent le point qui devoit naturellement répondre à la 1370e perche de 240 pouces, faisant 328800 pouces ou 27400 pieds. Il faut ajouter à cette distance 4,31 pieds, qui est l'espace compris entre l'intersection sur le trépied et le centre du tuyau marquant l'extrémité nord-ouest de la base. Ainsi la longueur totale donnée par les perches, sans égard à la dilatation ni à la réduction à l'horizon, est de 27404,31 pieds. J'observerai que l'intersection sur le trépied, terminant les 27400 pieds, étoit seulement de 9 pouces, et $\frac{2}{10}$ au-delà du piquet répondant à la 274e chaîne. Cette conformité exacte entre le résultat des perches et celui fourni par la première mesure avec la chaîne, vient de l'excès de longueur de cette derniere, qui avoit été à très peu près compensée par les irrégularités du terrain.

La mesure avec les perches étant finie, on les vérifia à cinq heures après midi, et elles furent trouvées égales à l'étalon, la température étant de 75°.

### Dilatation des perches de sapin.

C'est une opinion généralement reçue, quoique nous en ayons reconnu la fausseté, que le sapin à fibre très droit n'est point ou du moins très peu affecté longitudinalement par l'humidité de l'air. La perche étalon avoit été destinée à nous garantir de cette espece d'erreur : étant toujours renfermée soigneusement dans sa caisse, excepté pendant la courte durée de la comparaison, elle ne pouvoit que très peu éprouver les modifications des perches d'opération, qui étoient constamment exposées à l'air libre pendant le jour, et à l'humidité de la nuit quand on les avoit transportées sous la tente. Il est vrai que la perche étalon ne pouvoit pas être exactement comparée avec l'échelle de cuivre ; car, quoique lors de sa construction on eût enfoncé dans sa tige des clous de cuivre distants de 40 pouces pour faciliter la comparaison, ils avoient été dérangés, ou du moins les points marqués sur leur tête effacés, lorsqu'on avoit poli la surface supérieure. Cette circonstance, à laquelle on n'avoit pas fait attention dans le commencement de l'opération, n'est maintenant d'aucune conséquence, parceque, d'après des expériences que nous allons rapporter, la dilatation de l'étalon peut être connue à très peu près. Nonobstant cela, depuis les circonstances contradictoires dont nous parlerons bientôt, qui auroient obligé de répéter la mesure avec les perches de bois, si on n'en avoit pas eu d'autres d'une espece différente, aussi exactes par leur nature que par la maniere de les employer, qui n'admettent aucune concurrence entre les deux résultats, et dispensent d'avoir jamais recours à la premiere mesure, on peut soupçonner que les perches de bois seront par-tout universellement rejettées dans les différentes mesures qu'on aura occasion de faire à l'avenir.

Aux environs du 10 juillet, deux perches, l'une de la Nouvelle-

Angleterre, et l'autre de bois de Riga, ayant été mesurées dans l'attelier de M. Ramsden, au moyen des pointes fixées dans la grande planche, et ayant chacune deux clous de cuivre enfon·cés à la distance de 20 pieds, furent mises sur le toit de la maison, où elles resterent jusqu'au 26, la pluie ayant régné pendant la plus grande partie de ce temps. Elles furent alors descendues; et ayant été comparées avec la mesure déterminée sur la planche au moyen d'un grand compas à verge, la Nouvelle-Angleterre fut trouvée alongée de 0,031 pouces, et le bois de Riga de 0,041 pouces. Cette expérience semble prouver que le bois rouge de Riga, nonobstant la quantité de résine qu'il contient, est plus susceptible des effets de l'humidité que le bois blanc de la Nouvelle-Angleterre. M. Ramsden avoit trouvé pareillement que la grande planche, si souvent mentionnée, souffroit dans le temps ordinaire d'été une dilatation et une contraction dont la valeur moyenne pour chaque jour étoit de 0,0041 pouces; c'est-à-dire que, si d'après l'échelle et au moyen du compas à verge on mesuroit le soir la distance de 20 pieds entre les points marqués sur les clous de cuivre, on la trouvoit le lendemain matin plus grande de 0,0041 pouces, à cause de l'humidité de la nuit. Pendant la durée du jour elle se contractoit pour revenir à sa premiere longueur, et ainsi de suite. M. Ramsden a souvent observé ce changement alternatif dans la planche de sapin, mais particulièrement les 11 et 12 août que la quantité en fut effectivement mesurée. On conçoit sans peine qu'on fit soigneusement entrer en considération toutes les différentes températures qu'éprouvoit l'échelle de cuivre, et les heures où se faisoit la comparaison.

Cette derniere expérience semble nous.autoriser à penser que la perche étalon, qui étoit demeurée enfermée dans sa caisse sous la tente, à Hounslow-Heath, avoit souffert la même espece de dilatation et contraction alternatives que la planche susmentionnée; c'est-à-dire qu'étant de bois de Riga, sa moyenne dilatation vers le milieu du jour étoit de $\frac{25}{10000}$ de pouce. Il faut augmen-

ter de cette quantité la dilatation actuellement observée des
perches à mesurer, afin de renfermer dans des limites probables
(ne pouvant le faire plus exactement) l'équation de cette dilatation, ou la longueur dont la mesure apparente donnée par les
1370 perches de bois doit être augmentée, pour avoir la vraie
longueur de la base, telle que l'auroit donnée une perche inal-
térable de la même longueur originale que celles de bois, ainsi
qu'on le voit par la table suivante.

| Table de la dilatation des perches de sapin. | | | | | | | | |
|---|---|---|---|---|---|---|---|---|
| Jours. | Nombre de perches. | Heure de la comparaison. | Température de l'air. | Dilatations observées. | Valeur moyenne en décimales. | Équat. pour les perches. | Équat. pour l'étalon. | Dilatat. totale. |
| | | | | pouc. | | pouces. | pouces. | pouces. |
| 16 juil. | 105 | 4ʰ 0′ mat.<br>6 0. soir. | 48°<br>62 | $\frac{1}{50}$<br>0 | 0,010 | 1,050 | 0,2625 | 1,3125 |
| 17 | 195 | 7 0. mat.<br>6 0. soir. | 62<br>62 | $\frac{1}{50}$<br>0 | 0,010 | 1,950 | 0,4875 | 2,4375 |
| 23 | 240 | 9 0. mat.<br>6 0. soir. | 61<br>54 | $\frac{1}{50}$<br>$\frac{1}{67}$ | 0,021 | 5,040 | 0,6000 | 5,6400 |
| 24 | 270 | 7 30. mat.<br>11 15. mat.<br>5 45. soir. | 61<br>66<br>64 | $\frac{1}{26}$<br>$\frac{1}{31}$<br>$\frac{1}{33}$ | 0,033 | 8,910 | 0,6650 | 9,5750 |
| 2 août | 270 | 8 30. mat.<br>7 0. soir. | 66<br>67$\frac{1}{2}$ | $\frac{1}{30}$<br>0 | 0,0125 | 3,375 | 0,6650 | 4,0400 |
| 3 | 290 | 7 0. mat.<br>5 0. soir. | 56<br>75 | $\frac{1}{80}$<br>0 | 0,017 | 0,493 | 0,7250 | 1,2180 |
| TOTAL. | 1370. | | | | | 20,818 | 3,405 | 24,223 |

*N. B.* Quoique les perches n'aient pas été comparées avec l'étalon le 16
juillet, néanmoins la dilatation est probablement la même que celle qui a
été trouvée le jour suivant, et a été comptée pour telle.

On verra, en examinant la table précédente, que la dilatation
totale des perches en bois, y compris la petite équation pour l'alongement de l'étalon, monte à 24,223 pouces ou 2,02 pieds, qui,
étant ajoutée à la longueur apparente de la base, 27404,31 pieds,
obtenue d'abord, donne, pour la longueur inclinée, 27406,33
pieds. Déduisant de ce nombre 0,07 pieds, excès de l'hypothénuse, sur la longueur horizontale qui forme la réduction conte-

nue dans la septieme colonne de la table générale de la base, il
reste 27406,26 pour la distance donnée par les perches en bois,
entre les centres des tuyaux qui terminent la base réduite au niveau du plus bas, près d'Hampton Poor-House, à la température
de 63°, qui étoit celle de l'échelle de cuivre lorsque les longueurs
des perches ont été déterminées. Tout cela néanmoins suppose
qu'on est parfaitement sûr de trois choses : la premiere, que la
dilatation des perches a été bien exactement évaluée; la seconde,
que le choc des perches bout à bout, lorsqu'on a mesuré par contact, n'a produit aucune erreur; enfin la troisieme, qu'il ne s'est
glissé aucune espece d'erreur dans l'exécution. Lorsque nous en
serons à donner la vraie longueur de la base, telle qu'on l'a
ultérieurement obtenue par le moyen des verges de verre, on
verra qu'une au moins de ces trois sources d'erreur a influé sur
le résultat, quoiqu'il soit très probable que ce ne sont que les
deux premieres. Ce n'est pas encore le moment de discuter cet
objet, et je finirai l'article de la dilatation des perches en rapportant deux autres expériences, qui montrent évidemment combien elles sont peu propres à être employées aux mesures.

On a déja vu que les travaux de Hounslow-Heath avoient été
suspendus pendant la derniere semaine de juillet. Le 26 de ce
mois, à huit heures du matin, le thermometre à 63°, on compara
les perches avec l'étalon, et on trouva qu'elles l'excédoient, valeur moyenne, de $\frac{1}{55}$ de pouce. Maintenant, si on suppose toute la
base mesurée avec les perches dans cet état, la différence montera à plus de $7\frac{1}{2}$ pieds, indépendamment de l'alongement que
l'étalon lui-même peut avoir acquis sur sa longueur originale.

On fit une autre expérience à Spring-Grove, au commencement de septembre. Après la conclusion de toutes les opérations,
les perches, avec tout leur appareil, furent déposées sous le toit
d'un grenier de sir Joseph Banks. Le moyen de comparaison
étoit de mesurer un espace aussi grand que le jardin pourroit
le comporter, lorsque les perches seroient dans leur état de sécheresse ou de contraction; de remesurer ensuite le même espace,

le lendemain matin , quand les perches laissées sur le lieu se seroient imbibées de toute l'humidité que la fraîcheur de la nuit
pouvoit procurer. En conséquence, le 4 ayant été très sec, le soleil très brillant, et le thermometre à 68°, on arrangea dix-sept
supports dans une longue allée, si exactement mis dans le même
plan, qu'ils sembloient n'en former qu'un seul. On vissa une
aiguille de cuivre sur la surface du premier, qui étoit le plus bas.
Les deux plus élevés, c'est-à-dire le seizieme et le dix-septieme,
furent fixés portant chacun une regle de cuivre , et séparés
seulement de quarante-cinq pouces. La premiere perche fut ap-
puyée contre l'aiguille de cuivre , et les autres successivement
bout à bout, jusqu'à ce qu'on en eût mesuré quinze longueurs :
alors on traça sur la regle de cuivre du dix-septieme support une
ligne marquant l'extrémité de la quinzieme perche. Cette derniere ayant été ôtée , on prit 45 pouces sur l'échelle de cuivre
qu'on porta en arriere , depuis la ligne extrême marquée sur la
regle de cuivre du dix-septieme support, jusqu'à la regle de
cuivre du seizieme support, sur laquelle on traça une autre ligne.
L'espace compris entre cette seconde ligne et l'aiguille du premier support étoit juste de 300 pieds ou de 15 perches en coïncidence. Pendant la nuit du 4, qui fut très belle, les perches resterent sur un gazon uni. Le 5 , au soleil levant , il s'éleva un
brouillard épais, qui étoit entièrement dispersé à huit heures environ. A sept heures du matin, on enleva les perches de dessus
le gazon , et on s'apperçut que le côté inférieur étoit absolument
sec, tandis que les autres étoient entièrement imbibés de rosée.
Les distances des quatorze supports compris entre le premier et le
seizieme , ayant été réduites graduellement de 20 pieds 3 pouces,
à 20 pieds, on commença à mesurer une seconde fois, en plaçant
les perches en coïncidence l'une avec l'autre ( ce à quoi l'on
parvint aisément par de petits mouvements, opérés au moyen
d'un coin de bois seulement), jusqu'à ce qu'on eut obtenu quinze
longueurs : alors on traça sur la regle de cuivre une ligne correspondante à celle de la piece d'ivoire de la quinzieme perche.

Cette ligne fut trouvée de 0,498 ou environ un demi-pouce, au-delà de celle qui terminoit les trois cents pieds le soir du jour précédent. On voit évidemment par-là que la rosée d'une nuit, ou un espace de quatorze heures au plus, a occasionné une dilatation dans les perches qui auroit produit pour toute la base une valeur de 45, 484 pouces.

On voit clairement que cette derniere expérience est plus exacte que toutes les comparaisons faites précédemment sur l'étalon dans la proportion d'environ quinze à un : mais lorsqu'après l'expérience terminée le soleil eut repris son éclat, on ne sait nullement de combien les perches exposées à ses rayons se sont contractées pour reprendre ou à peu près leur premiere forme. Les comparaisons répétées, à très peu d'intervalle, pour s'assurer de faits de cette espece, sont absolument incompatibles avec des opérations aussi longues et aussi fastidieuses que la mesure des longues bases; et c'est vraiment en cela que consiste le grand inconvénient des perches en bois, vu qu'on ne connoît point l'altération qu'éprouve leur longueur très peu après la comparaison, qui a lieu dans une proportion, et quelquefois même dans un sens différent de ce à quoi on s'attendoit.

*Description des verges de verre dont on a fait usage pour la mesure ultérieure de la base.*

On a déja dit que la derniere semaine de juillet avoit été employée à se pourvoir de verges de verre, et à concerter avec M. Ramsden la maniere de les appliquer à la mesure de la base. Malgré leur grande longueur, elles se trouverent si droites, que, quand elles étoient mises sur une table, l'œil placé à une extrémité pouvoit voir un petit objet posé à l'autre bout, dans l'axe du vuide intérieur.

On concevra la nature et la construction des verges de verre, dont trois furent préparées pour l'opération, en regardant avec attention leurs plans et élévations, en tout ou en partie, sur différentes échelles dans la Planc. III, où l'on peut aussi voir les plans et les coupes des extrémités des tubes, mis dans leurs dimensions réelles, afin de faire mieux comprendre les différentes parties de l'appareil qui y est adapté.

La caisse contenant le tube, et qui sert à le maintenir dans sa premiere position rectiligne, est par-tout de huit pouces de profondeur, d'égale largeur dans le milieu, et rétrécie en courbe, à partir de là jusques vers chaque extrémité, où elle n'a que deux pouces et un quart de largeur. Elle est faite de bois blanc : les côtés ont un demi-pouce d'épaisseur, le dessus et le fond trois huitiemes de pouce. Ces derniers sont placés dans des rainures arrangées pour les recevoir, à un demi-pouce environ des bords supérieurs et inférieurs des côtés, qui, pliant aisément, et s'appliquant avec exactitude, sont alors fortement fixés par deux rangées de vis à bois, placées de part et d'autre à leur partie supérieure et inférieure. Ainsi la profondeur des côtés d'une part, et de l'autre la force élastique qu'ils développent en se pliant, fait l'effet d'un arc-boutant, empêche les caisses de se déjetter, et leur donne la solidité suffisante, quoiqu'en même temps elles soient très légeres, eu égard à leur grande longueur.

Le plan de la verge du milieu représente la caisse sans planche de dessus, afin qu'on puisse voir le tube qui y est renfermé : celles de droite et de gauche ont leur piece de dessus avec un trou ovale dans le milieu, fermé par un couvercle de Mahoga supportant deux thermometres qu'on a placés verticalement, afin que la boule, enfoncée d'environ deux pouces dans la caisse, fît mieux connoître la température du verre. On concevra ceci aisément en voyant la figure du tube et de sa boule dans la coupe faite sur le milieu de la verge.

Le milieu du tube a été fixé au milieu de la caisse de la maniere suivante. Premièrement, on l'a enveloppé d'une quantité de filasse imbibée de liqueur gluante, enroulée à plusieurs tours sur une longueur d'environ deux pouces; pendant que la liqueur gluante étoit encore chaude, on a entré de force la masse de la filasse dans un solide collier de Mahoga, au moyen duquel les trois

substances se sont tellement unies qu'elles sembloient n'en faire
qu'une seule. Dans l'intérieur de la caisse étoient fixées trois traverses, une dans le milieu et les deux autres à moitié de la distance du milieu aux extrémités, lesquelles étoient attachées avec
des vis contre le fond et les côtés. Elles s'élevent d'environ $1\frac{1}{2}$
pouces au-dessus du fond, de maniere à ce que, dans l'usage,
l'axe du tube fût élevé à-peu-près de $2\frac{1}{2}$ pouces au-dessus de la
surface des supports, sur lesquels il étoit posé. Les pieces des extrémités de la caisse étoient aussi de Mahoga, d'environ $1\frac{1}{4}$ pouc.
d'épaisseur; chacune étoit composée de deux parties, l'une inférieure, et l'autre supérieure. Dans la partie inférieure, ainsi que
dans les traverses, est une entaille demi-circulaire bien garnie
de drap, et arrangée pour recevoir le diametre du tube qui y est
fixé, et porte conséquemment sur cinq points différents. La partie supérieure, ayant aussi une entaille demi-circulaire pour em-
brasser le dessus du tube, se pose sur ce tube, lorsque par des
épreuves réitérées il a été amené à sa veritable position ; ce qui
se connoît lorsque, la caisse portant par ses extrémités sur deux
supports de la même maniere que le faisoient les perches en
bois, l'axe du vuide intérieur forme une ligne droite. Les traverses intérieures de la caisse ont aussi leurs pieces supérieures
qui s'appliquent exactement et de la même maniere sur le tube,
et sont attachées avec des vis aux pieces inférieures. Le tout ensemble sert à maintenir contre les secousses le tube dans sa véritable position, sans cependant le comprimer trop fortement.
Enfin le collier de Mahoga, garni de filasse glutineuse, et fixé au
milieu du tube, étant fortement attaché avec quatre vis à la traverse du milieu, comme on peut le voir dans la coupe, sert à
conserver l'immobilité du tube, relativement au milieu de la
caisse, ce même tube n'étant point arrêté longitudinalement
dans les autres trous garnis de drap.

Chaque extrémité du tube est parfaitement polie, et mise à
angle droit sur l'axe. L'extrémité qui dans l'usage se trouve à la
gauche ( l'usage assez général étant de tourner la vis de la main

droite ) sort de la caisse d'environ sept dixiemes de pouce, et s'appelle extrémité fixe, parceque l'appareil qui y est adapté est fixe : l'autre extrémité vers la droite est de neuf dixiemes de pouce ; et ayant un appareil mobile, elle s'appelle extrémité mobile.

L'appareil fixe consiste en un bouchon d'environ 3 pouces de longueur, fait avec une excellente matiere, et si exactement arrangé pour l'ouverture intérieure, qu'il y entre juste, et y est serré sans faire éclater le tube. Au milieu du bouchon est un tube cylindrique de cuivre dont les côtés sont minces, le bout intérieur plus épais, et le bout extérieur ouvert. Ce tube reçoit une tige d'acier, dont l'extrémité intérieure, étant faite en forme de vis, se fixe dans le bout épais du tube de cuivre. Cette tige d'acier a extérieurement un col plus gros, portant un bouton de métal de cloche. Le col entre très exactement dans le tube de cuivre, de maniere qu'il n'y ait aucun jeu ; et le côté intérieur du bouton s'applique exactement contre le bout du tube de verre, au plan duquel bout la surface extérieure de ce bouton, qui est plane, est rendue exactement parallele.

L'appareil mobile consiste, comme l'autre, en un bouchon et un tube de cuivre de même longueur. Avant d'enfoncer le bouchon, on en coupe une piece oblongue, parallèlement à l'axe, de $\frac{7}{10}$ de pouce de longueur et $\frac{2}{10}$ de largeur, dans la partie de ce cylindre, répondant à la partie supérieure du bout extérieur du tube de verre, dans la paroi intérieure duquel on a tracé d'avance une ligne avec la pointe de diamant à environ un demi-pouce de l'extrémité. Le tube de cuivre contient un ressort spiral, un peu plus petit que son diametre intérieur. Une tige d'acier se place dans la cavité du ressort spiral, comme dans l'extrémité fixe : mais elle est plus longue, et n'a point de vis à son extrémité intérieure, étant exactement arrangée pour s'adapter à un trou circulaire qui est à l'extrémité intérieure du tube de cuivre pendant qu'un col triangulaire de métal de cloche glisse dans un trou de même forme à l'extrémité extérieure. Par ce moyen, la tige d'acier se meut librement et sans aucun jeu en avant et en arriere, et presse le ressort spiral au moyen d'un collet de cuivre placé pour ce dessein à l'extrémité intérieure du col triangulaire, pendant qu'à l'extrémité extérieure est attaché un bouton de métal de cloche. La surface extérieure de ce bouton est sphérique, ayant un rayon d'environ deux pouces; et la surface intérieure, pareille à celle de l'extrémité fixe, peut s'appliquer exactement contre le bout du tube de verre, mais non pas être poussée assez avant pour le toucher. Un cercle auquel tient une petite piece droite, le tout taillé dans un cylindre solide d'ivoire, tourné pour entrer aisément dans le tube de verre, est attaché derriere le bouton par de petites vis, avec un trou dans le cercle pour laisser passer le collet. La petite piece droite a environ $\frac{8}{10}$ de pouce de longueur, avec une intersection tracée près de son extrémité intérieure, dont les lignes sont noires pour les rendre plus visibles. De cette maniere, lorsque les deux verges sont en contact, et que le bouton fixe de l'une presse contre le bouton mobile de l'autre, l'intersection est avancée jusqu'à ce qu'elle coïncide avec la ligne tracée au diamant sur la paroi intérieure du tube de verre, dont la longueur est arrangée de maniere que, lorsque la coïncidence a lieu, la distance entre la surface plane d'un bouton et la surface sphérique de l'autre est exactement de 20 pieds. On voit, à gauche de la planche, la position respective des extrémités de la premiere et seconde verges, lorsque l'ivoire est en coïncidence avec la ligne tracée au diamant : à la droite se voit la situation respective des extrémités de la seconde et troisieme verges. Avant que la coïncidence ait lieu, la petite piece portant l'intersection est poussée en-dehors par l'action du ressort spiral renfermé dans le tube.

Chaque verge a quatre roues, deux à chaque extrémité : ces roues ont deux pouces de diametre, et sont unies par un axe commun d'acier, qui peut s'élever et s'abaisser le long d'un vuide préparé pour le recevoir dans les pieces extrêmes de Mahoga. On remplit ensuite la partie inférieure de ce vuide.

Une bande ou bride de cuivre, d'environ $\frac{8}{10}$ de pouce de largeur, passe par-dessus la caisse, et, se repliant extérieurement, descend de chaque côté pour recevoir les roues, dont les pivots tournent dans ladite bande près de son extrémité inférieure : cette bande est maintenue à sa place par des vis latérales, qu'elle reçoit dans des rainures ou coulisses, et une vis à tête ronde au-dessus de la caisse ; cette derniere vis sert à élever ou à abaisser les roues à volonté.

Chaque caisse a deux traverses servant de pieds, placées immédiatement derriere chaque paire de roue, et s'étendant latéralement de chaque côté, jusques à environ $4\frac{1}{4}$ pouces du milieu. Sous leurs extrémités extérieures sont de petites pieces d'acier, à surface raboteuse comme celle d'une lime, et fixées par des vis. Lorsque la premiere verge est mise en place, on éleve les roues en tournant la vis supérieure, au moyen de quoi elles ne supportent plus rien, et tout le poids tombe sur les dents de lime, qui s'incrustent elles-mêmes sur la surface du support avec lequel elles s'unissent. Quand on veut ensuite amener le bouton fixe de la seconde verge à presser contre le bouton mobile de la premiere, les roues étant chargées de son poids au moyen de la vis supérieure, la verge est mue aisément, en employant l'appareil suivant.

Les trois verges sont numérotées comme l'étoient les perches, savoir, 1, 2, 3, 4, 5, 6. Les premieres extrémités ou extrémités impaires des verges portent les nombres 1, 3 et 5, ainsi qu'une fourche de cuivre d'environ 2 pouces de hauteur, fixée par des vis et une plaque oblongue sur le dessus de la caisse. Les secondes extrémités portent les nombres 2, 4 et 6, ainsi qu'un pilier de cuivre de même hauteur que la fourche, pareillement fixé sur la caisse par des vis et une plaque circulaire. Deux pieces ou crochets d'acier ont été indifféremment mis en usage pour amener la verge mobile ( son poids portant alors sur les roues ) à sa véritable place. Ils sont l'un et l'autre représentés dans la planche, et ne different que par la forme de l'écrou de cuivre, à tête ronde, avec lequel on fait mouvoir la vis d'environ deux pouces et demi de longueur, à laquelle tient l'extrémité droite de chaque crochet. Lorsque cet écrou est posé sur la fourche, un trou circulaire pratiqué à l'extrémité gauche du crochet embrasse sans gêne le petit pilier de cuivre. On verra aisément, à l'inspection de la figure, que, d'après la forme de l'écrou à gauche de la planche, il est seulement propre à amener la verge en coïncidence, et ne peut pas ensuite la faire mouvoir en arriere, si cela est nécessaire[1]. Il faut donc, dans ce cas, reculer la verge avec la main, et ensuite travailler de nouveau avec l'écrou jusqu'à ce que la coïncidence soit exacte, au lieu que l'écrou qui est à droite de la planche, ayant un collet de chaque côté de la fourche, est propre à faire mouvoir la verge en avant et en arriere. Quoique ce moyen paroisse préférable, on a cependant reconnu, par expérience, que, comprimant trop le crochet, on le faisoit plier, et que, son élasticité se redressant quelquefois, la coïncidence étoit dérangée ; en conséquence on s'est souvent servi de cet écrou, comme de l'autre, en plaçant la vis elle-même dans la fourche, et opérant avec les deux collets d'un même côté.

On a déja parlé des thermometres et du couvercle ovale de Mahoga placé sur chaque caisse. Ce dernier, étant ôté, permet de voir dans la caisse, et d'y mettre la main, afin de s'assurer si rien n'est dérangé. Des boîtes de cuivre, sur lesquelles sont respectivement gravés les numéros de chaque verge, sont encore vissées, avec des vis à bois, aux extrémités de la caisse, à travers lesquelles passe le tube, afin de le préserver d'accident lorsqu'on ne s'en sert pas. Enfin, pour fortifier la caisse, et principalement pour l'empêcher de se fendre lorsqu'elle est sur le terrain long-temps exposée aux rayons du soleil, les côtés en sont couverts avec de la toile brune, bien étendue, collée avec de la colle épaisse, et à laquelle il peut encore être nécessaire d'ajouter une couche à l'huile.

---

(1) La raison en est que la partie qui porte sur la fourche, n'ayant que d'un seul côté un collet plus large que l'ouverture de la fourche, ne peut avoir d'autre effet que d'approcher les verges l'une de l'autre.

Chaque verge, ainsi construite, pese environ 61 livres. Leur longueur fut déterminée par le moyen de nouvelles pointes de cuivre enfoncées dans la grande planche, les sous-divisions de 40 pouces ayant été prises avec le plus grand soin sur l'échelle de cuivre, à la température générale de 68°, qui resta constante pendant presque deux jours ( les 15 et 16 août ). Pour cet effet, on plaça sur la planche deux équerres de cuivre, dont les surfaces avoient été usées l'une contre l'autre, et qui partageoient en deux chaque point extrême. Dans cette situation, elles se présentoient mutuellement des surfaces exactement paralleles. Les perches ayant été placées entre ces équerres [1] ( ou, ce qui a été plus exact, entre la pointe d'une vis de micrometre substituée à la premiere équerre et la seconde équerre ), l'intersection tracée sur l'ivoire fut d'abord nécessairement poussée au-delà de la ligne tracée au diamant, de maniere à rendre l'espace intermédiaire moindre qu'il ne devoit être, jusqu'à ce que, le bouton mobile de métal de cloche étant graduellement usé, on obtînt les 20 pieds ; ce qu'on connut par l'exacte coïncidence de l'intersection sur l'ivoire avec la ligne tracée au diamant.

On prolongea la longueur sur la grande planche jusqu'à 25 pieds, afin de régler de nouveau la longueur de la chaîne d'acier

---

(1) La premiere de ces équerres, ou celle contre laquelle le bouton fixe étoit appliqué, avoit un trou exactement à la hauteur du centre du bouton, et assez large pour laisser passer la pointe d'une vis de micrometre qui étoit fixée au-delà de l'équerre. Alors, pendant que la température restoit exactement à 68°, le bouton fixe ou une autre surface plane étant amené contre le trou de l'équerre, la pointe fixe du micrometre fut avancée pour le toucher exactement. La coïncidence continuant à être parfaite, on obtint une distance juste de 20 pieds entre l'extrémité de la vis et la seconde équerre ; alors on remarqua la division répondant à l'index de la tête du micrometre. Cela fait, on ôta l'équerre trouée, et les verges furent exactement ajustées en les plaçant entre la pointe de la vis et la seconde équerre. La substitution du micrometre au lieu de la premiere équerre fut trouvée nécessaire, parceque pendant l'opération le maniement des instruments faisoit quelquefois changer la température ordinairement en plus. Un degré de changement produisant une différence d'environ $\frac{1}{1000}$ de pouce sur 20 pieds, elle étoit aisément et exactement connue par le micrometre, qui, lorsqu'on le mouvoit de deux divisions, c'est-à-dire de $\frac{1}{10000}$, ou $\frac{1}{5000}$ de pouce, faisoit paroître la coïncidence des lignes tracées sur l'ivoire et de celle tracée avec le diamant moins exacte.

à cent pieds justes pour servir à la quatrieme mesure. En même temps on enfonça dans cette chaîne des pointes de cuivre distantes de 25 pieds, au moyen de quoi sa longueur pourra être vérifiée en tout temps. Le thermometre étoit alors descendu à $66°\frac{1}{2}$.

*Disposition des supports pour la double mesure avec la chaîne et les verges de verre; description de l'appareil appliqué aux extrémités de la chaîne; continuation ultérieure de la mesure avec les verges de verre seulement.* (PLANC. II et IV.)

D'après les circonstances déja mentionnées dans cet exposé fastidieux, mais nécessaire, on a dû prévoir depuis long-temps que le résultat donné par la mesure avec les perches en bois devoit être entièrement rejetté pour admettre celui des verges de verre, qui mérite une préférence absolue, vu qu'il seroit hors de propos de prendre un milieu entre une méthode évidemment bonne et une autre moins parfaite, quelque petite que soit réellement la différence entre les résultats comparés avec une attention scrupuleuse.

En conséquence, pour éviter de répéter l'opération avec les verges de verre, et en même temps pour faire une belle expérience avec la chaîne, on proposa d'exécuter une double mesure avec l'un et l'autre, c'est-à-dire de multiplier le nombre des supports et des autres parties de l'appareil, de maniere à faire marcher la chaîne en avant, et les verges à la suite sur les mêmes supports. Pour cet effet, tout l'attirail ayant été envoyé à l'extrémité nord-ouest de la base le soir du 17 août, l'opération de la double mesure fut commencée le lendemain matin 18.

On voit, dans la Planche II, les 17 supports qui ont tous été nécessaires pour porter la chaîne, l'appareil attaché à chacune de leurs extrémités, les dix caisses dont cinq faisoient une longueur d'environ 98 pieds, afin que, lorsqu'une longueur de chaîne seroit mesurée sur les cinq premieres, on pût la transporter en avant sur les cinq autres, et ainsi de suite. Les 17 supports ont été disposés en trois grouppes, de trois supports chacun, et quatre intermédiaires entre le grouppe central et chacun des deux extrêmes. Le support du milieu, ou support à coulisse de chaque grouppe (ainsi distingué, parceque quelques uns d'entre eux ont des coulisses de cuivre sur leur surface supérieure), supporte la main de la chaîne, et reçoit en même temps le trait fait vers le biseau d'une piece de cuivre terminant le commencement et l'extrémité des cent pieds. Ainsi il y avoit en tout six supports intermédiaires entre ceux du centre de chaque grouppe pour supporter les 98 pieds de longueur de caisses, réduites à une moindre longueur que les cent pieds, afin que leurs extrémités ne portassent point sur les supports centraux, et même ne les touchassent point. L'appareil pour le premier bout, ou le zéro de la chaîne, étoit attaché sur le support à la gauche du centre, et celui pour le dernier bout étoit attaché sur le support à la droite du centre. Lorsque la seconde longueur de chaîne étoit mesurée, le premier et le sixieme supports portant les caisses étoient envoyés en avant afin de servir pour la troisieme longueur, et les supports portant les quatre caisses restantes étoient élevés jusqu'à ce que leur surface se trouvât dans un même plan avec les supports à coulisse pour recevoir les verges de verre. La quantité dont on élevoit ces supports étoit d'environ 3 pouces, le plancher des caisses étant de pareille hauteur au-dessus des supports sur lesquels elles posoient.

L'appareil attaché au premier bout de la chaîne, ou celui qui servoit à l'amener au point de départ, tandis qu'un poids suspendu à l'autre bout la tiroit en sens contraire, consiste en deux parties, comme on peut le voir à gauche de la Planche II. La premiere est un petit chassis de bois, arrangé pour glisser sur la surface d'un support ordinaire quelconque, placé immédiatement à gauche de celui qui supporte la main de la chaîne. La seconde est une verge d'acier, plate, d'environ deux pieds de longueur, sur laquelle on a percé plusieurs trous distants d'un pouce à-peu-près, pour recevoir un clou d'acier placé dans celui de ces trous qui convenoit le mieux à la distance du support à la main de la chaîne. L'extrémité de la verge d'acier la plus près de celle de la chaîne est faite en forme de vis de 4 pouces de longueur, et reçoit un crochet fourchu arrangé pour saisir la partie rectiligne de la main de la chaîne ; en dedans de ce crochet, est un fort écrou à tête ronde, qui, pressant contre le fond de la fourche, attire la chaîne en arriere, jusqu'à ce que le fil de l'à-plomb, passant sur le tracé du biseau, coïncide avec le point de départ sur le terrain : il y a pour cet effet un trou sur la surface du support, à travers lequel le fil peut passer. Ce support, servant à faire venir la chaîne en arriere, a été ordinairement chargé d'un double poids placé sur le jambage de derriere.

L'appareil pour le dernier bout de la chaîne consiste, comme le premier, en un petit chassis de bois qui peut aisément glisser sur un support ordinaire, comme on le voit au côté droit de la Planche II. Ce chassis porte une poulie sur laquelle passe une corde portant un poids de 14 livres, pendant que le crochet fourchu à l'autre bout de la chaîne embrasse la partie rectiligne de la main de cuivre. Au moyen de ces deux appareils, la chaîne conserve toujours un certain degré de tension sur les caisses, dont chacune porte un thermometre pour indiquer la température : le tout est couvert d'une piece de toile étroite, tendue d'un bout à l'autre pour garantir des rayons directs du soleil.

Chaque caisse consiste en trois planches d'environ un demi-pouce d'épaisseur : les côtés avoient 5 pouces de hauteur, et étoient cloués dans le milieu à un fond ou plancher de 4 pouc., tellement que la coupe sur le travers ressembloit à la lettre H. Elles avoient le défaut d'être, par leur forme parallélogrammique, sujettes à se déjetter ; ce qu'on auroit pu éviter en leur donnant la forme des caisses des verges de verre, c'est-à-dire en les faisant larges dans le milieu et étroites par les bouts.

Nous en sommes maintenant à donner la description de la double mesure avec la chaîne et les verges de verre, où il faut bien remarquer, de même que pour la continuation du travail, avec les verges seulement, lorsqu'on suivra les progrès du travail sur la carte, que nous avons été de la 46ᵉ à la 1ᵉʳᵉ station; et lorsqu'on consultera la table générale de la base par le nivellement, la température, et la correction relative à la dilatation, qu'il faudra la suivre de bas en haut, dans un sens contraire à celui où les opérations ont été faites avec les perches en bois.

Le matin du 18 août, les supports et les différentes parties de l'appareil furent placés de la maniere qu'on a dit. L'opération commença en faisant coïncider le bout de la chaîne avec l'intersection du trépied, répondant à l'extrémité de la 1370ᵉ perche en bois, et distante de 4,31 pieds du centre du tuyau terminant l'extrémité nord-ouest de la base. La chaîne étant tendue le long des caisses au moyen d'un poids de 14 livres suspendu à la poulie de l'extrémité la plus éloignée, la température des cinq thermometres étant écrite sur un registre destiné à cet objet, on traça une ligne très fine sur un morceau de carte, fixé sous le biseau attaché à la derniere main de la chaîne, et marquant l'extrémité des cent pieds. La chaîne fut ensuite portée sur les cinq caisses suivantes, et celles qui étoient vacantes furent transportées en avant, afin d'être prêtes pour la troisieme longueur de chaîne, et de donner la facilité d'élever les premiers supports pour recevoir les verges de verre, et ainsi de suite.

En procédant de cette maniere, on ne mesura dans le cours de la journée qu'une longueur de dix chaînes, ou 1000 pieds; savoir les 45ᵉ et 46ᵉ hypothénuses de la base; la premiere de 400, et la seconde de 600 pieds. Arrivés à ce point, on trouva que la ligne de la coulisse de cuivre, marquant l'extrémité de la dixieme chaîne, donnoit $\frac{2}{10}$ de pouce de moins qu'une autre ligne sur la même coulisse marquant l'extrémité de la 50ᵉ verge de verre. On verra ci-après, lorsque nous en serons à montrer, par les expériences faites avec le pyrometre, quelle contraction réelle de la chaîne et des verges de verre correspond aux degrés de différence de température au-dessous de celle à laquelle leurs longueurs respectives avoient été déterminées[1]; on verra, dis-je, que la petite différence apparente de $\frac{2}{10}$ de pouce entre les deux manieres de mesurer auroit dû être de 0,17938 pouces pour rendre les résultats exactement conformes, ce qui fait une différence réelle de 0,02062 pouces seulement. Supposant que chaque longueur de 1000 pieds de la base ait été mesurée par la chaîne avec la même attention, et conséquemment avec à-peu-près le même succès (ce dont il n'y a sûrement aucune raison de révoquer en doute la possibilité), on auroit eu une erreur de 27,404 × 0,02062 pouces = 0,565 pouces, ou d'un peu plus d'un demi-pouce sur toute la longueur de la base.

Une si exacte conformité entre des résultats donnés par des instruments si différents ne sauroit manquer d'étonner; et comme il arrive rarement que la graduation des thermometres se corresponde à des différences assez petites pour ne pas occasionner de beaucoup plus grandes erreurs, nous desirions tous avoir la confirmation de ce début, en continuant l'opération de la même maniere sur une plus grande partie de la longueur totale. Mais outre que cette double mesure étoit un procédé fastidieux à cause de la multiplicité de supports, plate-formes, caisses, et au-

---

(1) Lorsqu'on a déterminé la longueur de la chaîne, la température étoit à 66° et demi, et, pour les verges de verre, à 68°. Nous les comparerons conséquemment ensemble relativement à leur température respective. Le degré moyen des vingt thermometres, pour les quatre longueurs de chaîne de la 46ᵉ hypothénuse, étoit de 61°,6; et pour les six longueurs de la 45ᵉ hypothénuse, le degré moyen étoit à 59°,75. La température moyenne des 400 pieds de longueur de verre, donnée par quarante thermometres, étoit de 56°,3; et celle de 600 pieds, donnée par soixante thermometres, étoit de 65°, 8. D'après ces données, et la détermination des dilatations de l'acier et du verre obtenue au moyen du pyrometre, on établira le calcul suivant :

$$
\text{Acier.} \begin{cases} 400 & 66°,5-61,6 = 4°,9 \times 0,03052 = 0,14955 \\ 600 & 66\ ,5-59,75 = 6\ ,75 \times 0,04578 = 0,30901 \end{cases} = 0,45856 \begin{cases} \text{contraction pour 1000} \\ \text{pieds.} \end{cases}
$$

$$
\text{Verre.} \begin{cases} 400 & 68\ ,0-65,3 = 2\ ,7 \times 0,02068 = 0,05584 \\ 600 & 68\ ,0-60,8 = 7\ ,2 \times 0,03102 = 0,22334 \end{cases} = 0,27918 \begin{cases} \text{contraction pour 1000} \\ \text{pieds.} \end{cases}
$$

Excès de la contraction des 1000 pieds d'acier sur celle des 1000 pieds de verre, ci. . . . . . . . . . 0,17938

La différence réelle a été trouvée de, ci. . . . . . 0,20000

Donc l'erreur venant de la chaîne est de, ci. . . . . . 0,02062 × 27,404 = 0,565 pouc, ou un peu plus d'un demi-pouce pour toute la longueur de la base.

tres attirails, ce qui nous avoit obligé d'avoir un renfort de soldats, avec six hommes de plus ; l'opération avoit déja beaucoup
plus traîné en longueur qu'on ne s'y étoit attendu, l'été s'avançoit, et la continuation du beau temps étoit incertaine. Les
caisses pour la chaîne, ayant été construites précipitamment,
furent trouvées défectueuses ; et bref, toutes ces raisons nous
engagerent à ne plus faire pour ce moment de nouvelles expériences avec la chaîne, et à ne nous servir que des verges de
verre pour achever la mesure de la base.

En conséquence, le jeudi 19 août, on continua les opérations
avec les verges de verre sur la longueur de cinq hypothénuses,
depuis la 44ᵉ jusques à la 40ᵉ inclusivement. On doit se rappeller
qu'en opérant avec les perches en bois, on avoit enfoncé dans
la terre deux piquets au milieu de la 41ᵉ hypothénuse, où étoit
le point terminant la 1215ᵉ perche à compter du sud-est, ou la
155ᵉ à compter de l'extrémité nord-ouest de la base. Arrivés à ce
point, et ayant tendu un fil de soie d'un piquet à l'autre, les 155
perches se trouverent trop courtes d'un dixieme de pouce juste.
Si l'on fait entrer en considération la dilatation de l'échelle de
cuivre et celle des verges de verre, on verra que la petite dilatation des perches en bois, causée par l'humidité de l'air, doit
avoir pour ce point excédé de 0,931 pouces la valeur à laquelle
elle est portée dans la table, supposant qu'aucune erreur d'espece quelconque ne s'est glissée dans l'opération en mettant les
perches en contact ou autrement [1].

---

(1) 155 perches en bois, = 3100 pieds.
$\begin{cases} \times\,0{,}383 & \text{pour 1° d'excès de températ. de l'échelle de cuivre, de 62° à 63°.} \\ \times\,0{,}651 & \text{partie proportionnelle à quoi est évaluée la dilatation causée par l'humidité.} \end{cases}$

$\times\,1{,}034$ équation pour 3100 pieds de perches en bois.

155 verges de verre, = 3100 pieds.
$\begin{cases} \times\,2{,}301 & \text{pour 6° d'excès de la température de l'échelle de cuivre, de 62° à 58°.} \\ -0{,}436 & \text{contraction du verre donnée par l'expérience, évaluée dans les onzieme et douzieme colonnes de la table.} \\ \times\,0{,}1000 & \text{quantité dont les 155 verges tombent en-deça du fil.} \end{cases}$

$\times\,1{,}965$ équation pour 3100 pieds de verges en verre.

$0{,}931$ $\begin{cases} \text{différence des deux équations, qui est en moins dans la} \\ \text{dilatation des perches en bois.} \end{cases}$

Le samedi 21 août, on reprit la mesure à la 39ᵉ station, et on acheva cinq hypothénuses jusqu'à la 35ᵉ inclusivement.

Ce jour-là, à midi environ, sa majesté daigna honorer le travail de sa présence, entra dans des détails circonstanciés sur la maniere dont on l'exécutoit, et voulut bien lui donner sa gracieuse approbation.

Le lundi 23, on mesura cinq hypothénuses, c'est-à-dire jusques à la trentieme inclusivement.

Le mardi 24, on mesura sept hypothénuses, et on finit le travail du jour à la vingt-deuxieme station.

On doit se rappeller qu'en opérant avec les perches en bois, on avoit enfoncé en terre deux piquets à la vingt-septieme station répondant à l'extrémité de la 810ᵉ perche depuis la premiere extrémité, ou de la 560ᵉ depuis la derniere de la base. Arrivés à ce point, et ayant tendu un fil de soie d'un piquet à l'autre, les 560 verges de verre dépassoient le fil de 2,525 pouces.

On trouvera encore ici que l'alongement des perches en bois, causé par l'humidité de l'atmosphere, differe tant soit peu de ce à quoi il a été estimé par la comparaison avec l'étalon, étant surhaussé de deux dixiemes de pouce seulement sur 560 perches [1]. Ce même jour, en traversant le pont placé sur la vieille riviere, la mesure, au lieu d'être prise sur l'inclinaison de l'hypothénuse, fut prise de niveau dans la longueur de vingt verges, savoir, quinze de la vingt-septieme, et cinq de la vingt-sixieme hypothénuse. Cette circonstance a occasionné un petit changement dans la réduction de ces deux espaces, marqué avec des astérisques dans la table générale.

---

(1) 560 perches en bois, $=$ 11200 pieds. $\begin{cases} \times 1,390 \text{ pour } 1° \text{ d'excès de la températ. de l'échelle de cuivre, de } 62° \text{ à } 63°. \\ \times 5,258 \text{ à quoi est estimée la dilatation relative à l'humidité.} \end{cases}$

   $\times 6,648$ équation pour 560 perches en bois.

560 verges de verre, $\times$ 11200 pieds. $\begin{cases} \times 8,343 \text{ pour } 6° \text{ d'excès de la températ. de l'échelle de cuivre, de } 62° \text{ à } 68°. \\ \times 1,821 \text{ dilatation du verre donnée par l'expérience.} \\ -1,191 \text{ contraction du verre donnée, } idem. \\ -2,525 \text{ dont la } 560ᵉ \text{ verge dépassoit le fil.} \end{cases} \begin{cases} \text{d'après les colonnes} \\ \text{11 et 12 de la table.} \end{cases}$

   $\times 6,448$ équation pour les 560 verges de verre.

   0,200 $\begin{cases} \text{différence qui est en plus dans la dilatation des 500 per-} \\ \text{ches en bois.} \end{cases}$

Nous avions eu beaucoup de peine dans la traversée de la grande route, lors de la premiere mesure, à cause du nombre de voitures qui passoient continuellement, de la profondeur des fossés et de la hauteur des berges du vieux chemin romain. On prépara, en conséquence, des pieces de charpente pour cet objet; et de peur que quelque accident arrivé dans la conduite de l'opération ne nous obligeât à recommencer, on enfonça deux piquets en terre, à la maniere ordinaire, à deux verges de distance de la vingt-sixieme station, auxquels nous pouvions avoir recours, sans retourner en arriere jusques vers le trépied laissé à la vingt-neuvieme station, point auquel l'on avoit commencé les opérations du matin.

Le mauvais temps nous empêcha d'avancer le 25; et tout ce qu'on put faire le 26 fut de mesurer les vingt-deuxieme et vingt-unieme hypothénuses.

Le travail du vendredi 27 fut plus expéditif: on mesura six hypothénuses dans le cours de la journée, et on plaça le trépied à la quatorzieme station.

Le samedi 28, on mesura huit hypothénuses, et le trépied fut placé à la sixieme station. Etant ce jour-là arrivés près du pont placé sur la riviere de Wolsey, on enfonça en terre deux piquets, au point répondant à l'extrémité de la 1172ᵉ perche comptée du nord-ouest, ou de la 198ᵉ comptée de l'extrémité sud-est de la base, afin de pouvoir y recourir en cas d'accident. Les huit longueurs de perche, entre ce point et la sixieme station, furent mesurées de niveau, au lieu de l'être sur l'hypothénuse; ce qui exigea un changement dans la réduction, qu'on a distingué par des astérisques dans la table générale.

On acheva, le lundi 30 août, la mesure avec les verges de verre [1], et l'extrémité de la 1370ᵉ verge tomba au-delà du centre

---

[1] Ceux qui furent présents, et qui nous aidoient le dernier jour de l'opération, étoient le capitaine Bisset, M. Greville, sir William Hamilton, M. Lloyd, et le docteur Usher, professeur d'astronomie au college de Dublin. Ce dernier eut la complaisance de veiller avec la plus scrupuleuse attention, pendant toute l'opération avec les verges en verre, à ce que la coïncidence de la seconde avec la premiere demeurât constante pendant qu'on faisoit coïncider la troisieme avec la seconde.

du tuyau terminant la base au sud-est, de 17,875 pouces ou
1,49 pieds. D'après cela, faisant entrer en considération les différentes équations de la dilatation, on trouve que l'altération
que l'humidité a fait subir aux perches en bois, qui, d'après la
comparaison avec l'étalon, avoit été en apparence fort considérable dans la premiere et la seconde sections de la base, disparoît entièrement, c'est-à-dire que son évaluation totale est sur-
haussée de 20,964 pouces; et ce sont là ces circonstances contradictoires dont on a parlé plus haut[1].

J'ai déja insinué qu'il me paroissoit y avoir trois causes possi-
bles de la différence trouvée entre la dilatation évaluée et la dilatation réelle des perches en bois; et comme nous avons absolument abandonné cette maniere de mesurer, il est de peu ou de
nulle importance de chercher à découvrir comment elle a pu
avoir lieu. Si quelque erreur est actuellement commise, ce qui est
on ne peut pas moins probable, elle ne peut avoir eu lieu que vers
le trépied, en y reprenant mal le point de départ lorsqu'on re-
commençoit le travail. Mais on sait très bien quelle peine et quels
soins nous avons pris pour nous garantir de pareille erreur. Les
distances hypothénusales, données par la chaîne, s'accordent
entre elles à si peu près, qu'un pied ou dix pouces auroient fait
une différence assez remarquable dans la situation du prochain
piquet, pour ne point le passer sans y prendre garde. En outre,
dans la mesure avec les verges de verre, après avoir passé la
route de Staines, les mesures excédoient graduellement les piquets ( sans aucune irrégularité quelconque ), et enfin ont ou-

---

(1) 1370 perches en
bois, = 2740 pieds.
　{ ×3,389　pour 1° de l'échelle de cuivre, de 62° à 63°.
　{ ×24,223 à quoi on a évalué la dilatation produite par l'humidité.
　　×27,612 équation de 1370 perches en bois.

1370 verges de verre,
= 27400 pieds.
　{ ×20,336 pour 6° de l'échelle de cuivre, de 62° à 68°.
　{ × 5,989 dilatation du verre donnée par l'expérience. } d'après les colonnes
　{ — 1,802 contraction donnée, *idem*. } 11 et 12 de la table.
　{ —17,8-5 quantité dont les 1370 verges dépassoient le tuyau.
　　+ 6,0 .. équation des 1370 verges de verre.

　　20,964 { erreur en plus de l'évaluation de la dilatation des perches
　　　　　　en bois.

tre-passé le tuyau du sud-est de 17,875 pouces. Je suis , pour ces raisons , incliné à croire que la différence vient en partie de ce qu'on peut avoir perdu en choquant constamment les perches l'une contre l'autre ; au moyen de quoi l'extrémité de la 1370ᵉ ne s'est point trouvée aussi près du tuyau nord-ouest qu'elle devoit l'être , et qu'elle l'auroit été , si les perches avoient été appliquées l'une à l'autre par coïncidence. Il faut avouer que le grand accord entre le verre et les perches de bois, dans la partie supérieure de la base , semble contredire un peu cette supposition. Cependant la pente étant plus rapide , et les irrégularités de la surface plus considérables dans la partie basse que dans la partie haute , peuvent avoir produit des effets dans l'une qui n'ont point eu lieu dans l'autre. Mais la plus grande partie de la différence vient de l'évaluation trop grande de la dilatation ; c'est-à-dire que les perches, quand on les a mises en œuvre , se contractoient plutôt que nous ne l'imaginions , et par-là avoient une plus petite longueur que celle qu'on leur assignoit par un milieu pris entre deux ou plusieurs comparaisons.

Le dernier d'août fut employé à congédier la compagnie , et à transporter les différentes parties de l'appareil à Spring-Grove.

*Description du pyrometre microscopique dont on a fait usage pour déterminer par l'expérience la dilatation des métaux dont on a fait usage pour la mesure de la base.* (Planc. V. )

Après avoir , dans les chapitres précédents , donné la description la plus détaillée des opérations faites sur le terrain , afin que le public , bien instruit des moindres circonstances , fût plus en état de juger de l'exactitude du résultat , il me reste encore à faire voir de quelle maniere on a obtenu , par des expériences faites avec le pyrometre , les équations dont il est précédemment fait mention dans différentes notes , pour la dilatation de l'échelle servant d'étalon , de la chaîne d'acier , et des verges de verre qu'on a employées à la mesure de la base.

Je n'ignore pas qu'un membre de cette société , homme d'un

grand mérite, publia, il y a quelques années, dans les Transactions philosophiques (vol. XLVIII, 1754, n° 79), une description d'expériences faites avec un pyrometre de son invention. Il n'y a aucun doute sur l'exactitude des expériences qui y sont rapportées ; elles sont au contraire confirmées par la description que nous allons donner de celles récemment faites, avec lesquelles les siennes s'accordent à très peu de chose près. Mais comme différentes pieces de la même espece de métal sont susceptibles de différents degrés de dilatation, on a pensé qu'il étoit à propos, dans l'occasion présente, de faire des épreuves sur les verges faites avec le même métal dont on s'est servi pour la mesure de la base. Cette méthode doit être considérée comme la plus exacte, toutes choses supposées égales d'ailleurs, soit dans la perfection des instruments, soit dans la maniere de diriger les expériences. En outre, la dilatation de verges de cinq pieds de longueur étant bien connue, les erreurs, inévitables dans des observations aussi délicates, deviennent moindres dans la proportion de l'excès des grandes verges sur les petites. Les expériences actuelles ont été faites avec une autre espece de pyrometre, inventé par M. Ramsden, d'une construction si soignée, qu'il paroît difficile de le perfectionner.

Le pyrometre microscopique, ainsi nommé parcequ'on mesure la dilatation par le moyen de deux microscopes qui y sont attachés, consiste en un fort chassis de bois de cinq pieds de longueur, environ vingt-huit pouces de large, et quarante-deux pouces de haut. L'élévation du côté de l'œil ou de celui qui se présente à l'observateur, ainsi que de l'extrémité du micrometre ou de celle qui est à la droite, avec le plan général du dessus, sont représentés à l'échelle d'un pouce pour pied, ou au 12<sup>e</sup> de leur grandeur réelle, dans la Planche V, où l'on voit aussi la vue perspective de l'extrémité fixe, avec les plans, coupes et élévations de plusieurs des principales parties faites sur une grande échelle. On a espéré faciliter par-là l'intelligence de la construction de cette machine, sans entrer dans une description minutieuse du grand nombre de petites parties dont elle est composée.

On a vissé solidement, par-dessus le chassis, deux auges de bois de plus de cinq pieds de longueur; celle du côté de l'observateur est saillante sur le chassis d'un peu plus d'un pouce, et celle de l'autre côté arrase la partie opposée. Chacune de ces auges, qui a environ trois pouces en quarré dans œuvre, contient un prisme de fer fondu servant d'étalon, dont le côté a 1¼ pouce. La maniere dont ces prismes sont attachés, chacun au fond de son auge, et la nature de l'appareil placé à leur extrémité, seront bientôt conçues en regardant les plans et élévations particuliers, compris dans le grouppe de huit petites figures à la droite du plan général. Quatre de ces figures, à la gauche, appartiennent au microscope fixe, et les quatre autres, à la droite, au microscope micrometre, ainsi désigné parcequ'on y a adapté un micrometre. Au moyen du collier de cuivre qui embrasse les prismes, leur extrémité gauche, qui est fixe, est très fermement vissée à des pieces de cuivre, sur lesquelles elle est à demeure, de maniere à être parfaitement immobile relativement aux auges ; au lieu que l'extrémité droite est à frottement doux dans les colliers, sans cependant qu'il y ait de jeu, mais de maniere à pouvoir s'alonger et se raccourcir librement, selon que la température l'exige, sans occasionner d'effort dans aucune partie. Le prisme qui est dans l'auge la plus près peut être appellé prisme de l'oculaire, parcequ'il porte l'oculaire des microscopes; et celui qui est dans l'auge la plus éloignée, le prisme du réticule, parcequ'il porte le réticule ou la croix de fils de métal, sur laquelle les microscopes sont respectivement dirigés. Les auges sont enduites intérieurement, pour pouvoir conserver l'eau, et chacune a sur la gauche un robinet pour la vuider.

Entre les deux auges de bois, il y en a une de cuivre, servant de chaudiere, un peu plus courte que les premieres, mais ayant un peu plus de cinq pieds de longueur. Sa largeur est d'environ 2¼ pouces, et sa profondeur de 3¼. Le centre de la chaudiere, ou plutôt du verre objectif qui y est placé, est distant des fils du réticule de 5,81 pouces, et, des fils du micrometre attaché à l'oculaire correspondant, de 20,33 pouces. La chaudiere est placée sur cinq petits rouleaux , dont il y en a un fixé à chaque extrémité de l'auge , et les trois autres sur les traverses qui sont par-dessous. Cette auge de cuivre a aussi un robinet à l'extrémité gauche ; on l'a représentée dans le plan général renfermant un prisme de fer fondu. Mais ce dernier ne porte point d'appareil comme ceux des auges de bois ; il est exactement de la longueur de cinq pieds : on l'a placé là pour tenir lieu d'une des verges dont on a éprouvé la dilatation , et pour montrer que la machine pouvoit recevoir des pieces d'une pareille longueur et pesanteur.

On voit , dans le plan général , douze lampes destinées à faire bouillir l'eau dans la chaudiere. Elles sont portées sur quatre petites planches , et il y en a trois entre chaque division formée par les traverses. Elles peuvent être aisément poussées en avant ou en arriere ; et lorsqu'on les emploie, on ne voit que les pattes servant à les prendre , projettées sous la chaudiere. On a éprouvé qu'en brûlant de l'huile dans ces lampes, la chaleur de l'eau ne pouvoit s'élever au-dessus de 209 ou 210° ; mais, avec de l'esprit-de-vin , on obtenoit la plus violente ébullition. On voit, par le plan des auges, que les tubes des microscopes sont sous-divisés en plusieurs parties distinctes , et qu'une de ces parties est attachée par un collet au prisme de Mahoga, qui atteint d'une extrémité à l'autre. Ces détails seront expliqués après que nous aurons décrit l'appareil qui est placé dans la chaudiere.

Le plan et la coupe longitudinale de cette chaudiere sont représentés au bas de la planche , au quart de la dimension réelle. Elle contient intérieurement deux doubles coulisses de cuivre , l'une longue et l'autre courte , qui , au moyen des traverses qui en unissent les bandes, ressemblent exactement à une échelle. La longue coulisse , dont les bandes ont $1\frac{1}{2}$ de profondeur , comprend presque toute la longueur de la chaudiere, dont elle est néanmoins séparée partout , excepté aux points A et B. Au premier point, deux fortes pieces de cuivre, fixées aux bandes et entaillées par-dessous , embrassent l'extrémité d'une barre cylindrique de cuivre attachée au fond : au point B , les bandes de la coulisse sont placées sur un rouleau. Il suit de là que la chaudiere et la coulisse sont respectivement immobiles en A ; mais que de là, jusques à leur extrémité , elles ont pleine liberté de se placer, c'est-à-dire de se dilater par la chaleur , et de se comprimer par le froid, dans la proportion qu'exigent leurs différentes natures. L'extrémité gauche de la coulisse est fermée par une forte piece de cuivre , réunie avec les deux tubes latéraux qui supportent le verre objectif du microscope fixe , dont le centre répond exactement à sa surface intérieure. Cette piece, étant fortement vissée aux bandes de la coulisse et cintrée extérieurement , oppose une forte résistance à l'action contraire de la verge en expérience qui se dilate , et qu'on suppose ici être une barre d'acier. Dans la partie à droite de la longue coulisse, est placée une petite coulisse d'environ $14\frac{1}{2}$ pouces de longueur, dont les bandes ont $1\frac{1}{4}$ pouce de hauteur. Son extrémité extérieure en C reste sur la surface cylindrique de la derniere traverse de la longue coulisse qui est disposée pour cet effet : pendant qu'une petite barre longitudinale , fixée à son extrémité intérieure au point DE de la coupe, se meut librement dans l'entaille d'un chevalet F, arrangé pour cet effet dans la longue coulisse, le bout extérieur de cette petite coulisse est fermé de la même maniere que le bout opposé de la grande.

Cette piece extrême est aussi attachée avec le support du tube qui contient le verre objectif du pyrometre microscope, dont le centre répond à sa face intérieure ; et étant fortifiée extérieurement par une barre de champ, elle contrebutte l'effort produit par la dilatation de la verge en expérience. En continuant d'examiner la planche, on apperçoit un tube de cuivre R, fixé à l'extrémité de la chaudiere, qui contient intérieurement une tige de cuivre environnée d'un ressort d'acier en hélice ou à boudin : ce ressort, agissant contre une partie élargie de la tige de cuivre, arrangée pour cet effet, presse son **extrémité intérieure** qui entre dans la chaudiere contre la surface verticale de l'extrémité de la petite coulisse. Dans cet état, l'autre extrémité de la verge en expérience, supposée sans dilatation, est constamment forcée d'agir contre la surface qui est sous le microscope fixe. Mais lorsqu'on applique le feu à la chaudiere, la force irrésistible de la dilatation de la verge oblige le ressort à céder : la petite coulisse change alors de place, et avec elle le verre objectif du microscope micrometre, parcourant un espace proportionnel au degré de chaleur qu'on a produit. C'est cet espace mesuré, comme on le verra bientôt, par le moyen du micrometre, qui détermine la quantité de la dilatation ou l'alongement de la verge. Nous observerons, en dernier lieu, que, dans la figure, la verge en expérience paroît posée sur la surface de trois rouleaux d'environ un pouce de diametre. Ensuite trois paires de plaques arrondies, ou especes de poulies, portant des axes à vis, au moyen desquels on peut les amener à effleurer latéralement la verge, servent à la maintenir dans sa vraie position, quelles que soient sa forme et ses dimensions latérales.

Le microscope placé à gauche a été appellé microscope fixe, parcequ'il répond à l'extrémité fixe de la verge en expérience, et ne change jamais de place lorsque cette verge a cinq pieds de longueur. Mais comme il a paru essentiel de déterminer la dilatation de l'échelle de cuivre servant d'étalon, laquelle n'a guere que 43 pouces de longueur, le pyrometre a été en conséquence disposé pour recevoir toutes les verges moindres que cinq pieds, au moyen de quoi son usage est devenu plus universel. Cet usage impose la nécessité de faire mouvoir les réticules et les oculaires du microscope fixe le long de leurs prismes respectifs, pour les amener au point qu'exige la verge qu'on a choisie. Cependant le verre objectif demeure toujours à la même place ; on lui substitue un autre verre de même foyer, fixé sur une piece semblable à celle du bout, qu'on peut attacher fortement à un point quelconque de la bande de la grande coulisse.

On voit ici la raison pour laquelle les tubes des microscopes sont interrompus en plusieurs endroits, ainsi que l'usage du prisme, le long duquel la grosse partie du tube peut se mouvoir d'un bout à l'autre.

Depuis que ce pyrometre a été fait et essayé, on y a fait différents petits changements pour le perfectionner, qu'il n'est pas nécessaire de décrire ici en particulier. Un de ces changements consiste dans l'addition d'un niveau aux extrémités ( SS dans le plan général ) des tubes renfermant les objectifs. On voit la maniere dont ils sont attachés par la figure qui est au bas de la planche dans l'angle à gauche : la coupe qui est dans l'angle à droite représente un double crochet de cuivre avec sa vis de rappel mis en TU en travers de la chaudiere, par le moyen duquel on fait coïncider les niveaux, lorsque l'eau est bouillante, avec la position où ils ont été mis à la température de la glace, c'est-à-dire qu'on les rend paralleles dans l'un et l'autre cas. On a cru cette précaution nécessaire, parceque l'eau bouillante faisoit fléchir le milieu de la coulisse, et par là déplaçoit les bulles des niveaux.

Le micrometre dont on a souvent parlé, étant une piece très essentielle de la machine, est représenté de grandeur naturelle, tant en plan qu'en élévation. Sa principale partie est une vis de micrometre en acier, qui passe dans un écrou mobile de cuivre, et dont la partie plane entre dans une longue douille de cuivre très soigneusement creusée pour la recevoir, de maniere qu'il n'y ait point de jeu. Une des extrémités d'une chaîne de montre est attachée à l'écrou mobile, et l'autre est fixée à un barillet, qui contient un ressort de montre, plié à la maniere ordinaire. Au moyen de cette précaution, il n'y a point de temps perdu dans le mouvement du petit fil mobile, fixé au chassis que supporte l'écrou, lorsque la vis tourne d'un côté ou de l'autre.

Le fil fixe, ainsi appellé parcequ'on n'en fait usage que dans quelques occasions, paroît, dans l'élévation, à la gauche du premier, et est un peu plus éloigné de l'observateur, étant attaché à l'ovale qui termine le champ du micrometre. On fait mouvoir ce fil par le moyen d'une clef (non représentée dans la figure) qui est arrangée pour s'adapter à l'extrémité quarrée de la vis, qu'on voit projettée dans l'élévation au-dessus de la tête du micrometre. Il n'a qu'un petit mouvement, étant uniquement destiné à mesurer de petites différences de dilatation, ou de petits espaces, au moyen de ce qu'en le laissant fixe, on fait coïncider et on éloigne successivement l'autre fil. On peut ainsi s'en servir pour quelques usages particuliers ; mais on auroit pu le supprimer dans la construction de l'instrument.

On concevra bientôt la construction des microscopes par l'inspection des figures y relatives qui sont à la droite de la planche. On y voit la situation respective des différents oculaires relativement aux fils ou lieux de l'image à grossir, ainsi que le lieu de l'œil, le tout de grandeur naturelle : mais leurs distances aux objectifs et aux réticules sont accourcies ou interrompues par le manque d'étendue nécessaire pour les dessiner autrement. Pour augmenter l'angle de la vision dans les microscopes, il est toujours nécessaire d'avoir au moins deux oculaires : la figure du microscope fixe fait voir ces deux oculaires dans leur vraie position, ayant dans l'espace qui les sépare l'image transmise par l'objectif, afin que la dispersion des rayons du premier puisse être corrigée par celle du second. Cette disposition convient parfaitement à la destination du microscope fixe, mais non pas à celle du microscope mobile, auquel le micrometre est attaché, où des parties égales de l'image ou de ses mouvements doivent être pareillement mesurées par des mouvements égaux de l'objectif rendus sensibles par le micrometre. Dans ce cas, l'interposition d'un oculaire devant l'image, non seulement diminueroit sa grandeur, et par là rendroit la mesure moins exacte, mais encore en réfracteroit les rayons obliques plus que ceux qui sont voisins du centre, détruiroit l'exactitude de l'échelle en rendant inégales dans l'image grossie les parties qui sont égales dans l'objet, et les faisant par conséquent mesurer à faux par des parties inégales du micrometre. C'est pour remédier à ce défaut que M. Ramsden proposa son nouveau système d'objectifs, décrit dans les Transactions philosophiques, vol. LXXIII 1783, n°5, qu'il a appliqué à la construction du microscope micrometre : on y verra que les deux verres sont entre l'œil et l'image, au moyen de quoi son grossissement est conservé, ainsi que la juste proportion de ses parties avec l'objet qu'elle représente.

Quant à l'échelle du pyrometre, on observera d'abord que la tête de la vis de micrometre, qui a $\frac{2}{10}$ de pouce de diametre, est divisée en 50 parties égales; et chacune comptant pour deux, elles sont numérotées jusques à 100. Cinquante révolutions de la vis sont égales à 0,77175 de pouce, d'après des mesures exactes prises par M. Ramsden. Il suit de là qu'il y a 71,27 filets de vis dans un pouce, que sept révolutions et environ $\frac{13}{100}$ font faire au fil du micrometre une marche d'un dixieme de pouce, et que le $\frac{1}{100}$ d'une révolution, ou une demi-division, répond à un mouvement d'un peu plus de 0,00014 de pouce.

Ayant ainsi évalué le nombre de ré- 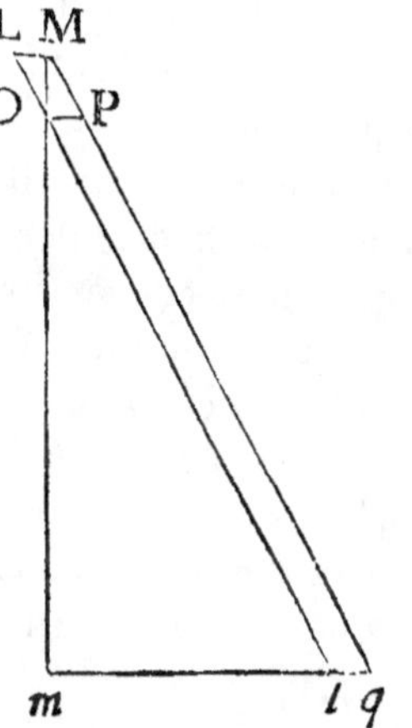

volutions=7,13 correspondant à une marche d'un dixieme de pouce des fils du micrometre, il est évident que si on connoît le nombre correspondant à une marche LM d'un dixieme de pouce du réticule, et qu'on l'ajoute au premier, leur somme donnera la mesure d'une pareille marche de 0,1 pouce de l'objectif, ou de l'alongement de la verge rendu sensible par le mouvement de l'objectif depuis O jusqu'en P. Cette marche de 0,1 pouce du réticule fut évaluée par deux différentes méthodes dont les résultats s'accorderent très bien entre eux. On prépara en premier lieu une très mince plaque d'ivoire, sur laquelle on avoit tracé en lignes extrêmement fines plusieurs intervalles d'un vingtieme de pouce, et on le fit mouvoir sur le réticule au lieu des plaques de cuivre qui y sont à présent. Une chandelle fut placée derriere pendant la nuit lorsque le pyrometre étoit ouvert; et le fil du micrometre étant mû à diverses reprises par la vis, sa coïncidence avec les lignes fut vue très distinctement à travers l'ivoire : on trouva que deux espaces étoient mesurés par 24,93 révolutions de la tête du micrometre. La seconde méthode fut employée par le moyen de deux fils extrêmement fins, placés parallèlement l'un à l'autre sur la plaque de cuivre, où ils sont encore, à la distance d'un vingtieme de pouce de chaque côté de l'intersection des fils, comme on peut le voir par la figure du réticule, ou plutôt de son image amplifiée, telle qu'on la voit sur le champ ovale du micrometre dans la figure centrale de construction. On trouva, comme ci-devant, 24,93 révolutions du micrometre répondant à l'intervalle entre les fils paralleles, qui, étant ajoutées à 7,13, donnent 32,06 pour le nombre de révolutions mesurant une marche de l'objectif égale 0,1 pouce, ou une dilatation de pareille quantité. De cette maniere, M. Ramsden obtint l'échelle de son pyrometre par le moyen le plus simple et le plus aisé, sans être obligé de connoître, d'un côté, la distance de l'objectif aux fils du réticule, et, de l'autre, sa distance aux fils du micrometre; et il n'est point aisé de prendre directement ces mesures par la difficulté de connoître exactement la position du verre dans sa boîte. Mais (voyez Planc. V, ou la figure ci à côté) LM étant l'objet à la même distance que le réticule, égal à un dixieme de pouce, $lm$ sera son image amplifiée dans la proportion de $mo$ à OM; et si par le point P, où l'objectif, qui étoit en O, a été amené par la dilatation de la verge, on mene une ligne M$q$ parallele à L$l$, on aura $ml = 24,93$, $lq = 7,13$, et $mq = ml + lq = 32,06$, nombre de révolutions du micrometre mesurant la dilatation. Le nombre de révolutions correspondant à $mq$ étant ainsi assigné, et ayant mesuré la distance totale $mM = 26,144$ pouces, formant l'espace aisé à connoître qui sépare les fils du micrometre de ceux du réticule, on calculera promptement les distances particielles $mo$ et $oM$;

car $mq : ml :: mM : mo = 20,33$ pouces, et $mq : mM :: op : oM = 5,814$ pouces.

Pour finir la description du pyrometre, j'observerai, en dernier lieu, que l'échelle circulaire vue dans l'élévation du micrometre, dont le zéro paroît coïncider avec le trait dans la partie plane de cuivre, est ce qui sert par son mouvement à compter les tours de la tête de ce micrometre. Une clef fourchue, arrangée pour entrer dans des trous placés près la circonférence du cercle, est destinée à ajuster le zéro. Le cercle ne doit jamais être tourné en arriere, ou vers la gauche, de peur que la chaîne de montre ne se sépare du barillet, mais toujours en avant ou vers la droite, quand même il seroit nécessaire de faire faire une révolution entiere. Le zéro de la tête de la vis est ce qu'on doit d'abord ajuster pour le faire correspondre à son trait. On peut voir cette coïncidence dans la coupe horizontale du micrometre, et le zéro s'éloignant du trait indique, par le nombre de divisions qui les sépare, la valeur d'une partie fractionnaire quelconque d'une révolution.

*Description des expériences faites avec le pyrometre.*

Quoique l'instrument que nous avons entrepris de décrire ici eût été commencé à bonne heure pendant l'hiver de 1784, cependant il n'a été fini qu'au commencement d'avril dernier. On le porta à cette époque dans la rue Argylle ; et ayant été bien mis de niveau sur le pavé d'une cour, on l'enferma dans un pavillon de toile, afin que les expériences ne fussent pas interrompues par le mauvais temps.

Il fallut environ 25 ou 30 livres de glace pilée pour remplir les trois auges, qui fut toujours mise avec un grand soin, pour l'appliquer aussi exactement qu'il étoit possible tant aux prismes qu'aux verges : on y ajoutoit d'abord un peu d'eau commune [1], ayant trouvé par expérience que l'eau qui découle des morceaux de glace est ce qu'on peut avoir de plus propre à mêler

---

(1) Lorsqu'on se servit d'eau commune, quoique dans une petite proportion, le thermometre se tint toujours à un demi, et quelquefois trois quarts de degré au-dessus de 32°.

avec de la glace pilée, afin d'amener le tout à la vraie température de la glace. Nous ignorions, en commençant, quel temps il falloit pour que les barreaux, sur-tout ceux de la grosseur des prismes, acquissent la juste température de la glace; et d'abord la glace pilée fut mise vers la nuit, afin d'être prêts à continuer les expériences le lendemain matin. Mais, après quelques essais, cette précaution fut trouvée inutile, un quart-d'heure étant plus que suffisant pour procurer la température de la glace, et pareillement pour rendre stationnaire la lentille attachée à la verge en expérience, lorsque l'eau, substituée à la glace, avoit été amenée au point de bouillir.

L'instrument, dans son premier état, ayant, dans quelques cas, fait paroître la dilatation progressive et non égale, on essaya de connoître sa valeur en remarquant la progression correspondante à 60°, 120° et 180° au-dessus de la glace. Mais quand l'instrument eut été perfectionné, et qu'on ne trouva pas de différence sensible entre la dilatation au plus bas et au plus haut degré de l'échelle, en prenant une valeur moyenne entre les valeurs ascendantes et descendantes, et ayant égard à la difficulté de conserver pendant un certain temps de l'eau au même degré de chaleur, on supprima cette maniere fastidieuse de conduire les expériences, et la dilatation pour 180° fut une fois déterminée, en faisant bouillir l'eau autour des verges, qui, peu auparavant, avoient été plongées dans la glace fondue, les prismes étalons étant toujours dans le même état lors de chaque expérience, vu qu'on avoit soin d'avoir en réserve de la glace pilée toujours prête pour tenir les deux auges entièrement pleines.

Deux observateurs sont nécessaires pour l'usage du pyromètre. Celui qui observe avec le microscope fixe a soin de tenir toujours l'objectif à sa véritable place; c'est-à-dire que les fils de l'oculaire partagent également l'intersection des fils du réticule. Cela se fait par le moyen de l'appareil attaché à l'extrémité fixe de la chaudiere, qu'on concevra très bien en examinant le plan WX à gauche et attenant celui de la chaudiere, et l'élévation w à droite et attenant celle de l'extrémité de la chaudiere. Cet appareil consiste en deux vis dont les têtes sont à molettes, tournant dans une plaque de cuivre attachée à l'extrémité du chassis, et agissant contre une petite tige qui tient à la partie inférieure de la chaudiere ; au moyen de quoi cette derniere reçoit un mouvement longitudinal, et marche sur ses rouleaux d'une quantité suffisante pour l'ajustement de la lentille. Celui qui observe avec le microscope micrometre, ayant mis le zéro de la tête du micrometre sur son trait, comme on le voit dans la coupe horizontale, et le zéro de révolution pareillement sur son trait, comme on le voit dans l'élévation, a soin, lorsque la verge a acquis la température de la glace, que le fil du micrometre réponde à l'intersection des fils du réticule. Il en vient à bout en tournant la tête d'une vis représentée dans le plan et l'élévation du réticule, au moyen de laquelle il meut le réticule jusqu'à ce que la bissection soit exacte ; et, pendant ce temps, le premier observateur doit être très attentif à tenir sa lentille ajustée.

Il faut au moins une personne placée au côté opposé du pyrometre pour observer les niveaux et les tenir réglés au moyen du double crochet placé près du milieu de la chaudiere, et représenté par la coupe sur la ligne **TU** à main droite au bas de la planche.

Le pyrometre ayant été ajusté de la maniere qu'on vient de décrire, après avoir donné le temps aux prismes et à la verge d'acquérir la température de la glace, ce qui se connoît aisément lorsque les fils demeurent fixes et deviennent stationnaires, à l'égard du réticule, on ôte la glace de l'auge de cuivre, qu'on remplit avec de l'eau prête à bouillir : l'ébullition s'acheve et se conserve par le moyen des lampes qu'on éclaire alors, et qu'on glisse sous la chaudiere.

La dilatation répondant à 180° depuis la glace jusqu'à l'eau bouillante, a été mesurée en amenant, au moyen de la vis, le fil du micrometre à l'intersection de ceux du réticule[1], l'observateur

---

(1) La bissection des fils peut toujours être observée, avec un grand degré de précision, par un œil médiocrement bon, et accoutumé à ces sortes d'observations. Il m'est arrivé d'ajuster, et à la hâte, huit à dix fois de suite, ces fils, une autre personne observant la différence, qui, valeur moyenne, n'excédoit pas le quart d'une division de la tête de la vis, répondant à $\frac{1}{40}$ de pouce.

placé au microscope fixe, prenant pendant tout ce temps tout le soin possible pour conserver de son côté la collimation. Le nombre des révolutions entieres est compté par le nombre de divisions entieres, qui sépare le zéro de l'échelle circulaire de son trait ou index, et la fraction de révolutions est évaluée par le nombre de divisions de la tête de la vis comprises entre le zéro et le trait ; on tient note de ces révolutions, et on les écrit dans la premiere colonne de la table d'expériences, jointe ci-après. Cette table n'a plus besoin d'autre explication que celle qui y est insérée, et qu'on a étendue dans le dessein de faire voir, d'un coup d'œil et à l'inspection seulement, ce qui seroit résulté pour la longueur de notre base, si elle avoit été mesurée par ces métaux dans les températures entre 32° et 62°.

Toutes ces expériences ont été répétées au moins deux fois, et quelques unes trois fois, excepté pour l'échelle servant d'étalon, et pour le pendule de verre, dont on n'a éprouvé la dilatation qu'une seule fois. La différence de quelques divisions entre les termes moyens et extrêmes de la chaleur de 180° étant de peu d'importance dans des choses de cette espece, on a cru inutile de viser à un plus grand degré de précision en les répétant plus souvent. En regardant dans la table la colonne particuliere qui contient la dilatation d'un pied à 180°, on appercevra qu'elles sont uniformément un peu plus petites que celles assignées respectivement pour le même métal dans les expériences semblables faites autrefois.

*Détermination ultérieure de la longueur de la base de Hounslow-Heath.*

Nous avons eu occasion, dans les articles précédents de ce mémoire, de parler des sept premieres colonnes de la table générale de la base : les titres qui sont au haut sont suffisants pour expliquer les colonnes qui se trouvent du côté droit, la dilatation du verre au-dessus de 62°, et sa contraction au-dessous, étant déduites des expériences récentes faites avec le pyrometre.

La longueur inclinée de la base est mesurée par 1369,925521

verges de verre, de 20 pieds chacune, +4,31 pieds,
distance de la derniere verge au centre du tuyau du
nord-ouest, ce qui donne, comme on l'a vu, . . . . 27402,8204

Déduisant la réduction contenue dans la septieme
colonne de la table générale, ci. . . . . . . . . . .  0,0714

La longueur apparente, réduite à l'horizon de l'extrémité sud-est, devient. . . . . . . . . . . . . 27402,7490

Cette longueur apparente doit être augmentée de
l'excès de la dilatation des verges de verre sur leur
contraction, contenu dans la treizieme colonne de
la table générale, et $= 4,1867$ pouces, réduite à la
température de 62°, comme on l'a pratiqué dans les
premieres opérations de cette espece, ci. . . . . .  0,3489

Cette longueur apparente doit enfin être augmentée de ce qu'exige l'équation de 6°, différence de
température de l'échelle servant d'étalon, de 62° à
68°, température à laquelle les verges de verre ont
été mises à 20 pieds; ce qui, conformément à ce
qu'on a déduit des expériences faites avec le pyrometre, donne, ci. . . . . . . . . . . . . . . . .  1,6946

On a ainsi la longueur corrigée de la base pour
la température de 62°, réduite au niveau de l'extrémité la plus basse, près Hampton Poor-House, ci. 27404,7925

Cette derniere longueur exige encore une petite
correction pour la hauteur de l'extrémité la plus
basse de la base au-dessus du moyen niveau de la
mer, supposée de 54 pieds, ou 9 fathoms. . . . .  0,0706

Ainsi la longueur vraie ou ultérieure de la base,
réduite au niveau de la mer, et faisant partie de la
moyenne circonférence de la surface de la terre, est
de. . . . . . . . . . . . . . . . . . . . . . . 27404,7219

Comme il reste un petit degré d'incertitude sur la derniere
correction, il ne sera pas hors de propos de dire quelques mots

sur les principes qui ont servi à en faire le calcul. On doit se rappeller que la mesure a été faite $3\frac{1}{2}$ pieds au-dessus de la surface de la bruyère, hauteur des supports sur lesquels les verges étoient placées, et que le niveau à bulle d'air donnoit une différence de hauteur de 36,1 pieds entre l'extrémité la plus basse et les eaux d'été de la Tamise à Hampton. Le profil exact de la riviere, publié dernièrement, donne une chûte de 13,33 pieds, jusques aux basses eaux des hautes marées d'Isleworth. Additionnant ces trois nombres, on a environ 53 pieds pour la hauteur au-dessus d'Isleworth. N'ayant pas de moyens immédiats pour déterminer la différence réelle de niveau entre Isleworth et les basses eaux des hautes marées, à l'embouchure de la Tamise ( comme à la Hope ou la Nore ), j'ai supposé que la chûte étoit d'environ 7 pieds, de maniere à former une pente totale d'environ 60 pieds. Alors supposant que les hautes marées à la Nore s'élevent de 18 pieds, si, conformément à la méthode de M. de la Lande, on déduit le tiers de 18, savoir, 6 pieds de 60, on aura 54 pieds, ou 9 fathoms, pour l'abaissement de la moyenne surface de la mer au-dessous de la base mesurée. Il importe peu que cette conclusion soit parfaitement exacte, puisqu'une erreur d'un fathom ( et je crains qu'elle ne soit guere moindre ) ne changeroit pas le résultat d'un dixieme de pouce. La réduction de la base a été trouvée par l'analogie suivante : le demi-diametre de la terre ( supposé de 3492915 fathoms ), augmenté de 9 fathoms, est au même demi-diametre, comme la base mesurée 27404,7925, est à la base 27404,7219, réduite au niveau de la mer. On conviendra sans doute que les peines infinies qu'on s'est données dans tout le cours de l'opération, tant sur le terrain qu'ailleurs, doivent fournir un résultat juste ; néanmoins, comme les mesures les plus exactes sont encore sujettes à quelques erreurs en plus ou en moins, nous négligerons quelques décimales, et nous fixerons ultérieurement la longueur de la base à 27404 pieds sept dixiemes.

F I N.

| Descriptio... re de | Dilatation totale d'une base de 27400 pieds, mesurée avec les métaux mis en expérience, répondant | | | | |
|---|---|---|---|---|---|
| | 1000 pieds. | à 1°. | à 10°. | à 20°. | à 30°. |
| | pouces. | pouces. | pouces. | pouces. | pouces. |
| Echelle de cuivre d'Haïn ou 3,5 épaisse 10 ½ or révolut longue | 0,1237 | 3,38938 | 33,8938 | 67,7876 | 101,6814 |
| Cuivre anglois en geur, o difficile d'épais | 0,1262 | 3,45788 | 34,5788 | 69,1576 | 103,7364 |
| Cuivre anglois en gueur, 1 pouce droit. | 0,1263 | 3,46062 | 34,6062 | 69,2124 | 103,8168 |
| Verge d'acier. Lo épaisse prise da de la ch | 0,0763 | 2,09062 | 20,9062 | 41,8124 | 62,7186 |
| Prisme de fer fonc de 1 ¼ p même v | 0,0740 | 2,02760 | 20,2760 | 40,5520 | 60,8280 |
| Tube de verre. Lo poids, tal que | 0,0517 | 1,41658 | 14,1658 | 28,3316 | 42,4974 |
| Verge solide de ve pieds; 2 onces. dule à par 10, pour 5 | 0,0539 | 1,47686 | 14,7686 | 29,5372 | 44,3058 |

| Description des verges de métal mises en expérience. | Révolutions et parties de révolution du micromètre pour la dilatation des verges de 5 pieds. | | Dilatation actuelle, répondant à 180°, exprimée en parties du pouce, et obtenue en divisant les révolutions du micromètre par 32,06, nombre répondant à une dilatation de $\frac{1}{4}$ de pouce. | | | Dilatation répondant à 1° du thermomètre de Fahrenheit. | | | | | | Dilatation totale d'une base de 27400 pieds, mesurée avec les métaux mis en expérience, répondant | | | |
|---|---|---|---|---|---|---|---|---|---|---|---|---|---|---|---|
| | répondant à 180°. | répondant à 1°. | pour une verge de 5 pieds. | pour une verge de 1 pied. | pour une verge de 100 pieds. | pour 1 pied. | 10 pieds. | 100 pieds. | 200 pieds. | 400 pieds. | 1000 pieds. | à 1°. | à 10°. | à 20°. | à 30°. |
| | révolutions. | parties de révol. | pouces. | pouces. | pouces. | pouces. | pouces. | pouces. | pouces. | pouces. | pouces. | pouces. | pouces. | pouces. | pouces. |
| Échelle de cuivre servant d'étalon. Supposé être de cuivre d'Hambourg, sa longueur est de 42,187 pouces, ou 3,568 pieds; sa largeur de 0,55 pouces; son épaisseur de 0,25 pouces, et son poids de 1 lb 10 $\frac{1}{4}$ onces. Sa dilatation a été mesurée par 25,47 révolutions du micromètre; ce qui, pour une longueur de cinq pieds, donne. . . . . . . . . | 35,69 | 19, | 0,111323 | 0,0222646 | 2,22646 | 0,0001237 | 0,001237 | 0,01237 | 0,04948 | 0,07432 | 0,1237 | 3,38938 | 33,8938 | 67,7876 | 101,6814 |
| Cuivre anglois en forme de verge. Longueur, 5 pieds; largeur, 0,9 pouces; épaisseur, 0,15 pouces; il a été difficile de la maintenir droite à cause de son peu d'épaisseur; poids, 2 lb 5 $\frac{1}{4}$ onces. . . . . . . | 36,41 | 20, | 0,113568 | 0,0227136 | 2,27136 | 0,0001262 | 0,001262 | 0,01262 | 0,05048 | 0,07572 | 0,1262 | 3,45788 | 34,5788 | 69,1576 | 103,7364 |
| Cuivre anglois en forme d'auge, ou canal rectangle. Longueur, 5 pieds; largeur, 1,4 pouces; profondeur, 1 pouce; poids, 8 lb 3 onces; très solide et très droit. . . . . . . . . . . . . . . . . . . | 36,45 | 20, | 0,113693 | 0,0227386 | 2,27386 | 0,0001263 | 0,001263 | 0,01263 | 0,05052 | 0,07578 | 0,1263 | 3,46062 | 34,6062 | 69,2124 | 103,8168 |
| Verge d'acier. Longueur, 5 pieds; largeur, 0,5 pouces; épaisseur, 0,3 pouces; poids, 2 lb 7 $\frac{1}{4}$ onces, prise dans la même barre qui a fourni la matière de la chaîne. . . . . . . . . . . . . . | 22,02 | 12, | 0,068684 | 0,0137368 | 1,37368 | 0,0000763 | 0,000763 | 0,00763 | 0,03052 | 0,04578 | 0,0763 | 2,09062 | 20,9062 | 41,8124 | 62,7186 |
| Prisme de fer fondu. Longueur, 5 pieds; chacun des côtés de 1 $\frac{1}{4}$ pouce; poids, 11 lb 9 onces, pris dans la même verge que le prisme étalon du pyromètre. | 21,34 | 11, | 0,066563 | 0,0133126 | 1,33126 | 0,0000740 | 0,000740 | 0,00740 | 0,02960 | 0,04440 | 0,0740 | 2,02760 | 20,2760 | 40,5520 | 60,8280 |
| Tube de verre. Longueur, 5 pieds; diamètre, 0,93 pouces; poids, 1 lb 13 $\frac{1}{4}$ onces, tiré du même pot de métal que les verges qui ont servi à mesurer.. . . . . | 14,93 | 8, | 0,046569 | 0,0093138 | 0,93138 | 0,0000517 | 0,000517 | 0,00517 | 0,02068 | 0,03102 | 0,0517 | 1,41658 | 14,1658 | 28,3316 | 42,4974 |
| Verge solide de verre. Longueur, 40,44 pouces, ou 3,37 pieds; diamètre moyen, 0,6 pouces; poids, 1 lb 2 onces. Elle avoit servi plusieurs années de pendule à une horloge. Sa dilatation a été mesurée par 10,46 révolutions du micromètre; ce qui, pour 5 pieds, auroit donné. . . . . . . . . . | 15,54 | 8, | 0,048472 | 0,0096944 | 0,96944 | 0,0000539 | 0,000539 | 0,00539 | 0,02156 | 0,03234 | 0,0539 | 1,47686 | 14,7686 | 29,5372 | 44,3058 |

Table générale de la base, où l'on voit la hau
Hampton Poor-House, la réduction des hyp
de la température, au moyen de laquelle on .

| 1 | 2 | 3 | | 4 | 5 | 6 | 7 |
|---|---|---|---|---|---|---|---|
| | | Hauteurs relatives | | | Pentes totales | | |
| Sections. | Numéros des hypothénuses de chaque. | des parties en montant. | des parties en descendant. | des hypothénuses. | des sections. | Réducti hypothé à l'hor |
| | | pieds. | pieds. | pieds. | pieds. | pied |
| Première section au sud-est, entre Hampton Poor-House et Hanworth Summer-House. | 1 | 0,07 | — — | 0,07 | | 0,000 |
| | 2 | 1,855 | — — | 1,925 | | 0,002 |
| | 3 | — — | 1,855 | 0,07 | | 0,002 |
| | 4 | 2,745 | — — | 2,815 | | 0,006 |
| | 5 | 2,92 | — — | 5,735 | | 0,007 |
| | 6 | 0,76 | — — | 6,495 | | 0,000 |
| | 7 | 1,57 | — — | 8,065 | | 0,000 |
| | 8 | 2,91 | — — | 10,975 | | 0,007 |
| | 9 | — — | 0,68 | 10,295 | | 0,000 |
| | 10 | 0,65 | — — | 10,945 | | 0,000 |
| | 11 | — — | 0,04 | 10,905 | | 0,000 |
| | 12 | — — | 1,18 | 9,725 | | 0,001 |
| | 13 | 0,83 | — — | 10,555 | 10,555 | 0,000 |
| | 14 | — — | 0,94 | 9,615 | | 0,000 |
| | | — — | | 10,035 | | 0,000 |

| | | | | | | |
|---|---|---|---|---|---|---|
| | 141,00 | 62,67 | 209,00 | 177,00 | 78,67 | |
| 2,75 | 141,75 | 63,00 | 209,75 | 177,75 | 79,00 | |
| 3,50 | 142,00 | 63,11 | 210,00 | 178,00 | 79,11 | |
| 3,00 | 143,00 | 63,56 | 211,00 | 179,00 | 79,56 | |
| 3,00 | 144,00 | 64,00 | 212,00 | 180,00 | 80,00 | |
| 3,00 | 145,00 | 64,44 | | | | |
| 3,00 | 146,00 | 64,89 | | | | |
| 3,25 | 146,25 | 65,00 | | | | |
| 3,00 | 147,00 | 65,33 | | | | |

Table générale de la base, où l'on voit la hauteur relative des stations au-dessus de l'extrémité sud-est près Hampton Poor-House, la réduction des hypothénuses à l'horizon, la correction des verges de verre à raison de la température, au moyen de laquelle on a leur véritable longueur pour la température de 62°.

| 1 | 2 | 3 | 4 | 5 | 6 | 7 | 8 | 9 | 10 | 11 | 12 | 13 | 14 |
|---|---|---|---|---|---|---|---|---|---|---|---|---|---|
| Sections. | Numéros des hypothénuses, de 600 pieds chacune. | Hauteurs relatives: des parties en montant. | Hauteurs relatives: des parties en descendant. | Pentes totales: des hypothénuses. | Pentes totales: des sections. | Réduction des hypothénuses à l'horizon. | Nombre de verges, de 20 pieds chacune. | Température. Résultat moyen fourni par 60 thermometres. | Température. Différence au-dessus ou au-dessous de 62° | Correction à raison de la température. Dilatation au-dessus de 62°, à ajouter à la longueur apparente. | Correction à raison de la température. Contraction au-dessous de 62°, à diminuer de la longueur apparente. | Correction à raison de la température. Différence entre la dilatation et la contraction. | Longueur corrigée de la base. |
| | | pieds. | pieds. | pieds. | pieds. | pieds. | | degrés. | degrés. | pouces. | pouces. | pouces. | pieds. |
| Premiere section au sud-est, entre Hampton Poor-House et Hanworth Summer-House. | 1 | 0,07 | — — | 0,07 | | 0,000012 | +29+925521 | 71,4 | + 9,4 | +0,2909 | | | |
| | 2 | 1,855 | — — | 1,925 | | 0,002875 | 30 | 80,7 | +18,7 | +0,5801 | | | |
| | 3 | — — | 1,855 | 0,07 | | 0,002875 | 30 | 80,6 | +18,6 | +0,5770 | | | |
| | 4 | 2,745 | — — | 2,815 | | 0,006288 | 30 | 74,0 | +12,0 | +0,3722 | | | |
| | 5 | 2,92 | — — | 5,735 | | 0,007114 | 30 | 62,6 | + 0,6 | +0,0186 | | | |
| | 6 | 0,76 | — — | 6,495 | | 0,000489 | 30 | 58,7 | — 3,3 | | —0,1024 | | |
| | 7 | 1,57 | — — | 8,065 | | 0,000825 | 30 | 60,5 | — 1,5 | | —0,0465 | | |
| | 8 | 2,91 | — — | 10,975 | | 0,007065 | 30 | 63,3 | + 1,3 | +0,0403 | | | |
| | 9 | — — | 0,68 | 10,295 | | 0,000393 | 30 | 64,1 | + 2,1 | +0,0651 | | | |
| | 10 | 0,65 | — — | 10,945 | | 0,000360 | 30 | 66,6 | + 4,6 | +0,1427 | | | |
| | 11 | — — | 0,04 | 10,905 | | 0,000009 | 30 | 70,4 | + 8,4 | +0,2606 | | | |
| | 12 | — — | 1,18 | 9,725 | | 0,001168 | 30 | 69,9 | + 7,9 | +0,2451 | | | |
| | 13 | 0,83 | — — | 10,555 | 10,555 | 0,000581 | 30 | 62,7 | + 0,7 | +0,0217 | | | |
| Seconde section, ou section du milieu, entre Hanworth Summer-House et le côté septentrional de la route de Staines à Londres. | 14 | — — | 0,94 | 9,615 | | 0,000745 | 30 | 60,7 | — 1,3 | | —0,0403 | | |
| | 15 | 0,42 | — — | 10,035 | | 0,000191 | 30 | 63,2 | + 1,2 | +0,0372 | | | |
| | 16 | — — | 1,63 | 8,405 | | 0,002222 | 30 | 69,0 | + 7,0 | +0,2171 | | | |
| | 17 | 0,28 | — — | 8,685 | | 0,000073 | 30 | 71,1 | + 9,1 | +0,2823 | | | |
| | 18 | 4,16 | — — | 12,845 | | 0,014439 | 30 | 68,6 | + 6,6 | +0,2047 | | | |
| | 19 | — — | 0,44 | 12,405 | | 0,000169 | 30 | 63,5 | + 1,5 | +0,0465 | | | |
| | 20 | 0,19 | — — | 12,595 | | 0,000036 | 30 | 59,2 | — 2,8 | | —0,0869 | | |
| | 21 | 1,87 | — — | 14,465 | | 0,002922 | 30 | 56,2 | — 5,8 | | —0,1799 | | |
| | 22 | 0,73 | — — | 15,195 | | 0,000452 | 30 | 57,0 | — 5,0 | | —0,1551 | | |
| | 23 | 0,39 | — — | 15,585 | | 0,000135 | 30 | 64,1 | + 2,1 | +0,0651 | 0,0 | | |
| | 24 | 8,95 | — — | 16,535 | | 0,000760 | 30 | 64,3 | + 2,3 | +0,0713 | | | |
| | 25 | 0,49 | — — | 17,025 | | 0,000208 | 30 | 62,5 | + 0,5 | +0,0155 | | | |
| | 26 | 2,11 | — — | 19,135 | 8,58 | 0,000063 | 30 | 71,1 | + 9,1 | +0,2823 | | | |
| Troisieme section au nord-ouest, entre le côté septentrional de la route de Staines et King's-Arbour, près la route de Colnbrook. | 27 | — — | 0,71 | 18,425 | | 0,000214 | 30 | 70,5 | + 8,5 | +0,2637 | | | |
| | 28 | 0,245 | — — | 18,67 | | 0,000057 | 30 | 63,3 | + 1,3 | +0,0403 | | | |
| | 29 | 1,21 | — — | 19,88 | | 0,001228 | 30 | 59,2 | — 2,8 | | —0,0869 | | |
| | 30 | — — | 0,165 | 19,715 | | 0,000028 | 30 | 66,2 | + 4,2 | +0,1303 | | | |
| | 31 | 0,14 | — — | 19,855 | | 0,000024 | 30 | 73,8 | +11,8 | +0,3660 | | | |
| | 32 | — — | 0,12 | 19,735 | | 0,000019 | 30 | 77,6 | +15,6 | +0,4839 | | | |
| | 33 | — — | 0,14 | 19,595 | | 0,000024 | 30 | 73,7 | +11,7 | +0,3626 | | | |
| | 34 | 1,21 | — — | 20,805 | | 0,001228 | 30 | 68,8 | + 6,8 | +0,2109 | | | |
| | 35 | 1,405 | — — | 22,21 | | 0,001653 | 30 | 65,8 | + 3,8 | +0,1179 | | | |
| | 36 | 2,34 | — — | 24,55 | | 0,004571 | 30 | 65,5 | + 3,5 | +0,1086 | | | |
| | 37 | — — | 1,085 | 23,465 | | 0,000985 | 30 | 61,5 | — 0,5 | | —0,0155 | | |
| | 38 | 0,47 | — — | 23,935 | | 0,000192 | 30 | 59,4 | — 2,6 | | —0,0807 | | |
| | 39 | 0,525 | — — | 24,46 | | 0,000238 | 30 | 55,6 | — 6,4 | | —0,1985 | | |
| | 40 | 1,265 | — — | 25,725 | | 0,001341 | 30 | 55,1 | — 6,9 | | —0,2140 | | |
| | 41 | 1,18 | — — | 26,705 | | 0,001168 | 30 | 56,1 | — 5,9 | | —0,1830 | | |
| | 42 | — — | 0,19 | 26,715 | | 0,000036 | 30 | 58,4 | — 3,6 | | —0,1117 | | |
| | 43 | 1,565 | — — | 28,28 | | 0,002049 | 30 | 58,2 | — 3,8 | | —0,1179 | | |
| | 44 | 1,485 | — — | 29,765 | | 0,001849 | 30 | 57,3 | — 4,7 | | —0,1458 | | |
| | 45 | 0,24 | — — | 30,005 | | 0,000055 | 30 | 60,8 | — 1,2 | | —0,0372 | | |
| | 46 | 1,26 | — — | 31,265 | 12,130 | 0,001973 | 20 | 65,3 | + 3,3 | +0,0682 | | | |
| | 4,31p. | | | | | | | | | | | | |
| | | 40,44 | 9,175 | 31,265 | 31,265 | 0,071401 | 1369+925521 | | | +5,9890 | —1,8023 | +4,1867 | |

| | |
|---|---|
| Longueur inclinée de la base, contenant 1369,925521 verges de verre, de 20 pieds chacune, + 4,31 pieds. . = | 27402,8204 |
| Ajouter à cette longueur apparente la différence entre la dilatation du verre au-dessus et la contraction au-dessous de 62°, contenue dans la treizieme colonne, et = + 4,1867 pouces. . . . . . . . . . . . . = | 0,3489 |
| Ajouter en outre l'équation pour 6°, différence de température de l'échelle de cuivre servant d'étalon entre 62° et 68°, qui est la température à laquelle les verges de verre ont été étalonnées = 20,3352 pouces. . . . . = | 1,6946 |
| Longueur inclinée de la base, corrigée pour être réduite à la température de 62°. . . . . . . . . . = | 27404,8925 |
| Réduction soustractive contenue dans la septieme colonne. . . . . . . . . . . . . . . . . . = | 0,0714 |
| Longueur de la base pour la température de 62°, réduite au niveau de l'extrémité la plus basse. . . . . = | 27404,7219 |
| Réduction pour la hauteur de l'extrémité inférieure de la base, au-dessus du moyen niveau de la mer, supposée de 54 pieds, ou 9 fathoms. . . . . . . . . . . . . . . . . . . . . . . = | 0,0706 |
| Vraie longueur de la base, réduite au niveau moyen de la mer. . . . . . . . . . . . . . . . = | 27404,7219 |

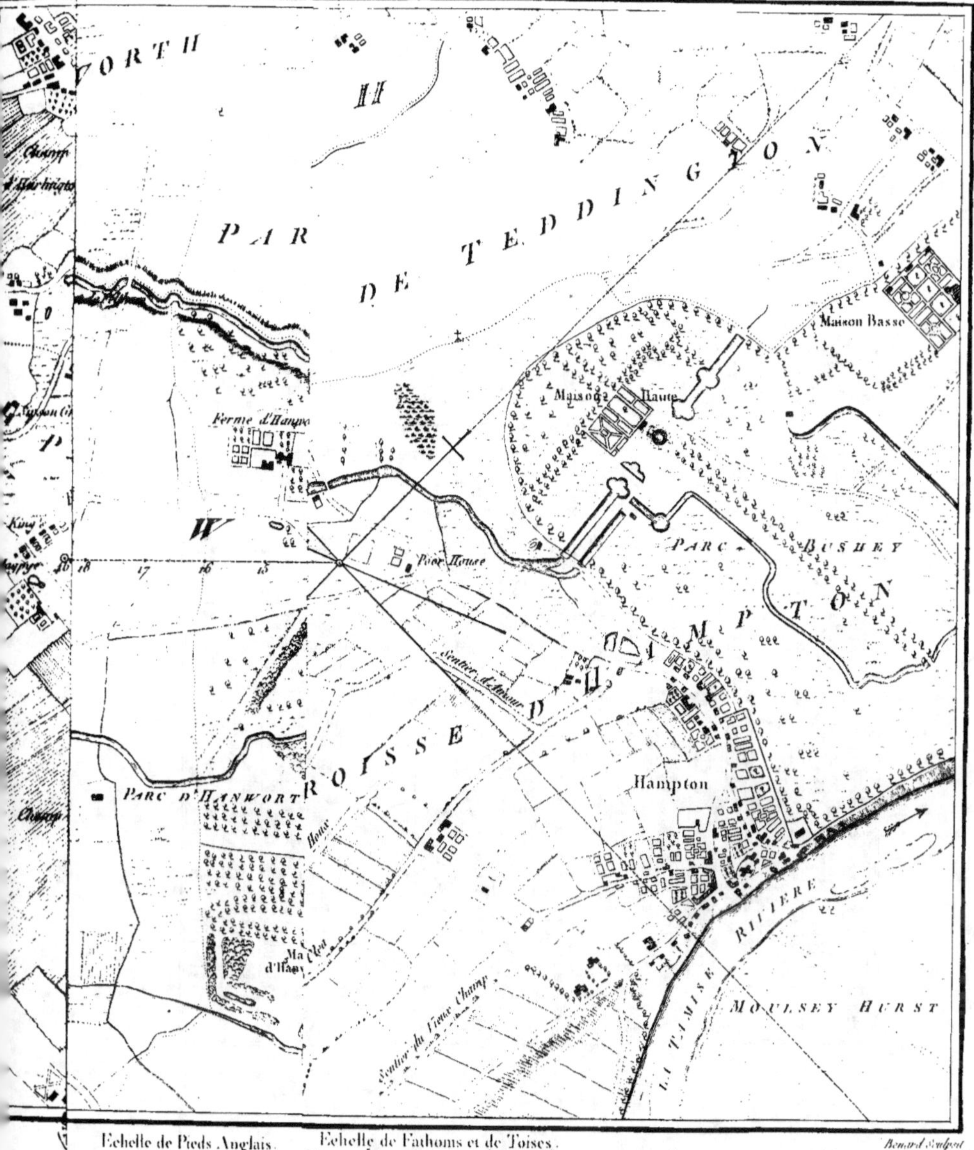
ORTH
PAR
DE TEDDINGTON
Maison Basse
Ferme d'Hanwo
Maison Haute
PARC
BUSHEY
Poor House
HAMPTON
Sentier d'Amour
ROISSE
PARC DE
Parc d'Hanworth
House
Hampton
Ma Clou
d'Han
Sentier du Vieux Champ
LA TAMISE RIVIERE
MOULSEY HURST
W
King
19 18 17 16 15
Champ
Echelle de Pieds Anglais. Echelle de Fathoms et de Toises.
Fathoms
Toises
Benard Sculpsit

# MÉTHODE ET TABLE

Pour connoître la correspondance des thermomètres de Fahrenheit et Réaumur, et réciproquement.

L'intervalle entre la glace et l'eau bouillante est divisé en 180 parties sur l'échelle du thermomètre de Fahrenheit, et en 80 parties sur celle du thermomètre de Réaumur : de plus, Fahrenheit compte 32, et Réaumur o, au terme de la glace.

D'après cela, si les deux échelles sont rapportées sur le même instrument, ou sur deux instruments comparables, et que $x$ désignant le n° d'un degré de Réaumur, $y$ désigne le n° correspondant de Fahrenheit, on aura l'équation $x = \frac{4}{9}(y-32)$, et réciproquement, $y = \frac{9}{4}x + 32$.

On voit que $x$ sera négatif, ou au-dessous de la glace, tant que $y$ sera ou plus petit que 32, ou négatif lui-même.

On a construit, d'après ces formules, la table suivante, qui, au moyen d'une double colonne pour Fahrenheit, peut servir, soit qu'on compte o ou 32 sur son échelle au terme de la glace.

| Fahrenheit, compté du zéro de son échelle. | Fahrenheit, en comptant zéro au terme de la glace. | Réaumur. | Fahrenheit, compté du zéro de son échelle. | Fahrenheit, en comptant zéro au terme de la glace. | Réaumur. | Fahrenheit, compté du zéro de son échelle. | Fahrenheit, en comptant zéro au terme de la glace. | Réaumur. | Fahrenheit, compté du zéro de son échelle. | Fahrenheit, en comptant zéro au terme de la glace. | Réaumur. | Fahrenheit, compté du zéro de son échelle. | Fahrenheit, en comptant zéro au terme de la glace. | Réaumur. | Fahrenheit, compté du zéro de son échelle. | Fahrenheit, en comptant zéro au terme de la glace. | Réaumur. |
|---|---|---|---|---|---|---|---|---|---|---|---|---|---|---|---|---|---|
| 0,00 | −32,00 | −14,22 | 36,00 | 4,00 | 1,78 | 72,00 | 40,00 | 17,78 | 108,00 | 76,00 | 33,78 | 144,00 | 112,00 | 49,78 | 180,00 | 148,00 | 65,78 |
| 0,50 | −31,50 | −14,00 | 36,50 | 4,50 | 2,00 | 72,50 | 40,50 | 18,00 | 108,50 | 76,50 | 34,00 | 144,50 | 112,50 | 50,00 | 180,50 | 148,50 | 66,00 |
| 1,00 | −31,00 | −13,78 | 37,00 | 5,00 | 2,22 | 73,00 | 41,00 | 18,22 | 109,00 | 77,00 | 34,22 | 145,00 | 113,00 | 50,22 | 181,00 | 149,00 | 66,22 |
| 2,00 | −30,00 | −13,33 | 38,00 | 6,00 | 2,67 | 74,00 | 42,00 | 18,67 | 110,00 | 78,00 | 34,67 | 146,00 | 114,00 | 50,67 | 182,00 | 150,00 | 66,67 |
| 2,75 | −29,25 | −13,00 | 38,75 | 6,75 | 3,00 | 74,75 | 42,75 | 19,00 | 110,75 | 78,75 | 35,00 | 146,75 | 114,75 | 51,00 | 182,75 | 150,75 | 67,00 |
| 3,00 | −29,00 | −12,89 | 39,00 | 7,00 | 3,11 | 75,00 | 43,00 | 19,11 | 111,00 | 79,00 | 35,11 | 147,00 | 115,00 | 51,11 | 183,00 | 151,00 | 67,11 |
| 4,00 | −28,00 | −12,44 | 40,00 | 8,00 | 3,56 | 76,00 | 44,00 | 19,56 | 112,00 | 80,00 | 35,56 | 148,00 | 116,00 | 51,56 | 184,00 | 152,00 | 67,56 |
| 5,00 | −27,00 | −12,00 | 41,00 | 9,00 | 4,00 | 77,00 | 45,00 | 20,00 | 113,00 | 81,00 | 36,00 | 149,00 | 117,00 | 52,00 | 185,00 | 153,00 | 68,00 |
| 6,00 | −26,00 | −11,56 | 42,00 | 10,00 | 4,44 | 78,00 | 46,00 | 20,44 | 114,00 | 82,00 | 36,44 | 150,00 | 118,00 | 52,44 | 186,00 | 154,00 | 68,44 |
| 7,00 | −25,00 | −11,11 | 43,00 | 11,00 | 4,89 | 79,00 | 47,00 | 20,89 | 115,00 | 83,00 | 36,89 | 151,00 | 119,00 | 52,89 | 187,00 | 155,00 | 68,89 |
| 7,25 | −24,75 | −11,00 | 43,25 | 11,25 | 5,00 | 79,25 | 47,25 | 21,00 | 115,25 | 83,25 | 37,00 | 151,25 | 119,25 | 53,00 | 187,25 | 155,25 | 69,00 |
| 8,00 | −24,00 | −10,67 | 44,00 | 12,00 | 5,33 | 80,00 | 48,00 | 21,33 | 116,00 | 84,00 | 37,33 | 152,00 | 120,00 | 53,33 | 188,00 | 156,00 | 69,33 |
| 9,00 | −23,00 | −10,22 | 45,00 | 13,00 | 5,78 | 81,00 | 49,00 | 21,78 | 117,00 | 85,00 | 37,78 | 153,00 | 121,00 | 53,78 | 189,00 | 157,00 | 69,78 |
| 9,50 | −22,50 | −10,00 | 45,50 | 13,50 | 6,00 | 81,50 | 49,50 | 22,00 | 117,50 | 85,50 | 38,00 | 153,50 | 121,50 | 54,00 | 189,50 | 157,50 | 70,00 |
| 10,00 | −22,00 | −9,78 | 46,00 | 14,00 | 6,22 | 82,00 | 50,00 | 22,22 | 118,00 | 86,00 | 38,22 | 154,00 | 122,00 | 54,22 | 190,00 | 158,00 | 70,22 |
| 11,00 | −21,00 | −9,33 | 47,00 | 15,00 | 6,67 | 83,00 | 51,00 | 22,67 | 119,00 | 87,00 | 38,67 | 155,00 | 123,00 | 54,67 | 191,00 | 159,00 | 70,67 |
| 11,75 | −20,25 | −9,00 | 47,75 | 15,75 | 7,00 | 83,75 | 51,75 | 23,00 | 119,75 | 87,75 | 39,00 | 155,75 | 123,75 | 55,00 | 191,75 | 159,75 | 71,00 |
| 12,00 | −20,00 | −8,89 | 48,00 | 16,00 | 7,11 | 84,00 | 52,00 | 23,11 | 120,00 | 88,00 | 39,11 | 156,00 | 124,00 | 55,11 | 192,00 | 160,00 | 71,11 |
| 13,00 | −19,00 | −8,44 | 49,00 | 17,00 | 7,56 | 85,00 | 53,00 | 23,56 | 121,00 | 89,00 | 39,56 | 157,00 | 125,00 | 55,56 | 193,00 | 161,00 | 71,56 |
| 14,00 | −18,00 | −8,00 | 50,00 | 18,00 | 8,00 | 86,00 | 54,00 | 24,00 | 122,00 | 90,00 | 40,00 | 158,00 | 126,00 | 56,00 | 194,00 | 162,00 | 72,00 |
| 15,00 | −17,00 | −7,56 | 51,00 | 19,00 | 8,44 | 87,00 | 55,00 | 24,44 | 123,00 | 91,00 | 40,44 | 159,00 | 127,00 | 56,44 | 195,00 | 163,00 | 72,44 |
| 16,00 | −16,00 | −7,11 | 52,00 | 20,00 | 8,89 | 88,00 | 56,00 | 24,89 | 124,00 | 92,00 | 40,89 | 160,00 | 128,00 | 56,89 | 196,00 | 164,00 | 72,89 |
| 16,25 | −15,75 | −7,00 | 52,25 | 20,25 | 9,00 | 88,25 | 56,25 | 25,00 | 124,25 | 92,25 | 41,00 | 160,25 | 128,25 | 57,00 | 196,25 | 164,25 | 73,00 |
| 17,00 | −15,00 | −6,67 | 53,00 | 21,00 | 9,33 | 89,00 | 57,00 | 25,33 | 125,00 | 93,00 | 41,33 | 161,00 | 129,00 | 57,33 | 197,00 | 165,00 | 73,33 |
| 18,00 | −14,00 | −6,22 | 54,00 | 22,00 | 9,78 | 90,00 | 58,00 | 25,78 | 126,00 | 94,00 | 41,78 | 162,00 | 130,00 | 57,78 | 198,00 | 166,00 | 73,78 |
| 18,50 | −13,50 | −6,00 | 54,50 | 22,50 | 10,00 | 90,50 | 58,50 | 26,00 | 126,50 | 94,50 | 42,00 | 162,50 | 130,50 | 58,00 | 198,50 | 166,50 | 74,00 |
| 19,00 | −13,00 | −5,78 | 55,00 | 23,00 | 10,22 | 91,00 | 59,00 | 26,22 | 127,00 | 95,00 | 42,22 | 163,00 | 131,00 | 58,22 | 199,00 | 167,00 | 74,22 |
| 20,00 | −12,00 | −5,33 | 56,00 | 24,00 | 10,67 | 92,00 | 60,00 | 26,67 | 128,00 | 96,00 | 42,67 | 164,00 | 132,00 | 58,67 | 200,00 | 168,00 | 74,67 |
| 20,75 | −11,25 | −5,00 | 56,75 | 24,75 | 11,00 | 92,75 | 60,75 | 27,00 | 128,75 | 96,75 | 43,00 | 164,75 | 132,75 | 59,00 | 200,75 | 168,75 | 75,00 |
| 21,00 | −11,00 | −4,89 | 57,00 | 25,00 | 11,11 | 93,00 | 61,00 | 27,11 | 129,00 | 97,00 | 43,11 | 165,00 | 133,00 | 59,11 | 201,00 | 169,00 | 75,11 |
| 22,00 | −10,00 | −4,44 | 58,00 | 26,00 | 11,56 | 94,00 | 62,00 | 27,56 | 130,00 | 98,00 | 43,56 | 166,00 | 134,00 | 59,56 | 202,00 | 170,00 | 75,56 |
| 23,00 | −9,00 | −4,00 | 59,00 | 27,00 | 12,00 | 95,00 | 63,00 | 28,00 | 131,00 | 99,00 | 44,00 | 167,00 | 135,00 | 60,00 | 203,00 | 171,00 | 76,00 |
| 24,00 | −8,00 | −3,56 | 60,00 | 28,00 | 12,44 | 96,00 | 64,00 | 28,44 | 132,00 | 100,00 | 44,44 | 168,00 | 136,00 | 60,44 | 204,00 | 172,00 | 76,44 |
| 25,00 | −7,00 | −3,11 | 61,00 | 29,00 | 12,89 | 97,00 | 65,00 | 28,89 | 133,00 | 101,00 | 44,89 | 169,00 | 137,00 | 60,89 | 205,00 | 173,00 | 76,89 |
| 25,25 | −6,75 | −3,00 | 61,25 | 29,25 | 13,00 | 97,25 | 65,25 | 29,00 | 133,25 | 101,25 | 45,00 | 169,25 | 137,25 | 61,00 | 205,25 | 173,25 | 77,00 |
| 26,00 | −6,00 | −2,67 | 62,00 | 30,00 | 13,33 | 98,00 | 66,00 | 29,33 | 134,00 | 102,00 | 45,33 | 170,00 | 138,00 | 61,33 | 206,00 | 174,00 | 77,33 |
| 27,00 | −5,00 | −2,22 | 63,00 | 31,00 | 13,78 | 99,00 | 67,00 | 29,78 | 135,00 | 103,00 | 45,78 | 171,00 | 139,00 | 61,78 | 207,00 | 175,00 | 77,78 |
| 27,50 | −4,50 | −2,00 | 63,50 | 31,50 | 14,00 | 99,50 | 67,50 | 30,00 | 135,50 | 103,50 | 46,00 | 171,50 | 139,50 | 62,00 | 207,50 | 175,50 | 78,00 |
| 28,00 | −4,00 | −1,78 | 64,00 | 32,00 | 14,22 | 100,00 | 68,00 | 30,22 | 136,00 | 104,00 | 46,22 | 172,00 | 140,00 | 62,22 | 208,00 | 176,00 | 78,22 |
| 29,00 | −3,00 | −1,33 | 65,00 | 33,00 | 14,67 | 101,00 | 69,00 | 30,67 | 137,00 | 105,00 | 46,67 | 173,00 | 141,00 | 62,67 | 209,00 | 177,00 | 78,67 |
| 29,75 | −2,25 | −1,00 | 65,75 | 33,75 | 15,00 | 101,75 | 69,75 | 31,00 | 137,75 | 105,75 | 47,00 | 173,75 | 141,75 | 63,00 | 209,75 | 177,75 | 79,00 |
| 30,00 | −2,00 | −0,89 | 66,00 | 34,00 | 15,11 | 102,00 | 70,00 | 31,11 | 138,00 | 106,00 | 47,11 | 174,00 | 142,00 | 63,11 | 210,00 | 178,00 | 79,11 |
| 31,00 | −1,00 | −0,44 | 67,00 | 35,00 | 15,56 | 103,00 | 71,00 | 31,56 | 139,00 | 107,00 | 47,56 | 175,00 | 143,00 | 63,56 | 211,00 | 179,00 | 79,56 |
| 32,00 | −0,00 | −0,00 | 68,00 | 36,00 | 16,00 | 104,00 | 72,00 | 32,00 | 140,00 | 108,00 | 48,00 | 176,00 | 144,00 | 64,00 | 212,00 | 180,00 | 80,00 |
| 33,00 | 1,00 | 0,44 | 69,00 | 37,00 | 16,44 | 105,00 | 73,00 | 32,44 | 141,00 | 109,00 | 48,44 | 177,00 | 145,00 | 64,44 |  |  |  |
| 34,00 | 2,00 | 0,89 | 70,00 | 38,00 | 16,89 | 106,00 | 74,00 | 32,89 | 142,00 | 110,00 | 48,89 | 178,00 | 146,00 | 64,89 |  |  |  |
| 34,25 | 2,25 | 1,00 | 70,25 | 38,25 | 17,00 | 106,25 | 74,25 | 33,00 | 142,25 | 110,25 | 49,00 | 178,25 | 146,25 | 65,00 |  |  |  |
| 35,00 | 3,00 | 1,33 | 71,00 | 39,00 | 17,33 | 107,00 | 75,00 | 33,33 | 143,00 | 111,00 | 49,33 | 179,00 | 147,00 | 65,33 |  |  |  |

# DE LA CHAÎNE D'ACIER.

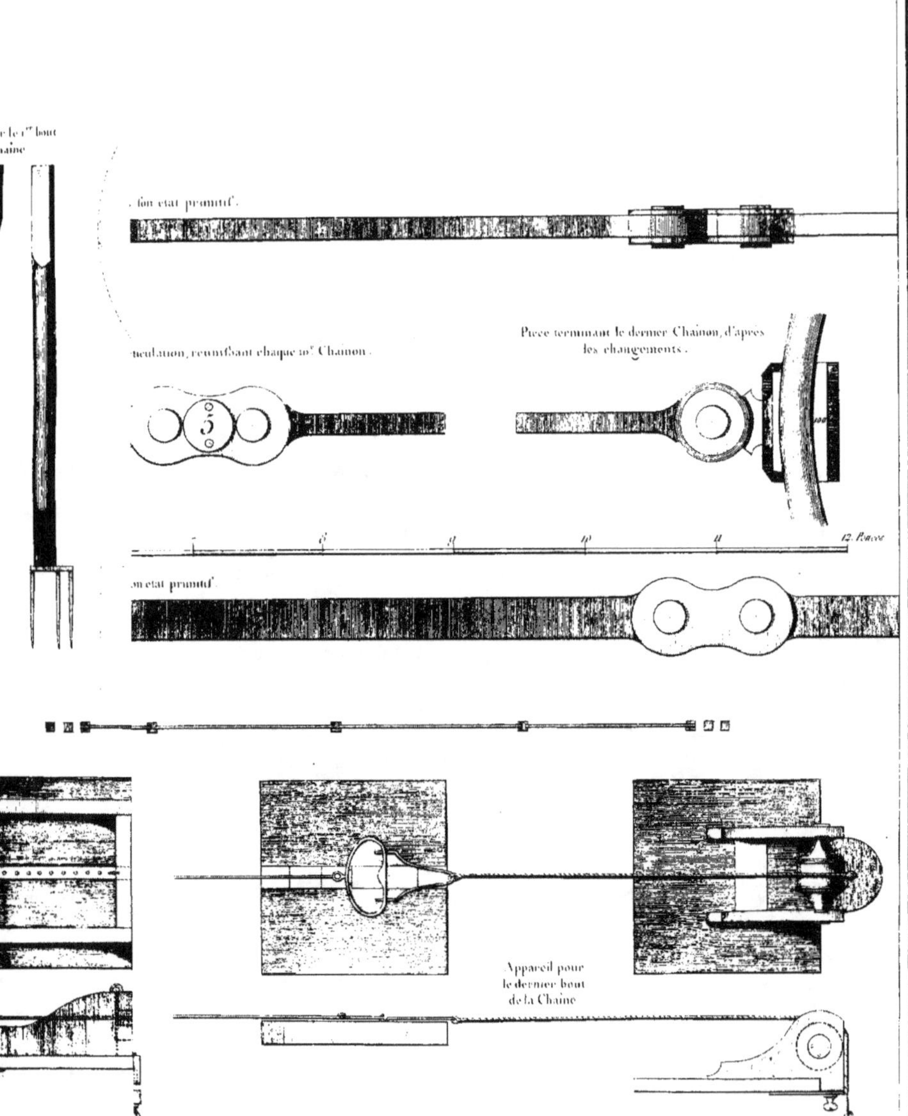

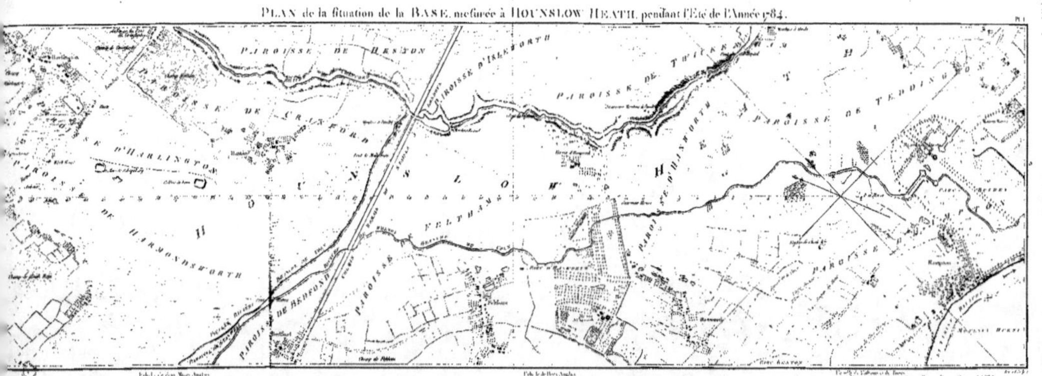


PLAN de la situation de la BASE, mesurée à HOUNSLOW HEATH, pendant l'Été de l'Année 1784.
Pl. 1
PAROISSE DE HESTON
PAROISSE D'ISLEWORTH
PAROISSE DE CRANFORD
PAROISSE DE TWICKENHAM
PAROISSE DE TEDDINGTON
D'HARLINGTON
DE HARMONDSWORTH
HOUNSLOW HEATH
FELTHAM
PAROISSE DE BEDFONT
Échelle d'un Mille Anglais
Échelle de Pieds Anglais
Échelle de Toises et de Pieds

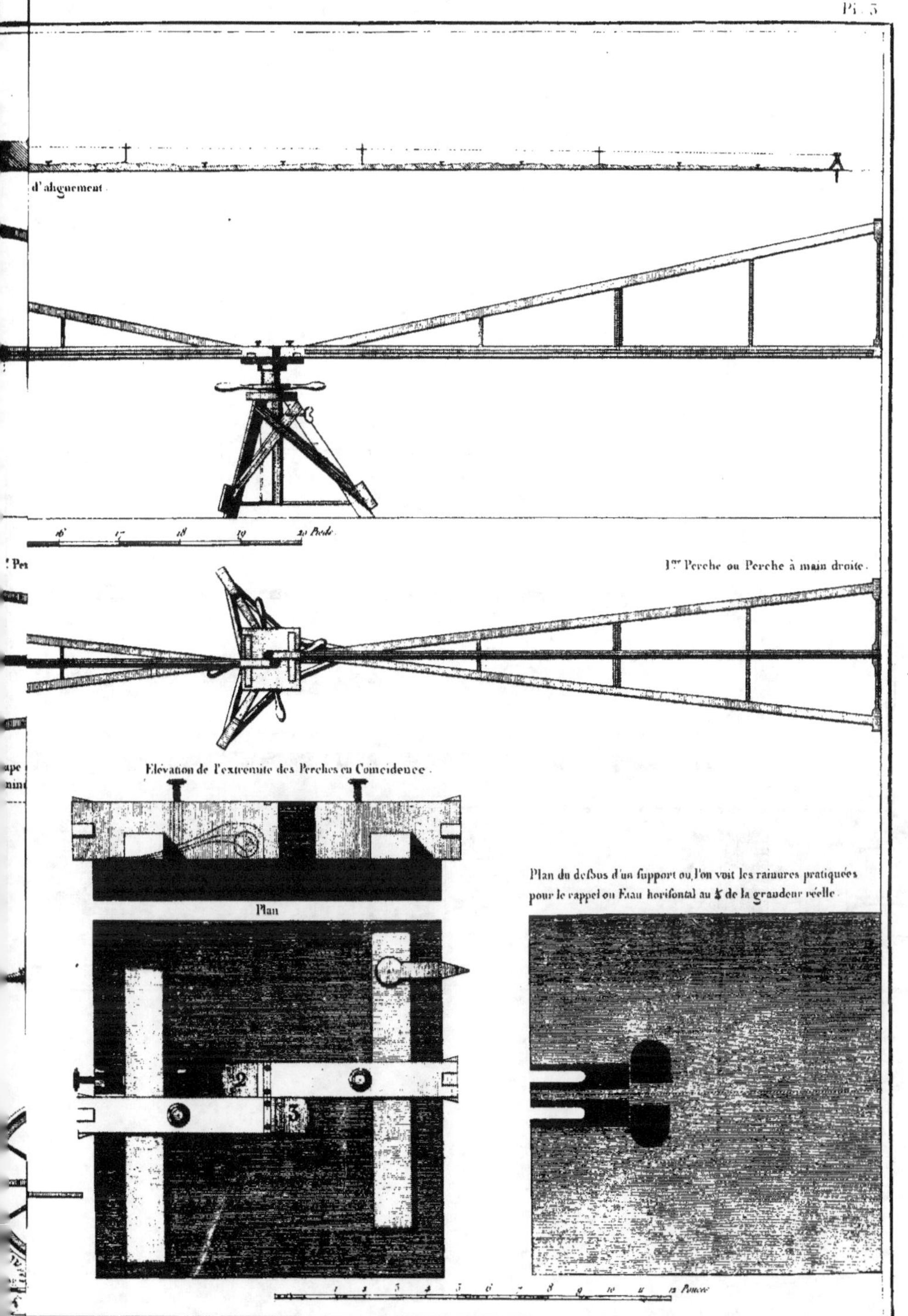
d'alignement
! Pe
1er Perche ou Perche à main droite.
Élévation de l'extrémité des Perches ou Coïncidence.
Plan
2
3
Plan du dessus d'un support ou l'on voit les rainures pratiquées
pour le rappel ou Étau horisontal au ¼ de la grandeur réelle.
16   17   18   19   20 Pieds.
1   2   3   4   5   6   7   8   9   10   11   12 Pouces.

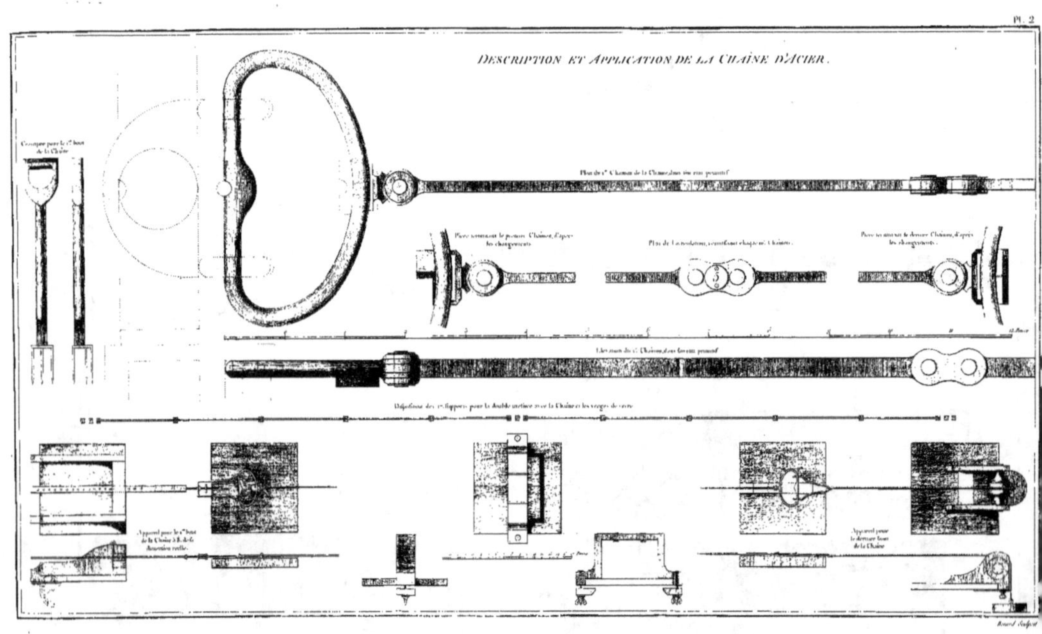
DESCRIPTION ET APPLICATION DE LA CHAÎNE D'ACIER.

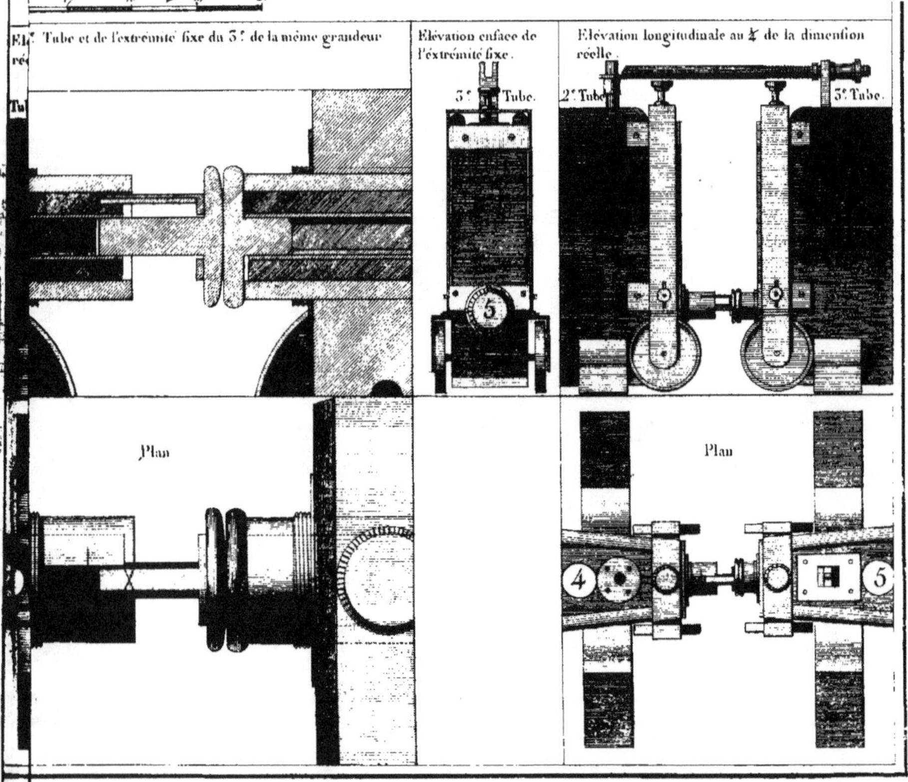
Tube et de l'extrémité fixe du 3.ᵉ de la même grandeur
Élévation enface de l'extrémité fixe.
Élévation longitudinale au ¼ de la dimension réelle.
3.ᵉ Tube.
2.ᵉ Tube.
3.ᵉ Tube.
Plan
Plan
4
5

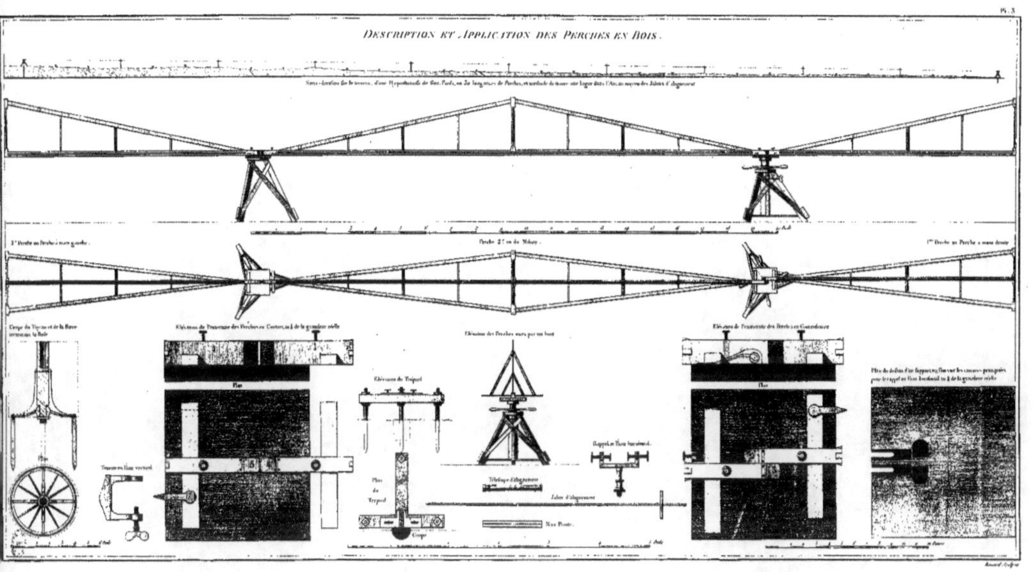
DESCRIPTION ET APPLICATION DES PERCHES EN BOIS.

# EXPOSITION

2 Pouces
Coupe horiſontale du Micromètre.
Elévation du bout de la Chaudière ou eſt placé le Reſſort.
Coupe ſur la ligne T U.
R
R
D
E
B
C

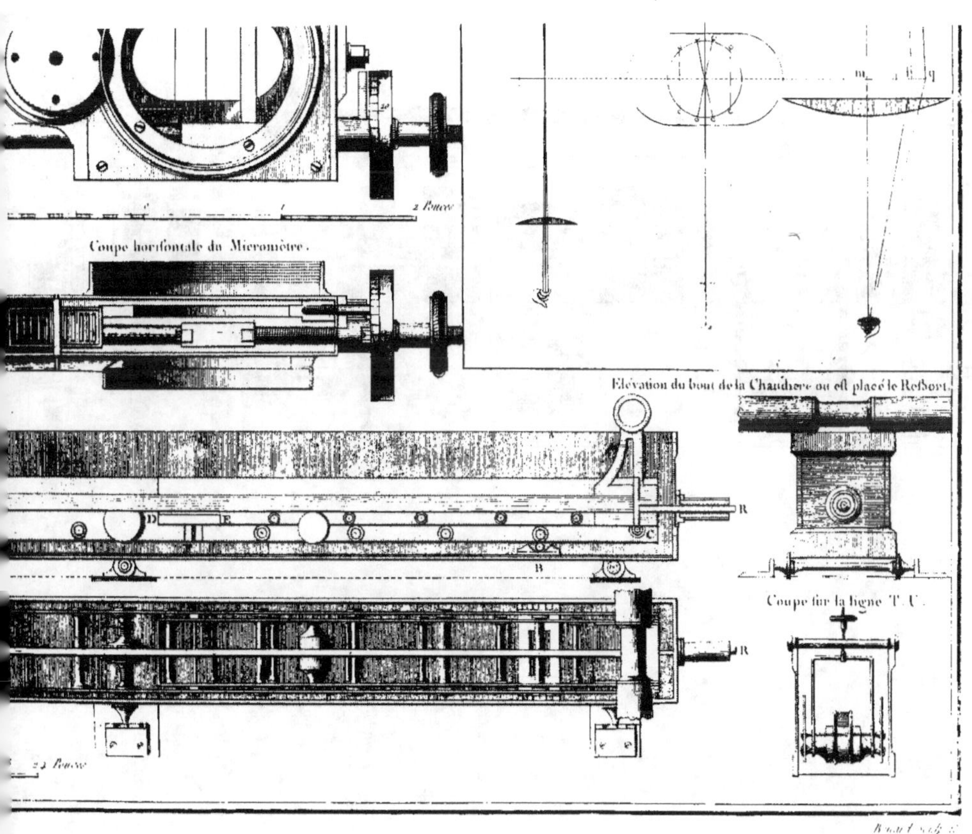

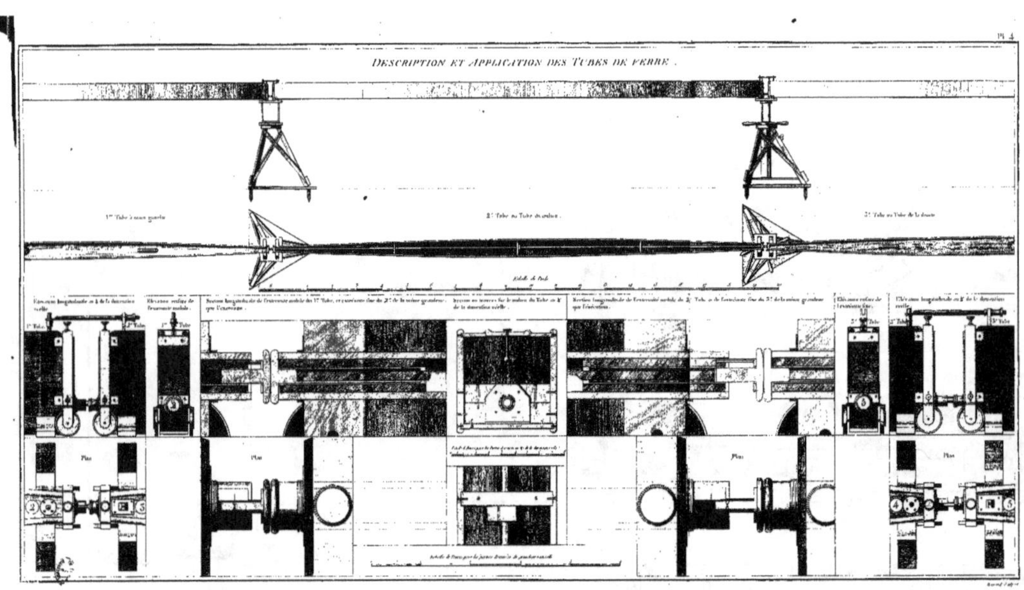
DESCRIPTION ET APPLICATION DES TUBES DE FERRE
Echelle de Pieds
Plan
Plan
Plan
Plan

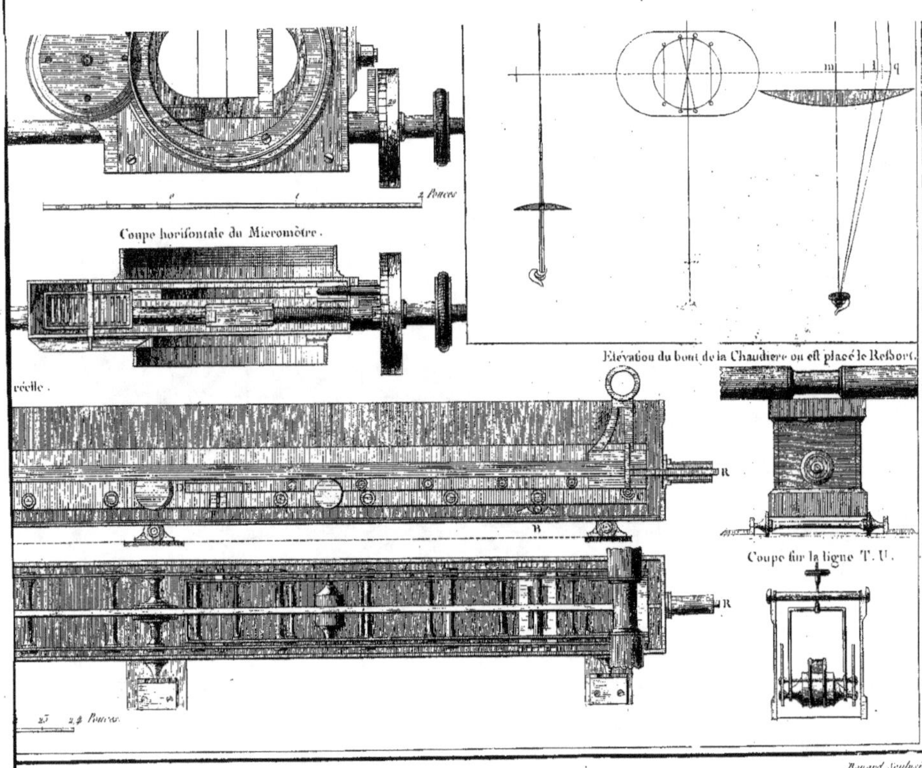

Coupe horifontale du Micromètre.

Élévation du bout de la Chaudiere ou est placé le Reſſort.

Coupe fur la ligne T. U.

réelle.

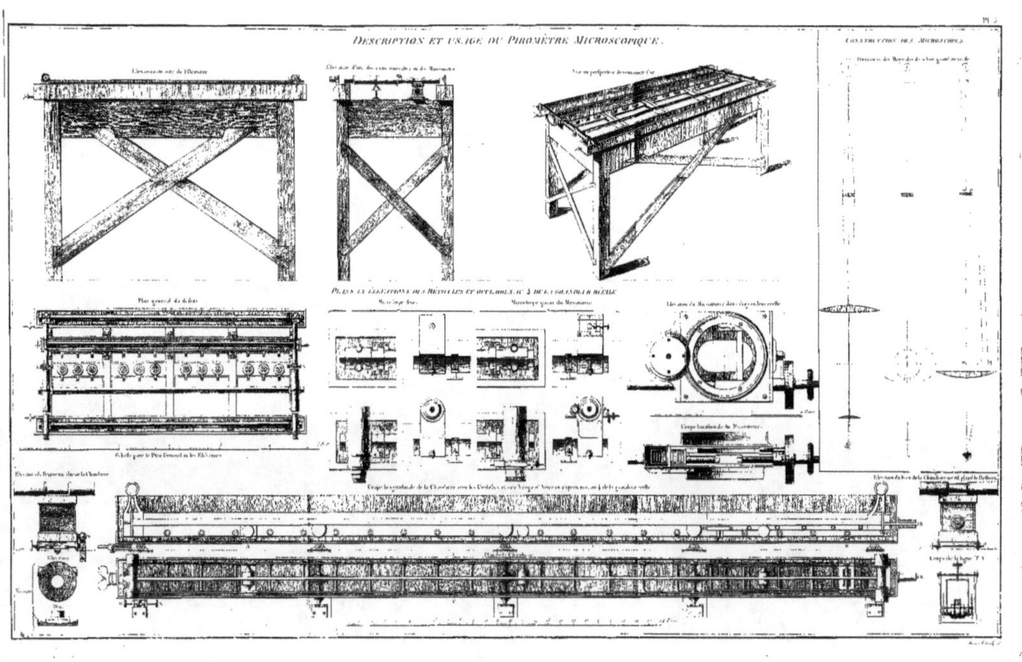
DESCRIPTION ET USAGE DU PIROMÈTRE MICROSCOPIQUE.

# EXPOSITION

## DE LA MÉTHODE

Proposée pour les opérations trigonométriques destinées à fixer la situation respective des observatoires
royaux de Greenwich et de Paris.

---

Deux ans se sont déja écoulés, depuis qu'on a mis sous les
yeux de la société royale la description de la mesure de la
base de Hounslow-heath, qui forme la premiere partie d'une
opération ordonnée par sa majesté, et dont l'objet immédiat
est de déterminer la situation relative des observatoires royaux
de Greenwich et de Paris, mais qui a une destination ultérieure
plus importante, savoir de servir de fondement à la carte générale des isles Britanniques.

Lorsque les opérations furent commencées en 1784, on croyoit
être sûr qu'en 1786, au plus tard, on seroit en état d'entreprendre la suite des triangles depuis Hounslow-heath jusqu'aux
environs de Douvres : mais l'invention et la construction d'un
instrument, nouveau dans son espece, dont on se propose de
se servir, et plus particulièrement l'exactitude de ses divisions,
au moyen desquelles on espere déterminer les angles avec un
degré de précision jusqu'à présent sans exemple, ont demandé
plus de temps que M. Ramsden lui-même ne l'avoit imaginé d'a-
bord. Sans vouloir taxer cet ingénieux artiste d'avoir manqué à sa
parole, peut-être a-t-il mis un peu trop de lenteur en débutant, et
ayant ensuite, lorsque la main-d'œuvre étoit avancée, éprouvé des
accidents qu'il n'avoit pu ni prévoir ni prévenir, l'exécution a été
par là considérablement retardée. Néanmoins, puisqu'on peut à
présent regarder cet instrument comme prêt à être fini (les pieces
qui restent à terminer exigeant peu de travail), nous pouvons
assurer que les opérations trigonométriques seront commencées
fort à bonne heure l'été prochain, ou aussitôt que la température de ce pays le permettra. Dans cet état des choses, j'ai pensé
qu'il seroit à propos de mettre sous les yeux de la société une
courte exposition de la méthode qu'on se propose de suivre

en exécutant les ordres de sa majesté, accompagnée d'une esquisse de carte générale du pays, dressée seulement d'après les
cartes vulgaires, mais suffisante pour faire voir à-peu-près la
disposition des triangles qu'on fera servir à la jonction des
méridiens des deux observatoires. Il est bien entendu que, dans
cette affaire, mon intention est de m'assujettir aux principes
qui sont universellement reconnus et admis comme justes.

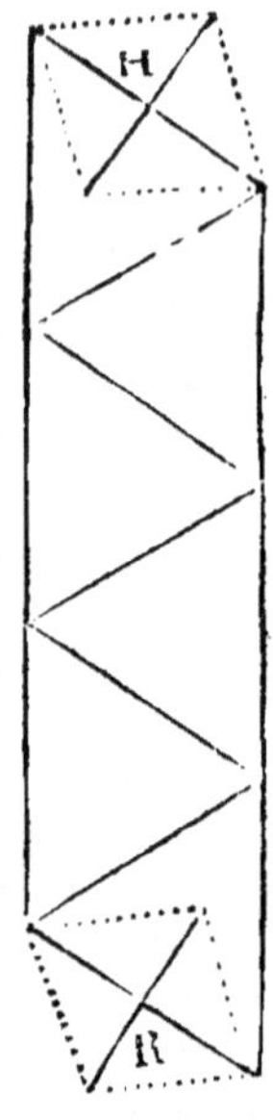


Une suite quelconque de triangles dont on veut
relever chaque angle avec le même instrument,
doit être, autant que les circonstances peuvent le
permettre, composée de triangles équilatéraux :
car lorsqu'il est possible de choisir les stations de
telle manière que chaque angle soit exactement
de 60°, la moitié du nombre des triangles, multipliée par la longueur d'un côté, doit donner tout
d'un coup la distance totale, ainsi qu'on le voit par
la figure ci-à-côté : non seulement les côtés de cette
espèce d'échelle sont parallèles entre eux, mais les
échelons diagonaux, marquant le progrès d'une extrémité à l'autre, le sont pareillement sur toute la
longueur. Le premier côté est supposé déterminé
par la mesure d'une base H, d'environ la moitié
de sa longueur, et le dernier côté doit être vérifié
par une autre base R, pareille, à l'extrémité opposée.

Dans le cas particulier où l'on ne peut observer que deux
angles d'un triangle, ils doivent approcher chacun de 45°, autant qu'il sera possible; du moins leur somme doit-elle différer très peu de 90°, car moins l'angle conclu différera de 90°
et moins l'on courra la chance d'une erreur considérable dans
l'intersection.

*Romney-marsh* paroissant, par le niveau de son sol et par d'autres avantages locaux que la simple inspection de la carte rendra
sensibles, devoir fournir l'emplacement le plus avantageux pour
la base de vérification du dernier triangle, j'ai donné à la suite
des triangles la direction la plus courte depuis Hounslow-heath
jusqu'à cette partie du Kent. Les stations à droite occupent en
général les hauteurs dont la direction traverse les forêts : celles
à gauche sont placées sur une longue file de collines craieuses,

qui finit de notre côté de la Manche entre Folkstone et Wal-
mer-castle, et recommence du côté opposé entre le cap Blancnez et Calais.

On conçoit bien que je ne prétends pas faire une station à
S.-Paul, car alors il faudroit aussi en faire à Harrow et Hampstead, et ces trois lieux sont fort peu propres à recevoir de
grands instruments. En outre, l'observatoire de Greenwich n'é-
tant point vu de la partie sud-ouest du pays à cause des hauteurs
de Norwood, et de la partie sud-est, à cause de la colline de Shooter; après avoir fait le contour de Harrow et Hampstead et
traversé la fumée de la capitale, nous serions encore obligés de
faire usage des deux stations de Norwood et Shooter's-hill, sans
nous procurer une aussi bonne intersection à Bottle-hill(1), appellé dans les cartes vulgaires ( vraisemblablement par erreur )
Botley-hill, que celle qu'on auroit en faisant une station à Hun-
dred - acres. Mais, quoiqu'aucune des stations de la suite de
triangle ne tombe actuellement dans Londres; cependant, au
moyen des stations voisines, savoir, Pagoda, Norwood, l'observatoire de Greenwich et Shooter's-hill, il sera toujours en notre pouvoir de déterminer exactement les situations de Harrow,
Hampstead et S.-Paul, aussi bien que plusieurs autres principaux clochers sur les limites de la capitale.

Je me suis attaché à suivre un autre principe dans la disposition des triangles : ce principe est qu'après avoir obtenu des côtés de douze ou dix-huit milles de longueur, je les continue sur
cette longueur autant que les circonstances peuvent me le permettre ; car, si je les réduisois beaucoup au-dessous de cette
longueur, la contraction, opérée à la fin de l'opération, feroit
perdre l'avantage qu'on a d'avoir mesuré une longue base au
commencement.

La tour de l'église de Tenterden, étant un objet très apparent, peut être vue de tous les sommets des collines craieuses
jusqu'à la riviere de Medway; elle peut être aussi vue de l'extrémité orientale de la seconde base, et c'est par là qu'on se propose de vérifier le dernier triangle, *Tenterden, Lid, Allington-
knoll* (sommet d'Allington). Ce sommet est lui-même un objet
très remarquable, plus accessible, et, d'un autre côté, plus propre aussi à une station que le clocher de l'église de Lymne, dont
j'ai eu une fois l'idée de me servir. Les terrains élevés, qui sé-
parent Romney-marsh des forêts du Kent, passent immédiate-

_______________

(1) C'est-à-dire colline de Bottle.

ment derriere *Ruckinge*, c'est-à-dire au nord-ouest de ce lieu, et peuvent probablement empêcher que le dessus des collines craieuses ne soit vu de l'extrémité ouest de la base de vérification ; mais si *Tatterlees-barn* (1) ou quelque autre point voisin de la suite peut être vu de Ruckinge, alors la station à Allington-knoll et celle de Lymne deviendront également inutiles, et le triangle de vérification sera *Tenterden*, *Lid*, *Tatterlees*.

On voit que je propose de faire une station au cap de *Fairlight*, terrain très élevé, d'où on découvre très bien les côtes de France près Boulogne. De ce point et de Tatterlees et au moyen des feux indiens, on obtiendra certainement une bonne intersection au signal de *Boulemberg* (2), colline qui est un peu au-delà de la ville de Boulogne et une des stations dont se sont servi les académiciens françois dans la formation de leurs triangles. L'avantage d'avoir un triangle de cette grandeur, dont les côtés ont respectivement environ 45, 36 et 25 milles de longueur, est trop évident pour exiger aucune explication.

La grande montagne craieuse, qui est près Folkstone, empêche que le château de Douvres ne soit apperçu de Lid ou d'un autre point quelconque dans la plaine de Romney-marsh. D'après cela il devient nécessaire de former deux petits triangles au nord de Tatterlees, afin d'avoir une intersection sur une des tourelles du donjon de ce château. Au centre du donjon se réunissent trois lignes, fortement ponctuées, formant une intersection aiguë, résultante des stations des académiciens françois à Calais, Blancnez et Audinghen, dont l'angle total est de 28° 16′ 20″.

Les meilleurs points pour lier nos triangles avec ceux de nos voisins sont évidemment Boulemberg, Blancnez et Calais, pourvu que nous puissions, par quelques moyens, obtenir une aussi bonne intersection au dernier endroit, que nous sommes certains de le faire aux deux premiers : mais la largeur de la rangée de collines craieuses n'étant pas absolument la même de notre côté que du leur, en nous restreignant à une base pareille à celle qu'ils nous fourniront, nous ne pouvons par aucun moyen avoir une intersection à Calais plus grande qu'environ 29 ou 30°.

Ayant présumé que la tour de Notre-Dame à Calais peut être visible de l'église de S. Pierre dans l'isle de Thanet, j'ai étendu les

---

(1) *Tatterlees-barn*, dans la carte de *Packe* de l'est du Kent, sur le sommet des collines craieuses, 727 pieds au-dessus de la mer.

(2) Il faut dire Montlambert.

triangles ponctués dans cette partie du Kent ; parceque, si les hauteurs réunies n'étoient pas suffisantes pour élever le sommet de la tour au-dessus de la courbure de la mer, ce qui est la seule chose incertaine, nous sommes toujours sûrs que le signal de Blancnez peut être aisément apperçu au moyen des feux indiens, puisque toute la rangée de montagnes craieuses derriere Calais se découvre à la simple vue de l'isle de Thanet, lorsque le temps est passablement clair.

Lorsque nous aurons, de cette maniere, déterminé, à l'égard des côtes d'Angleterre, trois points des côtes de France, qui forment un triangle dont les côtés et les angles sont déja connus par leurs opérations trigonométriques , nous serons en état de déterminer la situation du point M près Dunkerque, où le méridien de l'observatoire de Paris coupe une ligne menée de la grande tour de Dunkerque à celle de Notre-Dame de Calais. (Voyez la carte.) La distance MP, comptée sur le méridien de Paris, sera pareillement obtenue, et étant ajoutée à 133417 fathoms, distance septentrionale de M à l'observatoire , nous aurons l'arc terrestre entier compris entre les paralleles des deux observatoires, répondant à un arc céleste de $2°\,38'\,26''$ ou à la différence de latitude entre $51°\,28'\,40''$ et $48°\,50'\,14''$.

On aura, dans la même maniere, la distance de Greenwich au point P, comptée sur le parallele de Greenwich et répondant à la différence de longitude entre les deux observatoires, qui, autant qu'on en peut juger par la carte du Kent, corrigée de l'erreur dans la direction des méridiens, peut être évaluée à environ $2°\,20'\,20''$, en supposant néanmoins qu'il n'y a aucune incertitude sur la position du point M. Mais il est nécessaire de faire ici quelques observations, qui probablement feront sentir à l'académie des sciences la nécessité de faire de son côté un examen ultérieur de cet objet.

On voit dans la premiere partie du livre de M. de Cassini (*la Méridienne vérifiée*), page 57, que Dunkerque, d'après une suite de triangles, est à l'est du méridien de Paris de 1426,53 toises, et d'après une autre suite de 1414,29 ; la distance moyenne est donc de 1420,41, égales à 1514 fathoms : la différence de 6½ fathoms ou un peu plus d'une demi-seconde de longitude entre les positions moyennes et extrêmes du point M n'est certainement d'aucune considération. Mais à la page 60, en vérifiant le méridien de Paris par la comparaison de l'angle que *Broulezele* fait avec le méridien de Dunkerque et de l'angle de convergence d'un méridien à l'autre, on donne une différence de 21 secondes entre 10° 16' 13" et 10° 16' 34" comme presque insensible, et nous ne pensons pas que cette conclusion soit si légitime. Cela néanmoins n'est pas la seule cause de l'incertitude sur la juste position du point M : une des plus importantes vient de la différence trouvée, par deux assortiments de triangles, dans la valeur de l'angle d'intersection du méridien de Paris et d'une ligne menée de la tour de Dunkerque à celle de Calais et passant par le point M.

En effet, dans la premiere partie du livre de M. de Cassini, pages 53 et 56, la station étant à Dunkerque, Broulezele fait un angle avec le méridien de 10° 18' 25" vers le sud-ouest, et l'angle entre Broulezele et Hondscote étant de 78° 11' 42", leur différence 67° 53' 17" est l'angle que Hondscote fait au sud-est avec le méridien : ainsi le complément à 180° de ce dernier angle, ou 112° 6' 43", est l'angle que Hondscote fait avec le méridien prolongé vers le nord. D'après la page 166 de la deuxieme partie, la station étant à Dunkerque, l'angle entre Hondscote et le mont Cassel est dit être de 51° 7' 15", celui entre le mont Cassel et Watten, de 42° 6' 35", et, d'après la page 167, celui entre Watten et Calais est de 51° 40' 20". La somme de ces trois angles est 144° 54' 10"; d'où déduisant 67° 53' 17", angle de Hondscote au sud-est du méridien, il reste 77° 0' 53" pour l'angle de Calais au sud-ouest du même méridien ; le complément à 180° de cet angle ou 102° 59' 7", devient l'angle que le méridien de Dunkerque, prolongé vers le nord, fait avec la ligne passant par le point M et aboutissant à Calais : ajoutant à cet angle l'angle de convergence d'un méridien à l'autre, qui, pour une distance de 1514 fathoms, est 1' 50"½, valant 1' 29"½ d'un grand cercle, nous aurons 103° 0' 57"½ pour l'angle que le méridien de Paris, prolongé au nord du point M, fait avec la ligne qui joint Dunkerque et Calais.

Ensuite, d'après la page 63 de la troisieme partie du livre de M. de Cassini, la station étant à Dunkerque, l'angle que Gravelines fait avec le méridien au sud-ouest est de 72° 11' 48", et, d'après la page 12 de la même troisieme partie, l'angle entre Watten et Notre-Dame de Calais est de 51° 39' 50", celui entre Gravelines et Watten étant de 46° 52' 0" : la différence 4° 47' 50" entre ces deux derniers angles étant ajoutée à 72° 11' 48", nous aurons 76° 59' 38", dont le complément 103° 0' 22" sera l'angle que le méridien de Dunkerque fait avec la ligne passant par le point M et aboutissant à Calais : ajoutant la convergence ci-dessus 1' 50"½, nous aurons 103° 2' 12"½ pour l'angle que le méridien de

Paris, prolongé au nord du point M, fait avec la ligne susdite : or, par la derniere combinaison de triangles, il a été trouvé seulement de 103° 0′ 57″½; donc la différence est de 1′ 15″.

On voit, par le livre de M. de Cassini, que Dunkerque est éloigné de Paris vers le nord de 125515,25 toises, qui font 133768 fathoms; et le point M étant à 351 fathoms au sud de la tour de Dunkerque, il reste pour la distance du point M à l'observatoire royal 133417 fathoms. Maintenant, en prenant cette distance pour rayon, la longueur d'un arc de 1′ 15″ sera de 48½ fathoms, qui valent 4″ 34‴ de longitude : ainsi le point M, au lieu d'être à 1514 fathoms à l'ouest de Dunkerque, en sera, par la derniere combinaison d'angles, éloigné seulement de 1465½, et la différence entre les positions moyennes et extrêmes du point M sera, sous ce point de vue, de 24½ fathoms, c'est-à-dire environ quadruple de celle qui résulte de la comparaison posée à la 57ᵉ page. Dans le parallele de Greenwich, la différence extrême montera à 58,4 fathoms, ou environ 5½ secondes de longitude, équivalant à un peu plus d'un tiers de seconde de temps.

Dans cette espece d'incertitude sur le point précis de l'intersection du méridien de l'observatoire royal de Paris avec la ligne qui joint Dunkerque et Calais, la seule chose que nous puissions faire de notre côté est de considérer comme juste la moyenne position de M, c'est à-dire de supposer qu'il est à 1514 fathoms à l'ouest de la grande tour de Dunkerque, et ayant lié cette tour aux triangles d'Angleterre, de faire voir quel angle leur méridien doit faire avec la ligne tirée de Dunkerque à Calais.

*Comparaison de l'arc céleste du méridien compris entre les paralleles de Greenwich et de Perpignan avec les portions correspondantes de l'arc terrestre dudit méridien, mesurées et calculées entre le point M et Perpignan.*

Il faut observer, pour l'intelligence de ce qui suit, que M. Cassini a divisé l'arc céleste entre le parallele de Dunkerque, ou, ce qui est la même chose, entre le parallele du point M et Perpignan, en quatre principales sections, savoir, du point M à Paris, de Paris à Bourges, de Bourges à Rodès, et de Rodès à Perpignan, assignant à chaque section la portion mesurée de l'arc terrestre correspondant qui résultoit des triangles du méridien.

On voit, pages 110, 111, 112, de la premiere partie de l'ouvrage, que, d'après les observations des distances moyennes au zénith de quatre étoiles, l'arc céleste entre les parallèles de Dunkerque et de Perpignan contient. . . . . . . . . . . . . . . . . . . . . . . . . 8°. 20′.     2″. 26‴.

D'après les observations d'un même nombre d'étoiles, le parallèle de Rodès est distant de celui de Dunkerque de. . . . . . . 6.   5o.   51.   14.

Par conséquent Rodès est au nord de Perpignan de. . . . . . . . . . . . . . . . . . . 1.   3g.   11.   12.

Bourges, d'après les distances moyennes au zénith de deux étoiles, est au sud de Dunkerque de. . . . . . . . . . . . . . . . . . . 3.   56.   5g.   55.

Ainsi Bourges est au nord de Perpignan de   4.   23.   2.   31.
Et par d'autres considérations, page 112, de . . . . . . . . . . . . . . . . . . . . . . . . 4.   23.   2.   35.

Ce qui donne, valeur moyenne. . . . . . 4.   23.   2.   33.

Perpignan est au sud de l'observatoire royal de Paris, d'après les distances moyennes au zénith de quatre étoiles, de. . . . . 6.   8.   11.   52.
Ainsi Paris est au sud de Dunkerque de. . 2.   11.   5o.   34.
Rodès est au sud de Paris, d'après les distances moyennes au zénith de deux étoiles, de. . . . . . . . . . . . . . . . . . . . . . 4.   28.   5g.   45.
Ainsi Perpignan est au sud de Rodès de   1.   3g.   12.   7.
Par le premier résultat il a été trouvé de   1.   3g.   11.   12.
Le résultat moyen donnera pour la distance entre les parallèles de Rodès et de Perpignan. . . . . . . . . . . . . . . . . . . 1.   3g.   11.   28.

La tour de la cathédrale de Dunkerque est au nord du lieu où étoit la station, avec le secteur, de 84¼ toises ou 89, 8 fathoms correspondants à un arc céleste de. . . . . 0.   0.   5.   19.
Ainsi cette tour est au nord de Paris. . . . 2.   11.   55.   53.
Mais le point M étant au sud de la tour de 351 fathoms, qui répondent à un arc céleste de . . . . . . . . . . . . . . . . . . . . . . . 0.   0.   20.   45.
Le point M se trouvera par conséquent au nord de l'observatoire royal de Paris de. . 2.   11.   35.   8.

Maintenant,

Maintenant, d'après ces données, ensemble la latitude de l'observatoire royal de Greenwich, de 51° 28′ 40″, et celle de Paris, de 48° 50′ 14″, nous aurons les latitudes de plusieurs stations entre Greenwich et Perpignan, avec leur différence ou l'arc céleste qu'elles comprennent, ainsi qu'il suit.

| Stations. | Latitudes. | | | | Différences ou arcs célestes. | | | |
|---|---|---|---|---|---|---|---|---|
| | ° | ′ | ″ | ‴ | ° | ′ | ″ | ‴ |
| Observatoire royal de Greenwich. . . . . . . . | 51 | 28 | 40 | 0 | 0 | 26 | 50 | 52 |
| Point M près de Dunkerque. . . . . . . . . | 51 | 1 | 49 | 8 | 2 | 11 | 35 | 8 |
| Observatoire royal de Paris. . . . . . . . . . | 48 | 50 | 14 | 0 | 1 | 45 | 9 | 19 |
| Bourges. . . . . . . . | 47 | 5 | 4 | 41 | | | | |
| Rodès. . . . . . . . | 44 | 21 | 13 | 36 | 2 | 43 | 51 | 5 |
| Perpignan . . . . . . . | 42 | 42 | 2 | 8 | 1 | 39 | 11 | 28 |

Cette latitude de Perpignan 42° 42′ 2″ 8‴ est celle qui résulte de la comparaison immédiate de la longueur des arcs célestes, déterminée par des distances d'étoiles au zénith, prises avec un secteur de six pieds de rayon, et dont les observations s'accordent entre elles à si peu de chose près, qu'elles laissent peu de doute sur leur exactitude.

Perpignan, extrémité sud de la ligne méridienne, qui, partant de Dunkerque, traverse tout le royaume de France, est située à peu de distance du fond où la grande chaîne des Pyrénées se termine à la mer Méditerranée. M. de la Caille pensoit que le fil à-plomb du secteur devoit avoir été affecté par l'attraction qui résulte de cette cause ; supposition néanmoins qui a été révoquée en doute depuis les observations faites dans ce pays sur l'attraction du *Schehallion;* desquelles il résulte que l'effet, quoique sensible, est extrêmement petit, même en plaçant le secteur aussi près qu'il est possible aux côtés opposés de la montagne. Il est vrai, en effet, que le *Canigou,* la plus haute de la chaîne des Pyrénées, étant situé obliquement par rapport au méridien et à une grande distance de Perpignan, n'a pas probablement occasionné une grande déviation dans le fil à-plomb : mais, d'un autre côté, quand je compare la petite quantité de matière du *Schehallion* avec l'immensité de la masse des Pyrénées qui est dans la direction du méridien, je ne peux m'empêcher de penser, comme M. de la Caille, que le fil à-plomb du secteur a été sensiblement affecté, c'est-à-dire qu'il s'est écarté de la verticale du côté du sud, et que, par là, il a donné la distance du zénith au pole ou à une autre étoile septentrionale, trop petite, et conséquemment la latitude trop grande. La quantité de cette attraction ne peut être déterminée jusqu'à ce que les triangles aient été étendus au-delà des Pyrénées et le secteur placé à l'extrémité sud de cette chaîne de montagnes, où, se trouvant dans une situation opposée, il fera connoître le double de la déviation. Nous la supposerons néanmoins de 10″ 8‴, qui sont à déduire de la latitude de Perpignan, laquelle deviendra alors 42° 41′ 52″, ou moindre de 3″ que celle assignée par M. de Cassini dans les deux ouvrages ci-dessus mentionnés. D'après cela, l'arc entre Rodès et Perpignan sera de 1° 39′ 21″ 36‴, et l'arc céleste total entre Greenwich et Perpignan, de 8° 46′ 48″, comme on peut le voir dans les quatre colonnes qui sont à gauche de la table de comparaison jointe au présent mémoire.

Quant aux arcs terrestres correspondants, disposés en onze colonnes à la droite de la table, il faut observer qu'on a fait, dans plusieurs latitudes et en différents temps, diverses mesures des longueurs des degrés du méridien, afin d'obtenir, au moins dans certaines limites, la figure et la dimension vraies de la terre. Les opérations les plus importantes de ce genre, c'est-à-dire celles qui ont été exécutées avec le plus de soin, avec les meilleurs instruments et à la plus grande distance l'une de l'autre, l'ont été depuis environ quarante ou cinquante ans; ce sont celles du Pérou sous l'équateur, des latitudes moyennes de la France et de l'Italie, et de la Laponie près le cercle polaire. L'attraction des montagnes, les erreurs inévitables d'exécution empêchent qu'on ne puisse tirer de justes conclusions de la comparaison de mesures faites trop près l'une de l'autre. Ces dernieres seront toujours trouvées différer plus ou moins entre elles, et même donner quelquefois des résultats absurdes ou contradictoires. Dans des cas pareils, il faut prendre parmi plusieurs mesures une mesure moyenne, qui se rapporte à une latitude moyenne, à moins qu'on n'ait des motifs suffisants pour en rejeter quelques unes du nombre, comme différant trop des autres. Il arrive de là que les philosophes ne s'accordent point encore sur la figure de la terre. Quelques uns prétendent qu'elle n'est pas réguliere, c'est-à-dire qu'elle n'a pas la forme qui résulteroit de

la révolution d'une courbe autour de son axe : d'autres la supposent un ellipsoïde, régulier, si les deux poles sont également
applatis, et irrégulier, si l'un est plus applati que l'autre : enfin
quelques uns la supposent un sphéroïde différent de l'ellipse,
mais néanmoins de nature à être engendré par la révolution
d'une courbe autour de son axe, les deux poles pouvant dans
ce cas n'être pas semblables, mais être plus ou moins applatis
l'un que l'autre.

Afin de jeter tout le jour possible sur cette matiere et de mettre chacun en état de juger, à la simple inspection, laquelle des
théories s'accorde le mieux avec les mesures actuelles, j'ai calculé et mis en ordre, pour dix différentes hypotheses, les longueurs des arcs entre Greenwich et Perpignan, ainsi que quelques autres propriétés principales de chaque figure, qui rem-
plissent l'espace compris dans le bas de la table. Cette maniere
de rassembler les résultats me semble la plus lumineuse qu'on
puisse suivre, pour éviter l'embarras qui doit toujours résulter,
lorsqu'on a à comparer plusieurs nombres calculés de différents systèmes et qui ne sont pas placés tous ensemble sous les
yeux.

La premiere des onze colonnes, ou celle qui est la plus près de
l'arc céleste, contient les portions de l'arc terrestre correspondant dont les mesures actuelles ont été exécutées jusqu'à présent. Le blanc qui est au haut ne peut être rempli jusqu'à ce
que nous ayons déterminé la longueur MP dans la carte, qui est
l'espace compris entre les paralleles de M et de Greenwich.

La seconde colonne comprend les dimensions calculées appartenant à la terre considérée comme une sphere, dont le
demi-diametre est supposé moyen entre le plus long et le plus
court du second sphéroïde de M. Bouguer. C'est d'après la grandeur de cette sphere que j'ai calculé les degrés de grand cercle
pour les côtés des triangles sphériques. En prenant garde aux
erreurs ou différences entre les mesures et le calcul écrites à côté, on verra que la terre differe très considérablement d'une
sphere ; car, quoique l'arc de Perpignan, de $8^c\frac{1}{3}$, excede seulement la vérité de 521 fathoms, néanmoins un arc d'égale longueur sous l'équateur, ou de $8\frac{1}{3}\times374.6$, donneroit un excès de
3120 fathoms ; et, au cercle polaire, $8^c.33\times335.2$ seroient trop
courts de 2792 fathoms.

Après la sphere viennent sept ellipsoïdes de différents degrés
d'applatissement, depuis le premier, dont les demi-diametres

sont dans le rapport de 179.047 à 178.047, jusqu'au septieme,
dont le rapport est seulement 540 : 539.  Il sera nécessaire de
faire quelques remarques sur les principes qui ont servi de fondement au premier et au second; les autres n'exigeront que peu
de mots.

On sait qu'en supposant la terre homogene, le rapport des
demi-diametres du premier ellipsoïde peut être connu en comparant ensemble les longueurs du pendule à seconde dans différentes latitudes.  Ces longueurs sont déduites de l'accélération évaluée en secondes, que le pendule, ajusté et fixé à une
longueur invariable sous l'équateur, éprouve dans vingt quatre
heures, lorsqu'il est transporté successivement à différentes latitudes jusqu'au pole, où la force de la gravité étant la plus grande,
l'accélération doit par conséquent être la plus considérable.  Les
calculs relatifs à cet objet ont été faits, en premier lieu, aussitôt
après le retour de lord Mulgrave de son voyage vers le pole
septentrional, en 1773 (1). Je crains que les expériences du pen-

---

(1) Les expériences les plus septentrionales qu'on ait faites jusqu'à présent avec le pendule sont
celles de Spitzberg, à la latitude de 79° 50′, dont on a donné une description dans le voyage vers
le pole septentrional en 1773. La machine dont on a fait usage dans cette occasion, appartenoit originairement au célebre horloger M. Graham, et a été prêtée pour le voyage,
par son propriétaire actuel, M. Cumming, qui depuis, à deux différentes reprises, a bien
voulu me la confier pour plusieurs années, et je l'ai encore en mon pouvoir. Aussitôt
après le retour de Spitzberg, je déterminai sa marche au moyen de ma pendule d'obser-
tion, en les comparant long temps ensemble à différentes températures; et je trouvai, par
là, que la variation du chaud au froid, qui se montoit à $\frac{2}{5}$ de seconde pour chaque degré de
Fahreinheit, étoit considérablement plus grande que celle qu'on avoit fait entrer dans la détermination de l'accélération depuis Londres jusqu'au Spitzberg. A-peu-près dans ce temps
le docteur Horsley découvrit une erreur commise par l'astronome employé par la commission des longitudes dans ce voyage (feu M. Israël Lyon), en calculant le triangle sphérique pour la correction des temps, entre les 16 et 17 juillet, relativement à l'obliquité
de l'instrument des passages. Il paroît, par la lettre du docteur Horsley, imprimée en 1774,
que la différence qui résulte de cette cause monte à 37 secondes de temps, comme données
par l'observation avec l'instrument et par la pendule; et puisqu'on a lieu de soupçonner
que quelque accident a dérangé la lunette (sans qu'on puisse dire de combien), on croit
qu'il est plus sûr d'adopter l'accélération de 7.″68, telle qu'elle a été donnée par la pendule. Je trouve que la correction pour la plus grande contraction des verges d'acier, est
de 2.″58, soustractives : ainsi l'accélération de Londres au Spitzberg se réduit à 68″5;
et celle de l'équateur à Londres étant de 156″, l'accélération totale de l'équation au Spitzberg est conséquemment de 224″5. Maintenant supposant, d'après M. Bouguer, la longueur du pendule à l'équateur de 38.9949 pouces, nous aurons la longueur au Spitzberg de
39.1978 pouces; de là le rapport des demi diametres de la terre, considérée comme un
ellipsoïde homogene, se trouve être celui de 193.1 : 192.1, au lieu de 183.7 : 182.7, qui
résulte de l'accélération de 72″7 non corrigée. Je crois qu'il est ici nécessaire de relever
quelques autres erreurs de calcul dans lesquelles l'astronome est tombé par inadvertance,
en évaluant le rapport des deux diametres de la terre, page 179 du voyage au pole septentrional, et auxquelles on n'a pas encore pris garde, que je sache. D'après les accélé-
rations indiquées dans cette page, telles qu'elles résultent de différentes expériences, ou
telles qu'elles se déduisent des systèmes de différents philosophes, la longueur du pen-

dule n'aient pas encore été faites avec toute l'exactitude que
comportent des opérations aussi délicates, qui, à quelque épo-

dule au Spitzberg, et conséquemment les rapports devroient être ceux de la table ci-jointe,
au moyen de laquelle on verra qu'ils diffèrent entre eux. Le rapport de sir Isaac Newton est
placé le dernier, comme s'écartant probablement le plus de la vérité.

| EXPÉRIENCES | ACCÉLÉRATION | | | Longueur du pendule au Spitzberg. | Rapport des demi-diametres de la terre. |
| | Depuis l'équateur jusqu'à Londres. | Depuis Londres jusqu'au Spitzberg. | TOTAL. | | |
| --- | --- | --- | --- | --- | --- |
| Attribuées, par erreur, à sir I. Newton. M. Campbell, M. de Maupertuis, Lord Mulgrave ; corrigée, Sir Isaac Newton. | 156″ | + 66″.9 | 222″.9 | Pouces. 39.1964 | 194.5 : 193.5 |
| | | + 76. 6 | 232. 6 | 39.2052 | 186.5 : 185.5 |
| | | + 86. 5 | 242. 5 | 39.2141 | 178.8 : 177.8 |
| | | + 68. 5 | 224. 5 | 39.1978 | 193.1 : 192.1 |
| | | + 32. 4 | 188. 4 | 39.1652 | 230 : 230 |

Les longueurs du pendule ayant été trouvées de cette maniere pour toutes les latitudes
où l'on a fait les meilleures expériences sur son accélération, et ces longueurs ayant été
successivement comparées l'une à l'autre depuis le Spitzberg jusqu'à l'équateur, on a eu
en tout 119 résultats. Mais comme ce nombre comprend les comparaisons de celles faites
dans les latitudes méridionales, savoir au Cap de Bonne-Espérance et à l'Isle-de-France ;
supprimant les dernieres, celles de Porto-Bello et quelques autres plus irrégulieres que
le reste, il reste au moins 75 résultats, dont la moyenne arithmétique fournit le rapport de
179.047 : 178.047, mentionné dans le texte.
Dans le cas où la machine de M. Cumming seroit employée par la suite à de semblables expériences, il est bon d'observer que le diametre du globe de cuivre est de 3.906
pouces, et son poids de 63726 grains de troye ; le poids du mercure qui répond à son volume est de 106980 grains de troye : ainsi le poids du mercure est à celui du globe de cuivre
comme 1.678752 : 1, le tout pesé dans l'air à la température de 62° de Fahreinheit ; et le
poids du cuivre est à celui de l'air comme 7673 : 1. Les expériences pour cet objet ont été
faites avec l'assistance du docteur George Fordyce, chez M. Alchorne, à la monnoie, dans
la tour, le 8 avril et le 6 juin 1776 : la balance dont on a fait usage donnoit la précision
de trois grains, chaque bassin étant chargé de 15 livres.
La machine, dans son état actuel, quoique plus propre aux expériences qu'elle
ne l'étoit originairement, depuis qu'on y a ajouté une roue qui fait l'office de compteur
pour le temps, et qu'elle peut aller douze heures sans être montée, n'est cependant plus,
à beaucoup près, la même qui a servi au Spitzberg. Pendant l'intervalle qui s'est écoulé entre
les deux époques où je l'ai eue en mon pouvoir, la verge d'acier ayant été rompue par accident, M. Cumming en a substitué une autre aussi semblable à la première qu'il a été possible,
pour la grandeur, mais qui néanmoins est probablement susceptible de différents degrés
de dilatation et de contraction au chaud et au froid. Lorsque je m'en suis servi, je char-
geois ordinairement le dessus de 24 livres de plomb, afin de rendre le centre de suspension aussi immobile que faire se pourroit : cependant, nonobstant cette précaution, un à-
plomb suspendu au haut du chassis, avoit un petit degré de vibration contraire à celle de la
lentille, qui indubitablement doit produire quelque effet.

que future, seront probablement entreprises sur un plan plus étendu et avec les meilleures machines qu'on pourra construire pour cet objet. Il peut se passer plusieurs siecles avant qu'on mesure une portion considérable de la surface de la terre dans les hautes latitudes méridionales, de maniere à déterminer avec une exactitude supportable, si le demi-sphéroïde méridional est semblable au septentrional, en les supposant tous deux des solides de révolution. Mais, par le moyen de bonnes expériences, faites avec le pendule seulement, qu'on peut répéter aisément dans toutes les latitudes, le rapport du demi diametre de l'équateur au demi-axe de chaque côté peut être aisément évalué. Je crois en même temps qu'il sera utile de donner le résultat de la comparaison des meilleures expériences de ce genre, en faisant à celle du Spitzberg quelques corrections, qui me paroissent nécessaires, comme je l'ai expliqué au long dans la note. Ainsi il paroît que le moyen arithmétique de soixante-quinze comparaisons entre le Spitzberg et l'équateur donne pour le rapport des demi-diametres, mentionné ci-dessus, 179.047 : 178.047. Dans cette hypothese l'arc MP doit contenir 27342 fathoms; l'erreur sur l'arc total de M à Perpignan monte à 1819 fathoms. En adoptant le degré de M. Bouguer à l'équateur, le 45ᵉ degré de latitude surpasseroit la vérité de 216 et celui de l'équateur de 148 fathoms.

Le rapport des demi-diametres du second ellipsoïde, dont nous allons parler, a été déduit de la comparaison des longueurs de degrés, mesurées en différentes latitudes, qui ont été trouvées s'accorder le mieux entre elles. M. Norwood, notre compatriote, a le premier fait une tentative de cette espece; mais sa mesure, exécutée en 1663, ne doit point être comptée pour exacte, puisqu'il dit lui-même que, *lorsqu'il ne chaînoit point, il mesuroit au pas* : en outre, son degré est aussi grand et même plus grand que celui de Laponie; et ces raisons sont suffisantes pour le rejeter de la comparaison. Le degré mesuré par le P. Liesganig à la latitude de 45° 57′ dans cette partie de la Pologne qui vient d'échoir à l'empereur et d'être annexée à la Hongrie, étant beaucoup plus court que les degrés qui sont plus méridionaux, donne lieu de soupçonner qu'il s'est glissé quelque erreur dans son opération, ou que l'à-plomb a été affecté par l'attraction des montagnes voisines : ainsi on n'en fera point usage. Le degré de M. de la Caille au Cap de Bonne Espérance, étant dans les latitudes méridionales et beaucoup plus grand que ceux qui sont à la même hauteur dans les latitudes septentrionales, n'est également pas propre à être mis en comparaison, à moins que la différence ne vienne de la dissemblance des deux demi-ellipsoïdes. D'après la comparaison du degré mesuré dans le nord de la France avec celui d'Autriche, on a jugé convenable de prendre un milieu entre eux, rapporté à une latitude moyenne. Pareillement les latitudes des deux degrés d'Italie, différant peu l'une de l'autre, on a pris une longueur moyenne rapportée à une latitude moyenne : en conséquence les latitudes et les longueurs des degrés mesurés, qui, dans le second ellipsoïde ont été comparées ensemble, sont ainsi qu'il suit :

| Noms des observateurs. | Contrées. | Latitudes. | | Longueurs. | | Mesurées. |
|---|---|---|---|---|---|---|
| Bouguer. | Pérou. | 0°0'. | | | | 60484.5 |
| Mason et Dixon. | Maryland. | 39.12. | | | | 60628.5 |
| Boscowich. | Italie. | 43°.0 | 43.52... | 60725.5 | 60773.4 | |
| Beccaria. | Piémont. | 44.44 | | 60821.3 | | |
| Cassini, etc. | Milieu de la France. | 45.0 | | | | 60777.6 |
| Liesganig. | Autriche. | 48.43 | 49.3... | 69839.4 | 60833.0 | |
| Cassini, etc. | Nord de la France. | 49.23 | | 60826.6 | | |
| Maupertuis, etc. | Laponie. | 66.20. | | | | 61194.3 |

Maintenant ces six degrés, étant successivement comparés l'un avec l'autre, fournissent quinze résultats, entre lesquels, prenant une moyenne arithmétique, on a pour le rapport des demi-diametres de l'ellipsoïde celui de 192.483 : 191.483. En consultant la table, on verra que l'arc M P doit avoir 27337 fathoms de longueur. L'arc M *Perpignan* excede la vérité de 1734 toises, le 45ᵉ de latitude 180, et celui du cercle polaire près de 88 fathoms.

Le rapport des demi diametres du troisieme ellipsoïde, 216.06 : 215.06, est déduit des longueurs mesurées à l'équateur et au cercle polaire. D'après ce rapport, l'arc M P doit contenir 27294 fathoms ; l'arc M *Perpignan* excede la vérité de 1043, et celui du 45ᵉ degré de latitude plus de 128 fathoms.

Le rapport des demi-diametres du quatrieme ellipsoïde, 222.55 : 221.55, est le même, comme on peut le voir dans la table, que celui assigné par M. Bouguer à son premier sphéroïde, où les degrés du méridien, en partant de l'équateur, croissent comme les quarrés des sinus de latitude. On a eu principalement intention de faire voir combien petite étoit la différence entre les grandeurs et la nature des courbes et des deux figures : l'arc MP doit contenir 27288 fathoms ; l'arc M *Perpignan* erre en excès de 934 fathoms : le 45ᵉ degré excede la vérité de 116 fathoms, et celui du cercle polaire est plus court que les mesures de 21 fathoms, le degré de M. Bouguer à l'équateur étant pris pour échelle ou terme de comparaison.

Le rapport des demi-diametres du cinquieme ellipsoïde, 230 : 229, est celui assigné à la terre par sir Isaac Newton. D'après cette hypothese, l'arc MP contiendroit 27234 fathoms ; l'arc M *Perpignan* seroit au-dessous de la vérité de 41 fathoms seulement, parceque le 45ᵉ degré du méridien est ici regardé comme l'échelle ou terme de comparaison. Mais alors le degré de l'équateur devient plus court que la mesure de 102 fathoms, et celui du cercle polaire de 146½ : ainsi un arc de 8½ degrés seroit trop court dans le premier cas de 850, et dans le second de 1220 fathoms.

Le rapport des demi-diametres du sixieme ellipsoïde, 310.3 : 309.3, est déduit des longueurs de degrés mesurés à l'équateur et au 45ᵉ degré de latitude. L'arc MP contient dans cette hypothese 27224 fathoms ; l'arc M *Perpignan* est au-dessous de la vérité de 110 fathoms ; le degré du cercle polaire est trop petit d'environ 217 fathoms, ce qui, pour 8½, donneroit une erreur de 1807 fathoms.

Le septieme et dernier ellipsoïde, étant celui du plus petit applatissement, donne le rapport des demi diametres, 540 : 539. L'arc MP contiendroit 27212 fathoms ; le 45ᵉ degré de latitude étant pris pour terme de comparaison, l'arc M *Perpignan* seroit au-dessous la vérité de 165 fathoms ; d'un autre côté le degré de l'équateur seroit trop grand de 124½ fathoms, et ceux du cercle polaire trop petits de 303. Ainsi, dans le premier cas, l'erreur pour 8½ seroit de 1037 et dans le dernier de 2524 fathoms. On voit par là, que les arcs d'un ellipsoïde, quelque degré d'applatissement qu'on lui suppose, ne peuvent nullement s'accorder avec les portions mesurées de la surface de la terre : car, si on prend le degré de M. Bouguer à l'équateur pour terme de comparaison et qu'on fasse l'ellipsoïde très applati comme dans le Nᵒ. 1, la courbe deviendra trop renflée dans les latitudes moyennes, c'est-à-dire qu'elle s'élevera au-dessus de la surface réelle de la terre et donnera des degrés qui excéderont les degrés mesurés dans la proportion de l'excès des rayons : au contraire, si nous faisons l'ellipsoïde peu applati, comme au N. 7, et qu'on prenne pour échelle la longueur mesurée au 45ᵉ degré, les arcs mesurés et calculés conviendront assez bien dans les latitudes moyennes ; mais à l'équateur la courbe s'élevera considérable-

ment

ment au-dessus de la surface, et donnera les degrés trop grands, tandis qu'au pole elle tombera en dedans, et donnera les degrés trop petits, dans la proportion d'environ $2\frac{1}{2} : 1$, comparée avec l'erreur de l'équateur. Nous devons conclure de tout cela que la terre n'est point ellipsoïde.

Les deux colonnes à main droite de la table contiennent les arcs des deux sphéroïdes différents de l'ellipsoïde. Le premier est celui adopté par M. Bouguer, dans la premiere hypothese où les augmentations des degrés du méridien, en partant de l'équateur, sont comme les quarrés des sinus de latitude, et d'après lequel il a formé sa premiere table de degrés, n°. 32, pag. 298. Ce sphéroïde differe très peu, comme on l'a déja dit, du quatrieme ellipsoïde ; ils ont tous deux les mêmes demi-diametres : mais les arcs du sphéroïde étant un peu plus longs que ceux de l'ellipsoïde, le premier est par conséquent un peu plus élevé dans les latitudes moyennes. D'après cette hypothese, l'arc MP auroit 27288 fathoms, M Perpignan excéderoit les mesures de 953 fathoms, et le degré de l'équateur étant pris pour échelle, le $45^e$ excéderoit de 119, tandis que celui du cercle polaire seroit trop court seulement de 19 fathoms.

Le second sphéroïde est celui sur lequel M. Bouguer fonde sa seconde hypothese, où il suppose que les degrés du méridien croissent en partant de l'équateur comme les quatriemes puissances des sinus de latitude, et d'après lequel il a formé sa seconde table de degrés, n°. 38, page 305. On verra que le rapport des demi-diametres de ce sphéroïde, savoir $179.4 : 178.4$, differe très peu du rapport appartenant au premier ellipsoïde. Mais ici la courbe s'abaissant considérablement, c'est-à-dire étant moins élevée que l'ellipsoïde dans les latitudes moyennes, les arcs par là se contractent de maniere à s'accorder, à 269 fathoms près, avec les longueurs mesurées du méridien de France, dans une étendue d'environ $8\frac{°}{}$, comprise entre le point M près Dunkerque, et Perpignan situé au fond des Pyrénées. A l'inspection de la table, on verra qu'autant que les données actuelles peuvent nous en faire juger, la figure assignée ici à la terre approche beaucoup de la vérité, malgré ce qu'on peut avoir dit de contraire à cette opinion (1). Dans cette hypothese, la distance MP, prise sur le méridien de Paris, que nous devons déterminer par nos opérations trigonométriques, contiendroit

---

(1) M. Jacques Klosterman, inspecteur du corps des pages de Saint-Pétersbourg, dans un mémoire manuscrit, communiqué depuis quelque temps à la société royale, à l'aca-

C

27234 fathoms, ou seulement 46 fathoms de moinsque ce qui est donné par une valeur moyenne entre les sept ellipsoïdes, espace qui n'équivaut pas à $2''\frac{1}{2}$ de latitude. Le résultat de la mesure de cet espace répondant à un arc céleste de 26' 50" 52''' sera une confirmation ou une infirmation ultérieure de la justesse de la théorie. Le degré de l'équateur étant pris pour terme de comparaison, on verra, par la table, que le 45° est trop court de 37·6, tandis que le degré du cercle polaire est trop long de 9.4 fathoms.

Outre ces deux sphéroïdes de M. Bouguer, j'ai calculé les arcs d'un autre sphéroïde intermédiaire, où les degrés du méridien suivent le rapport de la puissance fractionnaire $3\frac{42}{100}$ des sinus de latitude. Ce calcul s'accorde très bien avec les mesures dans trois principales parties de la circonférence de la terre; savoir, à l'équateur, à 45° et à 66° 20' de latitude, et en même temps l'arc MP contient 27257 fathoms. Mais le travail du calcul augmentant considérablement par là, et l'erreur sur l'arc total entre M et Perpignan montant à 290 fathoms en plus, ce système ne m'a pas paru mériter d'être mis en concurrence avec la simplicité de celui de M. Bouguer, qui, par la même raison, préféroit la quatrieme puissance à la puissance fractionnaire $3\frac{10}{11}$, qu'il nous dit être celle qui approche le plus de la vérité. Enfin, c'est du résultat des opérations qu'on exécutera à l'avenir à de très hautes latitudes, et de la mesure des degrés de longitude sous l'équateur, que nous pouvons espérer de tirer des lumieres suffisantes pour corriger ou perfectionner le système de M. Bouguer.

---

démie des sciences de Paris et à celle de Gottingue, a entrepris de montrer que les opérations trigonométriques de France sont extrêmement erronées. Il sembleroit cependant qu'il a voulu trop prouver. Il auroit dû borner sa critique aux triangles du méridien, qui sont distingués des autres dans le livre de M. de Cassini par de plus gros caracteres, sans tirer de conclusion des angles aigus, lesquels, quoique mis dans le registre général, ne sont point employés dans la détermination en question. Mais comme l'acad. roy. des sciences soutiendra indubitablement la confiance due à ses opérations, je remarquerai seulement, sur les Nouv. littéraires de Gottingue ( *Nachricht aus den Gottingischen Anzeigen von gelehrten sachen*, 117 *Stück*, 1785), qui accompagnent ledit mémoire, et où il est dit « que l'hypo- « these de la quatrieme puissance de M. Bouguer a été détruite aussitôt qu'on a mesuré « d'autres degrés que ceux sur lesquels elle est fondée », que j'avoue être d'une opinion tout-à-fait différente, ne doutant point que, lorsqu'on comparera impartialement cette hypothese et l'un quelconque des systèmes qui ont été jusqu'à présent offerts au jugement du public, on trouvera que M. Bouguer mérite à juste titre la préférence que j'entreprends de lui donner ici. Ses ouvrages montrent bien que c'étoit un homme d'une habileté supérieure, éminemment versé dans les mathématiques, et peut-être le meilleur praticien qui ait jamais existé.

## *Différences de Longitude.*

Jusqu'à présent nous n'avons pas eu égard à quelques lignes qui sont au bas de la table, et qui contiennent les degrés de longitude calculés pour chaque hypothese à trois différentes latitudes ; savoir, l'équateur, 43° 32′, et 51° 28′ 40″. On n'a pas mesuré, que je sache, des degrés de longitude avec une exactitude suffisante, autres que celui du sud de la France, rapporté page 105 et 106 du livre de M. Cassini, qui a été déterminé au moyen des explosions réitérées, à l'air libre, de la poudre à canon, et qui a été trouvé de 41618 toises, valant 44354.4 fathoms. En consultant la table, on verra que l'erreur en plus de la théorie de M. Bouguer sur la longueur de ce degré, mesuré trigonométriquement, monte seulement à 19 fathoms, ce qui répond à un peu moins de $\frac{1}{10}$ de seconde de temps.

Il paroît étonnant que d'habiles astronomes, qui se sont occupés pendant plusieurs années à répéter, dans des observatoires fixes, leurs observations sur les corps célestes, n'aient conservé aucun doute sur ce qu'on appelle la différence astronomique de longitude, ou, en d'autres mots, la différence de temps. On a bien dit qu'il existoit une incertitude de cette sorte, même à l'égard des situations de Greenwich et de Paris, qui, d'un extrême à l'autre, est d'environ 10 à 11 secondes, répondant, à la latitude de Greenwich, à une longueur de 1600 ou 1700 fathoms. Mais on sera encore plus étonné qu'entre deux observatoires anglois, Greenwich et Oxford, qui, depuis long-temps, sont fournis d'instruments grands et dispendieux, de la meilleure espece, il reste une pareille incertitude de 2 ou 3 secondes de temps : or, dans la latitude de Greenwich, 3 secondes répondent à 477, et dans celle d'Oxford à 474½ fathoms. Ces choses néanmoins doivent être laissées aux astronomes de chaque observatoire, pour les éclairer autant qu'ils le pourront ; et on ne doit pas douter que l'astronome royal ne jette sur cette matiere un jour nouveau et satisfaisant dans le mémoire qu'il se propose de communiquer à la société royale, avec celui de M. de Cassini, qui pour cet objet a été près de deux ans en son pouvoir.

Quant aux opérations trigonométriques (qui peuvent être considérées comme infaillibles, puisqu'on en aura la preuve dans la base de vérification, et que, si quelque petite erreur inévitable se glisse dans le cours d'une longue suite de triangles, on en pourra aisément déterminer le *maximun* ), je ne doute point que la distance de Greenwich au point M ne puisse être déterminée par là, à un très petit nombre de fathoms près, peut-être 5o ou 6o sur une différence de longitude d'environ 2° 2o′ 2o″, et par conséquent à environ $\frac{1}{20}$ de seconde près sur chaque degré. Cette précision sera certainement assez grande pour l'usage, et certainement plus qu'on ne pourra l'obtenir d'ici à très longtemps par le moyen des observations célestes, puisque, dans l'état actuel des choses, elles laissent encore un doute de 2 ou 3 secondes.

La différence astronomique du temps peut encore être obtenue par le moyen d'une explosion instantanée de lumière : mais je proposerois de faire cette expérience après les opérations trigonométriques. La station de *Tatterlees*, à l'extrémité de la chaîne de collines crayeuses, ou quelque point aux environs, me sembleroit le meilleur lieu pour l'explosion, parcequ'il peut être vu de *Bottle-hill*, qui est sur la même chaîne, et à-peu-près dans le méridien de l'observatoire de Greenwich. Il est indubitable que *Tatterlees* peut être vu du moulin à vent de Fienne, ou peut-être même de celui de *Brunemberg*, puisque ces deux points sont sur la continuation de la même chaîne de collines en France, plus près, séparés par peu de terre, et sur-tout par la mer. Supposons que deux astronomes, avec leurs pendules et leurs instruments des passages, soient placés l'un à *Bottle-hill* et l'autre à *Brunemberg*, pendant plusieurs explosions réitérées de poudre à canon à *Tatterlees*, ou pendant que des feux indiens sont alternativement mis en évidence et couverts par un éteignoir préparé pour cet objet, opération qui peut se répéter plusieurs fois dans la même soirée ; il est certain qu'en prenant un juste milieu entre les instants marqués respectivement par les pendules, bien réglées d'avance, on aura la différence de temps entre les deux degrés extrêmes avec une très grande exactitude, et qui méritera peut-être plus de confiance que celle qui résulte de la comparaison des observations des corps célestes.

On a proposé d'employer pour cet objet des fusées volantes : mais les plus grandes, ayant un trop petit volume de lumière, sont, ce me semble, seulement propres pour les petites distances ; et puisque l'erreur d'observation seroit la même pour une petite ou une grande distance, on doit choisir les stations les plus éloignées pour avoir des résultats concluants. On a pensé qu'au moyen d'un ballon, on pourroit élever un assortiment de globes à feu d'un tel volume, que, par leur grande élévation dans l'air, ils pourroient être vus des stations les plus éloignées du lieu de l'explosion. Le ballon monteroit avec une amorce ou fusée tenant au premier globe; et lorsqu'il auroit atteint la hauteur desirée, on l'attacheroit en bas par le moyen d'une corde (1). Le premier globe, par son explosion, communiqueroit le feu au second, et ainsi successivement, à un intervalle de temps proportionné à la longueur des fusées ou amorces. De cette manière on peut remarquer huit ou dix instants dans l'expérience d'un seul ballon, qui étant ensuite ramené sur terre, sera encore lancé pour répéter les observations. Mais, quelle que soit la méthode adoptée pour des expériences de cette nature, les observateurs doivent non seulement être attentifs et diligents, mais avoir une bonne vue et tenir leurs pendules parfaitement réglées. Les essais doivent être répétés plusieurs fois, afin que l'incertitude, dans une méthode qui paroît être la meilleure, soit réduite à moins de $\frac{1}{20}$ de seconde de temps, limite qu'elle obtiendra certainement par la trigonométrie.

Ayant ainsi montré quel degré probable d'exactitude on peut attendre des différentes méthodes usuelles de déterminer la différence de longitude entre les observatoires de Greenwich et de Paris, et comparé ces résultats avec les déterminations incertaines qui semblent encore exister sur cet objet d'après l'état des observatoires astronomiques, faisons voir à présent comment on pourra probablement connoître cette différence avec l'instrument de M. Ramsden, lorsqu'on l'emploiera à cet objet, au moyen de l'observation de l'angle entre l'étoile polaire, dans son azimut oriental ou occidental, et une station très éloignée, dont la distance à l'instrument sera connue par la suite de triangles, et qui, pour cette observation particuliere, sera rendue visible la nuit au moyen des feux indiens.

Avec un instrument qui auroit d'assez bonnes lunettes pour laisser voir l'étoile polaire pendant le jour, il est clair qu'en partageant en deux l'angle de cet astre dans ses azimuts oriental et occidental, on aura la distance polaire de l'étoile et la vraie direction du méridien, rapportée à quelque station connue et visible à l'instant de l'observation. Mais, comme un temps nébuleux

---

(1) Il est bien entendu qu'on doit préalablement essayer s'il est possible de maintenir d'en bas un ballon par le moyen d'une corde : car si cela n'est pas praticable sans que le vent le force de descendre à terre, alors il faut l'envoyer à ballon perdu, en y attachant des fusées d'une plus grande dimension. Par ce moyen, on pense que la trace du ballon dans l'air sera visible aux observateurs éloignés, qui seront en état de se mettre sur leurs gardes pour saisir l'instant où les feux paroitront.

peut souvent empêcher de compléter une observation de cette
sorte, et que les essais peuvent faire perdre beaucoup de temps,
on peut, par la déclinaison donnée de l'étoile pour une période
particuliere (1), calculer promptement par les méthodes connues
sa distance apparente du pole pour un jour proposé, ainsi que
le temps de sa plus grande élongation, qui arrive deux fois en
vingt-quatre heures dans ses azimuts oriental et occidental,
auquel temps elle paroît, pendant plusieurs minutes, sensiblement stationnaire ou immobile, excepté en hauteur. C'est là le
meilleur moment pour prendre l'angle entre l'étoile et une station particuliere, puisque les observations peuvent être répétées
plusieurs fois dans l'espace de peu de minutes, c'est-à-dire jusqu'au temps où l'on s'appercevra que l'étoile se sera rapprochée
du pole. Maintenant supposons que la station de l'instrument
soit à *Tatterlees*, dont la distance à la perpendiculaire au méridien de Greenwich, et conséquemment à son parallele, est
connue par les opérations trigonométriques. La latitude sera
connue par là; et soit la co-latitude 38° 54' 20". Supposons la
distance de *Bottle-hill* d'un côté de 44100 fathoms, égaux à
43' 28",6 de grand cercle, et celle de *Brunemberg* de l'autre de
38250 fathoms, égaux à 37' 42",6 de grand cercle, et enfin qu'à
l'instant proposé les deux stations soient visibles au moyen des
feux indiens; maintenant que l'angle du méridien avec *Bottle-
hill* et celui avec *Brunemberg* soient observés par le moyen de l'é-
toile polaire, dont la distance est corrigée pour le jour de l'observation : supposons le premier de 75° 10', et le dernier de
125° 5'; nous avons ainsi deux triangles sphériques à calculer,
dans chacun desquels deux côtés et l'angle compris sont connus, un des côtés, savoir la co-latitude, étant commun à tous les
deux. D'après ces données, faisant usage de la demi-somme et de
la demi différence des côtés, nous aurons les angles de ces deux
triangles comme ci-après (2); et l'angle de longitude entre

---

(1) Depuis la confection de ce mémoire l'astronome a eu la complaisance de me donner la moyenne distance de l'étoile polaire au pole, déterminée à Greenwich par 8 observations supérieures, et 9 inférieures, faites dans l'année 1786. Il en résulte que la moyenne
distance, réduite au commencement de cette année étoit de 1° 52' 8",35, la précession
annelle moyenne en déclinaison étant de 19",55 ; conséquemment la moyenne distance
pour le 1 janvier 1787 étoit de 1°.49'.48",8.

|  | (2) Bottle-hill. |  | Brunemberg. |
|---|---|---|---|
| Demi-différence | 51° 25' 14",05 | Demi-différence. | 26° 44' 12",2 |
| Demi-somme | 52 52 15,05 | Demi-somme. | 27 52 57,3 |
| Angle à Bottle-hill | 103 57 39,14 | Angle à Brunemberg | 54 17 9,5 |

*Bottle-hill* et *Brunemberg*, égal à celui au pole, sera trouvé de 1° 55' 56', 1. Si de cet angle on déduit environ 30" ou 35' pour la distance occidentale à laquelle *Bottle-hill* semble être du méridien de Greenwich, il restera 1° 55' 21" pour la longitude orientale de Brunemberg, ainsi qu'elle est à-peu-près dans la carte des triangles qui accompagne ce mémoire.

Autant qu'on en peut juger à présent, d'après l'examen des divisions de l'instrument de M. Ramsden, on a tout lieu de croire que, en prenant les angles à l'horizon, le milieu, entre plusieurs observations rapportées à différentes parties de la circonférence du cercle, différera très peu de la vérité, et si peu, qu'en plusieurs cas il n'y aura aucune erreur. Mais, en élevant la lunette vers le pole, supposons qu'on ait commis à *Tatterlees* une erreur de cinq secondes sur chacun des angles contenus, et, de plus, qu'une erreur de cinq secondes sur la latitude, équivalente à environ 84 ½ fathoms sur le méridien, peut s'être glissée dans l'évaluation de la co-latitude (ce qui ne peut jamais arriver, mais qu'on suppose ici pour donner un exemple dans le cas le plus désavantageux); alors quiconque voudra se donner la peine de recalculer les deux triangles avec ces nouvelles données trouvera la variation en longitude, dans le premier cas, d'environ ⅕ de seconde ou le $\frac{1}{75}$ d'une seconde de temps; et, dans le second cas, d'une seconde ou le $\frac{1}{15}$ d'une seconde de temps. Je conclus de là que la meilleure maniere de déterminer les différences de longitude sera d'employer l'instrument lui-même à prendre l'angle entre l'étoile polaire et une station éloignée, dont la distance soit exactement connue, et qui sera rendue visible au moyen des feux indiens. Cette méthode sera, il est vrai, sujette, tout comme les observations astronomiques, aux imperfections

|  | 103° 57' 39",12 |  |  |  | 54° 17' 9",5 |  |  |
|---|---|---|---|---|---|---|---|
| Angle au pole. . . . . | 1 | 7 | 11,02 | Angle au pole . . . . . . |  | 48 | 45,1 |
| Angle contenu. . . . . | 75 | 10 | 0 | Angle contenu. . . . . . | 125 | 5 | 0 |
| Somme des trois angles. | 180 | 14 | 50,14 | Somme des trois angles . | 180 | 10 | 54,6 |
| Angle de convergence. . |  | 52 | 20,88 | Angle de convergence . . |  | 35 | 50,5 |
| Excès sur 180°. . . . . |  | 14 | 50.14 | Excès sur 180°. . . . . . |  | 10 | 54,6 |
| Angle de longitude. . . | 1 | 7 | 11,02 | Angle de longitude. . . . |  | 48 | 45,1 |

*Somme des deux longitudes* 1° 55' 65",12.

Il faut observer que les méridiens, paralleles sous l'équateur, convergent de plus en plus, à partir de là, à mesure qu'ils s'approchent du pole, où leur angle de convergence devient égal à l'angle de longitude. Il faut aussi remarquer que l'angle de convergence, augmenté de l'excès des trois angles du triangle sphérique sur 180° est, toujours égal à l'angle de longitude ou à celui qui a son sommet au pole. Cette propriété commune à toutes les latitudes fournit un moyen prompt de vérifier la justesse des calculs.

de l'instrument, particulièrement des lunettes, et aux erreurs d'observation; mais, d'un autre côté, on n'aura point à craindre les variations de la pendule, et les erreurs de la vision en remarquant les explosions instantanées des feux. Lorsque les deux méthodes auront été l'une et l'autre répétées assez souvent avec tout le soin imaginable, nous pourrons alors, et non pas auparavant, être en état de juger à laquelle on doit la préférence. Cinq ou six grandes stations dans le parallele de Greenwich ou aux environs, telles, par exemple, que celle de la tour de Shooter-hill, comprendront toute l'étendue de l'est à l'ouest de l'isle; et comme on doit attendre une grande conformité dans les résultats pour des portions égales du parallele, cette méthode semble aussi bonne qu'aucune autre pour former les données nécessaires à la détermination de la nature du sphéroïde ou de la figure de la terre.

### Table des degrés de la terre, construite d'après l'hypothese de M. Bouguer.

Outre la table de comparaison de l'arc entre Greenwich et Perpignan, expliquée ci-dessus, ce mémoire est accompagné d'une autre, que j'avois faite, aussi bien que la premiere, uniquement pour mon usage. Dans cette vue elle étoit seulement calculée, d'abord, pour chaque cinq minutes du $50^e$ et du $51^e$ degrés de latitude, afin de pouvoir plus promptement comparer les longitudes et les latitudes des stations respectives à mesure que nous avancerions vers la côte, et plus particulièrement pour les parties méridionales de l'Angleterre où l'on doit commencer les opérations. Néanmoins, afin de la rendre d'un usage plus général, elle a été calculée de cinq en cinq degrés pour les parties extrêmes du quart-de-cercle, et de degré en degré dans les latitudes intermédiaires. La table contient non seulement les degrés de latitude et de longitude, mais aussi ceux de grands cercles perpendiculaires au méridien, ainsi que ceux des cercles obliques, pour chaque $8^e$ partie du quart-de-cercle. Quant à la construction de la table, il est seulement nécessaire de faire quelques remarques sur la colonne qui contient la somme des trois équations, ou la différence entre les degrés du méridien et les degrés correspondants du grand cercle qui est perpendiculaire à ce méridien: c'est ce qu'il y a de plus difficile à calculer, mais on doit le faire avant de pouvoir obtenir les degrés de longitude. L'équation de M. Bouguer contient premiere-
ment

ment le $\frac{1}{15}$ de la différence entre le degré du méridien à l'équateur et au pole, savoir 545,12 fathoms, constamment additionnels; secondement les $\frac{3}{4}$ de l'augmentation du degré correspondant du méridien sur celui de l'équateur à retrancher, et troisièmement les $\frac{4}{15}$ d'une 3ᵉ proportionnelle à l'excés du degré au pole sur celui de l'équateur, comme rayon, et au sinus de la latitude correspondante, à ajouter. On trouvera que, si cette derniere partie de l'équation $\frac{4}{15}$ est uniformément appliquée, elle produira des résultats absurdes au 75ᵉ degré de latitude, c'est-à-dire que les degrés de grand cercle y deviendront plus grands que les degrés du pole. L'équation $\frac{4}{16}$ ou $\frac{1}{4}$ produiroit pareillement des résultats absurdes entre le 79ᵉ et le 80ᵉ degré; $\frac{1}{9}$ même n'iront pas plus loin que le 85ᵉ, et la plus haute équation qui pourra avoir lieu dans tout le quart-de-cercle, étant uniformément appliquée, ne doit pas excéder les $\frac{83}{170}$ de la troisieme proportionnelle. M. Bouguer lui-même l'a senti, et en conséquence il a appliqué l'équation avec une certaine modification ou abaissement, dont cependant il ne fait point mention dans son livre. Voyant donc que les degrés de grand cercle perpendiculaires au méridien différoient beaucoup de ceux de latitude aux environs des tropiques, j'ai, au 20ᵉ degré, appliqué l'équation $\frac{4}{15}$ ou $\frac{80}{300}$, et augmenté le diviseur d'une unité pour chaque degré du quart-de-cercle, depuis ce point jusqu'au pole où il devient $\frac{80}{370}$. Au-dessous du 20ᵉ degré, le diviseur augmente pareillement d'une unité jusqu'à l'équateur, où il devient $\frac{80}{310}$. Quant aux degrés de grand cercle situés obliquement au méridien, ils sont principalement destinés à faciliter les calculs de la courbe et de la réfraction, lorqu'on veut obtenir avec une grande précision la hauteur d'une station éloignée relativement à celle qu'occupe l'instrument; car, dans de pareils cas, il faut à la rigueur avoir égard à l'angle que fait la ligne avec le méridien.

Les calculs de cette table (1) ont été assez laborieux, comme on en peut juger; mais les ayant une fois commencés, je n'ai

---

(1) On a mis beaucoup de soin dans les différents calculs relatifs à la construction des deux tables jointes dans ce mémoire. Dans la derniere, qui a été la plus pénible, les différences sont si uniformes, qu'on pense qu'elle ne contient aucune erreur de conséquence. C'est ici le lieu de faire connoître une erreur d'impression, dans l'une des tables relatives à mon mémoire sur le barometre, publié dans le LXVII volume des Trans. Philos. pour 1777, dans la table VI, contenant des observations sur les hauteurs près Carnarvon, à la colonne de la hauteur du mercure observée sur Moel Eilio, 4 août 1775, 1 h. 7 m., P.M, au lieu de 27,714, *lisez* 27,214.

D

pu m'empêcher de les finir, dans l'espoir qu'ils seroient d'une utilité générale. Il se passera bien du temps avant que les résultats des opérations futures qu'on pourra entreprendre en différentes parties du globe puissent fournir des données pour faire quelque chose de mieux. C'est par les efforts réunis des nations éclairées, conspirant ensemble aux progrès des sciences, que de grandes questions, telles que la détermination de la grandeur et de la figure de la terre, peuvent être ultérieurement résolues. Chacune y doit contribuer plus ou moins, suivant sa situation et la portion de surface qui lui est tombée en partage dans la distribution générale de la terre. Les observations renfermées dans les isles britanniques seront toutes faites sous les auspices et sous les yeux d'un souverain qui aime et chérit les sciences, et comprendront, depuis l'orient dans le Suffock jusqu'à la partie occidentale du Kerri en Irlande, près de 12° de longitude, et depuis la Manche, au sud, jusqu'aux isles d'Orkney au nord, environ 9° de latitude. Ayant en même temps en vue d'exécuter le projet général et d'avoir une base certaine pour la carte des isles britanniques, je proposerois comme opération à exécuter de préférence, d'étendre les suites de triangles le long de différents méridiens, particulièrement ceux des principaux observatoires, et de quelques collines, remarquables dans la partie centrale de l'isle, se terminant à la mer au sud et au nord, et de former en travers un grand nombre d'autres suites, également dans les paralleles des principaux observatoires et de quelques éminences remarquables s'étendant de l'est à l'ouest. La colline de Wrekin, sur le bord oriental du Shropshire, semble un point très commode, étant dans une situation centrale assez visible, et qui n'est point assez haute pour en rendre l'accès incommode. Si on trouve que les longitudes puissent être déterminées par l'instrument avec le degré d'exactitude qu'on en attend, et qu'il puisse aussi être employé avantageusement, indépendamment des secteurs, à tracer un parallele dont la latitude soit déja déterminée, ou le parallele d'un point remarquable dont le méridien soit connu et non la latitude, alors le nombre de ces suites paralleles ne sauroit être trop multiplié, puisqu'en en exécutant beaucoup avec le soin convenable, on auroit la figure absolue de la terre, la plus petite distance de la surface à l'axe étant déterminée par là.

Les possessions angloises dans les Indes orientales offrent un champ singulièrement favorable pour la mesure de cinq degrés de latitude sur la côte de Coromandel, comme l'a remarqué M. Dalrimple, de la société royale, dans son Mémoire sur la Carte marine de cette côte. On peut également mesurer deux degrés de longitude à chaque extrémité de cet arc.

Les plaines du Bengale, sous le tropique septentrional, offrent une autre situation où il seroit très important de déterminer la longueur d'un degré ou deux de latitude et de plusieurs de longitude. Ces deux opérations seroient certainement protégées par la compagnie des Indes orientales, qui en feroit la dépense, puisque tout ce qui tend aussi puissamment au progrès des sciences en général, et particulièrement à celui de la navigation, doit être adopté par un corps de marchands dont le pouvoir et l'opulence n'ont jusqu'à ce jour aucun modele dans l'histoire des commerçants de l'univers.

Mais nous devons encore faire mention d'une opération qui doit contribuer plus que toute autre à la détermination de la figure de la terre, et qui est la mesure exacte de quelques degrés de longitude sous l'équateur, puisque la longueur du demi-diametre, qui jusqu'à présent n'a été déduite que théoriquement des portions mesurées du méridien, se trouveroit immédiatement déterminée par là. Les Portugais semblent posséder la situation la plus avantageuse pour cet objet qu'on connoisse encore sur le globe ; car M. de la Condamine nous a dit qu'à l'embouchure de la riviere des Amazones, près le fort de Macapa, à 3' de latitude nord, il y a de grandes plaines, où une opération de cette sorte ne seroit pas aussi difficile qu'on l'avoit imaginé d'abord, lorsque le projet en fut proposé à l'académie des sciences, un an avant que l'on pensât au voyage de Quito. Si on avoit choisi un pareil lieu pour les opérations, au lieu de la grande vallée comprise entre les hautes chaînes des *Andes*, le travail auroit été bien plutôt fait, avec moins de peine et d'une maniere bien plus satisfaisante, puisqu'on auroit probablement les degrés de longitude et de latitude. Les Portugais peuvent, là, déterminer la longueur de deux ou un plus grand nombre de degrés de longitude et autant de latitude, pour servir de preuve ou de correction aux observations péruviennes. Une opération de cette sorte, bien faite, ne manqueroit pas d'ajouter à la célébrité d'une nation qui, par sa découverte du Nouveau Monde à l'ouest et par celle de la route du cap de Bonne-Espérance à l'est du globe, peut être considérée comme la fondatrice de la navigation moderne.

Quant aux opérations dans les hautes latitudes septentrionales, qui sont d'une grande importance, l'empire de Russie offre une variété de situations plus ou moins propres à cet objet: il n'est pas présumable que l'impératrice de ce vaste empire, par ordre de laquelle on fait actuellement, à ce qu'on dit, des tentatives de découvertes, laisse finir un regne si brillant d'ailleurs sans faire quelques opérations de cette sorte sous le cercle polaire, ou aussi près du pole que la rigueur du climat pourra le permettre, pour confirmer ou corriger la mesure de Lapponie, qui est encore seule de son espece sans aucune preuve voisine de son exactitude. Si de pareilles opérations, ainsi que celles que j'ai insinuées à la fin de ce mémoire, sont exécutées en différentes parties de la terre, il restera peu de choses à faire pour la détermination de sa grandeur et de sa figure, excepté de multiplier, autant qu'il sera possible, des expériences avec un même pendule depuis l'équateur jusqu'aux plus hautes latitudes méridionales et septentrionales, afin que l'on puisse juger par là de la ressemblance ou de la dissemblance des deux hémispheres.

Le 22 février 1787.

# SUPPLÉMENT.

J'ai eu occasion de remarquer, *page 25* de la description des opérations trigonométriques proposées pour déterminer la différence entre les méridiens de l'observatoire royal de Greenwich et celui de Paris, qu'on trouvoit une incompatibilité dans la somme des trois équations, telle qu'elle avoit été établie par M. Bouguer, pour obtenir l'excès de longueur des degrés de grand cercle perpendiculaires au méridien sur les degrés de latitude correspondants; mais je n'avois pas trouvé la vraie source de l'erreur, dont je dois la découverte aux recherches de l'astronome royal qui me l'a obligeamment communiquée à la fin de juin dernier, temps où la société entre annuellement en vacances.

On trouve, *pages 289, 313 et 314* du livre de M. Bouguer, que la branche soustractive de l'équation ou la partie de l'arc gravicentrique DG, répondant à la différence entre le rayon de courbure à l'équateur et la latitude donnée, a été, par erreur, exprimée par $\frac{3}{4}$ au lieu de $\frac{4}{5}$, valeur qui résulte de la formule algébrique, et d'après laquelle la table de M. Bouguer a été calculée avec exactitude. Ne soupçonnant aucune erreur pareille, l'errata n'en faisant pas mention, et cette faute n'ayant pas été, que je sache, relevée jusqu'à présent dans un ouvrage justement célébré et livré à la circulation depuis plusieurs années; au lieu de $\frac{4}{15}$ ou des $\frac{80}{300}$ de la 3${}^e$ proportionelle, dernier membre additif de l'équation, j'ai substitué une autre valeur (néanmoins avec certaines modifications, comme on voit dans les articles sus-mentionnés), montant seulement à $\frac{80}{370}$ de la 3${}^e$ proportionnelle, qui étoit la plus haute valeur qu'on pouvoit appliquer à tout le quart de cercle sans tomber dans des résultats absurdes. J'ai ainsi obtenu des valeurs approchées des degrés de grand cercle et de longitude, qui différoient peu de ceux de M. Bouguer, en compensant en grande partie, quoique non entièrement, la cause, inconnue alors, de l'erreur de $\frac{1}{20}$ de l'arc DG; car $\frac{4}{5} - \frac{3}{4} = \frac{1}{20}$.

Dans ces circonstances, j'ai jugé à propos de joindre une table supplémentaire, où les degrés de grand cercle et de longitude sont calculés exactement d'après la branche soustractive corrigée $\frac{4}{5}$ de DG, au lieu de $\frac{3}{4}$, ainsi que cela existe à présent dans la table originale. On verra à l'inspection que la plus grande correction monte à près de 5 ¼ fathoms au 70° degré de latitude; qu'elle diminue de là jusqu'au pole d'un côté, et jusqu'à l'équateur de l'autre, où elle s'évanouit. La plus grande correction pour les degrés de longitude montant à environ 2 ¼ fathoms, est applicable entre les 58° et 59° degrés de latitude, où, d'après M. Bouguer, les degrés du méridien deviennent égaux aux degrés de longitude à l'équateur. Depuis ce point elle diminue graduellement, en allant au pole d'un côté et à l'équateur de l'autre, où elle disparoît également.

Quant aux degrés de grand cercle situés obliquement au méridien, on voit assez qu'ils sont si peu affectés, qu'il est indifférent de les corriger ou non : cependant ceux qui voudront pousser le scrupule jusqu'à des fractions de fathoms, peuvent se satisfaire avec grande facilité et exactitude en employant les parties proportionnelles des différences, comme dans l'exemple suivant, où cette correction est appliquée aux degrés obliques, à la latitude de Greenwich 51° 28′ 40″.

| | OBLIQUITÉ. | DIFFÉR. de la Tab. originale. | CORRECT. supplém. | DIFFÉRENCES corrigées. | DEGRÉS corrigés. |
|---|---|---|---|---|---|
| | | Fathoms. | Fathoms. | Fathoms. | Fathoms. |
| Application de la correction au degré de grand cercle situé obliquement au méridien à la latit. de Greenwich. | 45° 0′ | 204,45 | —1,65 | +202,80 | 61070,20 |
| | 33 45 / 56 15 | 78,24 | —0,63 | — / + } 77,61 | 60992,63 / 61147,85 |
| | 22 30 / 67 30 | 66,33 | —0,54 | — / + } 65,79 | 60926,84 / 61213,64 |
| | 11 15 / 78 45 | 44,32 | —0,36 | — / + } 43,96 | 60882,88 / 61257,60 |
| | 0 0 / 90 0 | 15,56 | —0,12 | — / + } 15,44 | 60867,44 / 61273,04 |

On peut remarquer ici que la moitié de la correction est constamment appliquée au 45° degré d'obliquité, et que de là les différences entre les termes progressifs également éloignés de chaque côté de 45° sont toujours égales les unes aux autres : cela vient de ce que les différences corrigées sont toujours employées avec des signes contraires; celles entre 45° et le méridien étant soustractives, et celles entre 45° et l'est ou l'ouest étant additives, jusqu'à ce que, dans le premier cas, le degré devient égal à celui de latitude, et, dans le dernier, égal au grand cercle perpendiculaire au méridien.

La table de comparaison est donc affectée de l'erreur qui forme l'objet de la présente discussion, excepté dans les deux dernieres lignes du fond, ainsi qu'on le voit dans l'errata joint à ce supplément.

Le docteur Maskelyne, en me communiquant la découverte de l'erreur de M. Bouguer, a joint la conversion de sa formule en la suivante, qui est adaptée aux sinus naturels :

$$\frac{a\ (1) + 8 \times \cos.\ 2\ \text{latit.} - 3\ \cos.\ 4\ \text{latit.}}{30}$$

a est l'excès du rayon de courbure au pole sur celui de l'équateur, et il faut seulement changer le signe de chaque terme, lorsque la latitude doublée ou quadruplée devient plus grande que 90° ou plus petite que 270°.

Je saisis l'occasion de faire mention d'une autre circonstance, qui m'étoit entièrement inconnue lorsque mon mémoire a été composé. On conclura probablement de ce qui a été dit à la page 19 et suiv. que je considere comme nouvelle la méthode que je propose de déterminer les différences de longitude par des observations de l'étoile polaire faites avec un bon instrument, et que j'ignore que la même idée, ou à-peu-près, a été donnée précédemment par le rév. M. Michell, et discutée par le même dans un mémoire ingénieux, inséré dans les Transactions Philosophiques, volume 56, année 1766. Il n'est pas douteux que j'ai eu connoissance de cette production dans le temps où elle a été publiée ; mais depuis un si grand nombre d'années elle étoit entièrement sortie de ma mémoire ; et, sans cela, je l'aurois certainement citée avec les éloges qu'elle mérite. Au reste, sans entrer ici dans aucun détail, on voit clairement que l'une des deux méthodes n'a point été empruntée de l'autre.

| | Val. | Err. | Val. | Err. | Val. | Err. | Val. | Err. |
|---|---|---|---|---|---|---|---|---|
| 3 | 373179. | − 99 | 373168. | −110 | 373935. | + 657 | 373001.9 | − 276.1 |
| | 106569. | − 43 | 106549. | − 63 | 106796. | + 184 | 106550.4 | − 61.6 |
| 4 | 266610. | − 56 | 266619. | − 47 | 267139. | + 473 | 266451.5 | − 214.5 |
| | 165990. | + 29 | 165986. | + 25 | 166335. | + 374 | 165908.5 | − 52.5 |
| 5 | 100620. | − 85 | 100633. | − 72 | 100804. | + 99 | 100543. | − 162. |
| | | (− 4.92) | | (− 15.2) | | (+ 9.8) | | (+ 114.57) |
| 1 | 16883 | − 15 | 26872 | − 26 | 26946 | + 48 | 26893 | − 5 |
| 2 | 133739 | − 19 | 133695 | − 63 | 134047 | + 289 | 133758 | − 0 |
| 3 | 106604 | − 43 | 106584 | − 63 | 106831 | + 184 | 106585 | − 62 |
| 4 | 166144 | + 29 | 156140 | + 25 | 166489 | + 374 | 166062 | − 62 |
| 5 | 100364 | − 84 | 100377 | − 71 | 100547 | + 99 | 100287 | − 161 |
| | 533734 | −132 | 533668 | −195 | 534860 | + 994 | 533585 | − 281 |
| 4 | 3487954 / 3476718 } | 11236 | 3485542 / 3479087 } | 6455 | 3496954 / 3481221 } | 15713 | 3496740 / 3477210 } | 19530 |
| | 310.3 à. | . . 309.3 | 540 à 559 | | 222.55 à. | . .221.55 | 179.4 à. | . . 178.4 |
| | 0.0014018 | | 0.0008050 | | 0.0019558 | | 0.0024274 | |
| | | Erreur. | | Erreur. | | Erreur. | | Erreur. |
| .9 | 60484.5 | 0.0 | 60609.0 | + 124.5 | 60484.5 | 0.0 | 60484.5 | 0.0 |
| .0 | 60777.6 | 0.0 | 60777.6 | 0.0 | 60896.5 | + 118.9 | 60740.0 | − 37.6 |
| .5 | 60977.7 | − 216.6 | 60891.6 | + 302.7 | 61175.7 | − 18.6 | 61203.7 | + 9.4 |
| | 61073.0 | | 60947.0 | | 61308.5 | | 61506.6 | |
| | 588.5 | | 338.0 | | 824.0 | | 1022.1 | |
| .3 | 60876.2 / 44213.4 / 57989.9 | − 141.0 | 60834.1 / 44141.9 / 37932.4 | − 212.5 | 61035.0 / 44341.8 / 58117.2 | − 12.6 | 61029.6 / 44375.5 / 58164.0 | + 19.1 |

The far-right brace annotation of the top block reads − 32.23.

The left margin label for the lower blocks reads: Quelques autres pr̄cipales propriétés.

…s convenables pour les distances des stations au secteur, telles qu'elles sont données dans

# EXPOSITION DES OPÉRATIONS TRIGONOMÉTRIQUES PROPOSÉES PAR LE MAJOR GÉNÉRAL ROY.

Comparaison de l'arc céleste du méridien, compris entre les parallèles de Greenwich et de Perpignan, avec les longueurs mesurées et calculées de l'arc terrestre correspondant entre les mêmes parallèles.

**ARC TERRESTRE.**

**ARCS CALCULÉS DANS DIFFÉRENTES HYPOTHESES,**

En supposant à la Terre la forme d'un ellipsoïde.

Arc céleste compris entre les parallèles de Greenwich et de Perpignan, observé.

Hypothèses (coefficients portés en tête de chaque colonne) :
- 1e { 179.842 / 178.617 }
- 2e { 190.485 / 191.135 }
- 3e { 210.661 / 213.06 }
- 4e { 222.56 / 221.55 }
- 5e { 210 / 229 }
- 6e { suo. / Lag. 3 }
- 7e { 230 / 534 }
- En supposant la Terre un sphéroïde différent de l'ellipsoïde : 1er (plus renflé que l'ellipsoïde dans les latitudes moyennes) { 272.52 / 221.66 } — 2e (moins renflé) { 179.4 / 221.4 }

## Arcs célestes observés — Arc terrestre (premier bloc)

Colonnes : Lieu des observations | Latitude | Différence de latitude ou arc céleste | Arcs mesurés (Fathoms) | Sphérique (Demi-diamètre 3486072) Fathoms / Erreur

| Lieu | Latitude (° ' ") | Diff. de lat. (arc céleste) | Arcs mesurés | Sphérique Fath. | Sph. Err. |
|---|---|---|---|---|---|
| Greenwich obs. royal | 51 28 40 00 | 8 46 48 00 — 8.8 | 534343. | 535848. | |
| Perpignan | 42 41 52 00 | | | 27255. | |
| Greenwich et M — | MP — | dif. 0 26 56 50 — 0.4475 | | | |
| Point M près de Dunk. | 51 1 49 8 | 8 19 57 — 8.8.832 | 566687. | 507108. | + 5211 |
| Perpignan | 42 41 52 00 | | | | |
| Point M et Paris | | dif. 2 11 55 — 8.?.1051 | 133409. | 133467. | + 58 |
| Paris, observ. royal | 48 50 14 00 | 6 8 22 00 — 6.1394 | 373278. | 373641. | + 503 |
| Perpignan | 42 41 52 00 | | | | |
| Paris et Bourges | | dif. 1 45 9 19 — 1.7525 | 160a2. | 108658. | + 46 |
| Bourges | 47 5 4 41 | 4 23 10 41 — 4.5869 | 160606. | 266483. | + 517 |
| Perpignan | 42 41 52 00 | | | | |
| Bourges et Rhodes | | dif. 2 43 51 — 5.2.85 | 165016. | 166200. | + 259 |
| Rhodes | 44 21 5 36 | 1 30 21 36 — 1.856 | 100705. | 100783. | + 78 |
| Perpignan | 42 41 52 00 | | | | |

Hypothèses (mêmes rangées, Fathoms / Erreur) :

| Lieu | 1e | 2e | 3e | 4e | 5e | 6e | 7e | 1er (sphéroïde) | 2e (sphéroïde) |
|---|---|---|---|---|---|---|---|---|---|
| Greenwich | 535738. | 535024. | 534909. | 535580. | 535880. | 535801. | 535734. | 535698. | 535652.4 −268.6 |
| Perpignan | 27342. | 27557. | 27794. | 27288. | 27234. | 27204. | 27212. | 27088. | 27254. |
| Point M près Dunk. | 508506. + 1819 | 508421. + 1734 | 507750. + 1043 | 507621. + 954 | 508646. − 41 | 508577. − 100 | 508522. − 165 | 507640. + 953 | 506418.4 − 68.6 |
| Point M et Paris | 133957. + 584 | 133932. + 525 | 133752. + 523 | 133700. + 291 | 133440. + 31 | 135398. − 11 | 133354. − 65 | 133705. + 290 | 13541(6.5) + 7.5 |
| Paris | 374540 + 1271 | 374489. + 1211 | 375998. + 720 | 373921. + 645 | 373206. − 72 | 373179. − 99 | 373168. − 110 | 573975. + 657 | 573001.9 + 276.1 |
| Paris et Bourges | 108980. + 577 | 108971. + 359 | 108820. + 208 | 108796. + 184 | 106790. − 22 | 106669. − 43 | 106549. − 63 | 106796. + 184 | 106350.4 − 61.6 |
| Bourges | 267360. + 804 | 267518. + 352 | 267168. + 612 | 267105. + 45 | 266616. − 50 | 266619. − 56 | 266619. − 47 | 267139. + 473 | 266471.5 − 14.5 |
| Bourges et Rhodes | 166599. + 638 | 166372. + 611 | 166354. + 593 | 166354. + 339 | 165602. − 20 | 165996. + 29 | 165986. + 25 | 166335. + 374 | 165908.5 − 52.3 |
| Rhodes | 100961. + 256 | 100946. + 241 | 100824. + 137 | 100805. + 100 | 100614. − 91 | 100620. − 85 | 100633. − 72 | 100804. + 90 | 100543. − 16. |

## Arcs terrestres individuels (second bloc)

| Lieu | Latitude | Arc céleste | Arcs mesurés | Sphérique F. / Err. | 1e | 5e | 6e | 7e | 1er (sphéroïde) |
|---|---|---|---|---|---|---|---|---|---|
| Obs. roy. de Greenwich / Tour de Dunkerque | 51 28 40 | 0 26 50.7 | 26898 | 26891. − 7 | 27000. + 102 | 26885 − 15 | 26885 − 15 | 26872 − 26 | 26946 + 48 |
| Tour de Dunkerque / Obs. roy. de Paris | 51 2 9.3 | 2 11 55.3 | 133758 | 133811. + 53 | 134299. + 541 | 133759 − 19 | 133759 − 19 | 133695 − 65 | 134047 + 289 |
| Obs. roy. de Paris / Tour de Bourges | 48 50 14 | 1 45 11.4 | 106647 | 106696. + 49 | 107024. + 377 | 106604 − 45 | 106604 − 45 | 106584 − 63 | 106831 + 184 |
| Tour de Bourges / N. D. de Rodès | 47 5 2.6 | 2 44 0.2 | 166115 | 166352. + 237 | 166753. + 528 | 166144 + 29 | 166144 + 29 | 166140 + 25 | 166489 + 374 |
| N. D. de Rodès / S. Jaumes de Perpig. | 44 21 2.4 | 1 59 0.4 | 100448 | 100526. + 78 | 100704. + 256 | 100564 − 84 | 100564 − 84 | 100577 − 71 | 100547 + 50 |
| Greenwich et Perpig. | 44 41 56 — 8 46 44 | | 535660 | 534276. + 410 | 535780. + 1914 | 535954 − 5 | 535668 − 193 | 535650 − 194 | | |

## Quantités déduites

| | Sphérique | 1e | 2e | 3e | 4e | 5e | 6e | 7e | 1er (sphéroïde) | 2e (sphéroïde) |
|---|---|---|---|---|---|---|---|---|---|---|---|
| Demi-diamètre de l'équateur | 3486072 | 3494743 | 3501803 | 3485663 | 3481204 | 3480462 | 3481155 | 3485542 | 3486740 | |
| Demi-axe entre les pôles | 3486073 | 3484054 | 3478007 | 3485004 | 3481204 | 3481203 | 3476778 | 3497087 | 3481101 | 3477210 |
| Rapport des demi-diamètres | 00000 | 179.047 | 190.485 | 210.661 | 221.55 | 222.55 | 230.53 | 540.635 | 222.532 | 179.4 |
| Diff. des logarithmes des deux termes du rapport | | 0.0024343 | 0.0028632 | 0.0030148 | 0.0019558 | 0.0018924 | 0.0014018 | 0.0008060 | 0.0019558 | 0.0024074 |

Degré du méridien à :

| | Sphér. | 1e / Err. | 2e | 3e | 4e | 5e | 6e | 7e | 1er (sph.) | 2e (sph.) |
|---|---|---|---|---|---|---|---|---|---|---|
| Équateur | 60484.5 | 60859.1 + 374.6 | 60484.5 + 0.0 | 60484.5 + 0.0 | 60484.5 + 0.0 | 60484.5 | 60780.6 − 101.9 | 60484.5 0.0 | 60609.0 + 124.5 | 60484.5 + 0.0 |
| 45° | 60777.6 | 60893.4 + 81.5 | 60995.4 + 215.8 | 60977.7 + 180.1 | 60893.5 + 128.5 | 60893.5 | 60777.6 0.0 | 60777.6 0.0 | 60777.6 0.0 | 60799.6 + 37.6 |
| 66° 20' | 61194.3 | 60859.1 − 535.2 | 61545.3 + 143.0 | 61181.9 + 87.6 | 61194.3 0.0 | 61173.4 | 60977.7 + 146.6 | 60977.7 + 146.5 | 60891.6 + 302.7 | 61193.7 − 18.6 |
| Pôle | | 61309.3 | 61369.3 | 61457.1 | 61153.2 | 61308.4 | 61177.0 | 61177.0 | 60947.0 | 61308.5 |
| Excès des degrés du mérid. au pôle sur ceux de l'équat. | 00000.0 | 1023.8 | 1072.8 | 972.6 | 847.7 | 893.9 | 794.4 | 588.5 | 338.0 | 824.0 |

Degrés de longitude à :

| | Sphér. | 1e | 2e | 3e / Err. | 4e | 5e | 6e | 7e | 1er (sph.) | 2e (sph.) |
|---|---|---|---|---|---|---|---|---|---|---|
| Équateur | | 60859.1 | 61195.6 | 61117.9 | 61048.5 | 61033.0 | 60911.1 | 60876.2 | 60854.1 | 61033.0 |
| 45° 52' au sud de la France | 44554.4 | 44191.5 − 253.1 | 44461.2 + 106.8 | 44450.4 + 76.0 | 44355.7 + 1.5 | 44541.7 − 12.7 | 44250.1 − 104.5 | 44213.4 − 141.0 | 44141.9 − 212.3 | 44341.8 + 19.6 |
| 51° 28' 4" Greenwich | | 37994.2 | 38225.9 | 58181.3 | 58130.1 | 58117.7 | 57978.7 | 57989.9 | 37938.4 | 58164.0 |

L'arc mesuré de Paris à Dunkerque a une valeur moyenne entre 125517 ⅓ et 125495 toises, ou 133770 et 133746 fathoms; voy. sect. 6, art. 12.
Les latitudes de Dunkerque, Bourges, Rodès et Perpignan sont déduites des arcs célestes donnés par M. de la Caille, *Mém. de l'acad 1758*, pag. 240 et 241; en faisant, à chaque lieu, les réductions convenables pour les distances des stations au secteur, telles qu'elles sont données dans la *Méridienne vérifiée*.

u méridien sur ceux de l'équateur est comme la quatrieme

| ntre les degrés méridionaux et ceux<br>e les quarrés des sinus d'obliquités. | | Degrés de longitude. | LATITUDES. |
|---|---|---|---|
| 3 points | 2 points | points | |

TABLE des degrés de la Terre, construite d'après l'hypothese de M. Bouguer, que l'excès des degrés du méridien sur ceux de l'équateur est comme la quatrieme puissance des sinus de latitude.

Degrés des grands cercles obliques au méridien, la différence entre les degrés méridionaux et ceux des grands cercles qui leur sont perpendiculaires étant comme les quarrés des sinus d'obliquités.

**Partie A**

| Latitudes | Longueur des degrés du méridien en fathoms | Diff. | Excès sur les degrés de l'équateur | Diff. entre les deg. du mérid. et les d. du grand cercle perp. au mérid. ou somme des trois équations | Degré du grand cercle perpendiculaire au méridien | Diff. |
|---|---|---|---|---|---|---|
| 0° 0′ 0″ | 60484.50 | 0.06 | 0.00 | 545.12 | 61029.62 | 1.95 |
| 5 | 60484.56 | 0.87 | 0.06 | 547.01 | 61031.57 | 5.63 |
| 10 | 60485.43 | 3.65 | 0.93 | 551.77 | 61037.20 | 11.52 |
| 15 | 60489.08 | 9.41 | 4.58 | 559.64 | 61048.72 | 16.28 |
| 20 | 60498.49 | 18.62 | 13.99 | 565.51 | 61065.00 | 20.63 |
| 25 | 60517.11 | 31.27 | 32.61 | 568.54 | 61085.65 | 25.78 |
| 30 | 60548.38 | 46.75 | 63.88 | 563.15 | 61111.53 | 31.14 |
| 35 | 60595.13 | 63.86 | 110.63 | 547.54 | 61142.67 | 36.19 |
| 40 | 60658.99 | 14.86 | 174.49 | 519.87 | 61178.86 | 7.73 |
| 41 | 60673.85 | 15.55 | 189.35 | 512.74 | 61186.59 | 7.95 |
| 42 | 60689.40 | 16.22 | 204.90 | 505.14 | 61194.54 | 8.10 |
| 43 | 60705.62 | 16.88 | 221.12 | 497.02 | 61202.64 | 8.26 |
| 44 | 60722.50 | 17.52 | 238.00 | 488.40 | 61210.90 | 8.40 |
| 45 | 60740.02 | 18.15 | 255.52 | 479.28 | 61219.30 | 8.51 |
| 46 | 60758.17 | 18.75 | 275.67 | 469.64 | 61227.81 | 8.66 |
| 47 | 60776.92 | 19.32 | 292.42 | 459.55 | 61236.47 | 8.77 |
| 48 | 60796.24 | | 311.74 | 449.00 | 61245.24 | 7.36 |
| Paris. 48 50 14 | 60812.83 | 3.57 | 328.33 | 439.77 | 61252.50 | 1.43 |
| 49 | 60816.10 | 20.37 | 331.60 | 437.93 | 61254.63 | 8.96 |
| 50 | 60856.47 | 1.72 | 361.97 | 428.52 | 61262.99 | 0.76 |
| 50 5 | 60838.19 | 1.73 | 353.69 | 425.56 | 61263.75 | 0.74 |
| 50 10 | 60839.92 | 1.72 | 355.42 | 424.57 | 61264.49 | 0.74 |
| 50 15 | 60841.64 | 1.73 | 357.14 | 423.59 | 61265.21 | 0.78 |
| 50 20 | 60843.37 | 1.74 | 358.87 | 422.64 | 61265.93 | 0.64 |
| 50 25 | 60845.11 | 1.74 | 360.61 | 421.66 | 61266.66 | 0.74 |
| 50 30 | 60846.84 | 1.74 | 362.34 | 420.67 | 61267.38 | 0.74 |
| 50 35 | 60848.58 | 1.74 | 364.08 | 419.68 | 61268.10 | 0.74 |
| 50 40 | 60850.31 | 1.74 | 365.82 | 418.68 | 61268.82 | 0.74 |
| 50 45 | 60852.05 | 1.75 | 367.57 | 417.72 | 61269.55 | 0.74 |
| 50 50 | 60853.80 | 1.75 | 369.32 | 416.71 | 61270.53 | 0.74 |
| 50 55 | 60855.54 | 1.75 | 371.07 | 415.70 | 61271.27 | 0.74 |
| 51 0 0 | 60857.32 | 1.75 | 372.82 | 414.70 | 61272.02 | 0.74 |
| 51 5 | 60859.05 | 1.76 | 374.58 | 413.68 | 61272.76 | 0.77 |
| 51 10 | 60860.84 | 1.98 | 376.34 | 412.69 | 61273.53 | 0.78 |
| 51 15 | 60862.57 | 1.77 | 378.11 | 411.70 | 61274.31 | 0.75 |
| 51 20 | 60860.14 | 1.76 | 379.87 | 410.68 | 61275.05 | 0.64 |
| 51 25 | 60862.67 | 1.77 | 381.64 | 409.66 | 61275.79 | 0.21 |
| Greenwich 51 28 40 | 60887.12 | 2.50 | 383.29 | 408.83 | 61276.20 | 0.74 |
| 51 30 | 60871.47 | 0.48 | 385.19 | 407.61 | 61276.55 | 0.74 |
| 51 35 | 60873.23 | 1.77 | 386.97 | 406.57 | 61277.50 | 0.80 |
| 51 40 | 60875.04 | 1.78 | 388.75 | 405.59 | 61278.33 | 0.74 |
| 51 45 | 60876.82 | 1.78 | 390.54 | 404.54 | 61279.58 | 0.74 |
| 51 50 | 60878.61 | 1.78 | 392.32 | 403.61 | 61280.33 | 0.76 |
| 51 55 | | 1.79 | 394.11 | 402.48 | 61281.09 | |
| 52 0 0 | | 21.69 | | | | 9.09 |
| 53 | 60900.30 | 22.05 | 415.80 | 389.88 | 61290.18 | 9.13 |
| 54 | 60922.35 | 22.35 | 437.85 | 376.95 | 61299.31 | 9.14 |
| 55 | 60944.70 | 22.63 | 460.20 | 363.75 | 61304.05 | 9.14 |
| 56 | 60967.33 | 22.83 | 482.83 | 351.17 | 61317.59 | 9.10 |
| 57 | 60990.16 | 23.00 | 505.66 | 335.78 | 61324.84 | 9.07 |
| 58 | 61013.16 | 16.45 | 528.86 | 322.60 | 61335.76 | 6.45 |
| Égal au deg. de long. sous l'équateur. 58 42 47.4 | 61029.62 | 6.65 | 545.12 | 342.21 | 61342.21 | 2.57 |
| 59 | 61036.27 | 25.16 | 551.77 | 308.51 | 61344.78 | 8.94 |
| 60 | 61063.43 | 114.60 | 574.93 | 294.29 | 61363.72 | 48.98 |
| 65 | 61174.10 | 29.65 | 689.60 | 222.60 | 61395.70 | 10.80 |
| Deg. mesuré en Laponie. 66 20 | 61203.75 | 77.71 | 719.25 | 203.75 | 61407.50 | 27.89 |
| 70 | 61281.46 | 92.79 | 885.75 | 153.70 | 61435.16 | 1.80 |
| 75 | 61374.25 | 71.64 | 931.39 | 93.71 | 61466.96 | 24.31 |
| 80 | 61445.89 | 45.24 | 961.39 | 45.58 | 61505.66 | 12.33 |
| 85 | 61491.13 | 15.47 | 1006.65 | 12.47 | 61505.60 | 5.00 |
| 90 | 61506.60 | | 1022.10 | 0.00 | 61506.60 | |

**Partie B** — Degrés des grands cercles obliques au méridien

| Latitudes | Diff. | 7 points = 78°¾ | Diff. | 6 points = 67°½ | Diff. | 5 points = 56°¼ | Diff. | 4 points = 45° |
|---|---|---|---|---|---|---|---|---|
| 0° 0′ 0″ | 20.75 | 61008.87 | 59.08 | 60949.79 | 88.83 | 60851.36 | 104.20 | 60757.16 |
| 5 | 20.82 | 61010.73 | 59.29 | 60951.46 | 88.73 | 60862.73 | 104.66 | 60758.07 |
| 10 | 21.00 | 61016.20 | 59.80 | 60956.40 | 89.51 | 60866.89 | 105.57 | 60761.32 |
| 15 | 21.50 | 61027.42 | 60.66 | 60966.76 | 90.87 | 60875.89 | 107.03 | 60768.26 |
| 20 | 21.56 | 61043.44 | 61.40 | 60982.04 | 91.90 | 60890.14 | 108.59 | 60781.75 |
| 25 | 21.64 | 61064.01 | 61.62 | 61002.39 | 92.24 | 60910.15 | 108.77 | 60801.38 |
| 30 | 21.43 | 61090.10 | 61.04 | 61029.06 | 91.35 | 60937.71 | 107.75 | 60829.96 |
| 35 | 20.84 | 61121.83 | 59.35 | 61062.48 | 88.81 | 60973.67 | 104.77 | 60868.90 |
| 40 | 19.78 | 61159.08 | 56.35 | 61102.75 | 84.53 | 61018.40 | 99.48 | 60918.92 |
| 41 | 19.51 | 61167.08 | 55.58 | 61111.50 | 85.17 | 61028.33 | 98.11 | 60930.22 |
| 42 | 19.23 | 61175.31 | 54.75 | 61120.56 | 81.94 | 61038.61 | 96.65 | 60941.97 |
| 43 | 18.92 | 61183.72 | 53.87 | 61129.85 | 80.61 | 61049.24 | 95.11 | 60954.13 |
| 44 | 18.59 | 61192.31 | 52.93 | 61139.38 | 79.23 | 61060.15 | 93.45 | 60966.70 |
| 45 | 18.24 | 61201.06 | 51.95 | 61149.11 | 77.47 | 61071.37 | 91.71 | 60979.66 |
| 46 | 17.86 | 61209.95 | 50.90 | 61159.05 | 76.18 | 61082.87 | 89.87 | 60993.00 |
| 47 | 17.49 | 61218.98 | 49.81 | 61169.17 | 74.55 | 61094.62 | 87.93 | 61000.69 |
| 48 | 17.09 | 61228.15 | 48.66 | 61179.49 | 72.84 | 61106.65 | 85.91 | 61020.74 |
| Paris. 48 50 14 | | | | | | | | |
| 50 5 | 16.20 | 61247.58 | 46.19 | 61201.43 | 60.05 | 61152.41 | 81.43 | 61050.97 |
| 50 10 | 16.16 | 61248.33 | 46.01 | 61202.40 | 60.09 | 61133.44 | 81.23 | 61052.21 |
| 50 15 | 16.12 | 61249.11 | 45.91 | 61203.20 | 68.71 | 61154.40 | 81.06 | 61053.43 |
| 50 20 | 16.09 | 61249.90 | 45.80 | 61204.18 | 58.56 | 61155.55 | 80.80 | 61054.84 |
| 50 25 | 16.05 | 61250.72 | 45.70 | 61205.90 | 58.46 | 61156.60 | 80.68 | 61056.35 |
| 50 30 | 16.01 | 61251.50 | 45.60 | 61205.80 | 58.28 | 61157.67 | 80.50 | 61056.42 |
| 50 35 | 15.97 | 61252.26 | 45.55 | 61206.80 | 58.08 | 61158.72 | 80.30 | 61056.66 |
| 50 40 | 15.93 | 61253.07 | 45.58 | 61207.60 | 57.99 | 61159.77 | 80.11 | 61065.66 |
| 50 45 | 15.89 | 61253.86 | 45.49 | 61208.37 | 57.59 | 61160.96 | 79.93 | 61060.93 |
| 50 50 | 15.80 | 61255.67 | 45.17 | 61209.50 | 57.59 | 61161.47 | 79.74 | 61069.17 |
| 50 55 | 15.80 | 61254.67 | 45.28 | 61209.58 | 57.50 | 61161.27 | 79.60 | 61061.39 |
| 51 0 0 | 15.78 | 61256.24 | 44.95 | 61211.29 | 57.27 | 61144.02 | 79.35 | 61064.67 |
| 51 5 | 15.74 | 61257.02 | 44.84 | 61212.18 | 66.11 | 61145.07 | 79.15 | 61065.92 |
| 51 10 | 15.71 | 61257.82 | 44.75 | 61213.09 | 68.94 | 61146.12 | 78.96 | 61067.16 |
| 51 15 | 15.67 | 61258.64 | 44.65 | 61214.00 | 65.76 | 61147.25 | 78.77 | 61069.68 |
| 51 20 | 15.65 | 61259.40 | 44.51 | 61215.05 | 65.66 | 61148.29 | 78.58 | 61069.71 |
| 51 25 | 15.59 | 61260.09 | 44.39 | 61215.81 | 65.42 | 61149.30 | 78.39 | 61170.07 |
| Greenwich 51 28 40 | 15.56 | 61260.78 | 44.39 | 61216.48 | 68.35 | 61150.13 | 78.24 | 61072.14 |
| 51 30 | 15.55 | 61261.00 | 44.20 | 61216.79 | 68.17 | 61150.60 | 77.98 | 61073.84 |
| 51 35 | 15.51 | 61261.79 | 44.18 | 61217.65 | 68.13 | 61151.42 | 77.80 | 61074.72 |
| 51 40 | 15.47 | 61262.37 | 44.07 | 61218.04 | 68.50 | 61152.53 | 77.70 | 61074.80 |
| 51 45 | 15.44 | 61263.25 | 43.85 | 61220.34 | 65.84 | 61153.68 | 77.60 | 61076.00 |
| 51 50 | 15.40 | 61264.18 | 45.83 | 61220.54 | 65.68 | 61154.72 | 77.41 | 61077.31 |
| 51 55 | 15.36 | 61264.98 | 43.83 | 61221.24 | 65.72 | 61155.78 | 77.20 | 61001.24 |
| 52 0 0 | 15.34 | 61265.77 | 43.62 | 61222.15 | 65.25 | 61156.86 | 77.01 | 61079.85 |
| 53 | 14.84 | 61275.34 | 42.26 | 61233.08 | 63.24 | 61169.84 | 74.66 | 61095.24 |
| 54 | 14.35 | 61284.66 | 40.86 | 61244.10 | 61.14 | 61182.96 | 72.13 | 61110.83 |
| 55 | 13.84 | 61304.31 | 59.43 | 61255.14 | 58.89 | 61200.48 | 67.02 | 61142.16 |
| 56 | 13.33 | 61304.20 | 57.96 | 61266.30 | 56.89 | 61209.48 | 67.02 | 61142.16 |
| 57 | 12.81 | 61315.88 | 56.47 | 61277.41 | 54.59 | 61222.82 | 61.75 | 61174.43 |
| 58 | 12.28 | 61323.48 | 54.96 | 61288.52 | 52.35 | 61236.19 | 61.73 | 61174.43 |
| Égal au deg. 58 42 47.4 | 11.90 | 61330.31 | 53.88 | 61299.65 | 51.98 | 61249.55 | 59.81 | 61126.10 |
| 59 | 11.74 | 61333.04 | 53.44 | 61299.60 | 50.05 | 61310.62 | 59.05 | 61190.54 |
| 60 | 11.20 | 61354.29 | 52.59 | 61310.69 | 47.74 | 61262.88 | 50.31 | 61206.57 |
| 65 | 8.47 | 61388.32 | 24.13 | 61364.10 | 36.11 | 61327.99 | 42.59 | 61285.40 |
| Deg. mesuré en Laponie. 66 20 | 7.75 | 61399.75 | 22.09 | 61377.66 | 33.05 | 61344.61 | 58.98 | 61303.63 |
| 70 | 5.85 | 61420.31 | 16.86 | 61414.05 | 24.93 | 61387.35 | 29.41 | 61358.31 |
| 75 | 3.53 | 61463.43 | 10.09 | 61443.38 | 17.74 | 61420.60 | 17.75 | 61402.87 |
| 80 | 8.68 | 61477.26 | 7.36 | 61489.54 | 7.36 | 61465.89 | 8.68 | 61447.62 |
| 85 | 0.47 | 61505.13 | 1.56 | 61501.77 | 2.02 | 61499.75 | 2.58 | 61497.37 |
| 90 | 0.00 | 61506.60 | 0.00 | 61506.60 | 0.00 | 61506.60 | 0.00 | 61506.60 |

**Partie C** — Degrés des grands cercles obliques (suite) et Degrés de longitude

| Latitudes | Diff. | 3 points = 33°¾ | Diff. | 2 points = 22°½ | Diff. | 1 point = 11°¼ | Degrés de longitude | Diff. |
|---|---|---|---|---|---|---|---|---|
| 0° 0′ 0″ | 104.40 | 60653.70 | 88.45 | 60564.35 | 59.08 | 60505.25 | 61029.62 | 230.28 |
| 5 | 104.67 | 60653.40 | 88.73 | 60564.67 | 59.22 | 60505.45 | 60799.54 | 689.48 |
| 10 | 105.58 | 60655.74 | 89.51 | 60566.25 | 59.80 | 60506.45 | 60109.86 | 1141.33 |
| 15 | 106.44 | 60661.82 | 90.78 | 60571.04 | 60.66 | 60510.58 | 58968.53 | 1586.20 |
| 20 | 108.46 | 60673.35 | 91.90 | 60581.45 | 61.40 | 60520.05 | 57582.53 | 2019.94 |
| 25 | 108.76 | 60692.59 | 92.22 | 60600.57 | 61.62 | 60538.75 | 55362.59 | 2438.26 |
| 30 | 107.70 | 60722.20 | 91.35 | 60630.85 | 61.04 | 60569.81 | 52924.13 | 2839.00 |
| 35 | 104.77 | 60764.15 | 88.81 | 60675.32 | 59.35 | 60615.97 | 50085.15 | 3219.59 |
| 40 | 99.47 | 60815.45 | 84.53 | 60735.12 | 56.34 | 60678.78 | 46865.74 | 687.62 |
| 41 | 98.11 | 60832.11 | 83.17 | 60748.94 | 56.58 | 60693.36 | 46178.12 | |
| 42 | 96.65 | 60845.31 | 81.94 | 60763.58 | 54.75 | 60708.65 | 45476.40 | 701.72 |
| 43 | 95.16 | 60859.03 | 80.62 | 60778.41 | 53.87 | 60724.54 | 44760.77 | 715.63 |
| 44 | 93.45 | 60873.25 | 79.23 | 60794.02 | 52.95 | 60741.09 | 44031.43 | 729.34 |
| 45 | 91.71 | 60887.96 | 77.74 | 60810.21 | 51.95 | 60758.26 | 43288.58 | 742.85 |
| 46 | 89.86 | 60903.17 | 75.19 | 60826.95 | 50.91 | 60776.04 | 42552.41 | 756.17 |
| 47 | 87.93 | 60918.76 | 74.54 | 60844.22 | 49.81 | 60794.41 | 41763.17 | 769.24 |
| 48 | 85.91 | 60934.83 | 72.84 | 60861.99 | 48.66 | 60813.33 | 40981.06 | 782.11 |
| Paris. 48 50 14 | | | | | | 60829.57 | 40316.26 | 684.55 |
| 49 | | | | | | 60832.77 | 40186.26 | 130.25 |
| 50 | | | | | | 60852.70 | 39379.09 | 807.17 |
| 50 5 | 81.43 | 60969.54 | 46.03 | 60900.51 | 46.12 | 60854.39 | 39311.29 | 67.90 |
| 50 10 | 81.24 | 60970.27 | 68.87 | 60920.10 | 46.04 | 60856.08 | 39243.39 | 68.02 |
| 50 15 | 81.06 | 60971.39 | 68.81 | 60890.41 | 45.92 | 60857.76 | 39175.37 | 68.05 |
| 50 20 | 80.58 | 60993.26 | 45.80 | 60893.45 | 45.80 | 60859.46 | 39107.32 | 68.14 |
| 50 25 | 80.68 | 60977.34 | 45.80 | 60925.16 | 45.30 | 60861.16 | 39039.18 | 68.24 |
| 50 30 | 80.50 | 60995.84 | 45.80 | 60928.85 | 45.60 | 60862.85 | 38970.94 | 68.32 |
| 50 35 | 80.30 | 60981.12 | 45.30 | 60930.62 | 45.55 | 60864.55 | 38902.62 | 68.40 |
| 50 40 | 80.11 | 60979.55 | 45.57 | 60906.91 | 45.63 | 60866.26 | 38834.22 | 68.50 |
| 50 45 | 79.92 | 60990.00 | 47.66 | 60880.93 | 45.27 | 60867.97 | 38765.72 | 68.57 |
| 50 50 | 79.75 | 60991.48 | 45.17 | 60886.97 | 45.17 | 60869.68 | 38697.15 | 68.67 |
| 50 55 | 79.60 | 60980.44 | 45.87 | 60880.44 | 45.73 | 60871.39 | 38628.48 | 68.76 |
| 51 0 0 | 79.35 | 60985.32 | 67.27 | 60918.05 | 44.95 | 60873.10 | 38559.72 | 68.82 |
| 51 5 | 79.15 | 60986.77 | 67.11 | 60919.66 | 44.84 | 60874.82 | 38490.90 | 68.90 |
| 51 10 | 78.97 | 60988.52 | 60.94 | 60921.28 | 44.73 | 60876.55 | 38422.00 | 68.97 |
| 51 15 | 78.58 | 60991.08 | 68.98 | 60922.28 | 44.69 | 60878.28 | 38353.03 | 69.06 |
| 51 20 | 78.58 | 60991.13 | 65.66 | 60894.51 | 44.51 | 60880.00 | 38283.97 | 69.15 |
| 51 25 | 78.24 | 60991.89 | 78.24 | 60923.53 | 44.39 | 60881.73 | 38214.82 | 60.82 |
| Greenwich 51 28 40 | 78.24 | 60993.35 | 66.35 | 60927.33 | 44.39 | 60883.00 | 38164.00 | 18.43 |
| 51 30 | 77.99 | 60995.47 | 44.20 | 60886.47 | 44.43 | 60883.47 | 38145.57 | 69.33 |
| 51 35 | 77.80 | 60996.90 | 65.29 | 60931.01 | 44.09 | 60885.20 | 38076.24 | 69.41 |
| 51 40 | 77.70 | 60896.96 | 65.65 | 60934.04 | 44.09 | 60886.94 | 38006.83 | 69.49 |
| 51 45 | 77.60 | 60995.31 | 44.14 | 60939.04 | 43.73 | 60888.69 | 37937.34 | 69.57 |
| 51 50 | 77.41 | 60999.99 | 65.62 | 60934.64 | 43.73 | 60890.44 | 37867.77 | 60.65 |
| 51 55 | 65.15 | 60935.73 | 43.79 | 60937.35 | 43.73 | 60892.18 | 37798.12 | 69.72 |
| 52 0 0 | 77.01 | 61002.84 | 65.29 | 60937.55 | 43.63 | 60893.93 | 37728.40 | 843.05 |
| 53 | 74.66 | 61020.64 | 63.24 | 60957.40 | 42.26 | 60915.24 | 36885.35 | |
| 54 | 72.12 | 61038.70 | 61.16 | 60977.55 | 40.83 | 60936.70 | 36030.83 | 854.52 |
| 55 | 67.02 | 61075.44 | 56.89 | 61018.62 | 39.00 | 60958.54 | 35165.08 | 865.75 |
| 56 | 56.89 | 61018.62 | 57.00 | 60980.66 | 34.98 | 60980.06 | 34288.36 | 876.72 |
| 57 | 61.75 | 61112.75 | 52.33 | 61060.40 | 34.96 | 61002.97 | 33400.91 | 887.45 |
| 58 | 52.33 | 61060.40 | 52.33 | 61003.54 | 34.95 | 61025.44 | 32505.54 | 897.57 |
| Égal au deg. de long. sous l'équateur. 58 42 47.4 | 50.70 | 61075.40 | 33.88 | 61041.52 | | 61041.52 | 31856.42 | 647.12 |
| 59 | 50.05 | 61131.49 | 50.04 | 61081.45 | 53.44 | 61048.01 | 31594.90 | 261.52 |
| 60 | 50.50 | 61150.49 | 47.74 | 61102.53 | 51.90 | 61070.63 | 30676.86 | 918.04 |
| 65 | 42.59 | 61242.81 | 36.11 | 61206.70 | 24.13 | 61182.57 | 25947.57 | 4729.49 |
| Deg. mesuré en Laponie. 66 20 | 58.99 | 61266.64 | 33.05 | 61233.59 | 22.09 | 61211.50 | 24649.89 | 1297.48 |
| 70 | 29.41 | 61328.90 | 24.95 | 61303.95 | 16.69 | 61287.35 | 21012.06 | 3637.83 |
| 75 | 15.04 | 61387.83 | 9.55 | 61377.78 | 8.88 | 61377.78 | 15908.82 | 5103.24 |
| 80 | 7.36 | 61447.62 | 2.02 | 61499.75 | 2.58 | 61447.62 | 10677.85 | 5530.97 |
| 85 | 2.02 | 61494.98 | 2.02 | 61492.06 | 1.56 | 61491.60 | 5360.40 | 5317.45 |
| 90 | 0.00 | 61506.60 | 0.00 | 61506.60 | 0.00 | 61506.60 | 00.00 | 5360.40 |

# SUR LA TERRE.

| Lieux. | Latitude ° | Latitude ' | Degrés de grands cercles perpendiculaires au méridien. | Diff. | Correct. supplémentaire pour les degrés de longitude. | Degrés de longitude. | Différ. |
|---|---|---|---|---|---|---|---|
| Equateur. | 0 | 0 | 61268.06 | Diff. | — 2.02 | 38626.46 | Différ. |
| | 5 | — | 61268.80 | 0.74 | — 2.01 | 38557.71 | 68.75 |
| | 10 | — | 61269.54 | 0.74 | — 2.02 | 38488.88 | 68.83 |
| | 15 | — | 61270.28 | 0.74 | — 2.03 | 58419.97 | 68.91 |
| | 20 | — | 61271.02 | 0.74 | — 2.06 | 58350.97 | 69.00 |
| | 25 | — | 61271.76 | 0.74 | — 2.07 | 38281.90 | 69.07 |
| | 50 | — | 61272.50 | 0.74 | — 2.09 | 38212.73 | 69.17 |
| | 35 | — | 61273.04 | 0.54 | — 2.04 | 38161.96 | 50.77 |
| | 40 | — | 61273.24 | 0.20 | — 2.09 | 38143.48 | 18.48 |
| | | | 61273.98 | 0.74 | — 2.07 | 38074.17 | 69.31 |
| | 41 | — | 61274.72 | 0.74 | — 2.07 | 38004.76 | 69.41 |
| | 42 | — | 61275.46 | 0.74 | — 2.06 | 37935.28 | 69.48 |
| | 43 | — | 61276.2. | 0.75 | — 2.08 | 37865.69 | 69.59 |
| Midi de la France. | 43 | 32 | 61276.95 | 0.74 | — 2.11 | 37796.01 | 69.68 |
| | 44 | — | 61277.69 | 0.74 | — 2.09 | 37726.31 | 69.70 |
| | 45 | — | | 8.94 | | | 843.09 |
| | 46 | — | 61286.63 | 8.95 | — 2.13 | 36883.22 | 854.59 |
| | 47 | — | 61295.58 | 8.97 | — 2.20 | 36028.63 | 865.79 |
| | 48 | — | 61304.55 | 8.97 | — 2.24 | 35162.84 | 876.75 |
| Paris. | 48 | 50 | 61313.52 | 8.94 | — 2.27 | 34286.09 | 887.48 |
| | 49 | — | 61322.46 | 8.91 | — 2.50 | 33398.61 | 897.94 |
| | 50 | — | 61331.37 | 6.33 | — 2.33 | 32500.67 | 646.60 |
| | | | 61337.70 | 2.53 | — 2.33 | 31854.07 | 261.52 |
| | 50 | 5 | 61340.23 | 8.80 | — 2.33 | 31592.55 | 918.03 |
| | 50 | 10 | 61349.03 | | — 2.34 | 30674.52 | |
| | 50 | 15 | | 42.59 | | | 4729.58 |
| | 50 | 20 | 61391.42 | 10.69 | — 2.23 | 25945.14 | 1297.41 |
| | 50 | 25 | 61402.11 | 27.58 | — 2.16 | 24647.73 | 3637.54 |
| | 50 | 50 | 61429.69 | 52.38 | — 1.87 | 21010.19 | 5102.64 |
| | 50 | 55 | 61462.07 | 25.39 | — 1.27 | 15907.55 | 5230.44 |
| | 50 | 40 | 61487.46 | 13.98 | — 0.74 | 10677.11 | 5316.91 |
| | 50 | 45 | 61501.44 | 5.16 | — 0.20 | 5360.20 | 5360.20 |
| | 50 | 50 | 61506.60 | | ± 0.00 | 0000.00 | |
| | 50 | 55 | | | | | |

N. B. Le d

# SUPPLÉMENT A LA TABLE DES DEGRÉS DE LA TERRE.

**Left half**

| Lieux. | Latitudes (° ′ ″) | Somme des trois équat., les ⅓ de DG étant soustractifs. | Correction supplément. pour les degrés de grands cercles. | Degrés de grands cercles perpendiculaires au méridien. | Différ. | Correct. supplémentaire pour les degrés de longitude. | Degrés de longitude. | Différ. |
|---|---|---|---|---|---|---|---|---|
| Equateur. | 0  0  0 | 545.12 | ± 0.00 | 61029.62 | Différ. | + 0.00 | 61029.62 | Différ. |
|  | 5  —  — | 547.081 | + 0.07 | 61051.64 | 2.02 | + 0.04 | 60799.38 | 230.24 |
|  | 10  —  — | 552.595 | + 0.82 | 61058.02 | 6.58 | — 0.86 | 60110.72 | 688.65 |
|  | 15  —  — | 558.759 | — 0.99 | 61047.82 | 9.80 | — 0.85 | 58957.68 | 1145.04 |
|  | 20  —  — | 565.811 | — 0.70 | 61064.30 | 12.48 | — 0.67 | 57581.66 | 1586.02 |
|  | 25  —  — | 567.715 | — 0.83 | 61084.82 | 20.52 | — 0.74 | 55561.65 | 2020.01 |
|  | 30  —  — | 562.156 | — 0.90 | 61110.54 | 25.72 | — 0.86 | 53093.27 | 2438.38 |
|  | 35  —  — | 546.283 | — 1.25 | 61141.42 | 30.88 | — 1.02 | 50084.11 | 2839.16 |
|  | 40  —  — | 518.144 | — 1.73 | 61177.13 | 35.71 | — 1.33 | 46864.41 | 3219.70 |
|  |  |  |  |  | 7.68 |  |  | 687.63 |
|  | 41  —  — | 510.955 | — 1.78 | 61184.81 | 7.83 | — 1.54 | 46176.78 | 701.78 |
|  | 42  —  — | 503.235 | — 1.90 | 61192.64 | 7.05 | — 1.40 | 45475.00 | 215.74 |
| Midi de la France. | 43  —  — | 494.946 | — 2.07 | 61200.57 | 4.56 | — 1.51 | 44759.26 | 587.29 |
|  | 43  32  — | 490.592 | — 2.11 | 61204.95 | 8.26 | — 1.53 | 44471.97 | 342.08 |
|  | 44  —  — | 486.244 | — 2.16 | 61208.74 | 8.59 | — 1.54 | 44089.89 | 748.97 |
|  | 45  —  — | 476.984 | — 2.50 | 61217.00 | 8.60 | — 1.66 | 43280.92 | 756.18 |
|  | 46  —  — | 467.216 | — 2.42 | 61225.39 | 8.60 | — 1.67 | 42550.74 | 769.34 |
|  | 47  —  — | 456.972 | — 2.58 | 61233.89 | 8.00 | — 1.72 | 41761.40 | 782.27 |
|  | 48  —  — | 446.252 | — 2.75 | 61242.49 | 7.08 | — 1.85 | 40514.64 | 664.69 |
| Paris. | 48  50  14 | 436.936 | — 2.83 | 61249.77 | 1.41 | — 1.87 | 40184.59 | 150.23 |
|  | 49  —  — | 435.084 | — 2.85 | 61211.18 | 8.78 | — 1.87 | 40184.59 | 807.24 |
|  | 50  —  — | 425.488 | — 2.05 | 61239.96 | 0.75 | — 1.94 | 39377.10 | 67.83 |
|  | 50  5  — | 422.504 | — 3.06 | 61260.69 | 0.74 | — 1.97 | 39309.52 | 67.90 |
|  | 50  10  — | 421.508 | — 3.06 | 61261.42 | 0.75 | — 1.97 | 39241.42 | 68.00 |
|  | 50  15  — | 420.503 | — 3.07 | 61262.16 | 0.74 | — 1.95 | 39173.42 | 68.09 |
|  | 50  20  — | 419.554 | — 3.11 | 61262.90 | 0.74 | — 1.99 | 39105.33 | 68.14 |
|  | 50  25  — | 418.526 | — 3.13 | 61263.64 | 0.74 | — 1.99 | 39057.19 | 68.26 |
|  | 50  30  — | 417.531 | — 3.14 | 61264.37 | 0.74 | — 2.01 | 38968.80 | 68.33 |
|  | 50  35  — | 416.528 | — 3.15 | 61265.11 | 0.74 | — 2.03 | 38900.19 | 68.41 |
|  | 50  40  — | 415.524 | — 3.16 | 61265.84 | 0.74 | — 2.05 | 38846.69 | 68.50 |
|  | 50  45  — | 414.515 | — 3.20 | 61266.59 | 0.75 | — 2.05 | 38813.11 | 68.58 |
|  | 50  50  — | 413.500 | — 3.21 | 61267.33 | 0.74 | — 2.08 | 38800.46 | 68.65 |
|  | 50  55  — | 412.491 | — 3.21 | 61268.06 |  | — 2.02 | 38626.46 |  |

**Right half**

| Lieux. | Latitudes (° ′ ″) | Somme des trois équat., les ⅓ de DG étant soustractifs. | Correction supplément. pour les degrés de grands cercles. | Degrés de grands cercles perpendiculaires au méridien. | Diff. | Correct. supplémentaire pour les degrés de longitude. | Degrés de longitude. | Différ. |
|---|---|---|---|---|---|---|---|---|
|  | 50  55  — | 412.491 | — 5.21 | 61268.06 | Diff. | — 2.02 | 38626.46 | Différ. |
|  | 51  0  0 | 411.477 | — 5.22 | 61268.80 | 0.74 | — 2.01 | 38557.71 | 68.75 |
|  | 51  5  — | 410.439 | — 5.22 | 61269.54 | 0.74 | — 2.02 | 38488.88 | 68.85 |
|  | 51  10  — | 409.437 | — 5.25 | 61270.28 | 0.74 | — 2.03 | 38419.97 | 68.91 |
|  | 51  15  — | 408.408 | — 5.29 | 61271.02 | 0.74 | — 2.06 | 38350.97 | 69.00 |
|  | 51  20  — | 407.587 | — 5.29 | 61271.76 | 0.74 | — 2.07 | 38281.90 | 69.07 |
|  | 51  25  — | 406.557 | — 5.30 | 61272.50 | 0.74 | — 2.09 | 38212.73 | 69.17 |
| Greenwich. | 51  28  40 | 405.601 | — 5.30 | 61273.04 | 0.54 | — 2.04 | 38161.96 | 50.77 |
|  | 51  30  — | 405.520 | — 5.31 | 61273.24 | 0.20 | — 2.09 | 38143.48 | 18.48 |
|  | 51  35  — | 404.291 | — 5.32 | 61273.98 | 0.74 | — 2.07 | 38074.17 | 69.31 |
|  | 51  40  — | 403.253 | — 5.32 | 61274.72 | 0.74 | — 2.07 | 38004.76 | 69.41 |
|  | 51  45  — | 402.313 | — 5.37 | 61275.46 | 0.74 | — 2.06 | 37935.28 | 69.48 |
|  | 51  60  — | 401.168 | — 5.37 | 61276.21 | 0.75 | — 2.08 | 37865.69 | 69.59 |
|  | 51  55  — | 400.128 | — 5.38 | 61276.95 | 0.74 | — 2.11 | 37796.01 | 69.68 |
|  | 52  0  0 | 399.080 | — 5.40 | 61277.69 | 0.74 | — 2.09 | 37726.31 | 69.70 |
|  |  |  |  |  | 8.94 |  |  | 843.09 |
|  | 53  —  — | 386.525 | — 5.35 | 61286.63 | 8.95 | — 2.13 | 36883.22 | 854.59 |
|  | 54  —  — | 373.252 | — 5.75 | 61295.58 | 8.97 | — 2.20 | 36028.63 | 865.79 |
|  | 55  —  — | 359.871 | — 5.90 | 61304.55 | 8.97 | — 2.24 | 35162.84 | 876.75 |
|  | 56  —  — | 346.187 | — 4.07 | 61315.52 | 8.94 | — 2.27 | 34286.09 | 887.48 |
|  | 57  —  — | 332.501 | — 4.23 | 61322.46 | 8.91 | — 2.30 | 33398.61 | 897.94 |
|  | 58  —  — | 318.213 | — 4.39 | 61331.37 | 6.55 | — 2.33 | 32500.67 | 646.60 |
|  | 58  42  47.4 | 308.075 | — 4.51 | 61337.70 | 2.53 | — 2.35 | 31854.07 | 261.52 |
|  | 59  —  — | 303.965 | — 4.55 | 61340.23 | 8.80 | — 2.35 | 31592.55 | 918.03 |
|  | 60  —  — | 289.569 | — 4.69 | 61349.03 |  | — 2.34 | 30674.52 |  |
|  |  |  |  |  | 42.59 |  |  | 4729.38 |
|  | 65  —  — | 217.520 | — 5.28 | 61391.42 | 10.69 | — 2.23 | 25945.14 | 1297.41 |
| Laponie. | 66  20  — | 168.501 | — 5.59 | 61402.11 | 27.58 | — 2.16 | 24647.73 | 3637.54 |
|  | 70  —  — | 148.229 | — 5.47 | 61429.69 | 32.38 | — 1.87 | 21010.19 | 5102.64 |
|  | 75  —  — | 87.821 | — 4.89 | 61462.07 | 25.39 | — 1.27 | 15907.55 | 5230.44 |
|  | 80  —  — | 41.569 | — 3.81 | 61487.46 | 13.98 | — 0.74 | 10677.11 | 5316.91 |
|  | 85  —  — | 10.509 | — 2.16 | 61501.44 | 5.16 | — 0.20 | 5360.20 | 5360.20 |
| Pole. | 90  0  0 | 0.000 | ± 0.00 | 61506.60 |  | ± 0.00 | 0000.00 |  |

N. B. Le degré du méridien, dont le milieu répond à la latitude de 45° 34′, a de longueur 60714.54 fathoms.

# DESCRIPTION

### DES

## OPÉRATIONS TRIGONOMÉTRIQUES

Au moyen desquelles on a déterminé la distance entre les méridiens des observatoires de Greenwich et de Paris.

PAR LE MAJOR GÉNÉRAL ROY, DE LA SOCIÉTÉ ROYALE:

Tirée des Transactions Philosophiques, vol. 80; et lue devant la Société royale le 25 février 1790.

## INTRODUCTION.

Les opérations trigonométriques qui forment l'objet de ce mémoire ont commencé, ainsi qu'on peut s'en rappeler, par la mesure de la base de Hounslow-Heat, faite en 1784, dont on a rendu compte à la société l'année suivante.

On ne s'attendoit pas qu'après ce premier travail il s'écouleroit près de trois ans avant qu'on pût, dans un pays comme celui-ci, se procurer un instrument propre à la mesure des angles.

Nous eûmes l'espérance, au printemps 1787, que M. Ramsden nous mettroit en état d'entreprendre, dès le commencement de la belle saison, l'exécution de notre grand travail; en conséquence sir Joseph Banc établit une correspondance avec l'académie des sciences de Paris par l'intermède du marquis de Camarthen, secrétaire-d'état de sa majesté, et de l'ambassadeur de France, qui avoit pour objet d'engager cette académie à coopérer à la liaison des triangles que nous nous disposions à former le long des côtes angloises, avec ceux précédemment exécutés sur les côtes de France opposées à Douvres. Le docteur Blagden, qui, avec l'agrément de la société, avoit été engagé à nous aider dans le travail, lorsque nous serions en état d'assigner une époque probable à laquelle les différents coopérateurs se trouveroient respectivement sur leurs côtes, renonça pour cet effet à un voyage d'Allemagne qu'il se proposoit de faire pendant l'été.

A

Je lus, à-peu-près dans le même temps, à la société un mémoire contenant un projet des opérations à faire, accompagné d'une carte générale présentant un apperçu de la disposition des triangles; j'y avois aussi joint quelques recherches relatives à la figure de la terre, sur lesquelles j'espere que le résultat de la présente opération répandra de nouvelles lumieres.

M. Ramsden, dans la vue de finir l'instrument, s'étoit mis sérieusement à l'ouvrage pendant plusieurs mois du printemps et de l'été de 1787 : mais n'ayant pas employé dès le commencement un nombre suffisant d'ouvriers, il fut dès lors évident qu'il avoit mal supputé son temps en laissant trop de choses à faire pour la fin. Cependant l'instrument enfin fut livré et placé, le 31 juillet, à la station près Hampton Poor-house, au même lieu où la mesure de la base avoit été achevée environ trente-cinq mois auparavant.

Il étoit évident qu'en commençant une opération de cette nature à une époque de l'été aussi retardée, on ne devoit concevoir qu'une foible espérance de la terminer avant l'arrivée de la mauvaise saison. Mais comme il étoit trop important d'exécuter à tout évènement les triangles qui devoient traverser la Manche, on proposa en conséquence au comte de Cassini, désigné par l'académie des sciences pour diriger l'opération qui la concernoit, de fixer l'époque qui lui seroit convenable pour une entrevue sur la côte; que nous discontinuerions alors les opérations de l'ouest pour exécuter de concert les triangles de la côte; après quoi nous reprendrions notre propre travail dans l'intérieur des terres lorsque nous trouverions le moment convenable.

La proposition fut acceptée par le comte de Cassini, et on fixa le 20 septembre pour l'époque à laquelle les coopérateurs se trouveroient respectivement sur leurs côtes de Douvres et de Calais.

Nous continuâmes notre opération pendant cet intervalle de temps avec tout le soin et l'assiduité imaginables, dans les dix premieres stations de la suite des triangles, depuis celle de Hampton Poor-house jusqu'à celle de Wrotham-hill inclusivement.

L'instrument et les différentes parties de l'appareil furent alors transportés à Douvres, où trois membres distingués de l'académie des sciences, MM. Cassini, Méchain et le Gendre, arriverent le 23 septembre.

Tout fut disposé le plus amicalement possible pour les

temps des observations réciproques, pendant les deux jours que ces messieurs nous honorerent de leur compagnie à Douvres; et nous eûmes bien du regret de ce que la saison étoit trop avancée pour nous permettre d'en jouir plus long-temps.

On s'étoit pourvu d'avance d'un grand nombre de feux blancs et de plusieurs lampes à réverberes. Les académiciens françois, munis d'une quantité suffisante de ces feux blancs et d'une lampe, partirent le 25 pour Calais, accompagnés du docteur Blagden, qui les aida jusqu'à la fin des opérations, terminées le 17 octobre.

Le temps fut extrêmement mauvais pendant presque toute la durée du travail ; cependant, lorsqu'en saisissant quelques nuits favorables nous eûmes fait de notre côté les observations les plus importantes, et spécialement celles de Douvres et de Fairlight-down, les nuits devinrent heureusement très bonnes, de maniere à nous mettre en état d'observer avec grande exactitude deux points éloignés de la côte de France, savoir *Blancnez* et *Montlambert* (1), et par là d'établir pour jamais la connection des triangles entre les deux contrées.

Le duc de Richemont, grand-maître d'artillerie de sa majesté, et qui dirige ce département avec autant de gloire pour lui que d'avantages pour le public, se prêta à notre opération de la maniere la plus généreuse : il nous donna un officier et un détachement d'artillerie pour le travail, et fit passer des ordres dans les atteliers de Woolwich (2), pour qu'on nous fournît tous les feux nécessaires pour les signaux, ainsi que des échafauds volants destinés à supporter l'instrument à l'observatoire de Greenwich, à Shooter's-hill et au château de Douvres. Mais la faveur la plus importante fut la permission donnée, par sa grace, au lieutenant Fiddes, un des ingénieurs géographes alors sous ma direction, de s'occuper, pendant les étés de 1786 et 1787, à lever une carte très exacte de la partie de Romney-marsh, où on devoit mesurer la base de vérification. Il nous auroit été impossible, sans une pareille carte, d'effectuer un travail comme le nôtre, dans un pays entrecoupé de tranchées pleines d'eau, et où nous avions à chaque instant des étangs à éviter.

(1) Le nom de cette colline se prononce vulgairement *Boulembert*, et il est ainsi écrit dans le livre de la méridienne vérifiée.

(2) Le major Congreve, de l'artillerie royale, a eu la direction des feux à Shooter's-hill, et nous nous sommes très bien trouvés des secours qu'il nous a donnés.

L'appareil pour mesurer la base avec la chaîne d'acier ne fut, malgré l'urgence de la chose, envoyé à sa destination qu'à la fin de la première semaine d'octobre. Le lieutenant Bryce, de l'artillerie royale, se réunit à l'ingénieur lieutenant Fiddes; et ces deux officiers ne purent, avec le travail et la persévérance les plus opiniâtres, finir la mesure qu'au commencement de décembre, comme on le verra dans la description détaillée de cette opération, donnée dans la première section de ce mémoire.

Le travail, fait de concert avec les académiciens françois, ayant été fini à Lydd le 17 octobre, notre instrument avoit, à cette époque, servi pour 16 stations, à retrancher de vingt-trois. Il en restoit donc encore sept où l'instrument devoit être placé afin d'y faire les observations. Notre extrême désir de finir l'ouvrage nous porta à tenter les plus grands efforts, et nous achevâmes les observations à cinq de ces stations. Mais la saison devint enfin si mauvaise, qu'il fut impossible de continuer avec l'espoir d'obtenir quelque résultat satisfaisant. Perchés sur le sommet de hauts clochers, tels que ceux de Lidd et de Tenterden, ou sur des hauteurs, comme Hollingborn-hill, nous éprouvâmes suffisamment que des opérations de cette sorte, où les observations les plus importantes ne peuvent être faites que la nuit, par le moyen des feux blancs, ne doivent jamais être entreprises dans l'arriere-saison.

L'instrument fut en conséquence enlevé le 2 novembre, du sommet de Hollingborn-hill, et envoyé à Londres; et nous différâmes jusqu'à la saison suivante le travail des stations de Goudhurst et de Frant-churches, également situées sur des éminences.

L'hiver fut employé au calcul des observations faites, qui nous mit en état de juger du degré de précision de la détermination des côtés et des angles : Frant et Goudhurst avoient été observés de Bottey-hill, Wrotham-hill et Hollingborn-hill : Goudhurst avoit été observé de Tenterden; et Frant, contre notre attente, avoit pu être observé de Fairlight-down : au moyen de quoi nous pouvions déterminer à-peu-près la différence entre la longueur mesurée des deux bases et leur longueur calculée, en les considérant comme données l'une par l'autre, quoiqu'on n'eût point fait d'observations à Goud hurst et à Frant. Cette différence fut évaluée à un pied tout au plus ou à $\frac{1}{28000}$ de la distance totale; et nous pûmes, sans risque d'une erreur sensible, tirer cette conséquence d'après la seule considération des triangles considérés et calculés comme plans.

Mais outre que l'instrument, ainsi qu'on vient de le dire, n'avoit point été placé à ces deux stations, il y avoit encore d'autres raisons qui exigeoient jusqu'à un certain point qu'on plaçât l'instrument, non seulement à Goudhurst et à Frant, mais encore à Botley-hill et à Folkstone-turnpike, où il a été établi en dernier lieu.

En 1787, à la station de S.-Annés-hill, le vent étant très fort, la boîte qui contenoit le niveau de l'axe fut enlevée de dessus l'échafaud et malheureusement cassée. M. Ramsden en replaça un qui n'étoit pas aussi bon que le premier ; et ce fut avec ce second niveau que nous fîmes les observations de l'étoile polaire au château de Douvres. Ce château, quoique très haut et situé sur une éminence considérable, ayant sa tour septentrionale élevée de 466 pieds au-dessus des basses mers des marées de printemps, est cependant dominé, du côté des terres, par d'autres éminences à la distance de six ou sept milles. Il nous fut par là impossible de réunir cette station aux grands triangles de l'ouest autrement que par un petit côté. On sentit par conséquent qu'il vaudroit mieux faire les observations de l'étoile polaire, nécessaires pour déterminer la différence de longitude et la convergence des méridiens, à quelque autre station intermédiaire entre Greenwich et Douvres, de laquelle on pût appercevoir distinctement les plus grands côtés des triangles. Aucunes ne paroissoient plus propres à cet objet que Botley-hill, Goudhurst et Folkstone-turnpike. La premiere n'est qu'à $17\frac{1}{2}$ pieds du méridien de Greenwich à l'est ; Goudhurst est à environ 23 milles au sud-est de celle-ci ; et Folkstone-turnpike, station la plus près de Douvres, est situé de maniere à pouvoir découvrir l'extrémité de la base de vérification à High-Nook, Fairlight-down, et d'autres stations éloignées.

Avec un objet aussi important en vue, nous eûmes encore le chagrin d'arriver à la mauvaise saison de 1788.

Outre un niveau plus parfait pour l'axe du télescope, il nous manquoit encore un meilleur support pour le microscope B, et quelques autres ajustements nécessaires, tels qu'une autre espece de vis de pression, un oculaire et un prisme diagonal pour les observations près du zénith et pour celles de l'étoile polaire dans les hautes latitudes, toutes choses qui auroient pu être faites en peu de temps. L'instrument fut enfin mis en campagne avec ces changements, mais si tard, qu'il ne put être placé sur le clocher de Goudhurst que le 9 août 1788.

Les observations de Goudhurst, Frant, Botley-hill et Folk-stone-turnpike, ayant été finies de bonne heure en septembre, on reporta l'instrument à Londres, et on s'en servit pendant trois jours dans les environs de cette ville pour les opérations suivantes.

Nous n'avions pu, en 1787, aux stations de Hundred-acres, Norwood, Greenwich et Shooter's-hill, déterminer d'une manière satisfaisante que deux points de la capitale, savoir l'église de Saint-Paul et Argil-street, en nous servant de feux blancs. Nous avions eu à la vérité la position de quelques autres; mais, pour les observer de la maniere la plus favorable, il étoit nécessaire de placer l'instrument à une ou plusieurs stations au nord de la ville.

Dans cette vue, et pour poser les bases d'un plan futur de Londres plus exact qu'aucun autre exécuté par des moyens différents, on plaça l'instrument d'abord à Hornsey-hill, à l'est de Highgate, et ensuite à Primrose-hill, entre Londres et Hampstead.

Quoique la saison ne fût pas très favorable pendant les observations faites à ces nouvelles stations, et que la fumée, qui couvre constamment la ville pendant l'arriere-saison, nous nuisît beaucoup, cependant les nouvelles positions furent observées, et les situations d'un grand nombre de clochers remarquables de Londres et de ses environs déterminées avec exactitude, comme nous le ferons voir plus en détail en traitant des triangles secondaires.

Après ce tableau succinct des différentes gradations par lesquelles nous avons conduit notre ouvrage à sa fin, je crois devoir faire mention de M. Dalby, qui m'avoit été donné pour aide, et qui s'est acquitté de cette fonction, pendant toute la durée du travail, à ma grande satisfaction, tant comme observateur diligent et exact, que comme habile et infatigable calculateur. Ce témoignage justement dû à son mérite, joint aux preuves qu'il donne, dans la cinquieme section du mémoire, de son habileté en mathématiques, ne peut manquer de le faire connoître avantageusement dans la suite. Il faut espérer qu'il aura des occasions d'exercer ses talents en coopérant à la continuation des opérations futures projetées, et dont l'exécution est recommandée à la fin de ce mémoire. Voici l'ordre des différentes parties qui le composent.

### PREMIERE SECTION.

Description de l'appareil employé pour mesurer la base de vérification à Romney-marsh avec la chaîne d'acier de 100 pieds, pendant l'automne de 1787, avec le résultat de l'opération. Voir les planches 1 et 2, et la table contenant le détail général de la mesure.

### SECONDE SECTION.

Description générale du grand instrument avec lequel on a mesuré les angles dans les nouvelles opérations trigonométriques, avec le détail de ses différents ajustements pour la pratique. Voir la planche 3, qui contient une vue générale de la machine ; la planche 4, qui contient un plan et deux coupes ; la planche 5, où les différentes parties sont représentées ' ures grandes échelles ; et la planche 6, qui contient les micro  scop et les oculaires.

### TROISIEME SECTION.

Description de différentes machines employées dans le cours des opérations trigonométriques. Voir la planche 7. Division ·des stations en deux classes ; la seconde classe se rapportant à la planche 8.

### QUATRIEME SECTION.

Calcul de la suite de triangles qui s'étendent depuis Windsor jusqu'à Dunkerque, au moyen duquel on détermine la distance géodésique entre les méridiens des observatoires de Greenwich et de Paris. Voir la planche 9.

### CINQUIEME SECTION.

De la différence entre les angles horizontaux sur la sphere et sur le sphéroïde. Planche 10.

### SIXIEME SECTION.

Maniere de déterminer la latitude des stations ; usage des observations de l'étoile polaire pour calculer la différence de longitude sur différentes spheres, et même sur le sphéroïde de M. Bouguer. Résultat ultérieur des opérations trigonométriques, qui contient la détermination de la différence des méridiens des observatoires de Greenwich et de Paris.

### SEPTIEME SECTION.

Description des observations faites pendant le cours des opérations trigonométriques pour déterminer la réfraction terrestre. Planche 10.

### HUITIEME SECTION.

Triangles secondaires, sous-divisés en deux classes, pour la perfection de la carte du pays et du plan de la cité de Londres et de ses environs.

### CONCLUSION,

Contenant le projet d'étendre les opérations trigonométriques dans toute la Grande-Bretagne.

PREMIERE

| | | | | | | | |
|---|---|---|---|---|---|---|---|
| Paris ...020. | + ... | | | | | | |
| 4 { Bou... 68. | + 512 | 2 — 47 | 267139. | + 473 | 200451.0 | — 214.0 |
| Perp 354. | + 393 | 1 + 25 | 166335. | + 374 | 165908.5 | — 52.5 |
| Bou... | | | | | | |
| 5 { Rod... 824. | + 137 | 1 — 72 | 100804. | + 99 | 100543. | — 162. |
| Perp | | | | | | |

| | | | | | | | |
|---|---|---|---|---|---|---|---|
| 1 { Obs. 953 | + 55 | — 26 | 26946 | + 48 | 26893 | — 5 |
| Tou... | | | | | | |
| 2 { Tou... 073 | + 315 | 1 — 63 | 134047 | + 289 | 133758 | — 0 |
| Obs... | | | | | | |
| 3 { Obs... 847 | + 200 | 1 — 63 | 106831 | + 184 | 106585 | — 62 |
| Tou... | | | | | | |
| 4 { Tou... 516 | + 401 | 1 + 25 | 166489 | + 374 | 166062 | — 62 |
| N. I... | | | | | | |
| 5 { N. P... 567 | + 119 | 1 — 71 | 100547 | + 99 | 100287 | — 161 |
| S.-J... | | | | | | |
| Gre... 946 | + 1090 | 5 —195 | 534860 | + 994 | 533585 | — 281 |



| | | | | | |
|---|---|---|---|---|---|
| D... 97814 } 81624 | 16190 | } 6455 | 3496934 } 3481221 | 15713 | 3496740 } 3477210 | 19530 |
| D... 6.06à. | ..215.06 | | 222.55à. | ..221.55 | 179.4à. | ..178.4 |
| R a... 20148 | | 0. | 0.0019558 | | 0.0024274 | |
| Di... | | | | | | |

| | Erreur. | Erreur. | | Erreur. | | Erreur. |
|---|---|---|---|---|---|---|
| 484.5 | 0.0 | + 124.5 | 60484.5 | 0.0 | 60484.5 | 0.0 |
| 905.9 | + 128.3 | 0.0 | 60896.5 | + 118.9 | 60740.0 | — 37.6 |
| De... 194.3 | 0.0 | + 302.7 | 61175.7 | — 18.6 | 61203.7 | + 9.4 |
| 552.2 | | | 61308.5 | | 61506.6 | |
| Ex... 347.7 | | | 824.0 | | 1022.1 | |
| 548.5 | | 6 | 61033.0 | | 61029.6 | |
| D... 355.7 | + 1.3 | 4 — 212.5 | 44341.8 | — 12.6 | 44373.5 | + 19.1 |
| ...130.1 | | 3 | 38117.0 | | 38164.0 | |

art. 12.

L'a... 58, pag. 240 et 241; ... stations au secteur, telles qu'elles sont données dans

Les...

1

**Comparaison de l'arc céleste du méridien, compris entre les parallèles de Greenwich et de Perpignan, avec les longueurs mesurées et calculées de l'arc terrestre correspondant entre les mêmes parallèles.**

| | | | ARC TERRESTRE. | | | | | | | | | |
|---|---|---|---|---|---|---|---|---|---|---|---|---|
| **Arc céleste compris entre les parallèles de Greenwich et de Perpignan, observé.** | | | **ARCS CALCULÉS DANS DIFFÉRENTES HYPOTHÈSES,** | | | | | | | | | |
| | | | En supposant à la Terre la forme d'un ellipsoïde. | | | | | | | | En supposant la Terre un sphéroïde... | |

Tableau (valeurs en *fathoms* ; erreurs en toises) — relevé partiel, l'original étant un tableau dépliant très dense et en partie illisible.

| LIEUX DES OBSERVATIONS | LATITUDES | Différences de latitudes ou arcs célestes | Arc mesuré | En supposant la Terre sphérique — Demi-diamètre 5486975 | Erreurs | 1er | 2e | 3e | 4e | 5e | 6e | 7e |
|---|---|---|---|---|---|---|---|---|---|---|---|---|
| 1 { Greenwich obs. royal. / Perpignan / Greenwich et M — | 51 28 40.00 / 42 41 52.00 | 8 46 48.00 8.78 ; dif. 0 46 30 5.2 4475 | 5343.2 / 2723.5 | 55848. / 2724. | | 55848. / 2724. | 53175.8 / 2737. | 55024. / 2796. | 55499. / 2788. | 55580. / 2724. | 55501. / 2724. | 55374. / 2724. |
| 2 { Point M près de Dunk. / Perpignan / Point M et Paris | 51 2 49 8 / 42 41 52 00 ; dif. 2 11 35 8 2 195 | 8 19 57 8 8 3525 | 50068.7 / 13540g. | 60710.8 / 13546.7 | + 521 / + 68 | 50850.6 / 13595.7 | 50775.0 / 13575.2 | 50750.1 / 13550.1 | 50644.6 / 13570.0 | 50657.7 / 13553.8 | 50652.0 / 13553.4 |
| 3 { Paris, observ. royal. / Perpignan / Paris et Bourges | 48 50 14 00 / 42 41 52 00 ; dif. 1 47 0 10 1 7525 | 6 8 22 00 6 1 5g4 | 57278. / 44614. | 57564.4 / 10658. | + 563 / + 46 | 57434g. / 10698g. | 57518g. / 10757.8 | 57598. / 10820. | 57501.6 / 10796. | 57519.7 / 10759.0 | 57508. / 10549. |
| 4 { Bourges / Perpignan / Bourges et Rhodes | 47 5 4 41 / 42 41 52 00 ; dif. 2 43 51 5 2 6725 | 4 23 12 41 4 5869 | 66606. / 16596. | 60685. / 106100. | + 317 / + 239 | 67560. / 16590. | 67618. / 16654. | 67108. / 16524. | 67125. / 16600. | | |
| 5 { Rodès / Perpignan / Greenwich et Perpig. | 44 21 13 56 / 42 41 52 00 | 1 39 21 36 1 636 | 100705. / 100783. | | + 78 / | 100961. / 100946. | 100824. | 100805. | 100614. | 100600. | 100633. |

| | LATITUDE | Différences | Arc mesuré | Demi-diam. sphér. | Erreur | 1er | | | | | | |
|---|---|---|---|---|---|---|---|---|---|---|---|---|
| 1 { Obs. roy. de Greenwich / Tour de Dunkerque | 51 28 40 | 0 26 50,7 | 26898 | 26891. | — 7 | 27000. | 26905 + 57 | 26953 + 55 | 26946 + 48 | 26883 + 15 | 26872 + 26 | 26946 + 48 |
| 2 { Tour de Dunkerque / Obs. roy. de Paris | 51 2 9,3 | 2 11 55,5 | 133758 | 133811. | + 55 | 134299. | 134074 + 540 | 134075 + 515 | 134042 + 284 | 133759 + 24 | 133695 + 65 | 134047 + 289 |
| 3 { Obs. roy. de Paris / Tour de Bourges | 48 50 14 | 1 45 11,4 | 106647 | 106696. | + 49 | 107024. | 107006 + 359 | 106847 + 200 | 106851 + 184 | 106601 + 22 | 106584 + 65 | 106851 + 184 |
| 4 { Tour de Bourges / N. D. de Rodès | 47 5 2,6 | 2 44 0,2 | 166115 | 166352. | + 237 | 166753. | 166727 + 612 | 166516 + 401 | 166474 + 359 | 166136 + 41 | 166144 + 29 | 166189 + 374 |
| 5 { N. D. de Rodès / S. Jacmes de Perpig. | 44 21 2,4 / 42 41 56 | 1 30 0,4 | 100448 | 100528. | + 78 | 100705. | 100689 + 250 | 100567 + 119 | 100548 + 100 | 100358 — 90 | 100364 + 84 | 100577 — 71 |
| Greenwich et Perpig. | | 8 46 44 | 333788 | 334276. | + 410 | 333780 + 1914 | 333631 + 1825 | 333946 + 1090 | 333814 + 975 | 333524 — 54 | 333668 — 132 | 333806 + 191 |

| | | Demi-diamètre / Demi-axe / Rapport / Log. | 5486975 / 5486975 | 00000 | 5504545 / 5484075 / 170·4172 / 0·0024323 | 19·72 | 5501802 / 3·386085 / 190·483 / 0·00002620 | 18194 | 5497814 / 5481804 / 215·063 / 0·0020148 | 18190 | 5496934 / 5481221 / 222·554 / 0·0019658 | 15715 |
|---|---|---|---|---|---|---|---|---|---|---|---|---|---|
| Degré du méridien à { Équateur / 45° / 66° 20' / Pôle | | 60481·5 / 60777·6 / 61194·3 | 60879·1 / 60819·1 / 60839·1 / 60859·1 | + 374·6 / + 81·5 / — 555·2 | 60484·5 / 60693·4 / 61341·3 / 61509·5 | 0·0 / + 215·8 / + 148·0 | 60484·5 / 60917·7 / 61081·9 / 61437·1 | 0·0 / + 180·1 / + 87·6 | 60484·5 / 60903·0 / 61193·8 / 61559·2 | 0·0 / + 198·3 / 0·0 | 60484·5 / 60893·5 / 61175·4 / 61508·4 | + 115·9 / — 22·0 |
| Excès des degrés du mérid. au pôle sur ceux de l'équat. | | | 00000·0 | 1024·8 | 952·6 | 847·7 | 823·9 | | | | | | |
| Degré de longitude à { Équateur / 43°32' au sud de la France / 61° 28' 4" Greenwich | 44554·4 | 60859·1 / 44181·3 / 37904·2 | 61165·8 / 44461·2 / 38225·9 | — 233·1 | 61117·9 / 44430·4 / 58181·3 | + 106·8 | 61048·5 / 44355·7 / 58130·1 | + 76·0 | 61035·0 / 44341·7 / 58117·7 | + 1·5 | | — 12·7 |

méridien sur ceux de l'équateur est comme la quatrieme

re les degrés méridionaux et ceux
les quarrés des sinus d'obliquités.

| 3 points $= 33^\circ. \frac{1}{4}.$ | Diff. | 2 points $= 22^\circ. \frac{1}{2}.$ | Diff. | 1 points $= 11^\circ. \frac{1}{4}.$ | Degrés de longitude. | LATITUDES. |
|---|---|---|---|---|---|---|

TABLE des degrés de la Terre, construite d'après l'hypothese de M. Bouguer, que l'excès des degrés du méridien sur ceux de l'équateur est comme la quatrieme puissance des sinus de latitude.

**Table A — colonnes du méridien et du grand cercle perpendiculaire**

| Latitudes (D M S) | Longueur des degrés du méridien en fathoms | Diff. | Excès sur les degrés de l'équateur | Diff. entre les deg. du mérid. et les d. du grand cercle perp. au mérid. ou somme des trois équations | Degré du grand cercle perpendiculaire au méridien | Diff. |
|---|---|---|---|---|---|---|
| 0 0 0 | 60484.50 | 0.06 | 0.00 | 545.12 | 61029.62 | 1.95 |
| 5 | 60484.56 | 0.06 | 0.06 | 547.01 | 61031.57 | 5.65 |
| 10 | 60485.43 | 0.87 | 0.93 | 551.77 | 61037.20 | 11.52 |
| 15 | 60489.08 | 3.65 | 4.58 | 559.64 | 61048.72 | 16.28 |
| 20 | 60498.49 | 9.41 | 13.99 | 568.51 | 61065.00 | 20.65 |
| 25 | 60517.11 | 18.62 | 32.61 | 568.54 | 61085.65 | 25.78 |
| 30 | 60548.38 | 31.27 | 63.88 | 583.15 | 61111.53 | 31.14 |
| 35 | 60595.13 | 46.75 | 110.63 | 547.54 | 61142.67 | 36.19 |
| 40 | 60658.99 | 63.86 | 174.49 | 519.87 | 61178.86 | |
| *(somme)* | | *14.86* | | | | *7.73* |
| 41 | 60673.85 | 15.55 | 189.35 | 512.74 | 61186.59 | 7.95 |
| 42 | 60689.40 | 16.22 | 204.90 | 505.14 | 61194.54 | 8.10 |
| 43 | 60705.62 | 16.88 | 221.12 | 497.02 | 61202.64 | 8.26 |
| 44 | 60722.50 | 17.52 | 238.00 | 488.40 | 61210.90 | 8.40 |
| 45 | 60740.02 | 18.15 | 255.52 | 479.28 | 61219.30 | 8.51 |
| 46 | 60758.17 | 18.75 | 273.67 | 469.64 | 61227.81 | 8.60 |
| 47 | 60776.92 | 19.32 | 292.42 | 459.55 | 61236.47 | 8.77 |
| 48 | 60796.24 | 19.32 | 311.74 | 449.00 | 61245.24 | 8.77 |
| Paris 48 50 14 | 60812.83 | 16.59 | 328.33 | 439.77 | 61252.60 | 7.36 |
| 49 | 60816.10 | 3.27 | 331.60 | 437.93 | 61254.03 | 1.43 |
| 50 | 60836.47 | 20.37 | 351.97 | 426.52 | 61262.99 | 8.96 |
| *(somme)* | | *1.72* | | | | *0.76* |
| 50 5 | 60838.19 | 1.73 | 353.69 | 425.56 | 61263.75 | 0.74 |
| 50 10 | 60839.92 | 1.73 | 355.42 | 424.57 | 61264.49 | 0.74 |
| 50 15 | 60841.64 | 1.72 | 357.14 | 423.59 | 61265.23 | 0.74 |
| 50 20 | 60843.37 | 1.73 | 358.87 | 422.64 | 61266.01 | 0.78 |
| 50 25 | 60845.11 | 1.74 | 360.61 | 421.66 | 61266.77 | 0.76 |
| 50 30 | 60846.84 | 1.73 | 362.34 | 420.67 | 61267.51 | 0.74 |
| 50 35 | 60848.58 | 1.74 | 364.08 | 419.68 | 61268.26 | 0.75 |
| 50 40 | 60850.32 | 1.74 | 365.82 | 418.68 | 61269.00 | 0.74 |
| 50 45 | 60852.07 | 1.75 | 367.57 | 417.72 | 61269.79 | 0.79 |
| 50 50 | 60853.82 | 1.75 | 369.32 | 416.71 | 61270.53 | 0.74 |
| 50 55 | 60855.57 | 1.75 | 371.07 | 415.70 | 61271.27 | 0.74 |
| 51 0 | 60857.32 | 1.75 | 372.82 | 414.70 | 61272.02 | 0.75 |
| *(somme)* | | *1.76* | | | | *0.74* |
| 51 5 | 60859.08 | 1.76 | 374.58 | 413.68 | 61272.76 | 0.77 |
| 51 10 | 60860.84 | 1.76 | 376.34 | 412.69 | 61273.53 | 0.78 |
| 51 15 | 60862.61 | 1.77 | 378.11 | 411.70 | 61274.31 | 0.74 |
| 51 20 | 60864.37 | 1.76 | 379.87 | 410.68 | 61275.05 | 0.75 |
| 51 25 | 60866.14 | 1.77 | 381.64 | 409.66 | 61275.80 | 0.54 |
| Greenwich 51 28 40 | 60867.44 | 1.30 | 382.94 | 408.90 | 61276.34 | 0.21 |
| 51 30 | 60867.92 | 0.48 | 383.42 | 408.63 | 61276.55 | 0.75 |
| 51 35 | 60869.69 | 1.77 | 385.19 | 407.61 | 61277.30 | 0.74 |
| 51 40 | 60871.47 | 1.78 | 386.97 | 406.57 | 61278.04 | 0.80 |
| 51 45 | 60873.25 | 1.78 | 388.75 | 405.59 | 61278.84 | 0.74 |
| 51 50 | 60875.04 | 1.79 | 390.54 | 404.54 | 61279.58 | 0.75 |
| 51 55 | 60876.82 | 1.78 | 392.32 | 403.51 | 61280.33 | 0.76 |
| 52 0 0 | 60878.61 | 1.79 | 394.11 | 402.48 | 61281.09 | |
| *(somme)* | | *21.69* | | | | *9.09* |
| 53 | 60900.30 | 22.05 | 415.80 | 389.88 | 61290.18 | 9.13 |
| 54 | 60922.35 | 22.35 | 437.85 | 375.96 | 61299.31 | 9.14 |
| 55 | 60944.70 | 22.63 | 460.20 | 363.75 | 61308.45 | 9.14 |
| 56 | 60967.53 | 22.83 | 482.83 | 350.26 | 61317.59 | 9.10 |
| 57 | 60990.16 | 23.00 | 505.66 | 336.53 | 61326.69 | 9.07 |
| 58 | 61013.16 | 23.00 | 528.66 | 322.60 | 61335.76 | 6.45 |
| Egal au deg. de long. sous l'équateur. 58 42 47.4 | 61029.62 | 16.46 | 545.12 | 312.59 | 61342.21 | 2.57 |
| 59 0 | 61036.27 | 6.65 | 551.77 | 308.51 | 61344.78 | 8.94 |
| 60 0 | 61059.43 | 23.16 | 574.95 | 294.29 | 61353.72 | |
| *(somme)* | | *114.67* | | | | *42.98* |
| 65 | 61174.10 | | 689.60 | 232.60 | 61396.70 | 10.80 |
| Deg. mesuré en Laponie. 66 20 | 61203.75 | 29.65 | 719.25 | 203.75 | 61407.50 | 27.89 |
| 70 | 61281.46 | 77.71 | 796.96 | 153.70 | 61435.16 | 31.80 |
| 75 | 61374.25 | 92.79 | 889.75 | 92.71 | 61466.96 | 24.31 |
| 80 | 61445.89 | 71.64 | 961.39 | 45.38 | 61491.27 | 12.33 |
| 85 | 61491.13 | 45.24 | 1006.63 | 12.47 | 61503.60 | 5.00 |
| 90 | 61506.60 | 15.47 | 1022.10 | 0.00 | 61506.60 | 0.00 |

**Table B — Degrés des grands cercles obliques au méridien, la différence entre les degrés méridionaux et ceux des grands cercles qui leur sont perpendiculaires étant comme les quarrés des sinus d'obliquités; puis Degré de longitude**

Chaque colonne de points donne une Diff. suivie de la valeur. Les cellules non résolues sont marquées [illegible].

| Lat. | 7 points =78°¾ (Diff / val) | 6 points =67°½ (Diff / val) | 5 points =56°¼ (Diff / val) | 4 points =45° (Diff / val) | 3 points =33°¾ (Diff / val) | 2 points =22°½ (Diff / val) | 1 point =11°¼ (Diff / val) | Degré de longitude |
|---|---|---|---|---|---|---|---|---|
| 0 0 0 | [illegible] | [illegible] | [illegible] | [illegible] | [illegible] | [illegible] | [illegible] | [illegible] |
| 5 | [illegible] | [illegible] | [illegible] | [illegible] | [illegible] | [illegible] | [illegible] | [illegible] |
| 10 | [illegible] | [illegible] | [illegible] | [illegible] | [illegible] | [illegible] | [illegible] | [illegible] |
| 15 | [illegible] | [illegible] | [illegible] | [illegible] | [illegible] | [illegible] | [illegible] | [illegible] |
| 20 | [illegible] | [illegible] | [illegible] | [illegible] | [illegible] | [illegible] | [illegible] | [illegible] |
| 25 | [illegible] | [illegible] | [illegible] | [illegible] | [illegible] | [illegible] | [illegible] | [illegible] |
| 30 | [illegible] | [illegible] | [illegible] | [illegible] | [illegible] | [illegible] | [illegible] | [illegible] |
| 35 | [illegible] | [illegible] | [illegible] | [illegible] | [illegible] | [illegible] | [illegible] | [illegible] |
| 40 | [illegible] | [illegible] | [illegible] | [illegible] | [illegible] | [illegible] | [illegible] | [illegible] |
| 41 | 19.51 / 61167.08 | 55.58 / 61111.50 | 83.15 / 61028.35 | 98.13 / 60930.22 | 98.11 / 60832.11 | 83.17 / 60748.94 | 56.58 / 60693.36 | 46178.12 |
| 42 | 19.23 / 61175.31 | 54.75 / 61120.56 | 81.94 / 61038.61 | 96.65 / 60941.97 | 96.65 / 60845.31 | 81.94 / 60763.38 | 54.75 / 60708.63 | 45476.40 |
| 43 | 18.92 / 61183.72 | 53.87 / 61129.85 | 80.61 / 61049.24 | 95.11 / 60954.13 | 95.10 / 60859.03 | 80.52 / 60778.41 | 53.87 / 60724.54 | 44760.77 |
| 44 | 18.59 / 61192.31 | 52.95 / 61139.58 | 79.23 / 61060.15 | 93.45 / 60966.70 | 93.45 / 60873.25 | 79.23 / 60794.02 | 52.95 / 60741.09 | 44031.45 |
| 45 | 18.24 / 61201.06 | 51.95 / 61149.11 | 77.47 / 61071.37 | 91.71 / 60979.66 | 91.71 / 60887.96 | 77.74 / 60810.21 | 51.95 / 60758.25 | 43288.58 |
| 46 | 17.86 / 61209.95 | 50.90 / 61159.05 | 76.18 / 61082.87 | 89.87 / 60993.00 | 89.86 / 60903.14 | 75.19 / 60826.95 | 50.91 / 60775.04 | 42532.41 |
| 47 | 17.49 / 61218.98 | 49.81 / 61169.17 | 74.55 / 61094.64 | 87.93 / 61000.69 | 87.93 / 60918.76 | 74.54 / 60844.22 | 49.81 / 60791.41 | 41763.17 |
| 48 | 17.09 / 61228.15 | 48.66 / 61179.49 | 72.84 / 61106.65 | 85.91 / 61020.74 | 85.91 / 60934.83 | 72.84 / 60861.99 | 48.66 / 60813.53 | 40981.06 |
| Paris 48 50 14 | 16.74 / 61235.86 | 47.66 / 61188.20 | 71.34 / 61116.86 | 84.15 / 61032.71 | 84.14 / 60948.57 | 71.34 / 60877.23 | 47.66 / 60829.57 | 40516.26 |
| 49 | 16.67 / 61237.36 | 47.40 / 61189.00 | 71.04 / 61118.86 | 83.80 / 61035.06 | 83.80 / 60951.27 | 71.04 / 60880.25 | 47.46 / 60832.77 | 40186.26 |
| 50 | 16.25 / 61246.76 | 46.25 / 61201.53 | 69.19 / 61131.54 | 81.61 / 61049.73 | 81.61 / 60968.12 | 69.19 / 60898.93 | 46.45 / 60852.70 | 39579.09 |
| 50 5 | [illegible] | [illegible] | [illegible] | [illegible] | [illegible] | [illegible] | 46.12 / 60854.59 | 39311.29 |
| 50 10 | [illegible] | [illegible] | [illegible] | [illegible] | [illegible] | [illegible] | 46.04 / 60856.08 | 39243.39 |
| 50 15 | [illegible] | [illegible] | [illegible] | [illegible] | [illegible] | [illegible] | 45.91 / 60857.76 | 39175.37 |
| 50 20 | [illegible] | [illegible] | [illegible] | [illegible] | [illegible] | [illegible] | 45.80 / 60859.46 | 39107.39 |
| 50 25 | [illegible] | [illegible] | [illegible] | [illegible] | [illegible] | [illegible] | 45.70 / 60861.16 | 39039.18 |
| 50 30 | [illegible] | [illegible] | [illegible] | [illegible] | [illegible] | [illegible] | 45.60 / 60862.85 | 38970.94 |
| 50 35 | [illegible] | [illegible] | [illegible] | [illegible] | [illegible] | [illegible] | [illegible] | [illegible] |
| 50 40 | [illegible] | [illegible] | [illegible] | [illegible] | [illegible] | [illegible] | [illegible] | [illegible] |
| 50 45 | [illegible] | [illegible] | [illegible] | [illegible] | [illegible] | [illegible] | [illegible] | [illegible] |
| 50 50 | [illegible] | [illegible] | [illegible] | [illegible] | [illegible] | [illegible] | [illegible] | [illegible] |
| 50 55 | [illegible] | [illegible] | [illegible] | [illegible] | [illegible] | [illegible] | [illegible] | [illegible] |
| 51 0 | [illegible] | [illegible] | [illegible] | [illegible] | [illegible] | [illegible] | [illegible] | [illegible] |
| 51 5 | 15.74 / 61257.04 | 44.84 / 61212.18 | 67.11 / [illegible] | [illegible] | [illegible] | [illegible] | [illegible] | [illegible] |
| 51 10 | 15.71 / 61257.84 | 44.75 / 61213.09 | 66.94 / [illegible] | [illegible] | [illegible] | [illegible] | [illegible] | [illegible] |
| 51 15 | 15.67 / 61258.04 | 44.02 / 61214.02 | 66.79 / [illegible] | [illegible] | [illegible] | [illegible] | [illegible] | [illegible] |
| 51 20 | 15.65 / 61259.42 | 44.51 / 61214.91 | 66.62 / [illegible] | [illegible] | [illegible] | [illegible] | [illegible] | [illegible] |
| 51 25 | 15.59 / 61260.21 | 44.40 / 61215.81 | 66.45 / [illegible] | [illegible] | [illegible] | [illegible] | [illegible] | [illegible] |
| Greenwich 51 28 40 | 15.56 / 61260.78 | 44.32 / 61216.46 | 66.53 / [illegible] | [illegible] | [illegible] | [illegible] | [illegible] | [illegible] |
| 51 30 | 15.55 / 61261.00 | 44.29 / 61216.71 | 66.29 / [illegible] | [illegible] | [illegible] | [illegible] | [illegible] | [illegible] |
| 51 35 | 15.51 / 61261.79 | 44.18 / 61217.61 | 66.12 / [illegible] | [illegible] | [illegible] | [illegible] | [illegible] | [illegible] |
| 51 40 | 15.47 / 61262.57 | 44.07 / 61218.50 | 65.96 / [illegible] | [illegible] | [illegible] | [illegible] | [illegible] | [illegible] |
| 51 45 | 15.44 / 61263.40 | 43.95 / 61219.45 | 65.80 / [illegible] | [illegible] | [illegible] | [illegible] | [illegible] | [illegible] |
| 51 50 | 15.40 / 61264.18 | 43.84 / 61220.34 | 65.62 / [illegible] | [illegible] | [illegible] | [illegible] | [illegible] | [illegible] |
| 51 55 | 15.36 / 61264.97 | 43.73 / 61221.24 | 65.46 / [illegible] | [illegible] | [illegible] | [illegible] | [illegible] | [illegible] |
| 52 0 0 | 15.32 / 61265.77 | 43.62 / 61222.15 | 65.29 / [illegible] | [illegible] | [illegible] | [illegible] | [illegible] | [illegible] |
| 53 | 14.84 / 61275.34 | 42.26 / 61233.08 | 63.24 / [illegible] | [illegible] | [illegible] | [illegible] | [illegible] | [illegible] |
| 54 | 14.35 / 61284.96 | 40.86 / 61244.10 | 61.14 / [illegible] | [illegible] | [illegible] | [illegible] | [illegible] | [illegible] |
| 55 | 13.84 / 61294.61 | 39.43 / 61255.14 | 59.00 / [illegible] | [illegible] | [illegible] | [illegible] | [illegible] | [illegible] |
| 56 | 13.33 / 61304.26 | 37.96 / 61266.30 | 56.82 / [illegible] | [illegible] | [illegible] | [illegible] | [illegible] | [illegible] |
| 57 | 12.81 / 61313.88 | 36.47 / 61277.41 | 54.59 / [illegible] | [illegible] | [illegible] | [illegible] | [illegible] | [illegible] |
| 58 | 12.28 / 61323.48 | 34.96 / 61288.52 | 52.35 / [illegible] | [illegible] | [illegible] | [illegible] | [illegible] | [illegible] |
| 58 42 47.4 | 11.90 / 61330.31 | 33.88 / 61296.43 | 50.70 / [illegible] | [illegible] | [illegible] | [illegible] | [illegible] | [illegible] |
| 59 0 | 11.74 / 61333.04 | 33.44 / 61299.60 | 50.05 / [illegible] | [illegible] | [illegible] | [illegible] | [illegible] | [illegible] |
| 60 0 | 11.20 / 61342.52 | 31.90 / 61310.62 | 47.74 / [illegible] | [illegible] | [illegible] | [illegible] | [illegible] | [illegible] |
| 65 | 8.47 / 61388.23 | 24.13 / 61364.10 | 56.11 / [illegible] | [illegible] | [illegible] | [illegible] | [illegible] | [illegible] |
| 66 20 | 7.75 / 61399.75 | 22.00 / 61377.66 | 33.05 / [illegible] | [illegible] | [illegible] | [illegible] | [illegible] | [illegible] |
| 70 | 5.85 / 61429.31 | 16.66 / 61412.65 | 24.97 / [illegible] | [illegible] | [illegible] | [illegible] | [illegible] | [illegible] |
| 75 | 3.53 / 61465.43 | 10.05 / 61455.38 | 15.04 / [illegible] | [illegible] | [illegible] | [illegible] | [illegible] | [illegible] |
| 80 | 1.75 / 61489.54 | 4.92 / 61484.62 | 7.36 / [illegible] | [illegible] | [illegible] | [illegible] | [illegible] | [illegible] |
| 85 | 0.47 / 61503.13 | 1.36 / 61501.77 | 2.02 / [illegible] | [illegible] | [illegible] | [illegible] | [illegible] | [illegible] |
| 90 | 0.00 / 61506.60 | 0.00 / 61506.60 | 0.00 / [illegible] | [illegible] | [illegible] | [illegible] | [illegible] | [illegible] |

# SUR LA TERRE.

| Lieux. | Latitu[de] (°) | (′) | …ses | Degrés de grands cercles perpendiculaires au méridien. | Diff. | Correct. supplémentaire pour les degrés de longitude. | Degrés de longitude. | Différ. |
|---|---|---|---|---|---|---|---|---|
| Equateur. | 0 | 0 | 1 | 61268.06 |  | — 2.02 | 38626.46 |  |
|  | 5 | — | 2 | 61268.80 | 0.74 | — 2.01 | 38557.71 | 68.75 |
|  | 10 | — | 2 | 61269.54 | 0.74 | — 2.02 | 38488.88 | 68.83 |
|  | 15 | — | 5 | 61270.28 | 0.74 | — 2.03 | 38419.97 | 68.91 |
|  | 20 | — | [illegible] | 61271.02 | 0.74 | — 2.06 | 38350.97 | 69.00 |
|  | 25 | — | [illegible] | 61271.76 | 0.74 | — 2.07 | 38281.90 | 69.07 |
|  | 30 | — | [illegible] | 61272.50 | 0.74 | — 2.09 | 38212.73 | 69.17 |
|  | 35 | — | [illegible] | 61273.04 | 0.54 | — 2.04 | 38161.96 | 50.77 |
|  | 40 | — | [illegible] | 61273.24 | 0.20 | — 2.09 | 38143.48 | 18.48 |
|  |  | — | [illegible] | 61273.98 | 0.74 | — 2.07 | 38074.17 | 69.31 |
|  | 41 | — | 2 | 61274.72 | 0.74 | — 2.07 | 38004.76 | 69.41 |
|  | 42 | — | 7 | 61275.46 | 0.74 | — 2.06 | 37935.28 | 69.48 |
|  | 43 | — | 7 | 61276.21 | 0.75 | — 2.08 | 37865.69 | 69.59 |
| Midi de la France. | 43 | 32 | [illegible] | 61276.95 | 0.74 | — 2.11 | 37796.01 | 69.68 |
|  | 44 | — | [illegible] | 61277.69 | 0.74 | — 2.09 | 37726.31 | 69.70 |
|  | 45 | — |  |  | 8.94 |  |  | 843.09 |
|  | 46 | — | 5 | 61286.63 | 8.95 | — 2.13 | 36883.22 | 854.59 |
|  | 47 | — | 5 | 61295.58 | 8.97 | — 2.20 | 36028.63 | 865.79 |
|  | 48 | — | [illegible] | 61304.55 | 8.97 | — 2.24 | 35162.84 | 876.75 |
| Paris. | 48 | 50 | 7 | 61313.52 | 8.94 | — 2.27 | 34286.09 | 887.48 |
|  | 49 | — | 5 | 61322.46 | 8.91 | — 2.30 | 33398.61 | 897.94 |
|  | 50 | — | [illegible] | 61331.37 | 6.33 | — 2.33 | 32500.67 | 646.60 |
|  |  |  | [illegible] | 61337.70 | 2.53 | — 2.35 | 31854.07 | 261.52 |
|  | 50 | 5 | [illegible] | 61340.23 | 8.80 | — 2.35 | 31592.55 | 918.03 |
|  | 50 | 10 | [illegible] | 61349.03 |  | — 2.34 | 30674.52 |  |
|  | 50 | 15 |  |  | 42.39 |  |  | 4729.38 |
|  | 50 | 20 | [illegible] | 61391.42 | 10.69 | — 2.23 | 25945.14 | 1297.41 |
|  | 50 | 25 | [illegible] | 61402.11 | 27.58 | — 2.16 | 24647.73 | 3637.54 |
|  | 50 | 30 | [illegible] | 61429.69 | 32.58 | — 1.87 | 21010.19 | 5102.64 |
|  | 50 | 35 | [illegible] | 61462.07 | 25.39 | — 1.27 | 15907.55 | 5230.44 |
|  | 50 | 40 | [illegible] | 61487.46 | 13.98 | — 0.74 | 10677.11 | 5316.91 |
|  | 50 | 45 | [illegible] | 61501.44 | 5.16 | — 0.20 | 5360.20 | 5360.20 |
|  | 50 | 50 | [illegible] | 61506.60 |  | ± 0.00 | 0000.00 |  |
|  | 50 | 55 | [illegible] |  |  |  |  |  |

N. B. Le de[…]

# SUPPLÉMENT A LA TABLE DES DEGRÉS DE LA TERRE.

| LIEUX. | LATITUDES. | Somme des trois équat., les ⅓ de DG étant soustractifs. | Correction supplément. pour les degrés de grands cercles. | Degrés de grands cercles perpendiculaires au méridien. | Differ. | Correct. supplémentaire pour les degrés de longitude. | Degrés de longitude. | Differ. |
|---|---|---|---|---|---|---|---|---|
| Equateur. | 0  0  0 | 545.12 | ± 0.00 | 61029.62 | 2.02 | + 0.00 | 61029.62 | 230.24 |
|  | 5  —  — | 547.081 | + 0.07 | 61031.64 | 6.58 | + 0.04 | 60799.38 | 688.66 |
|  | 10  —  — | 552.595 | + 0.82 | 61038.02 | 9.80 | — 0.86 | 60110.72 | 1143.04 |
|  | 15  —  — | 558.739 | — 0.99 | 61047.82 | 16.48 | — 0.85 | 58967.68 | 1586.02 |
|  | 20  —  — | 565.811 | — 0.70 | 61064.30 | 20.52 | — 0.67 | 57581.66 | 2020.01 |
|  | 25  —  — | 567.715 | — 0.85 | 61084.82 | 25.72 | — 0.74 | 55561.65 | 2458.38 |
|  | 30  —  — | 562.156 | — 0.90 | 61110.54 | 30.88 | — 0.86 | 53023.27 | 2839.16 |
|  | 35  —  — | 546.285 | — 1.25 | 61141.42 | 35.71 | — 1.02 | 50084.11 | 5219.70 |
|  | 40  —  — | 518.144 | — 1.73 | 61177.13 | 7.68 | — 1.33 | 46864.41 | 687.63 |
| Midi de la France. | 41  —  — | 510.955 | — 1.78 | 61184.81 | 7.83 | — 1.34 | 46176.78 | 701.78 |
|  | 42  —  — | 503.255 | — 1.99 | 61192.64 | 7.95 | — 1.40 | 45475.00 | 715.74 |
|  | 43  —  — | 494.946 | — 2.07 | 61200.57 | 4.56 | — 1.51 | 44759.26 | 587.29 |
|  | 43  30  — | 490.599 | — 2.11 | 61204.93 | 5.81 | — 1.53 | 44571.97 | 542.08 |
|  | 44  —  — | 486.344 | — 2.16 | 61208.74 | 8.26 | — 1.54 | 44029.89 | 742.97 |
|  | 45  —  — | 476.984 | — 2.50 | 61217.00 | 8.50 | — 1.66 | 43286.92 | 736.18 |
|  | 46  —  — | 467.216 | — 2.42 | 61225.39 | 8.50 | — 1.67 | 42550.74 | 769.34 |
|  | 47  —  — | 456.972 | — 2.58 | 61235.89 | 8.60 | — 1.77 | 41761.40 | 784.27 |
|  | 48  —  — | 446.832 | — 2.75 | 61242.49 | 7.28 | — 1.85 | 40951.65 | 614.79 |
| Paris. | 48  50  45 | 436.956 | — 2.85 | 61249.77 | 1.41 | — 1.87 | 40336.64 | [illegible] |
|  | 49  —  — | 435.684 | — 2.85 | 61251.18 | 8.78 | — 1.89 | 40042.52 | 807.24 |
|  | 50  —  — | 425.488 | — 2.93 | 61255.96 | 0.75 | — 1.94 | 39577.10 | 67.85 |
|  | 50  5  — | 422.504 | — 3.06 | 61260.69 | 0.74 | — 1.97 | 39509.52 | 67.90 |
|  | 50  10  — | 421.508 | — 3.06 | 61261.43 | 0.75 | — 1.97 | 39441.42 | 68.00 |
|  | 50  15  — | 420.543 | — 3.07 | 61262.16 | 0.74 | — 1.95 | 39375.42 | 68.09 |
|  | 50  20  — | 419.574 | — 3.11 | 61262.90 | 0.74 | — 1.96 | 39305.55 | 68.14 |
|  | 50  25  — | 418.596 | — 3.15 | 61263.64 | 0.73 | — 1.98 | 38968.42 | 68.49 |
|  | 50  30  — | 417.651 | — 3.14 | 61264.57 | 0.74 | — 2.01 | 38900.60 | 68.75 |
|  | 50  35  — | 416.548 | — 3.15 | 61265.11 | 0.73 | — 2.02 | 38832.19 | 68.41 |
|  | 50  40  — | 415.544 | — 3.16 | 61265.84 | 0.73 | — 2.03 | 38763.79 | 68.30 |
|  | 50  45  — | 414.615 | — 3.00 | 61266.59 | 0.73 | — 2.03 | [illegible] | 68.33 |
|  | 50  50  — | 413.500 | — 3.21 | 61267.52 | 0.74 | — 2.04 | 38697.11 | 68.38 |
|  | 50  55  — | 412.491 | — 3.21 | 61268.06 |  | — 2.02 | 38626.40 | 68.01 |

| LIEUX. | LATITUDES. | Somme des trois équat., les ⅓ de DG étant soustractifs. | Correction supplément. pour les deg. de grands cercles. | Degrés de grands cercles perpendiculaires au méridien. | Diff. | Correct. supplémentaire pour les degrés de longitude. | Degrés de longitude. | Differ. |
|---|---|---|---|---|---|---|---|---|
| Greenwich. | 50  55  — | 412.491 | — 3.21 | 61268.06 | 0.74 | — 2.02 | 38628.46 | 68.75 |
|  | 51  0  0 | 411.477 | — 3.22 | 61268.80 | 0.74 | — 2.01 | 38557.71 | 68.85 |
|  | 51  5  — | 410.469 | — 3.22 | 61269.54 | 0.74 | — 2.02 | 38488.88 | 68.91 |
|  | 51  10  — | 409.457 | — 3.25 | 61270.28 | 0.74 | — 2.03 | 38419.97 | 69.00 |
|  | 51  15  — | 408.408 | — 3.29 | 61271.02 | 0.74 | — 2.06 | 38350.97 | 69.07 |
|  | 51  20  — | 407.387 | — 3.29 | 61271.76 | 0.74 | — 2.07 | 38281.90 | 69.17 |
|  | 51  25  — | 406.337 | — 3.30 | 61272.50 | 0.74 | — 2.04 | 38212.73 | 59.77 |
|  | 51  28  40 | 405.601 | — 3.50 | 61273.04 | 0.20 | — 2.04 | 38161.96 | 18.48 |
|  | 51  30  — | 405.300 | — 3.31 | 61273.24 | 0.74 | — 2.09 | 38143.48 | 69.31 |
|  | 51  35  — | 404.201 | — 3.32 | 61273.98 | 0.74 | — 2.07 | 38074.17 | 69.41 |
|  | 51  40  — | 403.263 | — 3.52 | 61274.73 | 0.74 | — 2.07 | 38004.76 | 69.48 |
|  | 51  45  — | 402.213 | — 3.57 | 61275.46 | 0.72 | — 2.08 | 37935.98 | 69.50 |
|  | 51  50  — | 401.188 | — 3.57 | 61276.21 | 0.74 | — 2.08 | 37865.69 | 69.68 |
|  | 51  55  — | 400.108 | — 3.58 | 61276.95 | 0.74 | — 2.11 | 37796.01 | 69.70 |
|  | 52  0  0 | 399.080 | — 3.40 | 61277.69 | 8.44 | — 2.20 | 37726.51 | 843.09 |
|  | 53  —  — | 386.305 | — 3.55 | 61286.67 | 8.95 | — 2.13 | 36885.22 | 854.59 |
|  | 54  —  — | 375.252 | — 3.75 | 61295.58 | 8.97 | — 2.20 | 36028.63 | 865.79 |
|  | 55  —  — | 352.811 | — 3.90 | 61304.55 | 8.97 | — 2.24 | 35169.84 | 876.73 |
|  | 56  —  — | 326.187 | — 4.05 | 61315.14 | 8.91 | — 2.27 | 34486.09 | 887.48 |
|  | 57  —  — | 335.301 | — 4.05 | 61322.46 | 8.41 | — 2.30 | 33398.61 | 897.94 |
|  | 58  —  — | 318.417 | — 4.30 | 61331.57 | 6.22 | — 2.35 | 32500.67 | 646.66 |
|  | 58  40  47.4 | 308.207 | — 4.31 | 61337.70 | 2.53 | — 2.35 | 31854.07 | 261.54 |
|  | 59  —  — | 301.263 | — 4.53 | 61345.05 | 8.29 | — 2.33 | 31592.55 | 918.03 |
|  | 60  —  — | 289.599 | — 4.69 | 61355.05 |  | — 2.54 | 30674.52 | 4729.58 |
| Laponie. | 65  —  — | 212.520 | — 5.08 | 61591.42 | 10.69 | — 2.05 | 26945.11 | 1207.44 |
|  | 66  30  — | 198.361 | — 5.59 | 61402.61 | 27.28 | — 2.16 | 24447.73 | 5057.51 |
|  | 70  —  — | 158.209 | — 5.47 | 61449.69 | 35.78 | — 1.87 | 21010.19 | 5100.64 |
|  | 75  —  — | 87.811 | — 4.89 | 61469.46 | 35.50 | — 1.47 | 15907.55 | 5100.46 |
|  | 80  —  — | 41.569 | — 5.81 | 61487.46 | 15.08 | — 0.71 | 10677.11 | 5516.52 |
|  | 85  —  — | 10.549 | — 2.16 | 61487.46 | 5.16 | — 0.00 | 5360.40 | 5560.20 |
| Pole. | 90  0  0 | 0.000 | ± 0.00 | 61506.60 |  | ± 0.00 | 0000.00 |  |

N. B. Le degré du méridien, dont le milieu répond à la latitude de 45° 30′, a de longueur 60714.54 fathoms.

# PREMIERE SECTION.

Description de l'appareil employé pour mesurer la base
de vérification, à Romney-marsh, avec la chaîne d'a-
cier de 100 pieds, pendant l'automne de 1787, et
résultat de l'opération. Voyez les planches 1 et 2, et
la table contenant le détail général de la mesure.

ARTICLE PREMIER.

## *Préambule.*

J'AI eu occasion de prouver, dans la description de la mesure
de la base de Hounslow-heath, faite en 1784, et qui a été
publiée l'année suivante dans les Transactions Philosophiques,
qu'on pouvoit mesurer des distances très exactement avec la
chaîne d'acier, en s'en servant à la maniere ordinaire sur la
surface du terrain, lorsque cette surface est un peu unie, ce
qui étoit le cas où je me trouvois à Hounslow. En comparant
ensuite la mesure d'une longueur de 1000 pieds, faite avec
les tubes de verre, avec la même mesure faite avec la chaîne,
à laquelle on avoit adapté l'appareil nécessaire, on reconnut
que la différence entre les deux résultats étoit d'une petitesse qui la rendoit presque imperceptible, puisqu'elle n'auroit pas excédé un demi-pouce sur toute la longueur de la base
de 27404,7 pieds.

Ayant toujours regardé l'expérience faite à Hounslow-heath,
dont je viens de parler, comme une preuve positive de l'excellence de la chaîne, je résolus de m'en servir pour la mesure
de la base de vérification, à Romney-marsh, n'eussé-je même
aucune autre raison de lui donner la préférence. Mais, outre le
danger de casser les tubes de verre en les transportant à une
si grande distance de Londres, et l'impossibilité, en cas d'un
pareil accident, de les remplacer dans une saison de l'année
aussi avancée que celle jusqu'à laquelle l'opération avoit malheureusement été prolongée, il étoit évident que, dans une
plaine de six milles de largeur, et autant coupée par les eaux
que l'est Romney-marsh, les ponts nécessaires pour le support

B

des trépieds dont il auroit fallu faire usage avec les tubes de verre, nous auroient seuls entraînés dans des travaux aussi pénibles que fastidieux.

A R T.  II.

## *Poteaux de bois de hêtre.*

Nous nous sommes pourvus, dès le commencement, d'environ 30 poteaux de bois de hêtre de trois pouces de diametre et de différentes longueurs, depuis deux pieds trois pouces jusques à trois pieds six pouces; quelques uns étoient même plus longs. Leur extrémité inférieure étoit armée de fer, et leur partie supérieure étoit garnie d'un cercle ou frette de fer fondu, qui avoit extérieurement deux parties saillantes formées en queue d'aronde : on avoit soin, en enfonçant les poteaux, de mettre les queues d'aronde à-peu-près dans la direction de la base, comme on le voit représenté par le plan et la coupe d'un po-teau isolé, dessinés au milieu de la planche 1. On voit, au haut de la même planche, l'arrangement de vingt-quatre de ces po-teaux, servant à mesurer cent verges ou trois longueurs de chaîne de la base. Seize de ces poteaux, comptés depuis celui qui est au centre du premier grouppe jusqu'à celui qui est au centre du second, et ainsi en suivant de la droite à la gauche, sont placés à la distance de 20 pieds l'un de l'autre. Le pre-mier est supposé coïncider avec l'ouverture du tuyau enfoncé dans la terre à l'extrémité orientale de la base dans le lieu appelé High-nook, près de Dimchurch; et les autres, pris de cinq en cinq vers la gauche, marquent l'extrémité de chaque longueur de chaîne. Il y a en outre huit poteaux, dans cette disposition, qui sont les poteaux à droite et à gauche de cha-cun des quatre grouppes, et qui sont supposés distants de douze ou quinze pouces de centre en centre. Le plan qui est vers le haut de la planche, et les plan et coupe qui sont au milieu, font voir que ces poteaux, avec les différentes parties d'un appareil de fer qui y est fixé, et qu'on décrira bientôt, supportent les extrémités des caisses pour chaque longueur de chaîne, de maniere que le poteau central est entièrement libre et ne supporte que les échelles de cuivre qui y sont attachées.

A R T.  III.

## *Caisses de sapin.*

Nous avions besoin, pour mesurer trois longueurs de chaîne,

de quinze caisses de sapin, numérotées depuis 1 jusqu'à 15,
et dont cinq étoient employées pour chaque longueur de chaîne;
six de ces caisses, savoir la 1ᵉ et la 5ᵉ, la 6ᵉ et la 10ᵉ, la 11ᵉ et la 15ᵉ,
étant les premieres et les dernieres de chaque longueur de
chaîne, n'avoient que 19 pieds quatre ou cinq pouces de longueur, les neuf autres intermédiaires avoient les 20 pieds entiers de longueur. Ces caisses ressemblent parfaitement en forme
et presque en dimension aux caisses des tubes de verre : elles
avoient 10 pouces de large dans le milieu et la même profondeur dans toute leur longueur; mais à partir du milieu elles se
rétrécissoient graduellement et en courbe jusques vers chaque extrémité où leur largeur étoit réduite à deux pouces. Les
deux côtés ainsi courbés avoient environ un demi-pouce d'é-
paisseur, et le fond, encastré dans une rainure pratiquée au
milieu de ces côtés, avoit un pouce d'épaisseur. Les côtés, peu
épais et flexibles, s'appliquoient par conséquent avec exactitude
contre le fond auquel ils étoient solidement cloués, et le tout
étoit fortifié par de petites traverses de bois, placées intérieurement par intervalles, tantôt au-dessus et tantôt au-dessous
du fond. On voit, par l'élévation, qu'on avoit coupé neuf ou dix
pouces des extrémités inférieures des côtés courbés, afin que
le fond lui-même pût être appliqué sur les ferrures. La construction de ces caisses a bien rempli son objet; c'est-à-dire
qu'eu égard à leur longueur, elles n'étoient point assez lourdes
pour être remuées difficilement, et qu'en même temps leur
forme, et sur-tout l'épaisseur du fond, empêchoit absolument
qu'elles ne pussent se courber.

Outre les quinze caisses que nous venons de décrire, le
lieutenant Fiddes en avoit préparé une seizieme, qui n'est pas
représentée sur la planche, et dont on se servoit lorsque l'extrémité d'une chaîne ou le commencement d'une autre coïncidoit avec un fossé profond ou un canal plein d'eau, vu que,
dans ce cas, il auroit été très difficile ou même impossible de
placer les trois poteaux à la maniere ordinaire. Cette seizieme
caisse avoit un double fond et des rainures pour le recevoir :
l'échelle de cuivre, la poulie, etc. s'enlevoient de dessus les
ferrures et se plaçoient sur ce double fond.

ART. IV.

*Appareil de fer fondu, etc. pour les extrémités de la chaîne.*

Si on consulte la planche où les différentes parties de l'ap-

B ij

pareil, pour les extrémités de la chaîne, sont représentées en plan et en coupe au quart de leurs dimensions réelles, on verra que les pieces de fer fondu étoient de deux formes différentes, les unes longues et les autres courtes, mais toutes appliquées de la même maniere sur les colliers qui, comme on l'a déja dit, garnissoient le haut des poteaux. Les longues étoient en tout au nombre de quinze ou seize ; c'est-à-dire qu'il y en avoit une pour chaque poteau dans la longueur de trois chaînes. Chaque ferrure avoit deux étaux à sa partie inférieure : ces étaux étant desserrés, on plaçoit la ferrure sur son support dans une direction faisant un angle droit avec celle de la base ; on lui faisoit ensuite faire un quart de tour ; et les queues d'aronde, placées dans la direction de la base, s'engageoient dans les étaux, qui étoient alors serrés au moyen de quatre vis tournées avec des clefs destinées à cet objet.

On voit aisément qu'une si grande quantité de ferrures et de vis ne pouvoit manquer de rendre l'opération fastidieuse : on auroit beaucoup abrégé l'ouvrage en se contentant de deux vis, une à chaque extrémité, dans une situation moyenne ; au lieu des quatre vis, on auroit employé quatre fortes chevilles entrant avec facilité dans des trous qu'on leur auroit préparés aux côtés inférieurs. Une fente ou rainure de deux ou trois pouces de longueur auroit alors été nécessaire à chaque extrémité du fond des caisses pour recevoir la tête des vis. On conçoit que l'épaisseur de ce fond étoit suffisante pour empêcher que ces têtes de vis ne touchent la chaîne ; qu'on se seroit ainsi dispensé de couper ses mains ou anneaux extrêmes (*), et qu'on eût évité beaucoup de perte de temps. On auroit rempli le même objet, mais non pas aussi avantageusement, en noyant la tête des quatre vis dans la ferrure, dont l'épaisseur auroit rendu cet expédient praticable. Enfin je dois observer, pour qu'on se garantisse à l'avenir d'un pareil inconvénient, que les colliers de fer fondu ne sont point assez solides : la force nécessaire pour enfoncer les poteaux dans le terrain les a presque tous brisés ; en sorte qu'avant la fin de l'opération, on a été obligé de leur en substituer d'autres de fer écroui et forgé exprès.

Les courtes ferrures étoient au nombre de trois, savoir une

---

(*) En comparant la planche premiere de ce mémoire avec la planche 2 du mémoire sur la mesure de la base de Hounslow-heath, on voit que les anneaux extrêmes de la chaîne étoient entiers à Hounslow-heath, et qu'ils ont été coupés à Romney-marsh.

pour chaque extrémité de la chaîne, et une de réserve en cas
d'accident : elles étoient placées, tournées et assujetties sur les
colliers des poteaux de la même maniere que les longues ferrures. On verra, à l'inspection de la planche, que chaque courte
ferrure supporte une échelle de cuivre de six pouces de longueur, divisée en quarts de pouce, et mobile dans une coulisse,
soit en avant, soit en arriere, au moyen d'une vis de rappel
placée à droite de la ferrure.

Le poteau à droite de chaque grouppe est appelé le *poteau
de traction*, parceque la ferrure, placée à son extrémité supérieure porte un petit appareil de cuivre, qui, étant attaché
à la verge de fer, et à double crochet, dont on s'étoit servi
à Hounslow-heath pour le même usage, retient l'anneau ou
main postérieure de la chaîne, et sert à l'amener en arriere
jusqu'à ce que le zero coïncide avec le point du commencement. Le poteau à gauche de chaque grouppe est appelé le
*poteau du poids*, parcequ'il supporte une poulie de cuivre, sur
laquelle passe une petite corde attachée au double crochet
qui tient la main antérieure de la chaîne, et tenant suspendu
un poids de 28 livres. Ce poids, agissant avec force contre la
vis placée à l'autre extrémité, maintenoit la situation rectiligne
et la tension constante de la chaîne dans les caisses, jusqu'à
ce qu'une division quelconque de l'échelle ( la plus proche
par exemple ) fût amenée, par le moyen de la vis de rappel, à
coïncider exactement avec l'extrémité des cent pieds. On en-
registroit dans le livre d'opération la division coïncidente,
ainsi que la vraie température de la chaîne, donnée par cinq
thermometres : chaque caisse portoit un de ces thermometres,
qu'on garantissoit des rayons du soleil au moyen d'une toile
lorsque cela étoit nécessaire.

Les quinze caisses étoient disposées sur le terrain dans le
même temps, et comprenoient une portion de la base égale à
la longueur de trois chaînes ou de cent verges. Lorsque les
extrémités de la premiere longueur de chaîne avoient été déterminées exactement, de la maniere ci-dessus décrite, sur les
échelles de cuivre fixées au poteau central, lesquelles demeu-
roient fermes et immobiles, étant séparées de tout le reste de
l'appareil, on portoit la chaîne en avant sur le second assortiment de caisses, dans lesquelles on transportoit aussi les thermometres : alors le premier assortiment de caisses demeurées
vacantes, leurs poteaux, etc. étoient transportés et disposés
en avant pour la mesure de la longueur suivante, et ainsi de
suite.

ART. V.

### Carte de Romney-marsh pour servir de préparation à la mesure de la base.

On a dit, dans l'introduction de ce mémoire, que le lieutenant Fiddes, du corps royal des ingénieurs, avoit été, avec la permission du duc de Richemont, employé, en 1786 et 1787, à lever le plan de la partie de Romney-marsh qui, d'après l'examen qu'on en avoit fait, se trouvoit propre à la mesure de la base de vérification. Je dois à cet officier la justice de dire que personne ne pouvoit mieux que lui remplir les fonctions qui lui ont été confiées, soit pour la levée du plan, soit pour la mesure de la base, dont il a eu aussi la direction. Les instructions générales qu'on lui avoit données portoient qu'après avoir, au moyen d'une base particuliere, déterminé certains triangles dans le voisinage de Dimchurch, Ruckinge et Romney, qui devoient servir de base à son travail, il conserva Ruckinge pour le point d'*alignement* de la grande base, et varia la position de l'autre extrémité du côté de la mer de maniere à rencontrer le moins d'obstacles possible entre les deux extrémités. On verra, à l'inspection de ce plan ( planche 2 ), qui comprend une largeur de deux milles, savoir un mille de chaque côté de la base, qu'outre les nombreux fossés dont la plaine étoit entrecoupée, et qu'il étoit impossible d'éviter, il y avoit presque dans chaque champ une mare pour abreuver les bestiaux, qui étoit souvent très profonde. Cependant M. Fiddes a mis tant de soin dans la levée de son plan, qu'il a pu, après avoir essayé plusieurs alignements, diriger une ligne partant de High-nook sur le rivage de Dimchurch, et aboutissant à la petite fleche de l'église de Ruckinge, sur une longueur d'environ six milles, sans rencontrer aucune mare ni aucun obstacle de conséquence. Il a poussé le scrupule jusqu'à déterminer la position des arbres avec tant d'exactitude, qu'en traçant sa ligne avec la lunette, il les a tous évités, à l'exception de quelques légeres broussailles. C'est, je pense, un exemple de précision qu'on peut à peine égaler.

ART. VI.

### Tuyaux extrémes enfoncés dans le terrain.

On a enfoncé des tuyaux dans le terrain, avec la permission des propriétaires, aux extrémités de la base, et un autre au sommet d'Allington ; ce dernier point formant, avec l'église de Lydd (*), le côté d'un des grands triangles dépendants de la base de Hounslow-heath, et qui devoit être le premier vérifié par la mesure de la nouvelle base. Chaque champ est environné d'un fossé ; la vase et la terre provenant du curement de ces fossés étant jetées de chaque côté, y forment des digues. Il a été nécessaire, pour que la mesure se fît, autant qu'il est possible, dans le même plan, c'est-à-dire à environ quinze ou dix-huit pieds au-dessus de la commune surface, de pratiquer de petites ouvertures dans ces digues, ce à quoi les différents fermiers ont consenti promptement et sans murmurer. C'est ici le lieu d'observer qu'on n'a pas eu besoin de faire de nivellement de la base ; car Romney-marsh ayant été anciennement couvert par la mer, et une partie considérable de sa surface étant, particulièrement dans le fond de la rangée de collines qui le sépare des forêts du Kent, plus basse que les hautes mers, en seroit encore submergé, si on n'employoit pas chaque année beaucoup de soins et de dépenses à réparer les digues qui le garantissent. Ainsi la direction de la base peut être considérée comme un plan incliné s'abaissant graduellement d'environ cinq pieds depuis la bouche du tuyau de High-nook jusqu'à 246 verges de l'autre extrémité à Ruckinge où le terrain semble être le plus bas dans cette direction ; de là il s'élève avec rapidité d'environ quinze pieds jusqu'à la bouche du tuyau situé dans un petit champ contigu au cimetiere de l'église de Ruckinge.

ART. VII.

*Résultat de la mesure.*

Le lieutenant Fiddes, dans le cours de ses opérations trigonométriques, et de différentes mesures qu'il avoit faites avec une chaîne ordinaire, comparée de temps à autre avec un éta-

---

(*) On s'appercevra que plusieurs noms de lieu different dans leur orthographe des mêmes noms écrits dans le projet d'opération fait en 1787. Cette différence vient de ce que j'ai eu de meilleures informations que je n'en avois alors. M. Cobb, de Lydde, homme instruit et fort au fait du local, a eu la bonté de me communiquer une carte manuscrite de la plaine, qu'il avoit dressée d'après plusieurs plans, et où tant les noms et les limites des mares, que d'autres particularités curieuses, étoient très bien représentés. Notre plan de la base a eu l'avantage de se trouver conforme à une autorité aussi respectable.

lon d'acier, avoit, avant le commencement de l'opération finale, déterminé, à peu de pieds près, la longueur de la base. Il avoit aussi enfoncé dans le terrain, à l'extrémité de chaque mille pieds, de forts piquets, qui étoient numérotés 1, 2, 3, 4, etc., depuis le tuyau de High-noox jusqu'au 28ᵉ piquet près de Ruckinge. Il n'a eu, pour l'aider dans tout ce travail préparatoire, que les soldats de l'artillerie qui l'accompagnoient. Mais, lorsqu'on en est venu à la mesure ultérieure, il a été absolument nécessaire de lui donner quelqu'un en qui il pût se fier pour la conduite générale de l'opération, et qui fût capable d'ajuster l'échelle à une extrémité de la chaîne tandis qu'il l'ajustoit à l'autre. On lui laissa en conséquence, pour ce travail important, le lieutenant Bryce, du corps royal d'artillerie ( actuellement celui des ingénieurs ), officier très soigneux et excellent mathématicien. Ils commencerent tous deux l'opération le 15 octobre ; et, après bien des obstacles, provenant, soit du mauvais temps qui regne dans cette saison de l'année, soit de l'imperfection de l'appareil, ce ne fut qu'après un excès de travail et la plus grande persévérance qu'ils purent finir la mesure le 4 décembre suivant.

La table de la base, qu'on trouvera ci-après, contient cinq colonnes, et fait voir, jour par jour, les progrès de l'ouvrage. Les dates occupent la premiere colonne ; la seconde offre les espaces mesurés chaque jour, évalués en centaines de verges, et désignés par des traits forts dans le plan général ; la troisieme contient la température de la chaîne déduite de l'observation de quinze thermometres pour chaque longueur de chaîne ; dans la quatrieme sont les différences, par excès ou par défaut, de 62 degrés de Fahrenheit à la température observée ; enfin la cinquieme montre les corrections relatives à ces différences, qui sont additives aux longueurs apparentes lorsqu'elles sont affectées du signe +, et soustractives lorsqu'elles sont affectées du signe —.

|  | Pieds. | Pouc. |
|---|---|---|
| On voit, à l'inspection de la table, que la longueur apparente totale de la base, donnée directement par la chaîne d'acier, étoit de 9512,2454 verges, qui, réduites en pieds, donnent . . . . . . . . . . . . . . . . . . . . . . . . . | 28536 | 8,835 |
| Mais lorsque les nouveaux points, distants de 25 pieds l'un de l'autre, furent reportés sur la | 28536 | 8,835 |

Pieds. Pouc.
28536  8,835

chaîne dans l'attelier de M. Ramsden, d'après les points originaux marqués sur la planche de sapin de la Nouvelle-Angleterre, la température étoit à 55°, c'est-à-dire 7° au-dessous de 62° : d'après cela, la contraction de la chaîne, pour un degré de Fahrenheit, étant de 0,00763 pouces, ce nombre multiplié par 7° × 285,37 chaînes, donne un produit de 15,242 pouces ; et c'est la réduction due à la contraction totale au-dessous de 62° qu'il faut retrancher de la longueur apparente, et qui, en pieds, donne. . . . . . .  $\qquad$ 1  3,242

Il faut encore diminuer la longueur apparente de l'excès des corrections qui ont le signe — sur celles qui ont le signe + dans la Table. La température de la chaîne, lorsqu'on l'a appliquée à la mesure, s'est trouvée si fort au-dessous de 62°, que la longueur apparente est trop longue de 30,65 pouces, ou de. . . . . . . . . .  2  6,65

Enfin on doit déduire de la longueur apparente la réduction des deux longueurs inclinées mesurées à l'extrémité de la base, à Ruckinge, où le terrain s'élève tout-à-coup de 15 pieds au-dessus de la partie la plus basse, ce qui donne .  0  3,023

La somme des trois réductions à retrancher de la longueur apparente est de. . . . . . . .

Pieds. Pouc.
4  0,915

Et conséquemment il reste pour la longueur de la base . . . . . . . . . . . . . . . . . . 28532  7,92

Mais, lorsque la chaîne a été ajustée dans l'attelier de M. Ramsden, la température étoit de 55°, comme on l'a dit ci-dessus : elle fut ensuite transportée dans le cimetiere de l'église de Saint-James ; et on enfonça dans les dalles ou tablettes du mur du cimetiere deux clous de cuivre, dont la distance centrale représentoit exactement la longueur de la chaîne, et pouvoit servir de moyen de comparaison à l'avenir : la température étoit alors montée à 55° ½. Lorsque la mesure de Romney-marsh a été achevée, on a étendu la

28532  7,92

Pieds.    pouc.<br>
28532    7,92

chaîne sur les tablettes du mur, à la température
de 39°; et sa longueur s'est trouvée plus courte
de 0,103 pouce, que la distance entre les points
marqués sur les clous de cuivre. Maintenant,
55°,5 — 39° = 16°,5 et 16°,5×0,00763 = 0,126
pouces; ensuite 0,126 — 0,103 = 0,023 pouce; et
c'est la quantité dont la chaîne s'est alongée pendant une opération qui a duré plus de 6 semaines:
la moitié de cet alongement, savoir 0,0115, multipliée par 285,37 chaînes, donne 3,282 pouces;
et c'est la correction additive à la longueur de la
base pour l'altération de la chaîne pendant l'o-
pération, ci . . . . . . . . . . . . . . . . . . . . . . . . . .       0    3,282

28532    11,202

Ainsi la longueur précédente devient enfin la
base, ayant été mesurée à 15½ pieds au-dessus du
moyen niveau de la mer, lequel étant supposé,
à High-nook, être de 6 pieds 8 pouces plus haut
que les basses eaux d'équinoxe, doit subir une
réduction soustractive de. . . . . . . . . . . . . .       0    0,166

Et il reste pour la longueur ultérieure de la
base de vérification, à la température de 62° du
thermometre de Fahreinheit, qui est celle à laquelle on a réduit la base de Hounslow-heath. .   28532   11,036

Ce qui donne, en pieds, 28532,92 pieds.

ART. VIII.

*Remarques sur l'exactitude comparative des deux bases.*

Quand on considere l'exactitude de la mesure de cette base
avec celle mesurée à Hounslow-heath en 1784, et les peines et
les soins infinis qu'on s'est donnés pour l'une et pour l'autre,
il est difficile de décider laquelle mérite la préférence. La dilatation du verre étant beaucoup plus petite que celle de l'acier,
si on avoit pu se servir de verges de verre d'une longueur
égale à celle de la chaîne, alors, autant que cette circonstance
peut influer sur le résultat, la mesure faite avec de pareilles verges auroit sans doute mérité la préférence sur celle faite avec la

chaîne. Mais quand on considere que la dilatation de l'acier a été mesurée au moyen du pyrometre avec le même soin que celle du verre, que l'altération de la chaîne, après un usage de six semaines, est aussi petite que nous l'avons fait voir plus haut, qu'on s'en est servi dans des caisses, et que les extrémités des longueurs successives étoient reportées sur des échelles de cuivre fixées au haut de poteaux immobiles ; enfin que, dans le cas dont il s'agit, les erreurs dues à l'observation des coïncidences ne sont que la cinquieme partie de celles dues à la mesure faite avec des verges de verre de vingt pieds , tous ces motifs semblent devoir faire donner la préférence à la mesure faite avec la chaîne d'acier, en supposant que l'une et l'autre aient été également affectées par l'erreur en excès provenant du défaut d'alignement, soit horizontal, soit vertical.

Pour prouver combien la dilatation de la chaîne a été exactement déterminée, je terminerai cette section par une observation souvent répétée par les deux officiers auxquels on avoit confié l'exécution de la derniere mesure. A la fin du travail de chaque jour, on laissoit jusqu'au lendemain, sur leurs poteaux respectifs, les échelles de cuivre qui marquoient les extrémités de la derniere chaîne, après avoir enregistré les divisions de coïncidence ; on les garantissoit pendant la nuit des insultes des bestiaux au moyen d'un certain nombre de poteaux de réserve qu'on enfonçoit tout à l'entour; une tente étoit dressée entre les deux, où couchoient quelques hommes pour garder tout l'appareil. Lorsque les opérations recommençoient le lendemain matin, la chaîne étoit de nouveau tendue d'une échelle à l'autre ; et si la température étoit la même, les coïncidences se trouvoient exactement comme elles avoient été la veille ; mais si la température avoit varié d'un ou deux degrés, la chaîne ne manquoit jamais de l'indiquer en devenant plus courte ou plus longue que l'intervalle entre les divisions des échelles, selon que le froid avoit augmenté ou diminué.

Je finirai ce que j'ai à dire sur la comparaison des deux bases, par observer que la base de vérification à Romney-marsh fait avec le méridien passant par l'extrémité de High-nook, un angle de $54° 28' 56''\frac{1}{2}$ vers le nord-ouest, et que la base de Hounslow-heath fait, avec le méridien passant par l'extrémité de Hampton Poor-house, un angle de $44° 41' 49''$, aussi vers le nord-ouest.

# SECONDE SECTION.

Description générale du grand instrument avec lequel on a relevé les angles dans les nouvelles opérations trigonométriques, avec ses différents ajustements pour la pratique. Voyez la vue générale de toute la machine dans la planche 3 ; un plan et deux coupes dans la planche 4 ; différentes parties rapportées sur de grandes échelles dans la planche 5 ; enfin les microscopes et les objectifs dans la planche 6.

## ARTICLE PREMIER.

### *Préambule.*

En entreprenant de décrire l'instrument curieux dont on s'est servi pour relever les angles dans les nouvelles opérations trigonométriques, j'ai pensé qu'il falloit éviter les détails minutieux, et me borner seulement aux principales parties. C'auroit été un travail trop fastidieux de décrire le nombre infini de petites vis qui servent à unir les différentes pieces pour en former une machine unique, ce qui auroit exigé une multitude de lettres de renvoi ou de grands et petits caracteres grecs et romains. Les quatre planches auxquelles cette description se rapporte, et qui ont été faites avec grand soin, serviront beaucoup à abréger le discours ; et j'espere que l'instrument sera très bien connu par les deux classes de lecteurs pour lesquelles il est principalement destiné ; savoir ceux qui, ayant un pareil instrument, voudroient apprendre à s'en servir, et les artistes qui desireroient en construire un semblable. On a désigné, en faveur de ces derniers, toutes les pieces qui sont de cuivre, de métal de cloche, ou d'acier. Il est nécessaire d'observer ici que, dans le cours de cette description, non seulement il faut souvent consulter les planches, mais les considérer attentivement, et ne pas se lasser de les comparer l'une avec l'autre.

**A R T.   II.**

*Vue générale de l'instrument.*

Cet instrument est un cercle de cuivre de trois pieds de dia·
metre, et peut s'appeler un grand théodolite extrêmement
perfectionné; il a l'avantage particulier, que n'ont pas les théo-
dolites ordinaires, de donner un moyen de régler exactement
la lunette des passages ou lunette supérieure par son inversion
sur les supports; c'est-à-dire qu'on peut la tourner sens dessus
dessous de la même maniere que les instruments des passages,
dans les observatoires fixes.

Le cercle est attaché par dix tubes coniques, formant autant de rayons, à un grand axe creux, conique et vertical,
qu'on peut appeler l'axe extérieur, et qui a 24 pouces de hauteur. Cet axe creux est garni intérieurement, à sa partie inférieure, d'un fort collier d'acier fondu; et on a introduit à
sa partie supérieure une piece épaisse de métal de cloche,
percée d'un trou, en partie cylindrique et évasé à sa partie
inférieure, et pouvant s'abaisser et s'élever un peu au moyen
de cinq vis.

L'instrument est supporté par trois pieds, qui sont solidement unis l'un à l'autre à l'endroit de leur embranchement
par une forte plaque circulaire de métal de cloche, sur laquelle
s'éleve un second cône creux, vertical, de moindre dimension
que le précédent, dans lequel il est renfermé; ce qui lui fait
donner le nom d'axe intérieur. Cet axe est surmonté par un
pivot d'acier fondu, dont la surface est en partie cylindrique et
en partie conique, et qui s'ajuste exactement dans la piece de
métal de cloche correspondante de l'axe extérieur. La base
de métal de cloche de l'axe intérieur est aussi disposée pour
entrer très juste dans le collier d'acier fondu placé au bas de
l'axe extérieur. Au moyen de cette disposition, deux hommes
élevent le cercle en le tenant par ses rayons : alors, l'axe extérieur étant placé sur l'intérieur et le pivot supérieur ajusté, le
cercle tourne d'un mouvement très doux et parfaitement ou
au moins sensiblement exempt d'aucun ressaut central. Cet
instrument semble n'avoir pas souffert la moindre altération
après deux ans d'usage. C'est peut-être le seul genre de construction qui convenoit à une machine d'une semblable grandeur, pour la rendre propre à être transportée au loin, et à

être élevée à de grandes hauteurs sans courir le risque d'être endommagée.

ART. III.

### *Plateaux de bois de mahoga placés sous l'instrument.*

On voit, à l'inspection des planches, particulièrement de la 3ᵉ, et de la coupe placée à la droite de la 5ᵉ, qu'il y a trois plateaux de mahoga sous les parties métalliques de l'instrument; savoir, celui qui compose le dessus du support, formant un quarré vers le fond d'environ 3 pieds quatre pouces, qui dégénere, par la séparation des pieds, en octogone à la partie supérieure : il est percé au centre d'un trou circulaire de neuf pouces de diametre, dont on verra bientôt l'usage : au-dessus du support est un autre plateau de mahoga, aussi octogone et d'une dimension un peu plus grande que le précédent : ce plateau porte une bande circulaire qui circonscrit sa face supérieure, laissant en dehors une largeur d'environ un demi-pouce jusqu'aux faces latérales. Au centre de cet octogone est attachée une piece percée, de cuivre, dont le trou est conique, de trois pouces de diametre moyen; et sur quatre de ses côtés opposés sont fixées de fortes vis de cuivre, une à chaque côté: ces vis pressant des pieces de cuivre incrustées dans les faces correspondantes de la partie supérieure du support, le plan octogone et tout ce qui est au-dessus peut ainsi être mis selon quatre directions rectangulaires, jusqu'à ce que l'à-plomb suspendu au centre de l'instrument coïncide exactement avec le point que marque le centre de la station. Le troisieme plateau ou le plateau supérieur de mahoga, peut, dans le fait, être censé une partie de l'instrument même, lui étant toujours uni, soit par des vis, soit autrement, et ayant des mains ou anneaux au moyen desquels on peut sortir l'instrument de sa boîte, ou l'y remettre lorsqu'on veut le transporter quelque part. Au milieu de ce plateau, qui forme le fond de l'instrument, est une piece de cuivre creusée en cône, de trois pouces un quart de diametre, disposée pour s'emboîter et pour tourner aisément sur la piece correspondante qui est au centre du plateau inférieur. La plaque qui recouvre cette espece de douille est percée d'un petit trou placé au centre de l'instrument, par où passe le fil de métal auquel l'à-plomb est suspendu. On voit, dans la planche 3, une autre petite boîte dans laquelle une extrémité du fil vient s'enrouler autour d'une petite bobine qu'on tourne

au moyen d'un manche, pour élever ou abaisser l'à-plomb,
selon que l'exige la hauteur de l'instrument au-dessus du terrain ou du plancher sur lequel il est posé.

## ART. IV.

### *Pieds à vis pour mettre l'instrument de niveau.*

L'élévation de face, placée à l'angle supérieur de la partie
à la droite de la 5ᵉ planche, qui représente les pieds à vis avec
leurs écrous latéraux, fait voir ces écrous lâchés ou dévis-
sés : il est nécessaire qu'ils soient dans cet état avant que l'instrument soit mis de niveau, afin de laisser le jeu suffisant
pour pouvoir l'y mettre par le moyen des vis à caler. Lorsque l'instrument est de niveau, on serre les écrous jusqu'à ce
qu'ils appuient doucement sur la plaque horizontale qui embrasse tout le groupe ; et alors l'instrument reste dans le
même état que s'il étoit uni au plateau de mahoga, jusqu'à
ce qu'on ait besoin de le caler de nouveau. Lorsque l'instrument doit être mis dans sa boîte, on abaisse les pieds, et, au
moyen des écrous latéraux, on comprime fortement la plaque
horizontale contre le groupe total, qui se trouve par là entièrement exempt de tout mouvement dans le transport d'un lieu
dans un autre.

## ART. V.

### *Poulies de buis et rouleaux contigus placés au-dessous des pieds à vis.*

On voit, par la planche 5, qu'immédiatement au-dessous de
chaque piece et à la surface inférieure du plateau de mahoga,
on a fixé une petite poulie de buis courbée dans la direction
de son mouvement. Tout le poids de l'instrument porte sur
ces trois poulies, au moyen desquelles il peut se mouvoir cir-
culairement. Mais, pour rendre le mouvement parfaitement
doux, on a employé trois rouleaux coniques, placés un peu
plus près du centre, et qui, par le moyen des ressorts et des
vis servant de régulateurs, peuvent supporter la quantité du
poids total dont on juge à propos de les charger. On voit en
D, tant sur la vue principale de l'instrument, planche 3, que
dans le plan et la coupe planche 5, la tête d'une de ces vis
destinée à régler la pression des rouleaux.

## ART. VI.

### *Vis servant à mouvoir tout l'instrument.*

En examinant attentivement la vue générale de l'instrument, on voit la grande vis à tête plate d'ivoire, destinée à donner un mouvement circulaire à toute la machine, mise en deux positions différentes. Dans l'une elle est attachée à la courbe, et on s'en est servi de cette sorte en 1787 ; dans l'autre elle est fixée sur le plateau de mahoga, comme elle l'étoit la même année chaque fois qu'on changeoit l'instrument de situation. Mais comme nous avons éprouvé que cette maniere de mouvoir un aussi grand fardeau occasionnoit des sacades, et faisoit éprouver des difficultés pour diriger l'instrument sur un point fixe, comme le seroit celui servant de point de départ pour la mesure d'un angle, nous y avons renoncé en 1788, et nous avons employé un autre appareil remplissant le même objet. On voit, à la droite de la planche 5, cet appareil fixé aux deux courbes; il consiste en une piece de cuivre attachée à la courbe de l'instrument et saillante hors de cette courbe : la partie saillante est pressée entre deux vis qui agissent en sens opposés, et qui sont fixées à la courbe établie sur le plateau hexagone.

## ART. VII.

### *Balustrade et couvercle de mahoga.*

La courbe sur laquelle les trois pieds de l'instrument sont posés porte une balustrade de mahoga disposée pour recevoir un couvercle aussi de mahoga, qui n'est représentée que dans les deux coupes de la planche 4. Ce couvercle est percé de quatre petites ouvertures (indépendamment de celle à travers laquelle passe le grand axe vertical), savoir une pour chaque microscope vertical, une pour passer la clef de la vis de pression, et l'autre pour la piece qui communique le mouvement à la vis de rappel. Les deux dernieres sont plus petites que les premieres. Le couvercle sert à entretenir la propreté du cercle, à le garantir d'accidents : on y pose, comme sur une table, soit le manche fourchu qui fait tourner la vis de rappel, soit toute autre chose qu'on a besoin d'avoir constamment sous la main ; enfin son principal usage est de supporter

les

les lanternes dont on se sert la nuit pour voir les divisions du limbe de l'instrument qui se trouvent au-dessous des microscopes verticaux.

ART. VIII.

*Lunettes achromatiques.*

L'instrument est muni de deux lunettes, chacune de 36 pouces de longueur focale, à objectifs doubles de 2½ pouces d'ouverture. Elles sont excellentes dans leur espece, et fournies d'oculaires propres à donner différents grossissements, et à faire voir les objets soit droits soit renversés. La lunette inférieure est placée exactement sous le centre de l'instrument et dirigée à travers une des ouvertures de la balustrade. Comme cette derniere n'est destinée que pour les objets terrestres, elle n'a besoin que d'une élévation ou d'un abaissement médiocre, et il a été suffisant de la supporter par un axe de 17 pouces de longueur attaché aux pieds de l'instrument. Le côté de l'oculaire a été fait, à dessein, plus pesant que celui de l'objectif : il est supporté par une branche horizontale, qu'on abaisse ou qu'on éleve par le moyen d'un rappel à cremaillere ; au moyen de quoi la lunette est aisément pointée et reste constamment sur un objet. Le rappel à cremaillere se voit dans la vue perspective de l'instrument et dans la partie gauche de la coupe qui est à droite de la planche 4. On peut donner un petit mouvement horizontal à une des extrémités de l'axe de cette lunette par le moyen d'une clef qu'on introduit à travers les vuides de la balustrade, et qui s'applique à un rappel placé en E, qu'on ne voit point dans la planche. L'instrument étant mis de niveau et le télescope supérieur sur zéro et sur l'objet, le télescope inférieur est amené, au moyen de son ajustement, exactement sur le même objet qu'on suppose être le point de départ pour la mesure d'un angle.

On voit, dans les planches 3 et 4, et dans la coupe qui est au côté gauche de la planche 5, une barre horizontale, qui traverse la partie supérieure de l'axe vertical, et qui est supportée par deux pieces inclinées partant du cône qui enveloppe cet axe, auquel elles sont attachées à environ un tiers de sa hauteur au-dessus du plan du cercle. Cette barre porte les fourches ou supports dans lesquels se meuvent les pivots de la lunette supérieure. Ces supports sont assez hauts pour laisser un mouvement libre à un demi-cercle de six pouces de rayon, atta-

D

ché à l'axe de la lunette, qui peut ainsi être dirigée sur le soleil ou sur une étoile élevée, sans néanmoins pouvoir être pointée au zénith. Il y a quelques divisions de plus que celles qu'admet la demi-circonférence, qui servent à mesurer les angles de dépression.

**A R T.  I X.**

*Niveaux à bulle d'air.*

L'instrument a deux excellents niveaux à bulle d'air, avec tout ce qui est nécessaire et ordinairement en usage pour les régler et les ajuster, et dont il seroit superflu de donner le détail. Le premier niveau se nomme *niveau de l'axe*, parcequ'il est employé à rendre l'axe de la lunette horizontal à la maniere ordinaire des instruments des passages; il sert aussi à rendre l'axe conique parfaitement vertical, de maniere que l'instrument puisse faire un tour entier sans que la bulle se dérange sensiblement; et cette préparation est nécessaire pour les observations de l'étoile polaire ou des autres corps célestes.

Le second niveau, qu'on nomme *niveau d'élévation*, est celui au moyen duquel on rend la lunette horizontale lorsqu'on veut prendre des angles d'élévation ou de dépression. On le suspend pour cela à une verge attachée à côté de la lunette, à laquelle on peut rendre l'axe optique parallele, au moyen d'un ajustement qu'on concevra aisément en examinant les détails de la coupe qui est à droite de la quatrieme planche.

Lorsqu'on n'a à déterminer que de petits angles d'élévation ou de dépression, on les mesure par la marche d'un fil horizontal qui est au foyer de l'oculaire; mais quand ces angles sont grands, on les évalue par le mouvement du demi-cercle, dont la quantité se connoît par le moyen d'un microscope horizontal.

On s'est servi du niveau d'élévation pour rendre l'instrument horizontal lorsqu'on ne vouloit que prendre les angles à l'horizon: pour cela on le suspendoit à deux chevilles qu'on voit dans la planche 4 saillir hors de la barre horizontale, une d'entre elles paroissant dans chaque coupe de la même planche. C'étoit la position ordinaire du niveau d'élévation lorsqu'on observoit les angles des triangles, au moyen de quoi on pouvoit aisément s'appercevoir, dans le cours de l'opération, si l'instrument avoit éprouvé quelques dérangements qui exigeassent qu'on le réglât de nouveau.

**A R T.   X.**

*Lanternes pour éclairer les fils.*

L'axe qui supporte la lunette supérieure est creux, et on a placé dans son milieu un réfléchisseur, incliné de 45° sur l'axe optique, et percé d'un trou elliptique : ce réfléchisseur sert à éclairer les fils lors des observations nocturnes. La lumiere est fournie par une petite lanterne attachée à la jonction de la barre horizontale avec ses supports inférieurs, et placée précisément à l'extrémité de l'axe, qui est bouché par un morceau de glace mince, pour empêcher la fumée d'y entrer. Il y a une lanterne pareille pour la lunette inférieure, qui n'est pas représentée dans la planche. Comme la lumiere fournie par ces lanternes étoit souvent trop foible, sur-tout pour la lunette supérieure, on éclairoit ordinairement les fils en appliquant avec la main une de celles qui sont représentées dans la planche 4, contre l'extrémité de l'axe de la lunette supérieure, lorsqu'elle étoit dirigée sur l'étoile polaire. On les présentoit aussi obliquement contre l'objectif de la lunette inférieure, lorsqu'il étoit nécessaire de vérifier si les fils restoient constamment sur un signal à réverbere, ordinairement placé à 12 ou 15 milles de distance, et quelquefois même à 20 ou 24 milles.

**A R T.   X I.**

*Lanternes pour éclairer les divisions de l'instrument.*

Outre les petites lanternes qui servoient à éclairer les fils des lunettes dans les observations de nuit, on en voit deux grandes, dont on a parlé plus haut, placées sur le couvercle de mahoga, et représentées dans la coupe de la planche 4 ; on s'en servoit pour voir les divisions de l'instrument sous les microscopes verticaux. L'une d'elles est vue de face, et on voit par derriere celle à laquelle est attachée la piece qui communique le mouvement à la vis de rappel. Leurs côtés étroits regardent les microscopes : il y a dans chacune un réfléchisseur FF de cuivre argenté, à l'opposé duquel est en GG une feuille de talc ou de papier huilé. La lumiere d'une bougie frappant sur le réfléchisseur vient traverser la feuille transparente ; et les divisions de l'instrument se trouvant ainsi éclairées sous la

D ij

microscope, on peut facilement les voir et les écrire. La lumiere, ainsi communiquée, est très vive ; mais sa trop grande force, qui pourroit fatiguer l'œil, est adoucie par son passage au travers de la feuille transparente.

A R T.  XII.

*Branches partant de la plaque de métal de cloche qui est sous le plan de l'instrument.*

Les planches 3 et 4, sur-tout la derniere, offrent trois branches plates, fortement attachées par des vis au rebord de la plaque circulaire de métal de cloche, qui forme, comme on l'a déja dit, la base de l'axe intérieur vertical. Ces branches, qui sont aussi solidement attachées au pied de l'instrument, sont inclinées du centre à la circonférence du cercle, dont elles excedent le rayon d'environ un pouce un quart, et leurs extrémités sont d'environ un pouce plus basses que sa surface supérieure. Une de ces branches, placée directement au-dessus d'un des pieds, est celle à laquelle sont attachées les roues dentées et la vis de rappel, ainsi que la piece de pression qui sert à fixer le cercle, comme on peut voir dans la planche 5 ; les deux autres branches, dont l'une est aussi placée au-dessus d'un des pieds et l'autre dans la direction opposée, se trouvent par là dans la direction d'un diametre du cercle. Leurs extrémités, terminées en forme angulaire tronquée, sont les bases des piédestaux qui supportent les microscopes verticaux, que nous décrirons ci-après. Les branches, ainsi que la barre horizontale et les pieces qui supportent la lunette supérieure, sont percées de plusieurs trous, afin de diminuer leur poids sans les affoiblir.

A R T.  XIII.

*Microscopes verticaux.*

Les microscopes verticaux, désignés par A et B, ont servi à lire les divisions aux deux extrémités d'un diametre du cercle. Ils sont tous deux de la même construction, et les principales parties du miscroscope A sont représentées dans leurs dimensions réelles à la gauche de la planche 6. On y voit, outre le plan général, le plan particulier des pieces à coulisse et celui de la languette ou lame d'or avec son axe, et les vis pour l'ajuster. On

voit, à côté de ce plan, l'élévation générale et les lignes opti-
ques qui offrent la position des verres au-dessous desquels
est l'échelle amplifiée.

Chaque microscope contient deux pieces à coulisse, placées
immédiatement l'une au-dessus de l'autre, et dont les surfaces
contiguës sont au foyer de l'oculaire. Celle de dessus, ou la plus
près de l'œil, est une plaque de cuivre très mince, à la face
de laquelle est attaché un fil fixe, qui n'a d'autre mouvement
que celui nécessaire pour l'ajuster à son point au moyen d'une
vis placée à gauche, comme on l'expliquera ci-après.

La coulisse d'acier, immédiatement au-dessous de la précédente, est formée d'une seule piece, dont l'épaisseur est assez grande pour qu'on y trouve la matiere d'une vis de micrometre d'environ 72 filets par pouce. Sa surface supérieure porte
un fil mobile qui change de place par le mouvement de l'é-
crou, ou de la tête du micrometre qu'on voit à droite dans le
plan et l'élévation. Cette tête est divisée en 60 parties égales,
dont chacune représente une seconde du mouvement angulaire de la lunette. En examinant le plan particulier de la coulisse d'acier, on verra qu'elle est attachée par une chaîne à
un ressort de montre enroulé, à la maniere ordinaire, dans
un petit barillet attaché au chassis. Au moyen de cette précaution il n'y a pas de temps perdu ; le plus petit mouvement de
l'écrou ou tête de la vis se manifeste aussitôt dans le champ
du microscope par un mouvement proportionnel du fil, soit
à droite soit à gauche.

Il est nécessaire de remarquer que tout le microscope peut
être un peu plus élevé ou abaissé, relativement au plan du
cercle, entre les piliers qui le supportent, au moyen de deux
leviers d'acier qu'on voit de chaque côté de l'élévation, et qui
sont, pour cet effet, appliqués à des trous qu'on voit au-dessus
et au-dessous de la plaque qui unit les sommets des piliers.
Ce mouvement sert à procurer de la distinction vers les fils : en
tournant ensuite la vis qui meut l'objectif, ce qui devient nécessaire lorsqu'on a élevé ou abaissé tout le microscope, on
ajuste l'échelle de maniere que quinze révolutions du micrometre fassent parcourir au fil 15 minutes ou une grande division du limbe égale à 900 secondes, le cercle n'étant divisé
qu'en quarts de degré. Cette opération étant délicate exige
une grande patience et des essais réitérés pour parvenir à son
but, même d'une maniere approchée ; car, lorsque le fil fixe
coupe un point de la languette ou lame d'or, le fil mobile doit

couper et le point de 180° sur le limbe, et en même temps
la premiere entaille de l'échelle amplifiée qui est au bas de la
planche, où les minutes, dans le champ du microscope, sont
représentées dans la proportion de 50 ou 60 à un, avec l'i-
mage qui se formeroit dans l'œil de l'observateur. Il y a encore
une autre attention à avoir dans cet arrangement, savoir que
le n°. 60 de la tête du micrometre soit à-peu-près le point le
plus élevé, afin d'être vu plus commodément. Quelques secondes d'inclinaison d'un côté ou de l'autre sont de peu de
considération, parcequ'on amene l'index à cette position, quelle
qu'elle puisse être, et qu'il y reste toujours fixé, à moins que
quelques dérangements, que l'instrument peut éprouver lorsqu'on le transporte d'un lieu dans un autre, ne rendent un nouvel ajustement nécessaire. Mais si, lorsque les fils coïncident
avec leurs points respectifs et avec la premiere entaille, le
n°. 60 du micrometre se trouve trop bas ou trop loin du sommet pour être vu facilement, alors il faut un peu faire mouvoir la languette d'or par le moyen de deux vis à têtes percées,
qui agissent en sens contraire à chaque extrémité de son axe.
De cette maniere et après des essais réitérés, on parviendra
enfin à placer l'index de maniere qu'il puisse être vu facilement. Il ne faut pas s'attendre que chaque microscope donne
900 secondes justes dans la course de 15 minutes; on ne pourroit atteindre à cette précision qu'avec une grande perte de
temps; et, outre cela, deux observateurs qui auroient des vues
différentes, ajusteroient différemment les microscopes. En
1787, après plusieurs essais de la course qui mesuroit 15 minutes sur différentes parties du limbe, on trouva que le microscope A donnoit seulement 896″, pendant que B donnoit,
valeur moyenne, 901″. En 1788 le microscope A donnoit 900″,
et B seulement 894″. On a pris note de ces différences, et on
y a eu égard dans l'évaluation des angles; au moyen de quoi
leur influence est presque entièrement détruite.

La languette ou lame d'or, qui est extrêmement mince, s'applique très exactement sur la surface du cercle. On suppose,
dans le plan, qu'elle est vue à travers une mince plaque de
cuivre, qui couvre tout le piédestal, et aussi à travers une petite
plaque quarrée, placée au-dessus, et qui y est attachée au
moyen de trois vis. Il y a une cavité à la face inférieure de ce
petit quarré, pour la partie saillante de la languette. On a eu
pour objet, en plaçant cette languette avec son point de repere, de se garantir des erreurs occasionnées par les mouve-

ments accidentels de l'instrument entre une observation et une autre, et de pouvoir, au moyen d'une telle précaution, les découvrir sur-le-champ; car les fils étant ajustés sur les points respectivement placés au-dessous des microscopes, si on fait parcourir 180° à l'instrument, ces fils doivent réciproquement couper les points qui leur étoient d'abord opposés, ce qui prouve qu'ils sont exactement dans le diametre du cercle, et de même pour d'autres points quelconques. Cette épreuve est la plus rigoureuse qu'on puisse employer pour éprouver la justesse de l'instrument.

A R T.   X I V.

*Maniere de lire les angles avec les microscopes.*

On voit, à l'aspect de l'échelle amplifiée, représentée au bas de la planche, que la languette d'or qui est placée dans une situation inverse, est à environ une minute de distance à la gauche du zéro et de la premiere entaille avec laquelle le fil mobile doit seul coïncider. Maintenant on concevra aisément, d'après la description précédente, avec quelle exactitude et quelle promptitude on peut lire un angle observé sur un pareil instrument; car les degrés et quarts de degré, c'est-à-dire les divisions de 15′, 30′ et 45′, pouvant être observées et enregistrées à la simple vue, on mesure l'espace fractionnaire compris entre zéro et la derniere grande division qui a passé, et qu'on voit dans le champ du microscope en tournant le micrometre jusqu'à ce que le fil mobile coupe le point de cette grande division. Le nombre d'entailles parcourues à droite sur l'échelle, qui répondent à autant de révolutions du micrometre, donnent le nombre de minutes additionnelles, qui est toujours moindre que 15. S'il n'y a pas de secondes à ajouter, l'index s'arrêtera sur le n°. 60 de la tête; mais s'il y en a, l'index les indiquera par la division de la tête du micrometre à laquelle il correspondra. En ajoutant toutes ces mesures ensemble on aura la valeur complete de l'angle.

Je me suis étendu sur la construction, l'ajustement et l'usage de ces microscopes verticaux, parcequ'ils forment une partie essentielle de l'instrument : en effet, le fil fixe restant toujours sur son point, l'espace fractionnaire peut être mesuré plusieurs fois, et on prend un résultat moyen. Mais il arrive rarement que, dès la premiere fois, deux observateurs appliqués à chaque microscope different de plus d'une demi-seconde. On voit

quel étonnant degré de précision doit avoir la **mesure** des angles lorsque le temps et la saison permettent de répéter l'observation avec les lunettes.

ART. XV.

### *Microscope horizontal.*

Outre les deux microscopes verticaux dont nous venons de
donner l'usage pour mesurer les fractions de degré des angles
horizontaux, nous en avons encore un autre à décrire, qui
est placé horizontalement sur la barre servant de support à la
lunette supérieure, et pointé sur les divisions du demi-cercle
attaché à l'axe de cette lunette, pour mesurer, ainsi qu'on l'a
déja dit, les angles d'élévation et de dépression. Ce microscope
est de la même construction que les autres, mais d'une plus
grande dimension, ayant plus de 9 pouces de longueur, et il
est représenté de grandeur naturelle dans la planche 6. Il a,
comme les précédents, une coulisse d'acier assez épaisse pour
que la vis du micrometre puisse être faite de la matiere même
de cette coulisse ; et il porte un fil vertical placé au foyer de
l'oculaire, où ce fil est mu de gauche à droite parallèlement
à lui-même lorsqu'on tourne la tête ou l'écrou du micrometre. Cette coulisse est de plus attachée à un ressort de montre
qui la tire en sens contraire, comme cela a lieu dans les autres micrometres.

Chaque degré du demi-cercle est divisé en deux parties ; et
une révolution du micrometre fait marcher les fils de 3' dans
le champ du microscope : ainsi dix révolutions leur font faire
une course d'un demi-degré ou de 30', qui est sous-divisée
dans la partie supérieure du champ du microscope par une
échelle portant dix entailles qu'on voit représentée au haut de
la planche. Chaque entaille répond à 3 minutes ou à 180 secondes ; et la tête du micrometre étant divisée en 3 minutes et
chaque minute en 12 parties, une de ces parties vaut par conséquent 5 secondes.

ART. XVI.

### *Observations sur le demi-cercle.*

J'ai encore quelques remarques à faire sur le demi-cercle
si souvent mentionné dans le cours de cette description : je

veux particuliérement faire voir comment, par son moyen,
l'axe optique de la lunette, une fois réglé, peut être rendu
exactement horizontal et conservé dans cet état, ce qui se fait
de la maniere suivante:

Quatre petites pieces de métal de cloche, très bien polies,
sont placées sur les côtés opposés de la barre horizontale qui
porte la lunette: il y en a deux de chaque côté, à droite et à
gauche de l'axe vertical, placées de maniere qu'elles se trouvent dans le prolongement d'un plan qui passeroit par le centre de l'axe qui supporte la lunette. On concevra la forme et
la position de ces pieces de métal en regardant attentivement
le sommet de l'axe vertical dans la coupe qui est à droite de
la planche 4. Le bord extérieur du limbe du demi-cercle porte
une piece de compression, ou un étau mobile, qu'on peut aisément faire glisser avec la main le long de sa circonférence, et qui
est muni d'une excellente vis d'acier. Lorsque le demi-cercle
est à gauche de la lunette, ce qui est sa position ordinaire, la
pointe de la vis d'acier reste ou peut rester appliquée perpendiculairement sur la surface de la piece de métal de cloche
qui est à gauche de l'axe vertical; mais quand la lunette est
placée sur ses supports dans une situation inverse, ou tour-
née sens dessus dessous, ce qui arrive lorsqu'on veut régler la
ligne de collimation, le demi-cercle étant alors à droite de la
lunette, la pointe de la vis de l'étau, qu'il est alors nécessaire
de descendre, s'applique perpendiculairement sur la surface
de la piece de métal de cloche qui est à droite de l'axe-verti-
cal. On concevra aisément que lorsqu'on regle la lunette par
le moyen du niveau d'élévation, qui est constamment suspendu à un axe particulier, parallèlement à l'axe optique, l'action
de la vis d'acier contre la piece de métal de cloche sert non
seulement à amener exactement la lunette à la position horizontale, nécessaire pour mesurer les petits angles d'élévation ou de dépression par la marche d'un fil placé au foyer de
l'oculaire, de la maniere que nous décrirons ci-après, mais
encore à la maintenir dans cette position, au moyen de ce
que le côté de l'oculaire est plus pesant que celui de l'objectif.
Cette lunette est retenue de la même maniere dans une situation fixe lorsqu'on la pointe sur un objet quelconque au-dessus
ou au-dessous de l'horizon.

Nous ne devons pas oublier de dire que le demi-cercle donne
les angles d'élévation trop grands et les angles de dépression
trop petits de 12 secondes. On comprendra aisément que cette

imperfection doit être attribuée à l'impossibilité de le diviser
sur l'axe de la lunette auquel il est attaché, et de faire en sorte
que la ligne passant par le centre des pivots de cet axe passe
en même temps par le centre du demi-cercle. M. Ramsden
avoit mis en usage le meilleur expédient praticable pour diminuer cette excentricité autant qu'il étoit possible : après avoir
fixé et vissé le demi-cercle sur l'axe, il attacha solidement une
pointe d'acier sur la barre horizontale, qui servit à tracer l'arc
concentrique sur lequel on devoit porter les divisions, et marqua le point zéro, lorsque la lunette, au moyen de son ajustement, eut été mise dans une situation autant approchante qu'il
étoit possible de l'horizontale. Ces précautions prises, on ôta le
demi-cercle, on le divisa sur la machine, et on le replaça dans
la premiere situation. Malgré tous ces soins, lorsque l'instrument eut été transporté sur le terrain et réglé scrupuleusement,
on trouva l'erreur sus-mentionnée de 12″, qui devint une quantité constante à employer, avec le signe convenable, dans l'é-
valuation des angles d'élévation ou de dépression.

### ART. XVII.

#### *Oculaires des lunettes, et méchanisme appliqué aux fils qui sont à leurs foyers.*

On a déja dit que les lunettes de l'instrument étoient munies d'oculaires de différents pouvoirs grossissants pour la vision
droite ou renversée; chaque lunette en avoit six, ainsi qu'il
suit.

| | vision droite. | | vision renversée. | |
|---|---|---|---|---|
| | n°ˢ. | grossissements. | n°ˢ. | grossissements. |
| Lunette inférieure { n°. 1 | | 58 | n°. 1 | 43 |
| 2 | | 88 | 2 | 59 |
| 3 | | 117 | 3 | 87 |
| Lunette supérieure { n°. 1 | | 54 | n°. 1 | 40 |
| 2 | | 81 | 2 | 55 |
| 3 | | 108 | 3 | 80 |

Il nous suffira de dire, quant à ces oculaires, que ceux qui donnoient le moindre grossissement ont toujours été trouvés les plus propres aux observations soit du jour soit de la nuit.

La lunette inférieure a au foyer de l'oculaire deux fils seulement, se coupant à angle aigu et placés dans une situation verticale, au lieu de se couper à angle droit et d'être, l'un horizontal et l'autre vertical, suivant l'ancienne méthode. La marche verticale de cette lunette inférieure n'étant que d'un petit nombre de degrés, les fils n'avoient nullement ou très peu besoin d'être réglés; cependant on avoit pris quelques précautions à cet égard en laissant du jeu pour donner un petit mouvement circulaire à la piece de l'extrémité, qui, une fois réglée, étoit serrée par ses vis et n'avoit plus besoin d'être ajustée de nouveau.

On voit, au milieu de la planche 6, deux figures où l'extrémité de la lunette supérieure, du côté de l'oculaire, est représentée en supposant que l'oculaire est enlevé; l'une offre cinq fils, savoir deux qui se coupent à angle aigu, comme ceux de la lunette inférieure, et trois qui sont horizontaux. Quatre de ces fils, savoir les deux formant l'angle aigu, et les deux horizontaux extrêmes, sont fixés au foyer de l'oculaire sur la surface qui regarde l'objectif d'une épaisse coulisse de cuivre, supposée vue dans l'intérieur du tuyau de la lunette, et en conséquence ombrée plus fortement que le reste. Cette coulisse, qui, comme on le conçoit fort bien, est la plus près de l'œil, se meut horizontalement de droite à gauche, et *vice versâ*, pour faire coïncider la ligne de collimation, au moyen d'une petite clef dont la tête est à molette, dans laquelle entre une tige quarrée que l'on voit ponctuée sur la droite à travers un tuyau qui la garantit. Le cinquieme fil, ou fil moyen horizontal, est attaché à la surface qui regarde l'œil d'une coulisse d'acier contiguë à la premiere et placée au-delà par rapport à l'œil. Cette coulisse et la vis du micrometre sont, comme dans les microscopes, d'une seule piece; on la voit représentée dans la figure supérieure, où elle est attachée à un ressort de montre enroulé à la maniere ordinaire.

Le mouvement du micrometre peut faire élever ou abaisser la coulisse et son fil, dans le champ de la lunette, d'une quantité égale à la moitié de la distance entre les fils extrêmes. Chaque espace au-dessous ou au-dessus du point central placé à l'intersection aiguë des fils se parcourt en dix révolutions de la tête du micrometre, lesquelles sont indiquées par le mouvement d'un index qu'on voit dans une fente étroite,

au haut de la figure, où il peut parcourir dix divisions supérieures et dix inférieures.

Maintenant il est aisé de comprendre qu'au moyen du méchanisme appliqué aux oculaires de la lunette, on doit déterminer avec une grande exactitude les petits angles d'élévation
ou de dépression, lorsqu'on connoît une fois la valeur d'un
certain nombre de révolutions et parties de révolution ( la
tête du micromectre est divisée en 100 parties ), et qu'on les a
évaluées par les observations répétées de la hauteur d'un objet
prise avec le demi-cercle. L'expérience nous a appris que 7,77
révolutions du micrometre, équivaloient à un angle d'élévation
ou de dépression de 10' 59" ou 659" du demi-cercle. Il suit de
là qu'une révolution éleve ou abaisse le fil, au-dessus ou au-
dessous du point central, de 1' 24",8134, ou d'un peu plus de
84",81. Ainsi une division de la tête du micrometre répond à
environ 0,85 de seconde.

C'est de cette maniere qu'on a déterminé les élévations ou
les dépressions réciproques des différentes stations de la suite
de triangles.

En observant attentivement les quatre vis représentées au
bout extérieur de la lunette, on verra une fente ou rainure
ponctuée sous la tête de chacune. On voit ensuite dans la figure supérieure un anneau plat de cuivre, soudé dans l'intérieur du tube à environ un demi-pouce du bout extérieur,
et qui a quatre clous sur sa surface pour recevoir les extrémités inférieures des vis. Les rainures laissent du jeu pour le petit
mouvement circulaire qu'on doit donner à la piece extrême,
afin de placer les fils qui se croisent de maniere à ce qu'ils fassent le même angle avec la verticale, les fils horizontaux étant,
par construction, perpendiculaires à la ligne qui diviseroit en
deux l'angle aigu des deux premiers. Lorsque cet ajustement
est fini, on assujettit solidement les vis aux clous inférieurs, et
on rend ainsi parfaitement solide et stable tout le méchanisme
des oculaires.

J'ai encore une piece à décrire ; c'est le tuyau de l'oculaire
prismatique, représenté par des lignes ponctuées à la droite de la
planche 6, comme s'il étoit attaché à l'extrémité de la lunette
supérieure du côté de l'œil, où il tient lieu, avec deux verres
convexes, des oculaires ordinaires. Lorsqu'on dispose l'instrument pour observer l'étoile polaire, qui est très haute dans ces
latitudes, le corps est nécessairement dans une position très fa-
tigante, ce qui fait courir le risque de déranger l'instrument,

et par conséquent de faire des observations moins exactes que lorsque l'observateur peut regarder directement en avant et sans trop plier le corps. C'est dans cette vue que M. Ramsden nous avoit promis un tube prismatique pour 1787 ; mais nous ne l'avons obtenu qu'en 1788 et avec beaucoup de difficultés. Pendant ce délai, M. Dalby s'étoit accoutumé à très bien observer sans ce tube, en sorte qu'on n'en a jamais fait usage.

L'emploi de cette piece cause infailliblement une perte de lumiere ; car l'image, avant d'atteindre l'œil, traverse un plus grand nombre de verres que dans les oculaires ordinaires. Cependant il auroit été indispensable de s'en servir pour les observations des étoiles plus près du zénith que ne l'est l'étoile polaire dans nos latitudes. L'usage en auroit pareillement été avantageux pour les observations méridiennes du soleil pendant l'été ; et dans ce dessein nous nous étions fournis de verres noirs, placés dans une coulisse mue par une vis à crémaillere, comme on peut le voir à l'inspection de la planche. L'ajustement est composé de trois prismes appliqués l'un contre l'autre, de maniere que leur assemblage forme un parallélipipede. Un prisme verd est le plus près de l'œil ; le plus éloigné est un prisme opaque ; et entre deux est un prisme de verre de flint, pour corriger la réfraction qui auroit lieu sans cela. On conçoit aisément, par la disposition de ces prismes, que la partie la moins transparente est à la gauche, la transparence augmentant graduellement du côté de la droite, où l'on a laissé une partie du châssis vide qu'on amene dans le champ de la lunette, soit pour observer les étoiles, soit lorsque le temps permet d'observer le soleil sans être obligé d'amortir la vivacité de sa lumiere.

A R T.  XVIII.

### *Disposition générale de l'instrument pour l'observation.*

Quand on se sert de l'instrument sur le terrain, on le place sous une tente circulaire de huit pieds de diametre afin de le garantir de la mauvaise saison ; on enfonce dans la terre quatre petits pieux garnis de frettes et de sabots en fer, dont les têtes sont mises de niveau avec une regle de mahoga portant un niveau à bulle d'air sur un de ses côtés. Les pieds du support étant posés sur ces pieux, y sont fortement attachés avec de longues vis à tête quarrée ; on voit seulement dans le dessin perspectif de l'instrument la tête de celle de ces vis

qui est au pied du support le plus près de l'œil. On se sert ensuite des quatre vis adaptées au plateau octogonal de mahoga,
pour mettre l'à-plomb suspendu au centre de l'instrument
exactement sur le point du terrain qui marque la station; enfin on lâche les vis du pied du cercle et leurs écrous latéraux,
afin de donner le jeu nécessaire pour régler l'instrument qu'ils
servent à mettre de niveau.

### A R T.  X I X.

### *Régler le niveau de l'axe.*

L'axe de la lunette supérieure étant amené sur un quelconque des pieds et le cercle étant fixé, suspendez le niveau aux
pivots de la lunette, et mettez la bulle d'air sur ses deux re-
pères; alors retournez le niveau, c'est-à-dire changez réciproquement ses points de suspension, et tenez note de l'écart de la
bulle; corrigez cet écart, moitié avec la vis de rappel du niveau, et moitié avec la vis de celui des pieds de l'instrument
qui est placé sous l'axe. Cette opération étant répétée jusqu'à
ce que la bulle ne varie plus, dans deux positions inverses du
niveau, ce niveau se trouvera alors réglé.

### A R T.  X X.

### *Régler le niveau d'élévation.*

Ce niveau étant suspendu à la verge attachée au côté antérieur de la lunette supérieure, vissez le tuyau des oculaires
qui redressent les objets, afin de rendre cette extrémité de la
lunette prépondérante; mettez la bulle sur ses reperes, au
moyen de la vis d'acier adaptée à l'étau qui se meut autour
de la circonférence du demi-cercle; retournez le niveau et
notez l'écart de la bulle; corrigez cet écart, moitié par la vis
d'acier, et moitié par la vis de rappel du niveau lui-même,
et répétez l'opération et la correction jusqu'à ce qu'il n'y ait
plus d'écart. Le niveau alors pourra être suspendu aux deux
chevilles saillantes hors de la barre horizontale qui porte la
lunette; et, ces chevilles étant parallèles au niveau de l'axe,
on pourra connoître, lorsque le niveau de l'axe sera ôté
(ce qui est l'usage ordinaire pour les observations terrestres),
si le plan de l'intrument a éprouvé quelques dérangements.

Dans le cas où il en auroit éprouvé, le niveau ainsi suspendu à la barre horizontale, est toujours suffisant pour les corriger.

### ART. XXI.

*Rendre l'axe vertical perpendiculaire à l'horizon.*

Cette opération peut se faire avec l'un ou l'autre niveau, mais celui de l'axe est préférable ; on le suspend à ses pivots, on le met dans une situation parallele à deux des pieds de l'instrument, et les vis de ces pieds servent à mettre la bulle sur ses reperes. Faisant alors faire au cercle une demi-révolution, si la bulle change de place, on corrige la moitié de la différence par une des vis du pied, et l'autre moitié par le moyen de deux vis à têtes percées qui agissent en sens contraire, et qui sont adaptées à une des fourches ou supports sur lesquels les pivots sont placés. Quand la bulle est ajustée dans ces deux positions, on fait faire un quart de révolution au cercle, ce qui ramene nécessairement l'axe sur le troisieme pied de l'instrument. On corrige alors l'écart de la bulle, quel qu'il soit, avec la vis de ce pied ; et, après cette correction, le cercle peut faire autant de révolutions qu'on veut sans que la bulle change de place ; ce qui prouve que l'axe vertical est parfaitement perpendiculaire à l'horizon.

### ART. XXII.

*Mettre la ligne de collimation de la lunette supérieure à angle droit sur son axe.*

Les pivots restant sur leurs fourches, dirigez la lunette sur un objet éloigné et rendez le cercle immobile : alors renversez l'axe, c'est-à-dire tournez la lunette sens dessus dessous : si l'intersection des fils ne coïncide pas avec l'objet dans les deux positions, vous corrigerez la moitié de la différence en mouvant le cercle au moyen de son rappel, et l'autre moitié en mouvant la coulisse de cuivre placée à une des extrémités de la lunette du côté des oculaires, au moyen de la clef à tête ronde qui s'introduit dans un tuyau renfermant une tige quarrée, et qu'on voit à droite de la planche 6. On répétera l'opération jusqu'à ce que la différence disparoisse.

### ART. XXIII.

*Rendre la verge à laquelle le niveau d'élévation est suspendu parallele à ligne de collimation.*

L'axe vertical étant supposé à-peu-près réglé, suspendez le niveau à sa verge, et rectifiez la bulle par le moyen de la vis attachée à l'étau du demi-cercle. Mettez le fil horizontal de la coulisse d'acier à l'intersection des fils inclinés, et placez l'index du micrometre à zéro; alors observez quelque objet éloigné couvert par le fil horizontal : inversez le demi-cercle, c'est à-dire faites faire une demi-révolution au cercle azimutal, et tournez la lunette sens dessus dessous, de maniere que le fil réponde à-peu-près sur le même objet: alors, si la bulle n'est pas à sa place, mettez-la sur ses reperes avec la vis de l'étau; mais si la lunette, dans ce cas, ne couvre plus exactement le même objet que précédemment, corrigez la moitié de son écart avec la vis de l'étau, et rectifiez ensuite la bulle avec les vis qui sont à une des extrémités de la verge qui porte le niveau : répétez l'opération jusqu'à ce que, la lunette étant pointée, dans l'une et l'autre position, sur le même objet, la bulle reste à la même place ; et alors la verge de support sera pararallele à la ligne de collimation.

L'ajustement des microscopes a été suffisamment détaillé lorsqu'on a décrit cette partie essentielle de l'instrument, et il est inutile de revenir sur cet objet.

### ART. XXIV.

*Poids de l'instrument, et maniere de le transporter d'un lieu dans un autre.*

L'instrument dont nous venons de donner la description générale et l'usage, sans nous appesantir sur des détails qui auroient exigé une multitude de lettres de renvoi, pese en tout environ 200 livres. Il est contenu dans deux boîtes de sapin ; l'une est circulaire pour le corps de l'instrument, et l'autre est en forme de quarré long pour la lunette supérieure. Cette derniere boîte en contient une de mahoga dans laquelle on renferme différentes pieces détachées. Les supports, échelons,
marche-pieds,

marche-pieds, poulies, cordes, tentes et pavillon pour l'échafaud, etc., etc., pesent encore plus que l'instrument. Tout
l'attirail a été transporté par une voiture à ressorts et à quatre
roues, traînée par deux et quelquefois quatre chevaux. Cette
voiture, donnée par sir Joseph Bank, a été couverte d'une
toile peinte à l'huile ; au moyen de quoi toute la charge se
conservoit seche et ne couroit aucun risque.

Description des différentes machines employées dans le cours des opérations trigonométriques, et représentées dans la planche 7. Division des stations en deux classes, celles de la seconde classe étant représentées dans la planche 8.

A R T.   P R E M I E R.

## Echafaud portatif.

Nous avons dit, dans la Description de la mesure de la base de Hounslow-heath, que la surface de cette plaine remarquable n'est pas élevée au-dessus du niveau moyen de la mer de plus de 50 ou 60 pieds. Nous prévîmes d'abord que, eu égard à ce peu d'élévation et le lieu étant d'ailleurs environné d'arbres très élevés, il seroit absolument nécessaire, pour être en état d'observer, des extrémités de la base, les stations voisines, d'élever l'instrument de quelque maniere à une grande hauteur au-dessus du terrain. On a construit pour cet effet l'échafaud portatif dont le plan et l'élévation sont représentés à la gauche de la planche 7. Il consiste, comme on voit, en un échafaud intérieur pour supporter l'instrument, et un extérieur pour les observateurs. Ces deux échafauds sont entièrement isolés et indépendants l'un de l'autre, et leur plate-forme est élevée d'environ 32 pieds au-dessus de l'extrémité inférieure des chevrons qui posent sur le terrain. La charpente étant composée de pieces quarrées de sapin unies ensemble par des vis et des écrous de fer, peut aisément se démonter, se transporter dans un chariot, dont elle forme la charge complete, et être ensuite assemblée de nouveau. Cet échafaud a très bien rempli l'objet qu'on s'étoit proposé, car les échelons ou escaliers qui conduisoient à la plate-forme étant attachés à la charpente extérieure, l'intérieure, sur laquelle posoit l'instrument, ne participoit nullement aux ébranlements causés par ceux qui montoient ou descendoient et qui marchoient sur la plate-forme. Un fil de soie, tenant un à-plomb suspendu, étoit garanti du vent par une espece de canal vertical, composé de trois planches (un des côtés étant ouvert) et disposé de maniere qu'on pût aisément le tourner en tous sens, et mettre toujours le côté ouvert sous le vent. L'instrument étoit garanti de la pluie par un dais de toile d'environ 7 pieds en quarré, auquel on pouvoit adapter des tentures latérales pour mettre à l'abri du vent lorsque cela étoit nécessaire. On voit, par le dessin, que les échafauds, soit extérieur, soit intérieur, sont divisés horizontalement en deux parties, telles que la supérieure peut être employée seule, lorsqu'il n'est pas nécessaire d'élever l'instrument à plus de 15 ou 16 pieds au-dessus du terrain. On ne s'est jamais servi des deux parties ensemble, excepté aux deux extrémités de la base de Hounslow-heath. On a fait usage de la partie supérieure à trois stations seulement, savoir S.-Anne's-hill, Botley-hill et Padlesworth près de Douvres.

A R T. I I.

*Echelle en forme de trépied.*

On voit dans la planche, près de l'échafaud, le plan et la coupe d'une échelle en forme de trépied d'environ 35 pieds de hauteur. Au sommet est une lampe sphérique, d'environ 1 pied de diametre, portant une meche d'argand, faite exprès, d'une grande dimension. On peut ôter la lampe et y substituer une douille pour placer un feu blanc, ou bien on peut (ainsi que cela s'est pratiqué, lorsqu'on a observé de S.-Anne's-hill la station de King's-arbour) placer un pavillon au sommet, qui est maintenu dans la position verticale par des pieces d'attache fixées aux jambes de l'échelle inférieure. On concevra promptement que, par un moyen de cette sorte, un feu blanc peut être considérablement élevé au-dessus du terrain, si une pareille élévation devient nécessaire, et qu'il peut toujours, au moyen d'un à-plomb très pesant, être placé verticalement au-dessus du point du terrain qui marque la station. La lampe sphérique a suffi, dans les temps favorables, pour de petites distances de six ou huit milles, mais on n'a pu s'en servir pour les observations à des distances plus considérables.

A R T. I I I.

*Pavillon servant de signal ordinaire.*

On voit dans la planche, près du trépied, le plan et l'élévation

F ij

d'un pavillon ordinaire avec ses arcs-boutants, portant deux lampes à réverberes. Ces lampes sont attachées à la même barre de fer à la distance de 3 pieds l'une de l'autre ; elles sont munies de réfléchisseurs concaves de cuivre, de 9 pouces de diametre, très bien polis et argentés. On les avoit d'abord destinées à des expériences près de Londres, et on les distinguoit très bien à la distance de 15 ou 16 milles. Nous avions placé les lampes l'une sur l'autre, afin de prévenir toute incertitude sur l'erreur à craindre en prenant des lumieres étrangeres pour les nôtres ; mais lorsque nous nous fûmes accoutumés à l'apparence de ces lampes, la précaution devint absolument superflue : nous nous pourvûmes, en conséquence, de simples réverberes avec des réfléchisseurs de 10 pouces de diametre, garnis de grosses meches, et qu'on pouvoit appercevoir à la distance de 20 ou 24 milles. Il faut observer ici que ces lampes doivent être très soignées, sur-tout lorsqu'elles sont exposées au vent ; lorsque le coton est trop en dehors elles sont sujettes à fumer, le verre antérieur devient obscur et a besoin d'être souvent essuyé. On les retournoît aisément sur leur support ; et une lunette, placée à un des côtés parallèlement à l'axe des rayons lumineux ( ce à quoi on parvenoit au moyen d'un méchanisme particulier ), servoit à les diriger exactement vers la station qu'occupoit l'instrument lorsqu'on devoit les observer. Lorsque nous faisions les observations de l'étoile polaire, il y avoit toujours, chaque nuit, une et même deux de ces lampes éclairées à deux différentes stations, ou des feux blancs d'une courte durée placés à d'autres stations éloignées.

ART. IV.

*Trépied pour les feux blancs.*

A côté du pavillon servant de signal ( sur le bâton duquel on peut placer un feu blanc lorsque le pavillon est ôté ), on voit représenté un petit trépied, destiné seulement pour les feux blancs. La même douille, placée au haut du bâton du pavillon, ou le support de la lampe, peut être adaptée au trépied au moyen de trois petites douilles soudées à côté de la principale ; des verges de sapin de 5 ou 6 pieds de longueur, ou de noisettier coupé dans la haie la plus voisine, servoient de pied à ce support. Les douilles étoient faites de cuivre, parceque celles de fer auroient été dissoutes par le soufre ; la partie supérieure, qui avoit seulement un pouce ou un pouce et demi de hauteur, étoit ronde ou quarrée, selon que les boîtes qui contenoient la composition avoient l'une ou l'autre figure. Ces trépieds pour les feux blancs, étant très promptement placés au-dessus du point de station par le moyen d'un à-plomb, ont été très commodes sur les sommets découverts des collines, ou sur les clochers des églises, l'homme qui étoit chargé de les veiller pouvant aisément les allumer avec le porte-feu sans le secours d'une échelle.

**A R T. V.**

*Grue portative.*

On voit, à la droite de la planche et sur une plus grande échelle que les autres figures, le plan et la coupe d'une grue portative pour élever l'instrument aux sommets des tours, clochers et autres bâtiments qui ont servi de station dans la suite des triangles. Elle a été construite dans la tour de Londres et a très bien rempli son objet, quoiqu'elle pût être encore perfectionnée. Avant d'avoir cette grue, nous avions employé une longue solive mise au-dessus d'une charpente mobile, pour élever l'instrument, soit sur son propre échafaud, soit sur un autre encore plus élevé qu'on avoit dressé sur la chambre de l'instrument des passages de l'observatoire royal de Greenwich.

**A R T. V I.**

*Motifs qui ont fait changer certaines stations.*

Dans le cours des opérations trigonométriques, le centre de l'instrument a toujours été amené, avec une exactitude presque géométrique sur le point précis de la station; au moyen de quoi on a évité les réductions au centre. Les stations ont été désignées, autant qu'il a été possible, par des marques permanentes, qui, tant qu'elles subsisteront, donneront le moyen d'établir le centre d'un instrument dans leur verticale. Par ce moyen nos observations récentes peuvent être répétées à l'avenir et liées avec d'autres : ce qu'il faut espérer qu'on fera tôt ou tard; car notre travail, étant le premier de son espece qui ait été fait en Angleterre, doit être seulement considéré comme la base ou le commencement d'une suite d'autres travaux qui s'étendront, par degrés, jusques dans les parties les plus reculées de l'isle.

En comparant le plan des triangles, joint à ce mémoire, avec

celui que j'avois communiqué à la société royale en 1787 pour lui
offrir une esquisse des opérations projetées, on s'appercevra que
quelques stations ont été entièrement omises et d'autres substi-
tuées à quelques unes de celles qu'on avoit intention de faire.
Dans ce dernier nombre est la tour de Hanger-hill, dont on s'est
servi au lieu de la pagode de Kew. Cette derniere avoit été proposée dans la supposition qu'on ne pourroit pas découvrir, de
King's-arbour la tour de Hanger-hill sans un échafaud d'une hauteur énorme. Cependant, après beaucoup de peine pour couper
les sommets de quelques arbres, en élaguer d'autres et élever le
pavillon au-dessus du centre de l'échafaud, ces deux stations ont
été réciproquement visibles. Par ce moyen, non seulement nous
avons évité la pagode de Kew, qui, par la nature de sa construction, auroit été une station fort incommode, mais nous nous
sommes en même temps délivrés de la tour de Clermont ; en
sorte qu'au lieu de deux petits triangles, nous en avons formé
un très bien conditionné et presque équilatéral.

On a fait observer, dans l'introduction, l'avantage que nous
avions eu de voir réciproquement Frant et Fairlight-down. Par
là, la suite depuis Frant, à l'est de la base de vérification, est réellement double ; ce qui fournit un moyen de s'assurer de l'exactitude du travail.

On a aussi parlé de la singularité de la situation du château
de Douvres. Au lieu de deux stations, près Tatterlees-barn et
Barefristan, où on avoit espéré de lier le château de Douvres
avec la suite de l'ouest, on a jugé nécessaire d'employer trois
stations, l'une à Padlesworth, l'autre à Folkstone-turnpike, et
la troisieme à Swingfield. Ainsi le côté qui lie cette ancienne
forteresse avec les autres triangles est plus petit qu'on ne se l'étoit
proposé. Mais ce ne peut pas être là une source d'incertitude
avec un instrument tel que le nôtre et le soin qu'on a eu d'observer tous les angles.

A R T.   V I I.

*Distinction des stations.*

Après avoir donné les motifs qui ont rendu préférable ou nécessaire le changement de quelques stations originairement
proposées, il reste à en faire l'énumération en les distinguant
en deux classes : la premiere comprend celles qui sont marquées
à demeure par des tuyaux enfoncés dans le terrain ; la seconde
celles où l'instrument a été élevé au haut des tours, des clochers,

ou d'autres bâtiments. Les plans des plates-formes de cette dernière espèce sont contenus dans la planche 8, avec les cotes nécessaires pour désigner, par rapport aux murs, le point précis auquel répondoit le centre de l'instrument. Ces points ont été indiqués, toutes les fois qu'on a pu le faire, par des cercles concentriques tracés sur les dalles de plomb.

Les stations de la première classe, marquées par des tuyaux, sont au nombre de quatorze ; savoir,

Hampton-poor-house, ⎰ Extrémité de la base de Hounslow-
King's-arbour. . . . ⎱   heath.

S.-Anné's-hill. . . . . . Vers le milieu du côté oriental.

Hundred-acres . . . . . Près l'extrémité occident. du jardin.

Norwood . . . . . . . ⎰ Vers l'extrémité des hauteurs de
  ⎱   Croydon.

Botley-hill. . . . . . . ⎰ Dans un champ appartenant à la
  ⎱   ferme de Limpsfield.

Wrotham-hill . . . . ⎰ Dans un champ appartenant à M.
  ⎱   Johnston.

Hollingborn-hill . . . ⎰ Dans un champ appartenant à M.
  ⎱   Dupper.

Fairlight-down. . . . ⎰ 347 pieds au sud d'un moulin à vent,
  ⎱   qui fait avec l'église de Fairlight
  ⎱   un angle de 105° 53′ 20″.

Ruckinge . . . . . . ⎱ Extrémités de la base de vérification.
High-nook. . . . . . ⎰

Allington-knooll. . . ⎰ Montagne artificielle appartenant à
  ⎱   sir John Honeywood.

Padlesworth. . . . . . ⎰ A l'ouest de l'église, dans un champ
  ⎱   de genêts appartenant à M. Brock-
  ⎱   man.

Folkstone-urnpike... A l'ouest de la maison publique.

Les stations de la seconde classe, où l'intrument a été placé dans des bâtimens, sont au nombre de neuf; savoir ,

La tour de Hanger-hill,

La chambre de l'instrument des passages de l'observatoire royal de Greenwich,

La tour septentrionale du château de Severndroog, sur Shooter's-hill,

Le clocher de l'église de Swingfield,

La tour septentrionale du donjon de Douvres,

Le clocher de Lidd,

Le clocher de Tenterden,

Le clocher de Goudhurst,

Le clocher de Frant.

# QUATRIEME SECTION.

Calcul de la suite de triangles qui s'étend depuis Windsor jusqu'à Dunkerque, au moyen desquels on détermine la distance géodésique entre les observatoires royaux de Greenwich et de Paris.



*Excès des angles sphériques sur ceux des triangles plans.*

Si la terre, ou une portion considérable de sa surface, étoit parfaitement plane, un instrument tel que celui que nous avons décrit, posé sur cette surface, pour en déterminer l'étendue, par des mesures trigonométriques, auroit par-tout son axe parallele à une ligne de position constante, et la somme des trois angles de chaque triangle, quel que fût le rapport des angles entre eux, seroit toujours égale à 180°; mais, la terre étant une sphere ou un sphéroïde, il suit de là que le même instrument doit avoir son axe perpendiculaire à une surface d'égale ou d'inégale courbure, suivant qu'on le supposera sur une sphere ou sur un sphéroïde, laquelle surface formera l'horizon de la station; et on sait que la somme des angles d'un pareil triangle sphérique ou sphéroïde excede plus ou moins 180°, suivant la proportion de la longueur des côtés. Lorsque les triangles sont petits, l'excès qui, par une suite nécessaire, est aussi très petit, n'est pas susceptible d'être évalué par les instruments ordinaires. Les meilleurs, même en les supposant exempts des erreurs de division, peuvent à peine le rendre sensible, à moins qu'on ne fasse les observations avec le plus grand soin. Les calculs suivants offrent une preuve pratique de cette vérité : on y a mis une colonne qui contient les excès des triangles sphériques; une autre colonne contient la différence entre cet excès et le résultat de l'observation, c'est-à-dire l'erreur de l'observation. On verra que, malgré la bonté de notre instrument et les soins avec lesquels nous nous en sommes servis, nous avons souvent eu des résultats qui péchoient en plus, et quelquefois d'autres qui péchoient un peu en moins.

G

On s'étoit d'abord proposé de multiplier les opérations autant qu'il seroit possible, sur-tout en prenant différents points pour être successivement le zéro de l'instrument, afin de sous-diviser les erreurs qui pourroient résulter, soit de l'inexactitude des divisions, soit du dérangement du centre. Ce principe, parfaitement bon en théorie, et que nous avons suivi autant que les circonstances ont pu le permettre, a cependant été souvent trouvé d'une exécution impossible dans la pratique, à moins de sacrifier beaucoup plus de temps que nous n'en pouvions avoir, eu égard aux engagements contractés avec les académiciens françois pour les opérations que nous devions faire en commun sur la côte. Dans certain temps, sur-tout lorsqu'il fait chaud, il existe dans l'air un mouvement d'ondulation ou un bouillonnement, tel, que ce n'est que pendant une assez courte durée, sur-tout le matin et le soir, que les objets sont assez distincts pour pouvoir être observés avec exactitude. Il est si difficile de faire quelque chose de parfait dans ce genre de travail, que nous avons souvent été des jours entiers à épier le moment de faire une seule observation bien satisfaisante. Il auroit été absurde, dans de pareilles circonstances, d'essayer de changer le zéro, ce qui auroit exigé qu'on réglât de nouveau l'instrument au moyen de ses niveaux.

Dans un temps favorable, une bonne observation, faite pendant le jour, est préférable à celle qu'on feroit pendant la nuit avec les feux blancs, parceque, dans le premier cas, l'observateur a le temps de pointer à loisir et exactement le signal et de lire l'angle plusieurs fois; au lieu que, pendant la courte durée de la combustion des feux blancs, cet observateur est quelquefois troublé par la crainte d'en perdre quelques uns à d'autres stations éloignées, dans le cas où il en paroîtroit deux ensemble; ce qui est arrivé de temps à autre à cause de l'irrégularité de la marche des montres ou garde-temps des artilleurs employés aux différentes stations. Ce n'est cependant que par le moyen des feux blancs que les stations les plus éloignées ont pu être rendues visibles; et il ne faut pas douter qu'ils seront à l'avenir universellement adoptés dans toutes les grandes opérations trigonométriques.

Quelquefois une observation a été entièrement perdue, ou celle qu'on a obtenue n'a pas été jugée bonne : dans ce cas on a laissé un vide dans la colonne des angles observés, ainsi que dans celle qui contient les erreurs. Ces lacunes ne tirent à aucune conséquence fâcheuse, car les stations collatérales fournissent toujours des objets de vérification propres à lever toute incertitude.

Quoique, en total, nous ayons, par les raisons ci-dessus assignées, moins souvent répété les opérations que nous ne nous l'étions d'abord proposé ; cependant il paroîtra évident, par les résultats, et sur-tout par l'accord entre les longueurs de la base de vérification , déduites, soit de la mesure immédiate , soit du calcul, qu'un petit nombre de bonnes observations est bien préférable à une valeur moyenne déduite d'un plus grand nombre d'autres faites à la hâte.

L'excès de la somme des trois angles observés d'un triangle sphérique, sur 180°, a été calculé par la méthode suivante :

Faisant l'aire du triangle, évaluée en secondes quarrées d'un arc du méridien . . . . . . . . . . . . . . . . . . . $= A'$,

La même aire, exprimée en pieds quarrés, . . . . . $= A$ ,

Le rayon de la terre, exprimé en secondes, . . . . . $= R$ ,

L'excès cherché, exprimé pareillement en secondes, $= \epsilon$ ,

on a . . . $R\epsilon = A'$; d'où $\epsilon = \frac{A'}{R}$.

Maintenant le degré moyen du méridien valant 60859,1 fathoms, la seconde vaut 16,905 fathoms, ou 101,432 pieds (1) , dont le logarithme $= 2,0061743$ : le double $4,0123486$ de ce logarithme est celui du nombre de pieds quarrés que contiendroit le quarré d'une ligne qui seroit égale à un arc d'une seconde du méridien. Mais l'aire du triangle supposée exprimée en pieds quarrés, c'est-à-dire $A$, étant divisée par le nombre de pieds quarrés que contient une seconde quarrée , le quotient donnera la même aire exprimée en secondes quarrées, c'est-à-dire $A'$; d'où on tire

$$\log. A - 4,0123486 = \log. A'.$$

Le logarithme du rayon de la terre, exprimé en secondes (2), est $5,3144251$ : et on aura, en substituant le logarithme dans l'équation $\epsilon = \frac{A'}{R}$ ,

$$\log. \epsilon = \log. A - 9,3267737.$$

---

(1) Le fathom vaut six pieds.

(2) On sent que, pour avoir le rayon de la terre exprimé en secondes , il faut diviser la longueur réelle par le nombre de pieds que contient un arc d'une seconde.

*Nota.* La démonstration du théorème n'a pas été traduite littéralement , mais un peu développée en faveur des commençants.

G ij

## ART. II.

*Calcul des triangles.*

| Nº des triangles. | NOMS des stations. | ANGLES observés. | Excès dû à la sphéricité. | DIFFÉRENCE ou erreur. | ANGLES corrigés pour le calcul. | DISTANCES. |
|---|---|---|---|---|---|---|
| | | | | | | Pieds. |
| | Tour de Hanger-hill. . . | 42° 2′ 32″ | ″ | ″ | 42° 2′ 34″ | |
| | Hampton-poor-house. . | 67 55 39 | | | 67 55 39 | |
| | King's-arbour . . . . . . . | 70 1 48 | | | 70 1 47 | |
| 1 | | 179 59 59 | 0,29 | — 1,29 | | |
| | La base depuis Hampton-poor-house jusques à King's-arbour. . . . . . . . . . . . . . . . . . . . . . . . | | | | . . . . . . . . . | 27404,7 |
| | De la tour de Hanger-hill à { Hampton-poor-house | | | | . . . . . . . . . | 38461,12 |
| | { King's-arbour. . . . . . | | | | . . . . . . . . . | 37922,57 |
| | S.-Anne's-hill. . . . . . . . | 44 18 51,5 | | | 44 18 51,5 | |
| | Hampton-poor-house. . | 61 26 33,1 | | | 61 26 33,5 | |
| 2 | King's-arbour. . . . . . . . | 74 14 35 | | | 74 14 35 | |
| | | 179 59 59,6 | 0,21 | — 0,61 | | |
| | De S.-Anne's-hill à. . . . { Hampton-poor-house . . | | | | . . . . . . . . . | 37754,25 |
| | { King's-arbour. . . . . . . | | | | . . . . . . . . . | 34455,8 |

Si dans le quadrilatere formé par *Hampton-poor House, King's-arbour*, la tour de *Hanger-hill* et *S.-Anne's-hill*, on fait usage des angles obtus et de leurs côtés connus, on trouvera pour la distance moyenne des sommets des angles aigus de la tour de Hanger-hill et de S.-Anne's-hill une longueur de 68897,165 pieds, marquée par une ligne ponctuée dans le plan des triangles.

| N.os des triangles. | NOMS des stations. | ANGLES observés. | Excès dû à la sphéricité. | DIFFÉRENCE ou erreur. | ANGLES corrigés pour le calcul. | DISTANCES. |
|---|---|---|---|---|---|---|
| | | | | | | Pieds. |
| | Tour du garde-meuble du château de Windsor............ | | '' | '' | 58° 9' 58",5 | |
| | King's-arbour...... | 62° 40' 27",5 | | | 62 40 27,5 | |
| 3 | S.-Anne's-hill........ | 59 9 14 | | | 59 9 14 | |
| | | | 0,25 | | | |
| | Du château de Windsor à { King's arbour......... | | | | ............ | 34819, 4 |
| | S.-Anne's-hill.......... | | | | ............ | 36032, 37 |
| | Hundred-acres ...... | 53 58 35,75 | | | 53 58 36,5 | |
| | Tour de Hanger-hill... | 68 24 44 | | | 68 24 44 | |
| 4 | S.-Anne's-hill....... | 57 36 39,5 | | | 57 36 39'5 | |
| | | 179 59 59,25 | 1, 08 | — 1,83 | | |
| | De Hundred-acres à .. { la tour de Hanger-hill .. | | | | ......... | 71934, 2 |
| | S.-Anne's-hill ....... | | | | ......... | 79211, 22 |
| | Château de Severndroog sur Shooter's hill.... | 53 31 10 | | | 53 31 9,75 | |
| | Tour de Hanger-hill... | 55 53 44,3 | | | 55 53 44 | |
| 5 | Hundred-acres....... | 70 35 6,75 | | | 70 35 6,25 | |
| | | 180 0 1,05 | 1,18 | — 0,13 | | |
| | Du château de Severndroog à { la tour de Hanger-hill | | | | ........ | 84376, 68 |
| | Hundred-acres .... | | | | ........ | 74077, 66 |

| N°. des triangles. | NOMS des stations. | ANGLES observés. | Excès dû à la sphéricité. | DIFFÉRENCE ou erreur. | ANGLES corrigés pour le calcul. | DISTANCES. |
|---|---|---|---|---|---|---|
| | | | " | " | | Pieds. |
| 6 | Norwood . . . . . . . . . . | 107° 53' 37" | | | 107° 53' 35,75" | |
| | Tour de Hanger-hill . . . | 26 12 22,5 | | | 26 12 23 | |
| | Château de Severndroog | 45 54 1,5 | | | 45 54 1,25 | |
| | | 180 0 1 | 0,44 | +0,56 | | |
| | De Norwood à . . . . . . { la tour de Hanger-hill.. . | | | | . . . . . . . . . | 63673, 31 |
| | château de Severndroog. | | | | . . . . . . . . . | 39155, 15 |
| 7 | Norwood . . . . . . . . . . | 88 5 58 | | | 88 5 58,07 | |
| | Tour de Hanger-hill . . . | 29 41 20,75 | | | 29 41 21 | |
| | Hundred-acres . . . . . . | . . . . . . . . . | | | 62 12 40,93 | |
| | | | 0,53 | | | |
| | De Norwood à Hundred-acres . . . . . . . . . . . . . | | | | . . . . . . . . . | 35648,21 |
| 8 | Chambre de l'instrument des passages de l'observatoire de Greenwich . | 111 56 50 | | | 111 56 50 | |
| | Château de Severndroog | 47 48 14 | | | 47 48 13 | |
| | Norwood . . . . . . . . . . | 20 14 58 | | | 27 14 57 | |
| | | 180 0 2 | 0,1 | +1,9 | | |
| | De l'observ. de Greenwich à { château de Severndroog . . . . . . . | | | | . . . . . . . | 14610, 58 |
| | Norwood . . . . . . . | | | | . . . . . . . | 31274, 48 |

| N°. des triangles. | NOMS des stations. | ANGLES observés. | Excès dû à la sphéricité. | DIFFÉRENCE ou erreur. | ANGLES corrigés pour le calcul. | DISTANCES. |
|---|---|---|---|---|---|---|
| | | | " | " | | Pieds. |
| 9 | Botley-hill . . . , , . . . . | 74° 37′ 17″,5 | | | 74° 37′ 18″ | |
| | Hundred-acres. . . . . . . | 66 0 56,2 | | | 66 0 56 | |
| | Château de Severndroog. | 39 21 46,25 | | | 39 21 42 | |
| | | 179 59 59,95 | 0,78 | — 0,83 | | |
| | De Botley-hill à . . . . . Hundred-acres. . . . . . . | | | | . . . . . . . . . . | 48726,75 |
| | château de Severndroog. | | | | . . . . . . . . . . | 70194,76 |
| 10 | Wrotham-hill. . . . . . . | 54 25 1 | | | 54 25 1,25 | |
| | Botley-hill . . . . . . . . . | 67 53 11 | | | 67 53 10,25 | |
| | Château de Severndroog. | 57 41 49 | | | 57 41 48,5 | |
| | | 180 0 1 | 1, 12 | — 0,12 | | |
| | De Wrotham-hill à . . . Botley-hill . . . . . . . . . | | | | . . . . . . . . . . | 72953,11 |
| | château de Sveerndroog. | | | | . . . . . . . . . . | 79962,13 |
| 11 | Frant. . . . . . . . . . . . . | 50 19 19 | | | 50 19 18 | |
| | Botley-hill. . . . . . . . . | 57 15 11,25 | | | 57 15 11 | |
| | Wrotham-hill. . . . . . . | 72 25 31,2 | | | 72 25 31 | |
| | | 180 0 1,45 | 1,3 | + 0,15 | | |
| | De Frant à . . . . . . . . Botley-hill. . . . . . . . . | | | | . . . . . . . . . | 90364,16 |
| | Wrotham-hill. . . . . . . | | | | . . . . . . . . . | 79723,57 |

| N°. des triangles. | NOMS. des stations. | ANGLES observés. | Excès dû à la sphéricité. | DIFFÉRENCE ou erreur. | ANGLES corrigés pour le calcul. | DISTANCES. |
|---|---|---|---|---|---|---|
| | | ° ′ ″ | ″ | ″ | 47° 18′ 59″ | Pieds. |
| | Hollingborn-hill. . . . . . | | | | | |
| | Wrotham-hill. . . . . . . | 84 12 24,5 | | | 84 12 23,5 | |
| 12 | Frant. . . . . . . . . . . . | 48 28 37,5 | | | 48 28 37,5 | |
| | | | 1,52 | | | |
| | De Holingborn-hill à . . { Wrotham-hill. . . . . . . . | . . . . . . . . . | | | . . . . . . . . . | 81196,58 |
| | Frant. . . . . . . . . . . . | . . . . . . . . . | | | . . . . . . . . . | 107897,5 |
| | Fairlinght-down . . . . . | 48 25 53,5 | | | 48 25 55 | |
| | Frant . . . . . . . . . . . | 79 23 3 | | | 79 23 2 | |
| 13 | Hollingborn-hill. . . . . . | . . . . . . . . . | | | 52 11 3 | |
| | | | 2,85 | | | |
| | De Fairlight-down à . . , { Frant . . . . . . . . . . . | . . . . . . . . . | | | . . . . . . . . . | 113928,2 |
| | Hollingborn-hill . . . . . | . . . . . . . . . | | | . . . . . . . . . | 141747,1 |
| | Goudhurst. . . . . . . . . | 35 26 32,5 | | | 35 26 34,5 | |
| | Botley-hill . . . . . . . . . | 40 4 42 | | | 40 4 42 | |
| 14 | Wrotham-hill . . . . . . . | 104 28 44 | | | 104 28 43,5 | |
| | | 179 59 58,5 | 1,35 | — 2,85 | | |
| | De Goudhurs t . . . . { Botley-hill . . . . . . . . . | . . . . . . . . . | | | . . . . . . . . . | 121809,3 |
| | Wrotham-hill. . . . . . . . | . . . . . . . . . | | | . . . . . . . . . | 80997,43 |

| N°. des angles. | NOMS des stations. | ANGLES observés. | Excès dû à la sphéricité. | DIFFERENCE ou erreur. | ANGLES corrigés pour le calcul. | DISTANCES. |
|---|---|---|---|---|---|---|
| | | | " | " | | Pieds. |
| 15 | Goudhurst . . . . . . . . | 72° 23′ 32″,5 | | | 72° 23′ 33″,87 | |
| | Frant. . . . . . . . . . . . | 75 33 16 | | | 75 33 13,36 | |
| | Wrotham-hill . . . . . . . | 32 3 12,8 | | | 32 3 12,5 | |
| | | 180 0 1,3 | 0,81 | +0,49 | | |
| | De Goudhurst à Frant . . . . . . . . . . . . . . . . . | | | | . . . . . . . . . | 44389,68 |
| 16 | Hollingborn-hill. . . . . . | 63 46 44 | | | 63 46 47 | |
| | Wrotham-hill . . . . . . . | 52 9 11,5 | | | 52 9 11 | |
| | Goudhurst. . . . . . . . . | 64 4 3,5 | | | 64 4 2 | |
| | | 179 59 9 | 1,22 | — 2,22 | | |
| | De Hollingborn-hill à Goudhurst . . . . . . . . . . . | | | | . . . . . . . . | 71296,03 |
| 17 | Tenterden. . . . . . . . . | 67 7 55 | | | 67 7 56,46 | |
| | Goudhurst . . . . . . . . | 68 13 21 | | | 68 13 19,5 | |
| | Hollingborn-hill. . . . . | . . . . . . . . | | | 44 38 44,04 | |
| | | | 0,85 | | | |
| | De Tenterden à . . . . . . { Goudhurst. . . . . . . . . | | | | . . . . . . . . | 54374,66 |
| | ( Hollingborn-hill. . . . . | | | | . . . . . . . . | 71855,0 |

H

| N°. des triangles. | NOMS des stations. | ANGLES observés. | Excès dû à la sphéricité. | DIFFÉRENCE ou erreur. | ANGLES corrigés pour le calcul. | DISTANCES. |
|---|---|---|---|---|---|---|
| | | ° ′ ″ | ″ | ″ | | Pieds. |
| 18 | Fairligh-down. . . . . . . | | | | 35° 20′ 58″,42 | |
| | Goudhurst . . . . . . . . . | 49 39 34 | | | 49 39 35,77 | |
| | Tenterden . . . . . . . . . | 94 59 26 | | | 94 59 25,81 | |
| | | | 0, 91 | | | |
| | De Fairligh-down à . . . { Goudhurst . . . . . . . . . | | | | . . . . . . . . . . | 93625,92 |
| | Tenterden. . . . . . . . . . | | | | . . . . . . . . . . | 71634,73 |
| 19 | Allington knoll . . . . . . | 48 24 38 | | | 48 24 39 | |
| | Hollingborn-hill . . . . . | | | | 40 0 58,96 | |
| | Tenterden . . . . . . . . . | 91 34 23 | | | 91 34 22,04 | |
| | | | 1, 05 | | | |
| | D'Allington-knoll à . . . { Hollingborn-hill . . . . . | | | | . . . . . . . . . . | 96036,45 |
| | Tenterden. . . . . . . . . . | | | | . . . . . . . . . . | 61775,34 |
| 20 | Lydd. . . . . . . . . . . . | . . . . . . . . . | | | 63 14 9,82 | |
| | Allington-knoll . . . . . . | 73 0 27,5 | | | 73 0 27 | |
| | Tenterden. . . . . . . . . | 43 45 22 | | | 43 45 23,18 | |
| | | | 0,67 | | | |
| | De Lydd à . . . . . . . . { Allington-knoll . . . . . . | | | | . . . . . . . . . . | 47849,27 |
| | Tenterden . . . . . . . . . | | | | . . . . . . . . . . | 66166,93 |

| N.º des triangles. | NOMS. des stations. | ANGLES observés. | Excès dû à la sphéricité. | DIFFÉRENCE ou erreur. | ANGLES corrigés pour le calcul. | DISTANCES. |
|---|---|---|---|---|---|---|
| | | | '' | '' | | Pieds. |
| 21 | Fairlight-down........ | 54° 59′ 18″,5 | | | ·54° 59′ 17″,31 | |
| | Lydd............. | ........ | | ·· | 62 27 50,18 | |
| | Tenterden........ | 62 32 53 | | ·· | 62· 32 52,51 | |
| | | | | 0,99 | | |
| | De Fairlight-down à Lydd.·............ | | | | ........ | 71689,73 |
| 22 | Allington-knoll ...... | 32 59 22,5 | | | 32 59 23 | |
| | Lydd............. | 125 42 0,25 | | | 125 42 0 | |
| | Fairlinght-down ..... | ........ | | | 21 18 37 | |
| | | | | 0,33 | | |
| | D'Allington-knoll à Fairlight-down........... | | | | ........ | 106922,5 |
| 23 | Lydd............. | 43 20 48,25 | | | 43 20 48,5 | |
| | Ruckinge.......... | 48 58 49,75 | | | 48 58 49,5 | |
| | High-nook près de Dym-church. | 87 40 21,75 | | | 87 40 22 | |
| | | 179 59 59,75 | 0,21 | — 0,26 | | |
| | Base de vérification entre High-nook et Ruckinge.. | | | | ........ | 28532,92 |
| | De Lydd à ......... { Ruckinge.......... | | | | ........ | 41533,89 |
| | High-nook......... | | | | ........ | 31362,58 |

| N°. des triangles. | NOMS des stations. | ANGLES observés. | Excès dû à la sphéricité. | DIFFÉRENCE ou erreur. | ANGLES corrigés pour le calcul. | DISTANCES. |
|---|---|---|---|---|---|---|
| | | | ″ | ″ | | Pieds. |
| | Allington-knoll....... | 91° 27′ 20″ | | | 91° 27′ 19″,5 | |
| | Ruckinge.......... | 54 19 17 | | | 54 19 18,5 | |
| 24 | High-nook......... | 34 13 21 | | | 34 13 22 | |
| | | 179 59 58 | 0,09 | —2,09 | | |
| | D'Allington-knoll à ... { High-nook.......... | | | | .......... | 23184,93 |
| | Ruckinge.......... | | | | .......... | 16052,44 |

Si, dans le quadrilatere formé par *High-nook*, *Ruckinge*, *Lydd* et *Allington-knoll*, on fait usage des deux angles obtus et de leurs côtés connus, on aura pour la distance moyenne des sommets des angles aigus, de Lydd à Allington-knoll, une longueur de 47849,27 pieds, représentée sur la carte par une ligne ponctuée; cette distance s'accorde exactement avec la longueur du même côté, considéré comme appartenant au vingtieme triangle et déduit de la base mesurée à Honslow-heath. Nous remarquerons ici que, pour parvenir à cet accord, l'angle entre Allington-knoll et Fairlight-down ayant Hollingborn-hill pour sommet, a été réduit à 48° 56′ 28″, au lieu de 48° 56′ 31″,5, la différence étant de + 3″,5 avec la valeur qui seroit résultée de l'observation. Si on n'avoit pas fait cette réduction, la distance entre Allington-knoll et Fairlight-down, qui est un des côtés du vingt-deuxieme triangle, auroit été de 106924 pieds, c'est-à-dire de 1,5 pied plus longue. Maintenant, puisque ce côté, comparé avec la base de vérification, est à-peu-près dans la proportion de 4 à 1; il suit de là que la différence réelle entre la longueur mesurée de cette base et la longueur calculée et déduite de la base de Honslow-heath, à 70 milles vers l'ouest, et réciproquement, n'est que d'environ 4,5 pouces.

| Nᵒ. des triangles. | NOMS des stations. | ANGLES observés. | Excès dû à la sphéricité. | DIFFERENCE ou erreur. | ANGLES corrigés pour le calcul. | DISTANCES. |
|---|---|---|---|---|---|---|
| | | | " | " | | Pieds. |
| 25 | Folkstone-turnpicke... | 24 17 6,25 | | | 24 17 6,25 | |
| | Allington-knoll....... | 76 1 54 | | | 76 1 55,25 | |
| | High-nook......... | 79 41 0,75 | | | 79 41 0,5 | |
| | | 180 0 1 | 0,29 | +0,71 | | |
| | De Folkstone-turnpicke à { Allington-knoll...... | | | | ......... | 55461, 7 |
| | High-nook......... | | | | ......... | 54706, 0 |
| 26 | Folkstone-turnpicke... | ......... | | | 32 6 56,89 | |
| | Allington-knoll...... | 109 50 40 | | | 109 50 39,35 | |
| | Lydd............. | 38 2 24 | | | 38 2 23,76 | |
| | | | 0, 59 | | | |
| | De Folkstone-turnpicke à Lydd............. | | | | ......... | 84659,88 |
| 27 | Padlesworth......... | 108 9 34,5 | | | 108 9 34,5 | |
| | High-nook......... | ......... | | | 14 48 25,5 | |
| | Folkstone-turpicke... | 57 2 0 | | | 57 2 0 | |
| | | | 0, 16 | | | |
| | De Padlesworth à..... { High-nook......... | | | | ......... | 48303,7 |
| | Folkstone-turnpicke... | | | | ......... | 14713,82 |

| N°. des triangles. | NOMS des stations. | ANGLES observés. | Excès dû à la sphéricité. | DIFFÉRENCE ou erreur. | ANGLES corrigés pour le calcul. | DISTANCES. |
|---|---|---|---|---|---|---|
| | | | $''$ | $''$ | | Pieds. |
| 28 | Padlesworth. . . . . . . . | 105° 29′ 40″,5 | | | 105° 29′ 40″ | |
| | Lydd. . . . . . . . . . . . . | 9 38 29 | | | 9 38 29,36 | |
| | Folkstone-turnpicke. . . | . . . . . . . . . . | | | 64 51 50,64 | |
| | | | | 0, 27 | | |
| | De Padlesworth à . . . . . { Lydd. . . . . . . . . . . . . | | | | . . . . . . . . . . | 79533,34 |
| | Folkstone-turnpicke. . . | | | | . . . . . . . . . | 14713,82 |
| 29 | Padlesworth . . . . . . . . | 12 16 3 | | | 12 16 2,65 | |
| | Lydd. . . . . . . - . . . . | 154 5 54,75 | | | 154 5 54,4 | |
| | Fairligh-down . . . . . . . | . . . . . . . . . . | | | 13 38 2,95 | |
| | | | | 0, 59 | | |
| | De Padlesworth à Fairligh-down . . . . . . . . . . . . | | | | . . . . . . . . . | 186113,0 |
| 30 | Swingfield. . . . . . . . . | 48 38 15 | | | 48 38 15 | |
| | Padlesworth . . . . . . . . | 70 54 5,5 | | | 70 54 5,5 | |
| | Folkstone-turnpicke. . . | 60 27 39,5 | | | 60 27 39,5 | |
| | | 180 0 0 | 0, 06 | — 0,06 | | |
| | De Swingfield à . . . . . { Padlesworth . . . . . . . . | | | | . . . . . . . . . | 17056,06 |
| | Folkstone-turnpicke. . . | | | | . . . . . . . . . | 18525,15 |

| N.º des triangles. | NOMS des stations. | ANGLES observés. | Excès dû à la sphéricité. | DIFFÉRENCE ou erreur. | ANGLES corrigés pour le calcul. | DISTANCES. |
|---|---|---|---|---|---|---|
| | | | | | | Pieds. |
| | Tour septentrionale du château de Douvres. . | 34° 39′ 26″,5 | | | 34° 39′ 26″,5 | |
| | Swingfield......... | 75 36 40 | | | 75 36 40 | |
| 31 | Folkstone ......... | 69 43 53,5 | | | 69 43 53,5 | |
| | | 180 0 0 | 0, 13 | —0,13 | | |
| | Du château de Douvres à { Swingfield......... | | | | ......... | 30559,32 |
| | Folkstone-turnpicke... | | | | ......... | 31554,58 |

Si, dans le quadrilatere formé par *Folkstone-turnpicke*, *Swingfield*, *Padlesworth* et *la tour septentrionale du château de Douvres*, on fait usage des deux angles obtus et de leurs côtés connus, on a pour la distance moyenne des sommets des angles aigus, Padlesworth et le château de Douvres, une longueur de 42561,18 pieds, et dans le triangle formé par *Douvres*, *Folkstone-turnpicke* et *Padlesworth*, on a l'angle aigu à *Douvres* de 15° 18′ 44″,5, et celui à *Padlesworth* 34° 29′ 42″,5, ainsi que l'ont donné des observations réitérées.

| N.º des triangles. | NOMS des stations. | ANGLES observés. | Excès dû à la sphéricité. | DIFFÉRENCE ou erreur. | ANGLES corrigés pour le calcul. | DISTANCES. |
|---|---|---|---|---|---|---|
| | | ° ′ ″ | ″ | ″ | ° ′ ″ | Pieds. |
| | Château de Douvres... | ......... | | | 21 37 55,42 | |
| | Padlesworth... ...... | 152 15 25,5 | | | 152 15 25,15 | |
| 32 | Fairlight-down ...... | ......... | | | 6 6 39,43 | |
| | | | 0, 69 | | | |
| | Du château de Douvres à Fairlight-down ...... | | | | ......... | 186113,0 |

| N°. des triangles. | NOMS des stations. | ANGLES observés. | Excès dû à la sphéricité. | DIFFÉRENCE ou erreur. | ANGLES corrigés pour le calcul. | DISTANCES. |
|---|---|---|---|---|---|---|
| | | ° ′ ″ | ″ | ″ | ° ′ ″ | Pieds. |
| 33 | Château de Douvres... | | | | 87 30 29,58 | |
| | Fairlight-down...... | | | | 43 19 58,52 | |
| | Montlambert........ | | | | 49 9 31,9 | |
| | | | 7,4 | | | |
| | De Montlambert à ... { château de Douvres... | | | | ........ | 168821,07 |
| | Fairlight-down...... | | | | ........ | 245777,5 |
| 34 | Fairlight-down....... | | | . | 25 33 55,02 | |
| | Château de Douvres... | | | | 110 55 29,83 | |
| | Blancnez.......... | | | | 43 30 35,15 | |
| | | | 4,78 | | | |
| | De Blancnez à ....... { Fairlight-down...... | | | | ........ | 252469,9 |
| | château de Douvres... | | | | ........ | 116655,93 |
| 35 | Château de Douvres... | 23 25 0,25 | | | 23 25 0,25 | |
| | Montlambert....... | | | | 36 53 18,11 | |
| | Blancnez.......... | | | | 119 41 41,64 | |
| | | | 1,84 | | | |
| | De Blancnez à Montlambert................ | | | | ........ | 77235,0 |

Dans ce dernier triangle, l'angle Blancnez, déterminé avec grand soin par les académiciens françois, a été trouvé, valeur moyenne entre plusieurs observations, de 119° 41′ 28″,9 , c'est-à-dire 12″,7 plus petit que celui qui résulte de nos observations au travers de la Manche. Cette différence, qui est le *maximum* de l'erreur dans les opérations simultanées, ne peut, vu sa petitesse, être d'aucune importance réelle , soit d'un côté, soit de l'autre; en effet elle ne change la distance entre Blancnez et Montlambert que de deux ou trois pieds , et les plus longs côtés des triangles qui joignent les deux côtés n'en sont altérés que de huit ou neuf pieds. Nous avons en conséquence jugé convenable de ne faire aucune correction relative à cette différence ( excepté celle dont nous ferons mention ci-après), mais de continuer à fixer, avec nos propres mesures , la situation relative de Dunkerque, en faisant néanmoins usage, dans les sept triangles qui vont suivre, depuis le trente-sixieme jusqu'au quarante-deuxieme inclusivement, des angles relevés dans les dernieres opérations des François, et que le comte de Cassini a eu l'honnêté de nous communiquer. Les angles des quarante-troisieme et quarante-quatrieme triangles sont pris dans la *méridienne vérifiée*, et ceux du quarante-cinquieme triangle résultent d'opérations combinées.

Nous avons, conformément à l'exception annoncée ci-devant, ajouté, dans le trente-sixieme triangle, 3″ à l'angle observé à Douvres, entre Blancnez et la fleche du clocher de Notre-Dame de Calais , c'est-à-dire qu'au lieu de 12° 46′ 39″, on a employé 12° 46′ 42″, dans la supposition que le clocher peut s'écarter d'autant de la verticale du côté de Blancnez. L'espace entre la position du feu blanc sur la galerie et l'axe de la fleche ayant été soigneusement mesuré par le docteur Blagden, correspond à un angle de 9″, lorsque l'observation donne seule-une différence de 6″.

I

| N°. des triang. | NOMS DES STATIONS. | ANGLES CORRIGÉS pour le calcul. | DISTANCES. |
|---|---|---|---|
| | | | Pieds. |
| | Notre-Dame de Calais . . . . . . . . . . . | 47° 27′ 6″ | |
| | Signal de Blancnez. . . . . . . . . . . . | 119 46 12 | |
| | Château de Douvres . . . . . . . . . . | 12 46 42 | |
| 36 | Excès sur 180° = 0″,84. | au lieu de | |
| | | 12 46 39 | |
| | De Notre-Dame de Calais à { Douvres. . . . . . . . . . | | 137449,9 |
| | au signal de Blancnez.. | | 35023,3 |
| | Signal de Fiennes . . . . . . . . . . . . | 94 26 27,5 | |
| | Signal de Blancnez . . . . . . . . . . . . | 51 18 27,3 | |
| 37 | Signal de Montlambert. . . . . . . . . | 34 15 5,2 | |
| | De Fiennes au { Signal de Blancnez. . . . . . . . . . . | | 43600,8 |
| | Signal de Montlambert. . . . . . . . . | | 60464,4 |
| | Notre-Dame de Calais . . . . . . . . . | 64 21 43,1 | |
| | Fiennes . . . . . . . . . . . . . . . . . . | 46 24 25,2 | |
| 38 | Blancnez . . . . . . . . . . . . . . . . . | 69 13 51,7 | |
| | De Notre-Dame de Calais à Fiennes. . . . . . . . . . . . . | | 45219,6 |
| | Watten. . . . . . . . . . . . . . . . . . . | 27 37 14,18 | |
| | Notre-Dame de Calais. . . . . . . . . . | 66 30 36,2 | |
| 39 | Fiennes . . . . . . . . . . . . . . . . . . | 85 52 9 | |
| | De Watten à . . . . { Fiennes . . . . . . . . . . . . . . . | | 89453,5 |
| | Notre-Dame de Calais. . . . . . . . | | 97283,0 |
| | Dunkerque. . . . . . . . . . . . . . . . | 51 39 12 | |
| | Watten . . . . . . . . . . . . . . . . . . | 85 57 46,5 | |
| 40 | Notre-Dame de Calais . . . . . . . . . . | 42 23 1,5 | |
| | De Dunkerque à . . . { Notre-Dame de Calais. . . . . . | | 123754,8 |
| | Watten . . . . . . . . . . . . . . . | | 83616,2 |

| N°. des triang. | NOMS DES STATIONS. | ANGLES CORRIGÉS pour le calcul. | | | DISTANCES. |
|---|---|---|---|---|---|
| | Mont-Cassel. . . . . . . . . . . . . . . . | 63° | 24′ | 50″ | Pieds. |
| | Dunkerque. . . . . . . . . . . . . . . . . | 42 | 7 | 12 | |
| 41 | Watten. . . . . . . . . . . . . . . . . . . . | 74 | 27 | 58 | |
| | De Mont-Cassel à. . . . { Watten . . . . . . . . . . . . . . | | | | 62711,1 |
| | { Dunkerque . . . . . . . . . . . | | | | 90087,5 |
| | Hondscôte . . . . . . . . . . . . . . . | 93 | 31 | 34,1 | |
| | Dunkerque . . . . . . . . . . . . . . . | 51 | 7 | 4,5 | |
| 42 | Mont-Cassel. . . . . . . . . . . . . . . | 35 | 21 | 21,4 | |
| | De Hondscôte . . . . . . { au Mont-Cassel . . . . . . . . . | | | | 70260,7 |
| | { à Dunkerque . . . . . . . . . . | | | | 52228,4 |
| | Dunes, signal à l'extrémité occidentale de la base . . . . . . . . . . . . . . | 81 | 57 | 30 | |
| | Dunkerque . . . . . . . . . . . . . . . . | 48 | 43 | 23 | |
| 43 | Hondscôte . . . . . . . . . . . . . . . . | 49 | 19 | 7 | |
| | Du signal des dunes à . . . . { Hondscôte . . . . . . . . . . | | | | 39641,0 |
| | { Dunkerque . . . . . . . . . . | | | | 40000,5 |
| | Signal des dunes . . . . . . . . . . . . | 5 | 19 | 47 | |
| | Fort Revers, extrémité orientale de la base . . . . . . . . . . . . . . . . . | 90 | 17 | 29 | |
| 44 | Dunkerque . . . . . . . . . . . . . . . . | 84 | 22 | 44 | |
| | De Dunkerque au . . . . . { Signal des dunes . . . . . . | | | | 40000,5 |
| | { Fort Revers . . . . . . . . . | | | | 9715,6 |
| | Base du fort Revers aux dunes . . . . . . . . . . . . . . . . | | | | 39808,7 |
| | La mesure de cette base a donné. . . . . . . . . . . . . . | | | | 39801,7 |
| | La différence est de . . . . . . . . . . . . . . . . . | | | | 7,0 |

Il reste encore un triangle, le quarante-cinquieme, pour compléter la série entre Greenwich et Paris, au moyen duquel nous pourrons lier le point M près Dunkerque avec Douvres. Mais il est nécessaire que nous fassions quelques remarques sur la base de Dunkerque, et que nous montrions aussi comment, d'après les opérations françoises, le point M est situé à l'égard de Paris, Dunkerque et Calais.

M. Cassini de Thury, dans le livre ci-dessus cité, a décrit, pages 23 et 54, la maniere dont la base de Dunkerque avoit été mesurée sur le rivage : sa longueur moyenne a été trouvée de 6224,36 toises, qui valent 39801,7 pieds anglois. Il paroît, comme on l'a établi ci-dessus, qu'il y a une différence, en moins, de 7 pieds entre les longueurs, mesurée et calculée, du dernier côté de la suite combinée des 44 triangles anglois et françois, laquelle est déduite de la base mesurée à Hounslow-heath, et vérifiée par une autre base mesurée à Rommey-marsh. Mais une suite de 24 triangles françois, déduite d'une base mesurée près de Paris, et corrigée par une autre mesurée près d'Amiens, donne, pour la longueur de la même base près Dunkerque, 39809,94 pieds anglois, et, par conséquent, un excès de 15 pouces seulement sur notre résultat. Ce grand accord dans la détermination de la même longueur par deux suites différentes de triangles, dont les extrémités sont situées à une si grande distance l'une de l'autre, prouve suffisamment de quelle exactitude les mesures trigonométriques et les opérations, en général sont susceptibles, quand on se sert de bons instruments et qu'on les emploie avec précaution. Il n'est pas douteux qu'il s'est glissé de part et d'autre, dans la suite du travail, de petites erreurs qu'on n'a pas apperçues : mais, comme elles tomboient tantôt dans un sens et tantôt dans l'autre, elles se sont mutuellement détruites, de telle sorte que leur influence est entièrement nulle. Quant à la différence, en moins, de 7 pieds, trouvée entre la mesure faite sur le rivage près Dunkerque, avec des verges de sapin, et les résultats du calcul trigonométrique, il faut qu'on se rappelle ce qui seroit arrivé si on s'en étoit tenu à la mesure de Hounslow-heath, faite avec des verges de même bois, lorsqu'imbibées d'humidité elles étoient dans leur plus grand état d'expansion. On a vu (*Description des moyens employés pour mesurer la base de Houns-low-heath*, p. 46) que cette base auroit été trouvée de 7½ pieds trop courte. Quoique les verges françoises fussent enduites de plusieurs couches de vernis à l'huile, pour empêcher qu'elles ne s'imbibassent d'eau salée, qui, à ce qu'on nous a dit, forme dans certains endroits des dépôts qui ont jusqu'à 6 pouces de profondeur, cependant il est présumable qu'il a été impossible d'empêcher que l'eau ne s'introduisît par les extrémités, à la jonction des ferrures, et n'alongeât les fibres par dessous le vernis. D'après cela, il y a tout lieu de croire que le remede a été pire que le mal; car l'enduit empêchant les verges de se sécher aussitôt qu'elles l'auroient fait sans enduit, la mesure a été trouvée plus courte encore qu'elle ne l'auroit été, si les verges n'avoient pas été peintes. Ceux qui sont versés dans ces matieres pourront juger si cette supposition est fondée ou non: mais cette question intéressante peut être décidée dans l'espace d'un ou de deux jours au plus, au moyen d'une chaîne d'acier semblable à la nôtre. Car, en supposant que les extrémités de la base entre le fort *Revers* et les *dunes* soient bien connues, et que l'alignement soit tracé sur le rivage, seulement avec des piquets de camp posés à des distances raisonnables et une corde mobile, la simple mesure avec la chaîne, faite sur la surface du terrain, et répétée dans les deux sens sans aucun appareil extraordinaire, suffiroit pour déterminer la distance à un pied près. On voit par là combien il est important d'avoir dans tous les temps un moyen de mesurer avec autant de facilité et de précision.

On ne sera pas surpris que, eu égard à toutes ces circonstances, nous rejetions la base de Dunkerque avec toutes les corrections auxquelles elle sert de fondement, lorsque nous fixerons la situation de Dunkerque et du point voisin M, où le méridien de l'observatoire royal de Paris coupe une ligne menée de Dunkerque à Notre-Dame de Calais, et que nous nous en tenions aux distances fournies par les triangles anglois, comme ne différant pas sensiblement du résultat moyen donné par les deux autres mesures françoises.

Il paroît, par le livre de la *Méridienne vérifiée*, pages 5, 53 et 56, que Dunkerque (en rejetant les corrections ci-dessus désignées) est à 125522,2 toises au nord de l'observatoire royal de Paris, qui valent 133775,3 fathoms. Il paroît aussi, pages 51 et 57, qu'au moyen de deux suites de triangles, Dunkerque a été trouvé de 1420,41 toises, valant 1513,8 fathoms, à l'est du méridien de Paris. Mais il est dit, p. 276, que Dunkerque est au nord de 125517, et à l'est de 1430 toises, valant respectivement 133769,7 et 1524,2 fathoms; et dernièrement, p. 36 de la *Description géométrique de la France*, du même auteur, publiée en 1783, qui, étant un ouvrage postérieur, doit être plus correct que le premier, Dunkerque est placé à 125495 toises, valant 133746,3 fathoms, au nord de l'observatoire, et à 1416 toises, valant 1509,1 fathoms, à l'est de son méridien. Maintenant, sans prétendre entrer dans l'examen des différentes corrections en + et en —, qui ont été appliquées aux angles des triangles, pour obtenir ces différents résultats, nous nous en tiendrons au premier, qui est une valeur moyenne déduite immédiatement des observations sans aucune correction arbitraire, et qui donne pour la distance à l'est une valeur moyenne entre les deux autres. Ayant donc en notre pouvoir les données nécessaires pour déterminer la longitude de Dunkerque et le point M à l'égard de Greenwich, nous pourrons calculer la différence de longitude entre les deux observatoires sans nous écarter sensiblement de la vérité.

Les triangles du comte de Cassini, exécutés pendant l'automne 1787 et communiqués en janvier 1789, placent Hondscôte à 67° 53' 20" au sud-est du méridien de Dunkerque : cet angle étant soustrait de 144° 53' 28",5, angle total entre Hondscôte et Calais, et somme des trois angles à Dunkerque dans les 40°, 41° et 42° triangles, il reste 77° 0' 8",5 pour l'angle de Calais au sud-ouest du méridien de Dunkerque : ce dernier angle étant encore soustrait de 180°, la différence 102° 59' 51",5 est l'angle entre le même méridien prolongé vers le nord et une ligne tirée de Dunkerque à Calais passant par le point M.

Les distances 133775,3 et 1513,8 fathoms, étant séparément réduites, dans la proportion de 39809,94 à 39808,7 pieds, qui sont, comme on l'a établi précédemment, les deux longueurs assignables à la base mesurée sur le rivage, près Dunkerque, nous avons, en mesures angloises, 133771,1 fathoms pour la distance du parallele de Dunkerque à celui de l'observatoire royal de Paris, et 1513,75 fathoms pour la distance orientale de Dunkerque au méridien de cet observatoire. Faisant ensuite usage de l'angle 77° 0' 8",5 et de son complément 12° 59' 51",5, nous trouverons 1553,56 fathoms pour la distance directe de Dunkerque au point M, et 358,6 fathoms pour la quantité dont le point M est au sud de Dunkerque. Mais la distance de Dunkerque à l'observatoire royal de Paris, donnée, p. 276 du livre de M. Cassini de Thury, étant réduite dans la proportion des deux bases, devient égale à 133765,7 fathoms: prenant une valeur moyenne entre ce nombre et 133771,1, ci-devant trouvé, nous aurons pour la distance moyenne de Dunkerque à l'observatoire 133768,4 fathoms, d'où soustrayant 358,6 fathoms, distance méridionale moyenne de M à Dunkerque, il restera ultérieurement 133409,0 fathoms pour la distance entre M et l'observatoire de Paris, mesurée sur le méridien.

Le 40° triangle donne, pour la distance de Notre-Dame de Calais à Dunkerque, 123734, 8 pieds, d'où soustrayant 1553,56 fathoms=9321,36 pieds, il restera 114413,4 pieds, pour la distance du point M à Calais. Ainsi, au moyen d'un angle formant, à Calais, le supplément à 360°, qui est égal à 139° 17′ 33″,2 et contenu entre des côtés connus, nous pouvons enfin compléter le 45° triangle et déterminer la situation de M par rapport à Douvres.

Notre-Dame de Calaïs . . . 139° 17′ 33″2 ⎰ L'excès sur 180°,
Château de Douvres . . . . 18 24 37,3 ⎱ dû à la sphérici-
Point M près de Dunkerque 22 17 49,5 ⎰ té, est de 2″42.

De N.-Dame de Calais au ⎰ château de Douvres. . 137449,9 pieds
⎱ point M près Dunkerq. 114413,4
Du château de Douvres au point M . . . . . . 236273,7
De plus, Douvres est distant de Dunkerque de. . 243291,3

### A R T.  I I I.

*Résultats des opérations trigonométriques, quant à ce qui concerne la situation des différentes stations à l'égard de l'observatoire royal de Greenwich.*

Les calculs faits précédemment des longueurs des côtés et les mesures des angles d'une suite contenue de 45 triangles, ayant servi à déterminer la situation relative de chaque station à l'égard de la station voisine qui lui étoit adjacente, nous sommes en état, au moyen de ces données et des angles que Norwood et le château de Severndroog font avec le méridien de l'observatoire de Greenwich, d'assigner la situation de chaque station par rapport à ce méridien et à sa perpendiculaire, ainsi que les distances directes à cet observatoire et leurs angles d'obliquité sur le méridien. Ces différentes déterminations sont contenues dans les six premieres colonnes à gauche de la table des résultats, qu'on trouvera ci-après, dans laquelle on a distingué les stations en deux classes, l'une composée de celles à l'ouest et l'autre de celles à l'est de Greenwich.

Un échafaud, parfaitement semblable à celui que nous

avons décrit, mais un peu plus léger, vu que son usage n'étoit
que momentané, a servi à élever le support de l'instrument à
38 pieds au-dessus du plancher de la chambre de l'instrument
des passages de l'observatoire de Greenwich. A cette hauteur
on voyoit distinctement tous les objets qu'il étoit nécessaire
d'observer ( excepté S.-Paul qui étoit caché par la tourelle d'observation de la grande salle octogone ), et on pouvoit mesurer
exactement les angles compris entre ces objets et la marque ou
le repere de la méridienne du côté du sud. Comme cette marque n'est qu'à 1500 pieds de l'instrument des passages, et qu'à
cette distance, $\frac{1}{10}$ de pouce correspond à un angle d'une seconde
environ, il a été nécessaire de mettre avec grand soin le centre
de l'instrument sur le centre de l'axe de l'instrument des passages. L'astronome royal nous a été d'un grand secours dans
cette circonstance et dans toutes les opérations que nous avons
faites à Greenwich. Le point central de l'axe fut d'abord déterminé
par l'intersection de deux lignes diagonales tracées sur la partie quarré du milieu. On posa sur cette partie quarrée, la lunette
étant dans une position horizontale, un bassin contenant du
mercure, dans lequel on avoit ajusté une petite croix, faite de
deux minces morceaux de bois, et placée près de la surface du
mercure de maniere à pouvoir faire coïncider le centre de la
croix avec l'intersection des lignes tracées au-dessous, sur le cui
vre. Une petite lunette ayant alors été fixée dans une planche
mobile, sous le centre de l'instrument, on la fit glisser dans des
directions rectangulaires, soit dans le sens du méridien, soit
dans le sens de l'axe de l'instrument des passages, jusqu'à ce
qu'en regardant en bas, le centre de la croix coïncidât avec l'axe
de vision. On fixa alors la planche; et ayant ôté la lunette,
l'intersection de fils de soie tendus au travers de la planche
marqua très exactement le point correspondant au centre de
l'instrument des passages, sur lequel on amena le centre de
notre instrument au moyen de l'à-plomb. On employa une seconde méthode encore plus directe. Le docteur Maskelyne avoit
un objectif préparé pour la lunette de l'instrument des passages
qui pouvoit convenir à la distance verticale de notre instrument
qui étoit au-dessus. Ayant adapté ce verre à la lunette et diminué l'ouverture avec un morceau de carton percé d'un trou rond
dans le milieu, on fit un petit trou d'épingle dans la planche
au dessus, qui fut mue graduellement, d'après les indications
d'un observateur placé au-dessus et regardant dans la lunette
disposée

disposée verticalement, jusqu'à ce que le trou d'épingle coïncidât exactement avec l'axe de vision. L'instrument fut alors amené avec l'à-plomb, comme ci-devant, précisément au-dessus du trou d'épingle. Par cette méthode, qui fut celle adoptée, il ne resta pas une incertitude de plus de $\frac{1}{100}$ de pouce sur la position du centre de l'instrument à l'égard de l'intersection de deux plans verticaux passant par l'axe de vision et par l'axe de mouvement de l'instrument des passages. On vérifia, une semaine après, la coïncidence de l'axe de vision avec le trou d'épingle, et elle n'avoit pas varié. On a vu, dans le huitieme triangle, que l'angle formé à Greenwich par le château de Severndroog sur Shooter's-hill et par la station sur les hauteurs de Norwood étoit de 111° 56′ 50″: plusieurs observations faites sur différentes parties du cercle donnerent, pour l'angle occidental de la station de Norwood avec le méridien, 38° 7′ 16″: d'où il suit que l'angle formé à l'est par le château de Severndroog est de 73° 46′ 34″, et chacun de ces angles est supposé ne s'écarter de la vérité que d'une petite fraction de seconde.

Maintenant, pour peu qu'on connoisse la trigonométrie plane, on verra aisément, qu'au moyen des côtés et des angles connus de la suite des triangles, et de l'angle de 38° 7′ 16″, également connu et formé par Norwood et le méridien de Greenwich du côté de l'ouest, les distances de cette station ou d'une autre quelconque au méridien et à la perpendiculaire de Greenwich peuvent être aisément déterminées. Cependant, afin que ceux qui ne sont que peu versés dans ces matieres puissent vérifier eux-mêmes les calculs sur lesquels sont fondées les colonnes qui occupent la partie gauche de la table qu'on verra ci-après, nous donnerons un exemple qui tiendra lieu de tous les autres.

Supposons, planche 10, fig. 1, que G M représente le méridien de la chambre de l'instrument des passages à Greenwich, G W la perpendiculaire à ce méridien prolongée indéfiniment vers l'ouest, N la station à Norwood, et H la station à Hundred-acres, dont on demande les distances au méridien et à la perpendiculaire, à l'ouest de l'un et au sud de l'autre; faisons passer par les stations N et H des lignes ponctuées, respectivement parallèles au méridien et à la perpendiculaire, ce qui nous donnera quatre parallélogrammes dans le premier, qui est le plus près de Greenwich : G N est connu par le huitieme triangle et = 31274,48 pieds; l'angle N G $m$ = 38° 7′ 16″; son complément N G $p$ = 51° 52′ 44″ : d'où il suit que N $m$, qui représente la distance occidentale de Norwood au méridien, est de 19306,54

pieds, et que N $p$, ou la distance méridionale à la perpendiculaire, est de 24603,86 pieds. On trouve ensuite, par les valeurs
des angles autour des points N, que G N H $=$ 165° 44'36",82, qui,
étant plus petit de 4° 15' 23",18 que 180°, fait voir que le côté
N H est plus incliné vers l'ouest de cette même quantité que le
côté N G. Ainsi H N $s$ $=$ 38° 7' 16" $+$ 4° 15'23",18 $=$ 42° 22' 39",18 ;
et c'est l'angle que la ligne N H fait avec la ligne N $s$, passant
par le point N parallèlement au méridien de Greenwich. Maintenant, au moyen de la diagonale H N, donnée par le septieme
triangle et $=$ 55648,21 pieds, de l'angle H N $s$ $=$ 42° 22' 39",18,
de son complément $=$ 47° 37' 20",82, et en prenant N H pour
rayon, on trouvera $s$ H $=$ 24027,36 pieds, quantité dont le point
H est plus occidental que le point N, et W H $=$ 26334,04 pieds,
quantité dont le point H est plus méridional que le point N.
Ensuite $m$ N $+$ $s$ H $=$ 43333,9 pieds, est la quantité dont le point
H est plus occidental que Greenwich; et $p$ N $+$ w H $=$ 50937,9
pieds, est la distance méridionale de H à la perpendiculaire
au méridien de Greenwich. Enfin, au moyen de ces deux côtés
connus et de l'angle droit qu'ils forment entre eux, on trouve
l'angle M G H $=$ 40° 23' 18",54, distance angulaire de Hundred-
acres au méridien de Greenwich, et on calcule la distance directe ou diagonale GH $=$ 66876,73 pieds. Si on regarde dans la
table des résultats les deux stations à l'ouest de Greenwich, on
trouvera, à gauche, sous leurs titres respectifs, les nombres déterminés dans cet exemple, et ainsi des autres. Nous exposé-
rons ailleurs la méthode employée pour calculer les colonnes
qui forment la partie à droite de cette table.

# CINQUIEME SECTION.

## De la différence entre les angles horizontaux sur la sphere et sur le sphéroïde ( planche 10 ).

Le mémoire où j'ai donné le projet des opérations trigono-métriques contient différents calculs sur la figure et les dimen-sions de la terre, fondés principalement sur la mesure actuelle de différents arcs du méridien à différentes latitudes, dont quelques unes sont fort éloignées des autres. Il paroît, par le rapprochement des résultats, que la figure assignée à la terre dans l'hypothese du second sphéroïde de M. Bouguer s'ac-corde mieux avec ces données, fournies par la mesure de dif-férents arcs, qu'aucune autre hypothese. Il étoit naturel de penser que les opérations trigonométriques, que nous allions commencer, jetteroient probablement quelque lumiere sur ce sujet compliqué qui avoit depuis long-temps fixé l'attention du monde savant. Cette considération conduisoit naturelle-ment à la discussion d'une question nouvelle et curieuse, dont on ne s'étoit pas encore occupé, et qui avoit une liaison immé-diate avec nos opérations; voici l'énoncé du problême :

*La terre étant supposée un sphéroïde, tel que celui de M. Bou-guer, considérablement applati vers les poles, quelle est la dif-férence entre les angles horizontaux, observés avec un excel-lent instrument, sur ce sphéroïde et sur la sphere ?*

La solution suivante de ce problême étant la seule com-plete que j'aie reçue, je la donnerai telle que l'auteur (M. Dalby) l'a écrite (1).

Soient (planche 10, fig. 2) C E et C P les demi-diametres, équatorial et polaire, de la terre considérée comme un sphé-roïde applati vers les poles; P E et P N deux méridiens; $p\ e$ et $p\ n$ deux méridiens correspondants (c'est-à-dire respecti-vement situés dans un même plan) sur une sphere, ayant

---

(1) J'avois lieu d'espérer, d'après ma correspondance avec le docteur Maskelyne, qu'il me communiqueroit quelque chose sur ce sujet : je pense que ses occupations l'en ont empêché, et qu'il donnera un jour à la société royale sa méthode de résoudre les triangles sphéroïdes.

K ij

son centre en C. Soient les points $a$, $b$, A, B, ayant respectivement la même latitude sur la sphere et le sphéroïde. Menez les rayons $a$C, $b$C, et les verticales A G, B W.

Les angles A O N, B D E, dans le sphéroïde, étant toujours égaux à la latitude des points A et B, sont par conséquent égaux aux angles $a$C$n$, $b$C$e$ sur la sphere, et, ainsi, les verticales A G, B W sont paralleles aux rayons $a$ C, $b$ C.

Supposons que la latitude de B ou de $b$ soit plus grande que celle de A ou de $a$, et qu'on veuille trouver la valeur de l'angle horizontal $p\,a\,b$ sur la sphere, ou avoir un angle P A $r$ sur le sphéroïde qui lui soit égal.

L'angle $p\,a\,b$ est mesuré par l'inclinaison des plans $a$ C $b$, $a$ C $p$; A G, comme une intersection de tous les cercles verticaux passant par le point A, est parallele à $a$ C et dans le même plan ; ainsi l'angle horizontal P A $r$ étant égal à l'angle $p\,a\,b$, les plans G A $r$ et C $a\,b$ doivent être paralleles entre eux ; et par conséquent G $r$, ligne d'intersection du plan G A $r$ avec le méridien E P, est parallele à $b$ C dans la sphere, ou à W B dans le sphéroïde. Ainsi, si du point G où la verticale A G rencontre l'axe, on tire G $r$, parallele à la verticale B W, le point de rencontre $r$ sur le méridien E P déterminera l'angle P A $r$, égal à l'angle $p\,a\,b$, ou égal à l'angle horizontal qui auroit eu lieu sur une sphere.

Pareillement, si on veut obtenir un angle P B $v$, égal à l'angle $p\,b\,a$, il faudra mener W $v$ parallele à G A, et le plan $v$ W B sera parallele au plan A G $r$; ainsi les angles des triangles sphéroïdes P A $r$, P $v$ B, supposés mesurés par l'inclinaison des plans, sont respectivement égaux l'un à l'autre et égaux aux angles du triangle sphérique $p\,a\,b$.

Il suit de là que, si on place, en A, un instrument mesurant l'angle horizontal formé, sur le spheroïde, par un méridien N P et un signal B T perpendiculaire à la surface de la terre et établi sur un autre méridien P E, l'angle horizontal observé entre le méridien P A et le signal B T sera plus grand qu'il ne l'auroit été sur une sphere ( les latitudes et les longitudes étant les mêmes sur l'un et l'autre ), si la latitude du signal est plus grande que celle de l'instrument, et l'excès sera égal à l'angle B A $r$; mais si la latitude de l'instrument est la plus grande, ou qu'il soit supposé en B, et le signal, en A, l'angle observé P B A sera plus petit qu'il ne l'auroit été sur la sphere, la différence par défaut étant égale à l'angle A B $v$, qui, parceque les plans W B $v$, G A $r$, sont paralleles, est lui-même égal à l'excès B A $r$ trouvé précédemment.

Si les latitudes des points A et B sont les mêmes, les plans
W *v* *b*, G A *r* coïncideront, les verticales se rencontrant dans
le même point de l'axe; ainsi les angles observés seront égaux
l'un à l'autre et les mêmes que s'ils avoient été observés sur
une sphere.

A G, *v* W, B W, *r* G, étant paralleles à *a* C et *b* C, les
angles *v* W B, A G *r* seront égaux à l'angle *a* C *b* ou mesurés
par l'arc *a b*; ainsi les arcs *v* B, A *r* seront chacun égaux à
l'arc *a b*; c'est-à-dire que ce sont des arcs de grand cercle, de
même valeur, interceptés entre les méridiens P N, P E, aux
points B et A.

Menez G R perpendiculaire à la verticale B W; alors, B W
et *r* G étant paralleles, G R sera aussi perpendiculaire sur
*r* G; mais l'axe P W étant la commune intersection des plans
de tous les méridiens, et B W, *r* G étant dans le plan du
méridien P B, G R sera aussi dans le même plan; et, parceque
l'angle W B *r*, formé par la verticale et le méridien, est droit
ainsi que l'angle G R B, G R sera par conséquent, à peu de
chose près, égal à la longueur B *r*, sous-tendant la différence
entre les angles horizontaux sur la sphere et sur le sphéroïde.

De même, si G S est perpendiculaire à la verticale G A,
elle sera égale, à peu de chose près, à l'arc A *v*, et par conséquent G R, G S, ou les arcs B *r*, A *v*, seront entre eux comme
les cosinus des latitudes des points B et A (1).

Menez A K tangente au méridien, en A, et rencontrant l'axe
G P prolongé; menez encore A H perpendiculaire à la verticale A G, et rencontrant G *r* prolongé; par H, menez K H T
rencontrant W B en T. Les points K et H sont dans le plan
horizontal passant par A, et la ligne K H T est par conséquent dans le même plan; et, puisque *r* H et B T sont dans le
plan du méridien B P, H T sera aussi dans ce même plan, et
sera de plus la ligne sous-tendant l'angle T A H, vraie différence des angles horizontaux, qui, lorsque le sphéroïde est
donné, peut se déterminer comme il suit.

Cherchez, d'après la nature du sphéroïde, la longueur de
la verticale A G, et les points G et W où les verticales rencontrent l'axe; alors l'angle A K G étant à la latitude de
A, et A G K étant son complément, G K et A K sont donnés.
Soient *a* et *b* ayant, sur la sphere, les mêmes latitudes et les

---

(1) Il faut observer que les angles de latitude sont respectivement égaux aux angles S G W,
R G W, et que le côté G W est commun aux deux triangles.

mêmes différences de longitude que A et B sur le sphéroïde,
cherchez les angles $p\,a\,b$, $p\,b\,a$ et l'arc $a\,b$ ou l'angle $a\,C\,b$;
alors, puisque A G est donné, et que l'angle A G H est égal
à l'angle $a\,C\,b$, A H sera donné : au moyen de A H, de A K
et de l'angle compris H A K ( égal à l'angle sphérique $b\,a\,p$ )
calculez l'angle A H K et le côté K H; alors les triangles
K H G, K T W étant dans le même plan ( celui du méridien B P ) et G H étant parallele à W T, ces triangles seront
semblables. On tire de là G K : H K : : W G : T H: maintenant H A, H T et l'angle compris A H T (supplément de
A H K ) étant donnés, l'angle T A H, différence des angles
horizontaux, sera aussi donné.

*Exemple.* Supposons que le sphéroïde soit celui de M. Bouguer, que la latitude de A soit de 49° 40', celle de B de 5o',
et leur différence de longitude de o'. 3o'.

Par la nature de ce sphéroïde les rayons de courbure du
méridien à l'équateur et au pole, sont à-peu-près de 3465507
et 3524069 fathoms; la différence est de 58562 fathoms, longueur de la développée d'un quart du méridien; la verticale
$A\,G = 3465507 + \frac{8}{15} \times 58562 + \frac{1}{3} \times 58562\,(\,\text{sin. } 49°\,40'\,)^4 + \frac{4}{15} \times 58562\,(\text{sin. } 49°\,40')^2 = 3509769,5$ fathoms; ensuite $O\,G = \frac{8}{15} \times 58562 + \frac{4}{15} \times 58562\,(\,\text{sin. } 49°\,40'\,)^2 = 40307,66$ fathoms;
et $D\,W = \frac{8}{15} \times 58562 + \frac{4}{15} \times 58562\,(\,\text{sin. } 50°\,)^2 = 40397,23$ fa-
thoms. Maintenant les angles G O C, W D C, étant égaux aux
latitudes de A et B, on a C G $= 3$o726, 16, et C W $=$ 3o946,o8
fathoms, leur différence étant $=$ 219,92 $=$ G W.

Les côtés $p\,a$, $p\,b$, étant respectivement de 40°. 20' et de
40°, et l'angle compris de 3o', donneront $p\,a\,b = 43°\,51'\,48''2$,
$p\,b\,a = 135°$, 45' 16'',2, et $a\,b$ ou l'angle $a\,C\,b = 27'\,49'',7.$

Maintenant, en procédant comme on a dit ci-dessus, on a
G K $= 4604232,9$, A K $= 2980006,3$, et A H $= 28412,2$ fathoms.
De là on tire angle A H K $= 135°\,45'\,20'',08$, et K H $= 2979745,4$
fathoms; d'où H T $= 141,37$ fathoms. Cette valeur, celle de
A H et l'angle compris A H T $= 44°\,14'\,39'',92$ (supplément de
A H K ), donnent l'angle T A H $= 11'\,58'',9$, différence entre les
angles horizontaux sur la sphere et sur le sphéroïde.

Ainsi les angles observés en A et B auroient été de $43°\,51'\,48'',2$
$+ 11'\,58'',9 = 44°\,3'\,47'',1$, et $135°\,45'\,16'',2 - 11'\,58'',9 = 135°$
$33'\,17'',3$.

Si la figure eût été un ellipsoïde ayant les mêmes axes, l'angle
T A H auroit été trouvé de $8'\,4'',4.$

Il faut observer que l'angle T A H ou l'angle horizontal
T A K diminue ou augmente selon que le point observé dans
T B est plus ou moins élevé : cette variation est cependant trop
petite pour qu'il soit nécessaire d'y avoir égard dans la pratique,
ainsi qu'on peut s'en assurer de la maniere suivante.

Soit le sphéroïde de M. Bouguer (nous le choisissons ici parceque la différence y est plus grande que sur un ellipsoïde ), et
soient les points A et B, fig. 3, ayant les mêmes latitudes et
les mêmes différences de longitude que ci-dessus ; B T étant
le signal, menons G B $n$ par le point B.

Maintenant, si on suppose que B est à-peu-près dans la ligne
horizontale, l'angle horizontal, pris entre la partie septentrionale du méridien A P, et le point B du signal, sera l'angle B A P,
la lunette étant, dans ce cas, pointée sur B, et le plan vertical
dans lequel elle se meut étant le plan $n$ B G A ; mais si la lunette
est dirigée sur quelque point T du signal plus élevé que B,
l'angle T A P sera évidemment, dans ce cas, plus petit qu'il
ne l'étoit dans le cas précédent, d'environ la valeur de l'angle
$n$ A T : il diminue donc lorsque le point T s'éleve, et il aug-
menteroit évidemment si le point observé étoit plus bas que
le point B.

Les latitudes de A et B étant de 49° 4' et 50°, et leur différence
de longitude de 30', B G sera à-peu-pres égal à A G, ou a
3509769 fathoms ; G R étant de 141,36 fathoms, l'angle G R B
de 90°, on a :

BG(3509769) : ray. : : GR(141,36) : sin. 8' = ang. GBW = ang. TB$n$.

Maintenant, supposons le point T à un mille au-dessus de
la surface, ce qui, avec l'angle T B $n$ = 8″, donnera T $n$ = 3
pouces environ ; mais T $n$, étant dans le plan du méridien, doit
être vu obliquement du point A, parceque l'angle A B P est
d'environ 135° ; ainsi T $n$ doit sous-tendre un très petit angle
à la distance de 33 $\frac{1}{2}$ milles, qui est à-peu-près celle des points
A et B.

Il suit de la détermination des angles horizontaux qu'on observeroit en A et B (fig. 2) sur le sphéroïde, que, si les co-latitudes
A P, B P, de A et B, sont connues, et que des angles observés
A B P, B A P, le plus grand soit augmenté et le plus petit diminué d'une même quantité, jusqu'à ce que la somme et la différence donnent les côtés opposés A P, B P, tels qu'ils résulteroient
du calcul exact d'un triangle sphérique ; il en doit résulter,
disons-nous, que le troisieme angle ou la différence de longi-

tude est donnée : en effet les angles observés en B et A étant respectivement de 135° 33′ 17″, 3 et 44° 3′ 47″, 1, on a la proportion exacte :

$$\sin. 135° 33′ 17″5 + 11′ 58″9 : \sin. AP :: \sin. 44° 3′ 47″,1 - 11′ 58″9 : \sin. BP.$$

Mais en employant simplement les angles observés, on a :

$$\sin. 135° 33′ 17″, 3 : \sin. AP :: \sin. 44° 3′ 47″,1 : \sin. \text{d'un arc} > \text{que BP};$$

$$\text{et} \sin. 44° 3′ 47″, 1 : \sin. BP :: \sin. 135° 33′ 17″, 3 : \sin. \text{d'un arc} < AP.$$

On reconnoîtra par là si les angles observés sont ceux qui doivent résulter d'observations faites sur un sphéroïde applati vers les poles.

La somme des angles observés en A et B, sur le sphéroïde, étant égale à la somme de ceux qu'on observeroit sur une sphere ( les latitudes et les différences de longitudes étant les mêmes de part et d'autre ), et les différences respectives des angles étant égales, le calcul de la somme se fait de la même maniere dans l'un et l'autre solide ; et chaque angle, en particulier, se déterminera sur le sphéroïde de la maniere suivante.

## THÉORÊME.

Si, dans un triangle sphérique B P A ( fig. 4 ), deux des côtés P B, P A, et la somme des angles opposés P B A + B A P, sont connus, on aura :

> *Comme la tangente de la moitié de la somme des côtés,*
> *est à la tangente de la moitié de leur différence ;*
> *ainsi la tangente de la moitié de la somme des angles,*
> *est à la tangente de la moitié de leur différence.*

Dans le triangle sphérique $a\,p\,b$ ( fig. 2 ) on a :

$$\sin. b\,a\,p : \sin. b\,p :: \sin. a\,b\,p : \sin. a\,p.$$

C'est-à-dire qu'on a sur le sphéroïde,

$$\sin. B\,v\,P : \sin. B\,P :: \sin. v\,B\,P : \sin. A\,P.$$

Maintenant l'arc B $v$ étant égal à l'arc $b\,a$, considéré comme un arc de grand cercle, il suit de là que si, dans le triangle sphéroïde $v$ B P, $v$ B, B P et l'angle compris $v$ B P sont donnés, les autres angles en P et $v$ peuvent être trouvés par un calcul de triangle sphérique, mais non pas le troisieme côté $v$ P. Sup-

posons

posons B P et B $\nu$ donnés et l'angle compris $\nu$ B P de 90° ; alors,

rayon : sin. B P : : cotang. B $\nu$ : cotang. angle B P $\nu$.

Ainsi, si la latitude du point B et l'angle B W $\nu$, ou la valeur de l'arc B $\nu$, considéré comme un arc de grand cercle perpendiculaire au méridien à ce point, sont données sur le sphéroïde, la différence de longitude peut se trouver par un calcul de triangle sphérique, mais non pas la latitude du point $\nu$.

Mais, le sphéroïde étant connu, la latitude d'un point donné $\nu$, sur un grand cercle perpendiculaire au méridien, peut se trouver, à très peu près, d'après ce qu'on a dit plus haut, par la proportion suivante :

rayon : cos. BP : : cos. B$\nu$ : cos. d'un arc (PA) $<$ colatitude P$\nu$ de $\nu$.

Maintenant, avec la latitude ainsi trouvée (qu'on suppose être celle du point A) et la latitude donnée de B, cherchez G S (fig. 2), qui sera, à très peu près, égale à l'arc A$\nu$; et cette valeur, considérée comme un arc du méridien, étant ajoutée à P A, donnera P $\nu$, colatitude de $\nu$.

L

# SIXIEME SECTION.

Maniere de déterminer les latitudes des stations. Usage des observations de l'étoile polaire, pour déterminer les différences de longitude dans l'hypothese de différentes spheres et du sphéroïde de Bouguer. Dernier résultat des opérations trigonométriques, qui donne la différence des méridiens des observatoires royaux de Greenwich et de Paris.



*Préambule où l'on expose les principes généraux adoptés pour fixer les latitudes des stations.*

J'ai eu occasion de faire voir, dans le mémoire donné en 1787, et si souvent cité, où j'avois eu seulement le dessein de proposer un mode de travail pour les opérations trigonométriques, que l'arc du méridien, mesuré entre le point M, près Dunkerque, et la ville de Perpignan, située au fond des montagnes des Pyrénées, correspondant à un arc céleste d'environ $8^\circ\frac{1}{3}$ de latitude, différoit un peu de la longueur qui résulteroit de l'hypothese où la terre seroit censée avoir la figure et les dimensions du second sphéroïde de M. Bouguer. Il est cependant nécessaire de relever ici quelques erreurs (1), qui se sont glissées,

---

(1) Les erreurs dont on parle dans le texte sont de trois sortes. 1°. On s'est trompé dans la maniere de déduire la longueur des arcs de celle des degrés, quoique ceux-ci, pris séparément, ayent été exactement calculés : par exemple, le quarante-troisieme degré a été considéré comme s'étendant du quarante-deuxieme au quarante-troisieme ; au lieu qu'il auroit dû être pris pour le point moyen, c'est-à-dire depuis $42\frac{1}{2}$ jusqu'à $43\frac{1}{2}$, et ainsi des autres. Par là les arcs ont été faits un peu trop longs. 2°. On a omis une longueur de $93\frac{1}{2}$ toises dans l'évaluation de l'arc céleste entre Greenwich et Perpignan, le secteur avec lequel les étoiles ont été observées ayant été placé à cette distance, au nord de l'église S.-Jaumes, point auquel correspondent les mesures triangulaires. 3°. J'ignorois que les observations françoises des étoiles avoient été corrigées de la nutation de l'axe de la terre dans le mémoire de M. de la Caille, inséré dans ceux de l'académie des sciences de l'année 1758 ; au moyen de quoi les valeurs des arcs célestes sont un peu différentes de celles qui leur sont respectivement assignées dans le livre de la *Méridienne vérifiée*, pu-

par inadvertence, dans le calcul de la longueur des arcs, et qui, quoiqu'affectant, à un certain point, l'exactitude des nombres qui servent à la comparaison, n'infirment point le raisonnement général et la seule chose qu'on vouloit établir, savoir que l'hypothese de M. Bouguer s'accordoit mieux avec les mesures actuelles faites en différentes parties de la surface de la terre, qu'aucune de celles qui avoient servi d'objet de comparaison.

Il suffit, pour le prouver, d'observer qu'ainsi qu'on le verra ci-après très en détail, la distance entre les paralleles de Greenwich et de Dunkerque ou de Greenwich et du point M., étant maintenant ajoutée (au moyen de nos opérations trigonométriques) à la longueur mesurée du méridien de France, les sections mesurées et calculées du méridien total s'accordent presque exactement à Paris; que l'excès de la mesure n'est que de 3″ ou 4″ à Bourges, de 6″ seulement à Rodez, et qu'en s'étendant même jusqu'à Perpignan, ce qui comprend en tout un arc céleste de plus de 8°¾, l'excès se trouve compris entre 16″ et 17″, dont la plus grande partie est probablement due à l'action des Pyrénées sur l'à-plomb du secteur. Cette attraction a été évaluée dans le mémoire de 1787 à environ 10″: mais on ne peut statuer que sur des hypotheses, jusqu'à ce qu'on ait étendu les mesures triangulaires au-delà des Pyrénées dans l'Espagne, et qu'on ait fait de chaque côté des observations correspondantes d'étoiles avec le même instrument et le meilleur qu'on puisse imaginer pour cet objet. En même temps, puisque les François ont rejeté leurs propres observations à Perpignan, nous éviterons de tirer aucune conclusion des latitudes observées au midi, et nous nous bornerons à celles qui sont immédiatement liées à nos opérations et observées aux stations septentrionales du méridien.

Nous n'avons jamais eu le dessein, dans les observations trigonométriques, de déterminer les latitudes des stations par des observations actuelles des distances des étoiles au zénith, qui, avec les meilleurs instruments en usage, n'auroient donné

---

blié en 1744. Il paroît, par le même mémoire, que les observations faites à Perpignan ont été rejetées comme étant probablement affectées de l'attraction des Pyrénées.

Le seul moyen de rectifier cette partie de la table de comparaison du mémoire de 1787, qui se trouve affectée des erreurs sus-mentionnées, est de joindre ici une feuille corrigée, à laquelle on pourra recourir au besoin, ou qu'on pourra substituer à la premiere.

Nota. *On ne met point ici la feuille dont parle le général Roy, vu qu'on a fait les corrections indiquées dans la traduction du mémoire de 1787.*

qu'une précision d'environ 1″ d'arc céleste, correspondante,
dans ces contrées, à 101 pieds sur la surface de la terre. En
employant même un secteur très supérieur aux anciens ( tel
peut-être que M. Ramsden pourra en imaginer par la suite ),
qui auroit donné les distances au zénith à $\frac{1}{10}$ de seconde près,
ou environ 10 pieds sur la surface de la terre, son usage, dans
nos opérations, auroit entraîné un emploi de temps en pure
perte : en effet, l'astronome royal ayant fixé la latitude de
Greenwich à 51° 28′ 40″, à moins d'une demi-seconde près,
et les situations géodésiques de nos stations étant déterminées
avec une telle exactitude qu'elles ne laissent pas une incertitude de plus d'un ou deux pieds, nous avons pu déterminer les
latitudes relatives à la précision d'une petite fraction de seconde;
bien entendu que nous avons adopté l'échelle de M. Bouguer,
comme s'adaptant presque exactement au petit espace de 26′ 51″,
ou environ, de latitude, entre Greenwich et le point M, où nos
opérations se sont terminées.

Les considérations qui vont suivre feront voir pleinement
combien cette maniere de déterminer les latitudes des stations
est exacte. Nous avons adopté, pour le calcul des triangles sphériques, une sphere dont le diametre est moyen entre le plus
long et le plus court du sphéroïde de M. Bouguer: le degré
d'une pareille sphere doit évidemment peu différer du degré
moyen du sphéroïde dans nos latitudes; ainsi un degré de la
sphere de 60859,1 fathoms répond à un degré du méridien
sur le sphéroïde à la latitude de 51° 5′. Autrement, si la longueur d'un quart du méridien sphéroïde de la terre, entre
l'équateur et le pole, qui est de 5478094,4 fathoms, est divisée
par 90 (Figure de la terre de Bouguer, pages 310 et 311), on aura
60867,72 fathoms pour le degré moyen du méridien, qui ne
differe pas sensiblement de celui répondant à la latitude de
Greenwich, cet observatoire étant à une petite distance du point
d'intersection d'un grand cercle d'une pareille sphere et de la
courbe génératrice du sphéroïde de M. Bouguer, ce qu'on concevra aisément à l'inspection de la fig. 3 de la planche 10.

A R T.  II.

*Des observations de l'étoile polaire, **en général**.*

L'article précédent nous met dans la nécessité de dire comment nous avons déduit les latitudes de nos stations, de leurs

situations respectives à l'égard de Greenwich ; car les méthodes suivies pour fixer les différences de longitudes par les observations de l'étoile polaire, qui ne pouvoient presque jamais être faites que d'un seul côté, c'est-à-dire la nuit, lorsque l'astre étoit à l'est du pole ; ces méthodes, disons-nous, supposent que la latitude de la station est exactement connue pour calculer l'azimut de l'étoile. La déclinaison de l'étoile, déterminée très exactement par l'astronome royal, et la latitude du lieu étant données, un seul azimut étoit suffisant pour avoir immédiatement la vraie direction du méridien. On auroit perdu inutilement beaucoup de temps à essayer d'observer l'étoile pendant le jour, lorsqu'elle étoit à l'ouest du pole, afin d'avoir un double azimut ; et, dans ce cas, la bissection de l'angle auroit donné le vrai méridien du lieu sans exiger la connoissance de la latitude.

On avoit construit d'avance, pour les observations de l'étoile polaire, une petite table marquant exactement les temps où cet astre étoit à l'est ou à l'ouest ; au moyen de quoi on connoissoit promptement l'instant de sa plus grande élongation. On a fait usage dans ces occasions de la montre de feu M. Harrisson qui avoit remporté le prix à la commission des longitudes. Sa marche, pendant tout le temps qu'elle a été en campagne, en 1787, a été uniformément de 9 $\frac{1}{2}$ secondes d'avance, par jour, sur le temps moyen ; mais dans les mois d'hiver elle passa graduellement de l'avance au retard, en sorte que, lorsqu'on la mit en campagne en 1788 et pendant les cinq semaines qu'elle y resta, elle retardoit régulièrement sur le temps moyen de 3 $\frac{1}{2}$ ou 4 secondes, chaque jour : elle a été pendant ce court espace de temps comparée deux fois, à Argyll-street, avec une excellente pendule faite par Cumming, munie d'un pendule perfectionné d'Ellicot.

Il est nécessaire de remarquer, à l'égard de ces observations de l'étoile polaire, au moyen desquelles les différences de longitude ou les angles de convergence des méridiens entre eux ont été déterminés, que, quoique quelques unes aient été faites à l'ouest de Greenwich, elles n'en sont cependant pas assez distantes, et ont été appuyées sur de trop petits côtés pour fournir des résultats parfaitement concluants et satisfaisants. Ce n'est que sur les seules observations à l'est, et principalement sur celles faites à Goudhurst et Botley-hill, distants l'un de l'autre de plus de 23 milles et réciproquement visibles, que nous nous sommes appuyés pour avoir l'échelle des degrés d'un grand cercle perpendiculaire au méridien, dans ces latitudes, d'où on a déduit les degrés de longitude. Les observations faites à Folkstone-turnpicke, qui est à plus de 58 milles de distance directe de Greenwich, et où, heureusement, on a obtenu le double azimut de l'étoile polaire, s'accordent parfaitement avecc elles faites à Goudhurst et à Botley-hill. Mais nous n'avons point eu d'observation de l'étoile polaire à Fairlight-down; nous y étions trop occupés du surplus du travail des triangles, et principalement des intersections des feux sur les côtes de France; et cela seul nous auroit mis dans l'impossibilité de faire autre chose, quand même le temps auroit été moins défavorable qu'il ne l'étoit alors pour les observations célestes.

**A R T.   I I I.**

*Applications du calcul aux observations de l'étoile polaire, à Goudhurst et Botley-hill, sur la sphere moyenne.*

Soit (planche 10, fig. 5) Botley-hill en B; P B R son méridien; Goudhurst en G; Wrotham-hill en W; Tenterden en T; R G un arc de grand cercle passant par G et tombant perpendiculairement sur le méridien B R; soit encore ** représentant le cercle de la déclinaison apparente de l'étoile polaire; et B*, G*, deux cercles azimutaux touchant ce cercle.

Le 14 août 1788, à Goudhurst, l'angle *G T, ou celui entre l'étoile polaire, lors de sa plus grande distance apparente au pole, à l'est du méridien, et la lampe du réverbere de Tenterden, a été observé de (1) . . . . . . . . . . 104° 32′ 19″½

L'angle B G T de Botley-hill à Tenterden a été observé plusieurs fois de . . . . . . . . . 167   43   56

Leur différence = angle *G B = . . . . . . 63   11   36½

Le 23 août 1788, à Botley-hill, l'ang. *B W, ou celui entre l'étoile polaire, dans sa plus grande élongation apparente, et la lampe de Wrotham-hill, a été observé de . . . . . . . 76   21   37

L'angle W B G, d'après les observations réitérées, a été trouvé de . . . . . . . . . . . . 40   4   42

Leur somme = angle *B G = . . . . . . . 116   26   19

---

(1) Les observations de l'étoile polaire, à Goudhurst et Botley-hill, ont été répétées plusieurs nuits; on donne ici les plus exactes. A Goudhurst, après avoir écrit l'angle entre

Afin d'obtenir l'azimut de l'étoile à chaque lieu, nous pouvons prendre, sans craindre d'erreur sensible, les latitudes de G et B, telles qu'elles résultent de la figure de M. Bouguer, annoncée précédemment; et nous prouverons, ci-après, qu'elles sont d'accord avec les observations. Ainsi B ou Botley-hill étant à 72882 ½ pieds au sud de Greenwich, et presque sur le même méridien, sa latitude sera par conséquent de 51° 16′ 41″, 54, et sa colatitude B P de 38° 43′ 18″, 46. Maintenant P ⋆, distance apparente de l'étoile au pôle, étant alors de 1° 49′ 22″,84, nous avons dans le triangle sphérique rectangle P ⋆ B :

sin. P B : rayon :: P ⋆ : sin. 2° 54′ 54″, 2 = l'angle ⋆ B P, azimut septentrional de l'étoile.

Cet angle étant ajouté à l'angle ⋆ B G, observé de 116° 26′ 19″, on a l'angle G B P = 119° 21′ 13″, 2, qui est celui compris entre le méridien et Goudhurst.

La distance de Goudhurst à la perpendiculaire au méridien de Greenwich est de 132592 pieds, et sa distance au méridien de Botley-hill, mesurée sur une perpendiculaire à ce méridien, est de 106171 pieds = G R, à-peu-près. Ainsi la latitude du point R est de 51° 6′ 52″, 89, d'où R P = 38° 53′ 7″, 11, et R G = 106171 pieds = 17′ 19″, 7 à-peu-près : on tire de là la proportion, rayon : cos. R P :: cos. R G : sin. 51° 6′ 49″, 7 = la latitude de G, à-peu-près; d'où G P = 38° 53′ 10″, 3. P ⋆, distance apparente de l'étoile, étant, lors de l'observation au point G, de 1° 49′ 25″, 34, on a l'angle P G ⋆, azimut de l'étoile = 2° 54′ 20″, 8, qui étant soustrait de l'angle B G ⋆, observé à Goudhurst, entre la lampe de Botley-hill et l'étoile, donne l'angle B G P = 60° 17′ 15″, 7, compris à Goudhurst entre Botley-hill et le méridien.

Maintenant, avec ces données, supposons d'abord que la terre est une sphere dont le diametre est moyen entre le plus long et le plus court du sphéroïde de M. Bouguer; que la latitude de B, et par conséquent sa colatitude B P, sont données; les angles P B G et P G B, étant respectivement de 119° 21′ 13″, 2 et 60° 17′ 15″, 7, nous aurons P G colatitude de G, et l'angle B P G, ou la différence de longitude de B et de G. En effet, le degré

---

l'étoile et la lampe, on a ôté la lunette et on a fait faire un demi-tour à l'instrument : la lunette a été ensuite replacée et dirigée sur l'étoile, et la différence, sur le cercle, n'a été trouvée que de 1″ ¼. On a fait la même vérification par-tout où les observations de l'étoile ont eu lieu. A Botley-hill, en particulier, la différence entre les deux observations n'a pas été de plus de 1″.

d'une pareille sphere contenant 60859,1 fathoms, la latitude de Botley-hill sera alors de 51° 16' 41", 45, et B P, sa colatitude, = 38° 43' 18",55. Ce dernier côté, avec les premiers angles P B G et P G B, respectivement de 119° 21' 13",2 et 60° 17' 15", 7, donc P G = 38° 53' 6", 72, pour la colatitude de G, et pour la différence B P G de longitude entre les points B et G, 27' 36", 7; autrement, le triangle sphérique rectangle P R G donne rayon : tang. G P : : cos. angle R P G : tang. 38° 53' 3", 47 = R P: mais le point R est à 22094 fathoms au sud de Greenwich et presque sur le même méridien; ainsi sa latitude sera de 51°6'52",8, et sa colatitude P R de 38° 53' 7", 2, qui excede la valeur trouvée précédemment par le calcul sphérique, pour le même P R, savoir 38° 53' 3", 47, de 3", 73, ou d'un arc de 63 fathoms. Pareillement R G, distance de Goudhurst au méridien de Botley-hill, comptée sur une perpendiculaire au méridien, est-à-peu-près égale à 17695 fathoms, qui, en prenant 60859,1 fathoms pour un degré, correspondent à un arc de 17' 26", 7. Mais le calcul sphérique précédent donne R G = 17' 20"; la différence est donc de 6", 7 = 113 ¼ fathoms; ainsi la terre ne peut pas être la sphere moyenne, qui, parceque ses degrés, dans la direction du méridien, different très peu, dans ces latitudes, de ceux du sphéroïde de M. Bouguer, a été prise ici pour exemple.

A R T.   I V.

*Application du calcul aux mêmes observations de l'étoile polaire, sur une sphere de plus grande dimension.*

Supposons, en second lieu, que la terre est une sphere d'une grandeur telle que ses degrés de grand cercle contiennent 61253 ; ou 61254 fathoms; alors la latitude de B ou de Botley-hill = 51° 16' 46", la latitude de R = 51°7' 1", 2, P R = 38° 52'58",8, et R G = 17' 19", 9. Maintenant B P = 38° 43' 13', 9, et les angles observés donneront l'angle B P G ou la différence de longitude = 27' 36", 7, même valeur que ci-dessus, et la colatitude P G du point G = 38° 53' 2",05 (1). Ce dernier côté et l'angle R P G

---

(1) Il est évident que lorsque la latitude B augmente, l'azimut de l'étoile ou l'angle ∗P B, et conséquemment l'angle P G B, augmentent aussi : mais, en G, l'angle P G B est diminué par l'augmentation de l'angle ∗G P ou de l'azimut; et, ainsi, si la différence des latitndes B et G reste la même, ou à-peu-près, la somme des angles P B G, P G B, restera aussi à-peu-près la même : ainsi la différence de longitude ou l'angle B P G n'en éprouvera pas une variation sensible.

$= 27'\ 36'',7$ du triangle sphérique rectangle P R G, donneront P R $= 38''\ 52'\ 58'',8$, et R G $= 17'\ 19'',9$; c'est-à-dire que les angles observés P B G et P G B à Botley-hill et Goudhurst, respectivement, sont presque les mêmes que s'ils avoient été rélevés sur une sphere dont les degrés seroient de $61253\frac{1}{2}$ ou 61254 fathoms. Mais puisque la valeur de R G, considérée comme un arc de grand cercle, a été trouvée précédemment, au moyen des triangles B P G et R P G, de $17'\ 20''$, lorsque la latitude de B étoit calculée dans l'hypothese d'une sphere dont les degrés seroient de 60859,1 fathoms, et que maintenant on vient de trouver, pour le même arc, $17'\ 19'',9$, valeur qui s'accorde, à très peu près, avec la précédente, quoique la latitude de B ait été prise ici dans l'hypothese d'une sphere dont les degrés seroient de $61253\frac{1}{2}$ fathoms; il suit évidemment des nouvelles observations, que

*Quelle que soit la figure précise de la terre, ou le rapport de ses diametres, la longueur du degré d'un grand cercle, perpendiculaire au méridien, ne peut pas, dans ces latitudes, différer beaucoup de $61253\frac{1}{2}$ fathoms.*

A R T.  V.

*Application du calcul aux observations de l'étoile polaire, faites à Folkstone-turnpicke, dans l'hypothese de la même grande sphere.*

Soient G (planche 10 fig. 6) le lieu de Greenwich; PR son méridien; F, H et T les stations respectives de Fairlight down, High nook et Folkstone-turnpicke; soient encore P F et P T les méridiens de F et T, et F R et T r de grands cercles coupant à angles droits le méridien de Greenwich en R et r.

Le 7 septembre 1788, pendant la nuit, à la station T, l'angle entre l'étoile polaire, dans sa plus grande élongation orientale apparente, et la lampe de réverbere en H, a été observé de . . . . . . . . . . . . . . . . . . . . . . . . . . . . $123°\ 19'\ 3''\frac{1}{4}$

Le lendemain matin, 8 septembre, l'angle entre l'étoile, à sa plus grande distance occidentale, et le signal en H, a été observé de . 117  30  $52\frac{1}{2}$

La différence ou le double azimut est de . . . . . . . . . . . . . . . . . . . . . . . 5  48  $10\frac{3}{4}$

Et la demi-somme est de . . . . . . . . . . . . 120  24  57,87

M

Cette demi-somme, $= 120° 24' 57'', 87$ (1), est l'angle PT H, ou celui compris entre le méridien P T et H. L'angle H T F, ou celui entre la lampe en H et les feux blancs allumés plusieurs fois en F, a été observé deux fois de $22' 48'$ ; ainsi $120° 24' 57'', 87 + 22' 48'' = 120° 47' 45'', 87 = $ l'angle PTF que la station à Fairlightdown fait avec le méridien de Folkstone-turnpicke.

Maintenant T T étant égal à 45827,88 fathoms, et RF $= 23884,68$ fathoms, si nous supposons $61253\frac{1}{2}$ fathoms $= 1°$, nous aurons G $r = 22871$ fathoms $= 22' 24', 18$; G R $= 36436,1$ fathoms $= 35' 41'', 42$; $r$ T $= 44' 53', 4$, et RF $= 23' 23'', 75$; ainsi la colatitude PR de R sera de $39° 7' 1', 42$, et celle de $r$, ou P $r$, sera de $38° 53' 44'', 18$. D'après cela, nous avons dans le triangle sphérique rectangle PRF l'angle R P F $= 37' 4', 901$, et P F $= 59° 7' 7', 204$. Ensuite le triangle P $r$ T donne angle $r$ P T $= 1° 11' 29'', 143$, et P T $= 38° 54' 5'', 98$. Maintenant $1° 11' 29'', 143 - 37' 4'', 901 = 34' 24', 242 = $ l'angle FPT. Ce dernier angle avec les deux côtés P T et P F qui le comprennent, donnent l'angle PTF $= 120° 47' 44'', 75$, ce qui est à-peu-près égal à la valeur observée et fournit une forte preuve que

*Dans cette partie de notre globe, la longueur du degré de grand cercle, perpendiculaire au méridien, diffère fort peu de $61253\frac{1}{2}$ fathoms, quelle que soit la figure réelle de la terre, qui ne peut être déterminée que lorsque ces observations auront été comparées avec d'autres, faites de la même maniere, et avec le même soin, dans des latitudes éloignées les unes des autres.*

**A R T.   V I.**

*Latitude du point M, près Dunkerque, et distance qui en résulte entre les parallèles de Greenwich et M, déduite de la même longueur du degré d'un cercle perpendiculaire au méridien. Comparaison de la longueur de ce degré avec celle d'un degré du méridien.*

Soient Greenwich en G (planche 10, fig. 7), P$r$ son méridien; M le point près Dunkerque, qu'on suppose être sur le méridien

---

(1) En prenant la latitude de T, telle qu'elle résulte du sphéroïde de M. Bouguer, $= 51° 5' 45'', 3$, à peu près, la colatitude, ou T P $= 38° 54' 14'', 7$ ; et la distance apparente de l'étoile étant alors de $1° 48' 18'', 63$, on a la proportion,

sin. $38° 54' 14'', 7$ : rayon :: sin. $1° 49' 18'', 63$ : sin. $2° 54' 5'', 12$, azimut de l'étoile.

Le double de cet angle, ou $5° 48' 10'', 24$, s'accorde, à très peu-près, avec le double azimut de Paris; M $r$ une portion d'un grand cercle perpendiculaire à P $r$ et passant par M. Si nous faisons 61253 ½ fathoms = 1″, nous aurons $r$ M ( = 89674,7 fathoms ) = 1° 27′ 5o″, 37 et G $r$ ( = 25831,43 fathoms ) = 25′ 18″, 17 ; d'où P $r$ = 38° 56′ 38″, 17 ; et ce qui donne rayon : cos. P $r$ : : cos. $r$ M : sin. 51° 1′ 58″, 5, latitude de M ; par conséquent 51° 58′ 4o″ — 51° 1′ 58″, 5 = 26′ 41″, 5 est la différence de latitude entre Greenwich et le point M, ou la distance de leurs paralleles.

Maintenant 3600″ : 61253½ : : 26′ 41″, 5 ( = 1601″, 5) : 27249,3 fathoms ; ce qui étant ajouté à 133409,8 fathoms, arc du méridien mesuré entre le point M et l'observatoire royal de Paris, donne 160659,1 fathoms pour la longueur approchée de l'arc terrestre du méridien compris entre les deux observatoires royaux. Mais la longueur de l'arc céleste correspondant étant de 2° 38′ 26′ produiroit, sur le pied de 61253½ fathoms par degré, une longueur de 161743,3 fathoms, qui excede l'arc mesuré de 1084,2 fathoms. Ainsi,

*Il est suffisamment prouvé que la terre ne peut pas être une sphere de cette dimension ; mais elle doit être un sphéroïde applati, sur lequel un degré d'un grand cercle perpendiculaire au méridien, dans cette maniere de le considérer, excede en longueur le degré moyen du méridien, entre Greenwich et Paris, dans la proportion de 61253½ à 60842, ou de 411½ fathoms.*

**A R T.   V I I.**

*Application du calcul aux observations de l'étoile polaire, dans l'hypothese du sphéroïde de M. Bouguer, pour déterminer les distances des paralleles de Greenwich et du point M.*

Nous avons, jusqu'à présent, appliqué le calcul aux mesures géodésiques et aux observations de l'étoile polaire, dans l'hypothese de deux spheres dont les longueurs des degrés avoient été fixées, d'après celles qui ont lieu dans deux directions, faisant un angle droit entre elles, savoir, celles du méridien et de sa perpendiculaire ; il est suffisamment prouvé, par ces calculs,

---

5° 48′ 1o″ ¼ trouvé par les observations des 7 et 8 septembre. Cet accord, en même temps qu'il sert à prouver l'exactitude des opérations, en particulier, et, en général, la bonté de la méthode adoptée, prouve aussi que le docteur Maskelyne a déterminé, avec une grande précision, la déclinaison de l'étoile polaire.

M ij

que la figure de la terre ne s'accorde ni avec l'une ni avec l'autre de ces spheres.

Supposons donc que la terre a la figure et les dimensions du sphéroïde de M. Bouguer ; et établissons, pour faire un objet de comparaison, nos calculs d'après cette figure. La latitude du point $r$ sera, d'après cela, de $51°3'12''$, 09, et l'arc $r$ M de $1°27'49''$, 03 ; d'où rayon : cos. $r$ P : : cos. $r$ M : sin. $51°1'48''$, 85 = la latitude de M à-peu-près. Maintenant soient $r$ et M représentés par B et $v$ (planche 10, fig. 2), A représentera le point dont la latitude = $51°1'48''$, 85, et, suivant la méthode donnée précédemment pour le sphéroïde, nous aurons G W = 15,12 fathoms = la distance, sur l'axe, entre les points où cet axe est rencontré par les verticales menées des latitudes de $51°3'12''$, 09 et $51°1'48''$, 85. On tire de là, rayon : 15,12 (G W) : : cos. $51°1'$ $48''$, 85 (angle S W G) : 9,509 fathoms = G S = l'arc A $v$, à très peu près. Maintenant A $v$, comme arc du méridien, est de $0''$,56, qui, ajouté à $38°58'11''$,15 (A P), donne $38°58'11''$, 71 = P $v$, colatitude de $v$ ; de là, la vraie latitude de $v$ ou M (fig. 7) est de $51°1'48''$, 29, qui, soustraite de $51°28'40''$, latitude de Greenwich, a pour différence $26'51''$, 71, valeur de l'arc intermédiaire ou de la distance de leurs paralleles, qui sur ce sphéroïde correspond à 27248,2 fathoms, distance moindre de 1,1 fathom seulement que celle qu'on a trouvée dans le dernier article correspondre à un arc de $26'41''$, 5, distance des mêmes paralleles sur la plus grande sphere.

La longueur mesurée, 27248,2 fathoms, entre Greenwich et M, étant ajoutée à la distance mesurée de M à l'observatoire royal de Paris, on a pour la longueur totale de l'arc, entre Greenwich et Paris, 160658 fathoms, qui n'excede la longueur du même arc, calculée dans l'hypothese de M. Bouguer, que de $7\frac{1}{2}$ fathoms.

Mais on a fait voir précédemment que, quelle que soit la figure précise de la terre, un degré de grand cercle perpendiculaire au méridien ne peut pas, dans ces latitudes, différer beaucoup en longueur de $61253\frac{1}{2}$ fathoms, ce qui ne donne que $16\frac{1}{2}$ fathoms de moins que les 61270 fathoms qui résultent, pour la valeur du même degré, du sphéroïde de M. Bouguer.

Ainsi, autant qu'on en peut juger par les résultats de nos observations, la terre differe peu, dans ses dimensions, soit en longitude soit en latitude, de la figure qui lui a été assignée par M. Bouguer.

## ART. VIII.

*Usage des observations de l'étoile polaire , à Botley-hill et à Goudhurst, pour déterminer la longueur d'un degré de grand cercle perpendiculaire au méridien.*

Puisque l'échelle de M. Bouguer, pour les degrés du méridien, a été trouvée presque exactement conforme aux latitudes observées dans cette partie de la terre, prenons les latitudes de B et R ( fig. 5 ), à-peu-près telles qu'on les trouveroit sur le sphéroïde, et appliquons les observations de l'étoile polaire en B et G à trouver la longueur du degré de grand cercle perpendiculaire au méridien de Botley-hill et passant par Goudhurst. Nous aurons B P colatitude de Botley-hill = 38° 43′ 18″, 46 , et P R colatitude R = 38° 53′ 7″, 14. Maintenant, si les latitudes de B et R sont à-peu-près justes , il s'ensuit *que le point G doit être quelque part dans le grand cercle R G , quelle que soit sa longitude.* Ainsi l'angle B P G, ou la différence de longitude entre B et G, se trouvera de la manière suivante.

*Augmentez l'angle observé* P B G = 119° 21′ 13″ ,2, *et diminuez l'angle observé* P G B = 60° 17′ 15″, 7, *d'une même quantité de degré, jusqu'à ce que* PR, *déterminé par le triangle* BPG, *devienne* = 38° 53′ 7″, 14 *à-peu-près ; ce qui aura lieu lorsque la variation sera de* 9′ 21″. Ainsi les angles pour le calcul seront 119° 21′ 13″, 2 + 9′ 21″ = 119° 30′ 34″, 2, et 60° 17′ 15″, 7 — 9′ 21″ = 60° 7′ 54″, 7 ; on tire de là l'angle R P G, ou la différence de longitude entre B et G = 27° 36″, 75 , et l'arc R G = 17′ 20″, 06, à-peu-près = 17695 fathoms. Ainsi *le degré de grand cercle perpendiculaire au méridien de ce nouveau sphéroïde contient, à-peu-près,* 61248 *fathoms. Cela dérive, comme corollaire, de ce qui a déjà été dit concernant les triangles sphéroïdes.*

Mais puisque la différence de longitude entre B et G a ci-devant été trouvée à-peu-près la même, savoir de 27′ 36″, 7 , lorsque les angles observés aux deux stations et la latitude de B étoient supposés sur une figure de la terre différente de celle du nouveau sphéroïde ; il suit de là *que la différence de longitude entre deux stations quelconques* B *et* G, *distantes l'une de l'autre, dans le cas actuel, de* 33 *milles* ( et elles peuvent être beaucoup plus éloignées ), *peut être déterminée avec une précision suffisante, lorsque l'angle horizontal de chaque station a été observé très exactement, et que la latitude d'une des stations est donnée à peu de chose près.*

La différence de longitude entre Botley-hill et Goudhurst, trouvée comme ci-dessus, de 27′ 36″,75, étant augmentée de la valeur du petit arc compris entre les méridiens de Greenwich et Botley-hill = 2″,7, on a ultérieurement 27′ 39″ 45 pour la longitude de Goudhurst à l'ouest de Greenwich.

A R T.  I X.

*Différence entre les angles observés sur le nouveau sphéroïde et sur celui de M. Bouguer.*

Voyons, pour avoir un dernier objet de comparaison, quelle est la différence entre les angles observés en B et G, considérés sur le nouveau sphéroïde ou sur celui de M. Bouguer. Les latitudes de B et G sur le sphéroïde de M. Bouguer seroient respectivement de 51° 16′ 41″,54 et 51° 6′ 49″ 66, à-peu-près, et l'angle B P G, ou la différence de longitude, seroit de 27′ 36″,18. Maintenant ce dernier angle, avec les deux colatitudes P B et P G, qui sont ses côtés, étant supposés former un triangle sphérique, donneront pour les angles en B et G, respectivement, 119° 31′ 26″, 47 et 60° 7′ 3″, 18. Mais les angles observés à ces stations sont de 119° 21′ 32″, 97 et 60° 16′ 56″, 68, la commune différence étant de 9° 53″, 5 entre les angles correspondants, et se trouvant plus grande de 32″,5 que les 9′ 21″ déterminées précédemment. On peut conclure de là que, dans ce nouveau sphéroïde, fondé immédiatement sur les nouvelles mesures géodésiques et sur les observations de l'étoile polaire faites à Botley-hill et à Goudhurst, les verticales en B et G rencontrent l'axe de la terre à une moindre distance l'une de l'autre, qu'elles ne le feroient dans le sphéroïde de M. Bouguer. La longueur de la verticale et le rayon du parallele sont plus courts, au moyen de quoi Goudhurst ou le point B est moins distant de l'axe de la terre qu'il ne le seroit dans la premiere figure; il est, conséquemment, probable que le sphéroïde est moins applati.

Il est évident, par les précédentes déterminations, qu'en supposant les latitudes de B et G et les angles horizontaux P B G et P G B donnés par l'observation, non seulement la différence de longitude ou l'angle B P G sera obtenu, mais encore l'arc B R du méridien, l'arc R G de grand cercle qui lui est perpendiculaire, et l'arc oblique B G, tous considérés comme des arcs de grand cercle du sphéroïde.

## ART. X.

J'ai fait voir, dans la précédente partie de cette section, comment la longueur d'un degré de grand cercle perpendiculaire au méridien, ainsi que les différences de longitude et de latitude, avoient été déduites d'observations très exactes de l'étoile polaire, faites à quelques stations à l'ouest de Greenwich, au moyen de quoi on avoit eu une échelle, pour déterminer les longitudes de toutes les autres stations, dans lesquelles l'observation de l'étoile polaire, ou n'avoit pas eu lieu, ou avoit été faite d'une maniere peu sûre; nous allons, pour développer davantage cette matiere, donner un autre exemple de calcul, pour le point M près Dunkerque, qui suffira pour toutes les autres stations comprises dans la table générale des résultats, placée à la fin de cette section, et dont les colonnes respectives ont été remplies par la même ou par une semblable méthode de calcul.

Soient G (planche 10, fig. 8) Greenwich, G R $r$ son méridien; G $g$ la perpendiculaire à ce méridien prolongée à l'est; M R une parallele à cette perpendiculaire menée par le point M : soit M $g$ une portion d'un petit cercle du sphéroïde, ou un parallele au méridien de Greenwich, passant par M et prolongé au nord jusqu'à ce qu'il rencontre G $g$ en $g$ : soit encore M P représentant le méridien de l'observatoire royal de Paris, passant par le point M et coupant le parallele de Greenwich en P : enfin, soit C l'église de Notre-Dame de Calais, faisant, comme il paroît par les triangles, un angle R M C de 14° 51′ 3″, 9 avec le parallele à la perpendiculaire du méridien de Greenwich, mené par le point M.

On voit par la table des résultats des triangles que M R = $g$ G contient 538048 pieds = 89674,7 fathoms, et que G R = $g$ M contient 154938 pieds = 25823 fathoms. Maintenant, puisque les grands cercles, perpendiculaires à un méridien quelconque du sphéroïde, convergent l'un vers l'autre, à leur départ de ce méridien, de la même maniere, mais moins rapidement, que ne le font les méridiens eux-mêmes à leur départ de l'équateur, il est évident que la perpendiculaire au méridien de Greenwich, passant par le point M, doit tomber au dessous ou au sud de R, de telle sorte que G $r$ : G R :: rayon : cos. M R = 1° 27 51′, considéré comme une portion d'un grand cercle du sphéroïde perpendiculaire au méridien de Greenwich. Ainsi G $r$ = 531,43 fathoms = 25′ 27′, 9 de latitude, et par conséquent la latitude

de *r* sera 51° 3′ 12″, 1, et sa colatitude 38° 56′ 47″, 9. Autrement,
R *r* = 8,43 fathoms et sous-tend un angle R M *r* = 19″, 42.

Si dans le triangle sphérique *p r* M, rectangle en *r*, *p* étant le
pole, on fait usage de la demi-somme et de la demi-différence
des côtés qui renferment l'angle *p r* M, avec la cotangente de
45°, on aura l'angle de longitude *r p* M = . . . . 2° 19′ 42″, 5
l'angle *p* M *r* . . . . . . . . . . . . . . . . . 88 11 21, 4
et le complément de ce dernier, ou la convergence
du méridien de M ( qu'on suppose coïncider avec
celui de Paris ) sur le méridien de Greenwich . . . 1 48 38, 6

On a aussi, sin. 88° 11′ 21″,4 : sin. 38° 56′ 79″, 9 :: rayon : sin.
38° 58′ 11″, 2, colatitude de M; ce qui donne pour sa latitude 51°
1′ 48″, 8, d'où déduisant la correction sphéroïde 0″, 5, on a la
vraie latitude de M = 51° 1′ 48″, 3. La différence de cette latitude
avec celle de *r*, qui est de 51° 3′ 12″,1, sera de 1′ 23′, 8, répondant sur le sphéroïde à 1416,77 fathoms; et ce dernier nombre
étant ajouté à la valeur de l'arc G *r* = 25831,43 fathoms, donnera pour M P, 27248,2 fathoms, distance des parallèles de
Greenwich et de M sur ce nouveau sphéroïde.

Enfin, si à la moyenne distance du parallèle de M à Greenwich
on ajoute la moyenne distance du parallèle de M à Paris = 133398,8
fathoms, on aura 160647 fathoms pour la moyenne distance des
parallèles de Greenwich et Paris répondant à un arc céleste de
2° 38′ 26″. Ainsi, le degré moyen du méridien entre Greenwich
et Paris correspondant à la latitude de 50° 9′½, contient 60838,3
fathoms, ou environ 1½ fathom de moins que le degré de M. Bouguer pour la même latitude.

**A R T.  XI.**

*Comparaison des valeurs de l'angle entre le méridien du point
M et une ligne tirée de ce point à Calais, déduites, par approximation, des observations angloises et françoises.*

Le quadrilatere sphéroïde G *g r* M ( fig. 8) formé par trois
arcs de trois grands cercles, et un d'un petit cercle du sphéroïde,
a deux angles droits, en G et *r*, et deux autres, *g* et M, chacun
plus grands qu'un angle droit de 9″, 7; ainsi l'angle R M C résultant des triangles = 14° 51′ 3″, 9 — R M *r* (19″,42) ( = 14° 50′
44″, 5) + 90° 0′ 9″, 7 ( C M *g* ) = 104° 50′ 54″, 2, valeur de l'angle
*g* M C ou de celui que Calais fait avec un parallèle au méridien
de Greenwich, mené par le point M : retranchant de ce dernier
angle,

angle, l'angle P M $g$ = 1° 48′ 38″, 6, ou la quantité dont le méridien de M ( supposé coïncider avec celui de Paris ) converge vers celui de Greenwich : il reste l'angle P M C = 103°2′ 15″, 6 pour l'angle que le méridien de M fait avec une ligne tirée de D, ou Dunkerque, passant par M, et aboutissant à Calais, le tout conformément aux observations angloises.

Par les dernieres opérations françoises, le méridien de Dunkerque fait avec une ligne menée de M à Calais, un angle de 102° 59′ 51″, 5. La convergence du méridien de M avec celui de Dunkerque, pour une différence de longitude de 2′ 21″, 54, est de 1′ 49″, 94, qui, étant ajoutée à 102° 59′ 51″, 5, donne 103° 1′ 41″, 44 pour l'angle que le méridien de M ou de Paris fait avec une ligne tirée de Dunkerque à Calais et passant par ce point. La différence 34″, 16, entre les deux résultats, est presque égale à la moitié $\frac{1'\ 15''}{2}$ = 37″ de la valeur, formant l'incertitude apparente dans la détermination de cet angle faite par deux assortimens d'angles tirés de la *Méridienne vérifiée*, dont il est question dans le mémoire de 1787.

A R T. X I I.

*Longitudes de Dunkerque et Paris , à l'ouest de Greenwich, déterminées par la somme de quatre différences de longitude.*

Soient (fig. 9) PA le méridien de Greenwich ; G Goudhurst, PR son méridien ; T la station à Folkstone turnpicke, P S son méridien ; C Calais, P C son méridien ; D Dunkerque, et PB son méridien. Soient encore AG , RT , SC et BC des arcs de grand cercle formant les angles droits P H G, P R T, P S C et P B C.

L'angle à Goudhurst, entre son méridien et Tenterden , est de 107° 26′ 40″, 3 ; en tirant des paralleles à ce méridien qui passeroient par Tenterden et la station d'Allington-knoll ( voyez le plan des triangles), on aura 946,6 fathoms, pour la quantité dont la station de Turnpicke est au sud de Goudhurst, et 28098,8 pour sa distance orientale au méridien de Goudhurst. Maintenant 60859,4 fathoms valant à-peu-près un degré du méridien à la latitude de Goudhurst, on a 946,6 fathoms = 56″ à-peu-près = arc G R ; et la latitude de Goudhurst étant de 51° 6′ 49″, 6, celle du point R est de 51° 5′ 53″, 6, d'où la co-latitude R P = 38° 54′ 6″, 4 ; et, puisque le degré d'un grand cercle, perpendiculaire au méridien, a été trouvé, à cette latitude, de 61248 fathoms, à-peu-près, il s'ensuit que R T = 28098,8 fathoms, valant 27′

N

3ı", 6. Cet arc et R P donnent l'angle R P S = 0° 43' 49",86, différence entre les méridiens de Goudhurst et Folkstone-turnpicke.

L'angle à Folkstone-turnpicke entre son méridien et Douvres a été observé de 66° 48' 35"; et, si nous menons par Douvres une parallele à ce méridien, nous trouverons que Calais est à 25284,2 fathoms à l'est du méridien de Turnpicke. Maintenant, la latitude de Calais étant de 50° 57' 3o", à-peu-près ( ce qui est assez exact pour le calcul), la longueur du degré de grand cercle, perpendiculaire au méridien dans cette latitude, sera de 61246 fathoms, à-peu-près. De là, 25284,2 fathoms = 24' 46", 8 = l'arc C S; cet arc avec la co-latitude C P ( 39° 2' 3o") donne l'angle CPS = 39' 19",48 pour la différence de longitude entre Turnpicke et Calais.

On voit par le mémoire du comte de Cassini, communiqué en janvier 1789, que l'angle à Dunkerque, entre son méridien et Broulezele, est de 10° 18' 25", et celui entre Broulezele et Calais de 66° 41' 46" ½; la somme 77° 0' 11" ½ est l'angle, à Dunkerque, entre son méridien et Calais. On trouve dans le même mémoire la distance de Dunkerque à Calais de 19349,34 toises, ce qui, avec l'angle 77° 0' 11" ½, donne 18853,7 toises, ou 20093,3 fathoms pour la distance occidentale de Calais au méridien de Dunkerque, qui, en prenant 61246 fathoms pour un degré ( celui d'un grand cercle perpendiculaire au méridien, à la latitude de Calais), équivaut à 19' 41", 1 = arc B C; cet arc et l'arc C P, co-latitude de Calais, donnent B P C = 3ı' 15", 11, différence entre les méridiens de Calais et de Dunkerque.

L'angle A P R, ou la différence des méridiens de Greenwich et de Goudhurst, a déja été trouvé ( voyez la fin du huitieme article et la table générale des résultats ) égal

à . . . . . . . . . . . . . . . . . . . . . . . . 0° 27' 39",45

Le angles $\begin{cases} \text{R P S} = \dots\dots\dots & 0 \quad 43 \quad 49,86 \\ \text{S P C} = \dots\dots\dots & 0 \quad 39 \quad 19,48 \\ \text{C P B} = \dots\dots\dots & 0 \quad 3ı \quad 15,11 \end{cases}$

d'où l'angle total A P B ou la longitude de
Dunkerque = . . . . . . . . . . . . . . . 2    22    3,9

On a déja remarqué que, d'après la page 276 de la *Méridienne vérifiée*, Dunkerque est à 1430 toises à l'est du méridien de Paris, et que, page 36 de la *Description géométrique de la France*, cette distance n'est que de 1416 toises : ces valeurs donnent respectivement 2' 22",6 et 2' 21",2 pour la différence des méridiens de Dunkerque à Paris; la moyenne est 2′21″,9, longitude de Dunkerque à l'est de Paris; ainsi 2°22′3″,9 — 2′21″,9 = 2°19′42″, qui, convertis en temps, valent 9′18″,8, longitude approchée de Paris à l'est de Greenwich.

Autrement (fig. 10) soient P le pole; G Greenwich; PW son méridien; RD un arc de grand cercle perpendiculaire en R à PW et passant par D, et DW un arc d'un parallele à la latitude de Dunkerque.

On voit, page 240 des *Mém. de l'acad.*, année 1758, que l'arc céleste entre Paris et la station du secteur, près Dunkerque, est de 2°11′50″, à laquelle ajoutant 5″,3 (= 84¼ toises) pour la distance de la tour au nord de la station, on a 2°11′55″,3 pour l'arc entre Paris et Dunkerque; ainsi, si la latitude de Paris est de 48°50′14″, celle de Dunkerque sera de 51°2′9″,3, ce qui donne pour sa co-latitude 38°57′50″,7 = DP.

Il résulte, comme corollaire de ce qu'on a dit sur les triangles sphéroïdes, que pour trouver RD par le calcul sphérique, lorsque DP et l'angle P sont donnés, il faut diminuer DP d'une certaine quantité qui dépend de la nature du sphéroïde; cette quantité est d'environ 0″,5 dans le cas du sphéroïde de M. Bouguer: ainsi DP peut être fait égal à 38°57′50″,2, ce qui est suffisamment exact pour le calcul.

On a, au moyen de ces valeurs, ray. : sin. DP : : sin. 2°22′3″,9 (= WPD) : sin. 1°29′19″17 = l'arc DR. Maintenant, le degré de grand cercle, perpendiculaire au méridien, à la latitude de Dunkerque, valant à-peu-près 61247 fathoms, on a 1° : 61247 : : 1°29′19″,17 : 91175,8 fathoms = arc DR.

Mais la longueur de cet arc DR a été trouvée à-peu-près la même, c'est-à-dire de 91176,3 fathoms (voyez la table générale des résultats), en faisant passer une suite de parallèles au méridien de Greenwich par les différentes stations entre ce méridien et Dunkerque; ainsi, quoique cette méthode ne soit pas en général strictement rigoureuse, et qu'elle tende à donner des résultats trop forts, cependant il est évident que la longueur de l'arc de grand cercle, ainsi déterminée, differe très peu de la vérité, lorsque la suite de triangles, employée pour cet objet, lui est contiguë, et suit à-peu-près sa direction.

## A R T. XIII.

### *Distance entre les paralleles de latitude de Greenwich et de Paris.*

La distance entre les paralleles de Greenwich et de Paris a déja été déterminée art. 10 de cette section, en prenant M ( à 1420,41 toises à l'ouest de Dunkerque) comme le point intermédiaire. Voyons maintenant ce qui résultera de la substitution de Dunkerque au point M.

On a (fig. 10) cos. RD : ray. : : cos. DP : cos. PR = 38° 56′ 24″,07; mais DP, d'après l'observation, = 38° 57′ 50″,7 = PW, doù PW — PR = 38° 57′ 50″,7 — 38° 56′ 24″,07 = 1′ 26″,63 = RW = 1464,5 fathoms, à-peu-près, en faisant, à la latitude de Dunkerque, un arc du méridien égal à 60858 fathoms.

Dunkerque est, d'après notre opération, à 25425 fathoms au sud de Greenwich; mais le grand cercle DR rencontre le méridien de Greenwich à environ 8 ½ fathoms plus loin, vers le sud, c'est-à-dire que GR = 25425 + 8,5 = 25433,5 fathoms, qui, ajoutés à 1464,5, donnent 26898 pour la distance entre les paralleles de latitude de Greenwich et Dunkerque.

Dunkerque étant situé près du méridien de Paris, la distance entre les paralleles de latitude des deux lieux sera presque égale à la quantité dont Dunkerque est au nord de Paris, savoir 125517, ou 125495 toises ( voyez les endroits ci-devant cités ). Ces nombres donnent respectivement 133770 + 26898 = 160668 et 133746,3 + 26898 = 160644,3 fathoms pour les distances entre les paralleles de Greenwich et Paris, dont la moyenne donnera 160656 fathoms pour la distance approchée.

Si donc l'arc céleste de méridien entre Greenwich et Paris est de 2° 38′ 26″, on aura 60846 ¼ ou 60837 ½ fathoms pour un degré du méridien à la latitude de 50° 9′ ½, point moyen entre Greenwich et Paris; la valeur moyenne entre ces deux résultats donne 60841 ¾, ce qui n'excede le degré de M. Bouguer, pour la même latitude, que d'environ 1 ¾ fathoms, quantité qui est sensiblement égale à la différence en moins trouvée par le calcul de l'art. 10; prenant enfin une valeur moyenne entre celle-ci et la précédente, qui étoit 60838 ¼, on aura 60840 fathoms pour la longueur d'un degré du méridien à la latitude de 50° 9′ 27″, ce qui s'accorde presque exactement avec la valeur du degré de M. Bouguer.

### ART. XIV.

*Comparaison de la longueur d'un degré de grand cercle, perpendiculaire au méridien, dans le Kent, avec celle qui a lieu dans le sud de la France.*

M. Cassini de Thury a donné, dans le livre de la *Méridienne vérifiée*, le détail d'une opération faite au sud de la France, à la latitude de 43° 32′, pour déterminer la longueur d'un degré de longitude, en observant, aux extrémités d'une longue distance bien connue, les explosions instantanées de la poudre à canon à l'air libre. On fit, pour cet objet, une suite de triangles sur le rivage de la Méditerranée, entre Cette et Sainte-Victoire, qui furent les stations extrêmes d'où on observa, plusieurs fois, la lumiere de la poudre enflammée à Sainte-Marie, point intermédiaire, à-peu-près central, situé à l'embouchure de la petite branche du Rhône.

Il paroît, par le résultat de cette opération, la meilleure de son espece qu'on ait jamais exécutée en aucun pays, qu'un degré de longitude, à cette latitude, vaut 44355,7 fathoms; il suit de là qu'un degré de grand cercle, perpendiculaire au méridien, y doit contenir 61182 ½ fathoms, ou 65 ⅓ fathoms de moins qu'un degré pareil, au milieu du Kent, à la latitude de 51° 6′ 50″.

Comparant maintenant cette différence avec celle qu'on trouve, entre les degrés correspondants de grand cercle, par les mêmes latitudes, dans l'hypothese de M. Bouguer, on les trouvera parfaitement d'accord dans leur diminution; car, en consultant la table, on verra que ce degré à la latitude de 51° 6′ 50″ excede celui à la latitude de 43° 32′ de 64,7 fathoms, ce qui s'accorde, à moins d'un fathom près, avec la premiere différence.

Il paroît, d'après tout ce qu'on a dit dans cette section, qu'il y a de fortes raisons pour conclure que la terre differe peu dans sa figure et ses dimensions de ce qui résulte de l'hypothese de M. Bouguer. Il est vrai que les opérations angloises semblent donner un nouveau sphéroïde un peu moins applati que le premier; et c'est en les comparant de nouveau avec le résultat de l'opération ci-dessus mentionnée, par laquelle on a évalué le degré de longitude dans le sud de la France, et en combinant les deux résultats, qu'on a formé la table ci-jointe des longueurs des degrés de grand cercle et de longitude, pour les latitudes moyennes seulement, et s'étendant depuis 42 jusqu'à 52° : on n'auroit pas pu, sans le secours d'une pareille table, calculer, avec toute l'exactitude desirable, les nouvelles longitudes de quelques lieux intermédiaires qu'on aura bientôt occasion de comparer avec les anciennes. Maintenant, quoiqu'on pense qu'une pareille table remplit bien son objet pour cette zone de la terre, on ne donne cependant son usage que pour un temps, jusqu'à ce que des observations futures de l'étoile polaire, dans les mêmes paralleles, mais faites à de plus grandes dis-

# TABLE

### Des degrés de grand cercle et de longitude pour les latitudes moyennes.

| LIEUX. | LATITUDES. | | | DEGRÉS De grand cercle perpendiculaire au méridien en fathoms. | | DEGRÉS De longitude en fathoms. | |
|---|---|---|---|---|---|---|---|
| | ° | ′ | ″ | Fathoms. | Différ. | Fathoms. | Différ. |
| | 42 | 0 | 0 | 61170,5 | | 45458,5 | |
| | 43 | 0 | 0 | 61178,0 | 7,5 | 44742,8 | 715,7 |
| Sud de la France .... | 43 | 32 | 0 | 61182,5 | 4,5 | 44355,7 | 387,1 |
| | 44 | 0 | 0 | 61186,5 | 4,0 | 44013,9 | 341,8 |
| | 45 | 0 | 0 | 61195,0 | 8,5 | 43271,4 | 742,5 |
| | 46 | 0 | 0 | 61203,0 | 8,0 | 42515,2 | 756,2 |
| | 47 | 0 | 0 | 61211,5 | 8,5 | 41746,1 | 769,1 |
| | 48 | 0 | 0 | 61220,0 | 8,5 | 40964,2 | 781,9 |
| Observ. royal de Paris. | 48 | 50 | 14 | 61227,5 | 7,5 | 40303,2 | 662,0 |
| | 49 | 0 | 0 | 61229,0 | 1,5 | 40169,8 | 132,4 |
| | 50 | 0 | 0 | 61237,5 | 8,5 | 39362,8 | 807,0 |
| | 51 | 0 | 0 | 61246,5 | 9,0 | 38542,7 | 820,1 |
| M près Dunkerque.... | 51 | 1 | 48,3 | 61246,7 | 0,2 | 38518,8 | 23,9 |
| Dunkerque.......... | 51 | 2 | 9,3 | 61246,75 | 0,05 | 38514,1 | 4,7 |
| Milieu du Kent....... | 51 | 6 | 49,6 | 61248,0 | 1,25 | 38450,0 | 64,1 |
| Observ. roy. de Greenwich | 51 | 28 | 40 | 61251,1 | 3,1 | 38148,7 | 301,5 |
| | 52 | 0 | 0 | 61255,0 | 3,9 | 37712,3 | 436,4 |

tances que ne le comportoit notre suite de triangles, ou bien une continuation, dans des latitudes éloignées, d'opérations de même nature que les nôtres, aient fourni des données plus correctes.

A R T.  X V.

*Comparaison des anciennes valeurs des longitudes de quelques lieux sur les frontieres de la France, avec celles qui résultent des nouvelles données.*

Si les déterminations précédentes des longitudes de plusieurs stations, entre Greenwich et Dunkerque, sont exactes, ou à-peu-près, comme immédiatement fondées sur les observations an-gloises, et ultérieurement combinées avec le résultat d'une opération faite à la latitude de 43° 32′, il en résulte que toutes les longitudes de la grande carte de France, travail de plus d'un demi-siecle, doivent être considérablement modifiées, en pro-portion des distances respectives des lieux à l'est ou à l'ouest du méridien de l'observatoire royal de Paris.

Pour montrer l'influence des nouvelles données, nous ras-semblerons dans la table suivante les latitudes et les anciennes longitudes de quelques places remarquables des frontieres de ce grand royaume : nous y joindrons les nouvelles longitudes ré-sultantes des calculs faits avec les longueurs récemment trouvées des degrés de grand cercle, perpendiculaires au méridien, et cor-respondants à leurs latitudes respectives. On concevra aisément que l'unique objet qu'on a eu en vue èst celui-ci ; savoir, que les astronomes qui vivent près de ces lieux, et qui ont leur temps, c'est-à dire les directions de leurs méridiens très exac-tement déterminées, puissent, par les observations correspon-dantes qu'ils feront à l'avenir ( qui ne peuvent être que des occultations d'étoiles fixes, par le limbe obscur de la lune ), comparer les anciennes et les nouvelles longitudes, et être en état de faire connoître aux savants celles qui approchent le plus de la vérité.

# TABLE

De comparaison des anciennes et des nouvelles longitudes de quelques lieux remarquables des frontieres de la France ( 1 ).

| LIEUX. | LATITUDES | LONGITUDES | | DIFFÉRENCES Entre les anciennes et les nouvelles longitudes, en | |
|---|---|---|---|---|---|
| | | anciennes. | nouvelles. | deg.,etc. | temps. |
| **A l'est de Paris.** | | | | | |
| Pilier de Cette. . . . . . . . . | 43° 24′ 6″ | 1 21 7 | 1 20 37 | 0′ 23″ | 1″ 32‴ |
| Tour de Planier près de Marseille. . . . . . . . . . . . | 43 11 58 | 2 54 8 | 2 53 6 | 1 2 | 4 8 |
| Signal de Sainte-Victoire . . . | 43 31 52 | 3 15 8 | 3 13 58 | 1 10 | 4 40 |
| Strasbourg ( *Connoissance des Temps* 1788 ) . . . . . . . | 48 34 35 | 5 26 18 | 5 24 6 | 2 12 | 8 48 |
| *Ditto* ( Descrip. géomét. 1783, pag. 171 ) . . . . . . . . . . | 48 34 50 | 5 25 0 | 5 23 33 | 1 27 | 5 48 |
| **A l'ouest de Paris.** | ° ′ ″ | ° ′ ″ | ° ′ ″ | ′ ″ | ′ ″ |
| Tour de Cordouan à l'embouchure de la Garonne ( *Conn. des Temps* 1788 ). | 45 35 15 | 3 30 38 | 3 29 18 | 1 20 | 5 20 |
| Saint-Malo. . . . . . . . . . | 43 39 0 | 4 22 22 | 4 20 37 | 1 45 | 7 0 |
| Fort du Pilier à l'embouchure de la Loire . . . . . . . . | 47 2 29 | 4 42 20 | 4 40 30 | 1 50 | 7 20 |
| Phare d'Ushant. . . . . . . . | 48 28 30 | 7 24 33 | 7 21 41 | 2 52 | 11 28 |
| La plus grande différence entre Strasbourg et Ushant. . . . | | | | 5 4 | 20 16 |
| La plus petite différence . . . . . . . . . . . . . . . . . . . . | | | | 4 19 | 17 36 |
| La différence moyenne. . . . . . . . . . . . . . . . . . . . . . | | | | 4 41½ | 18 46 |

Il suffit d'observer, quant aux longitudes contenues dans cette table, que les ouvrages publiés en 1744 et 1783, si souvent cités,

____

(1) Les longitudes tirées de la Description géométrique de la France ou de la Connois-

ne s'accordent pas toujours ensemble, et different quelquefois des indications mises en marge de la carte de France. Il semble qu'on a pris, pour la *description géométrique*, une échelle de degrés de longitude beaucoup plus grande que celle qui correspond à l'hypothese sphérique dont on a fait usage pour la construction de la carte, mais trop petite relativement à celle qui, ainsi que nous l'avons trouvé, donne la mesure de ces degrés, dans le Kent, ou à celle qui résulte des opérations mêmes, faites dans le sud de la France. Mais si on avoit employé dans le nord de la France une méthode pareille à celle qui a si bien réussi dans le sud, on auroit eu probablement un résultat de même espece que celui que nous avons obtenu dans le Kent; dans ce cas, il est hors de doute qu'on auroit entièrement rejeté l'hypothese sphérique, et qu'on auroit rendu les degrés de longitude conformes à ceux d'un sphéroïde applati, dont les degrés du méridien, et ceux de grand cercle perpendiculaire au méridien, seroient entre eux à-peu-près dans le rapport de 60840 à 61239, pour les latitudes moyennes entre Greenwich et Paris, ce qui donne un excès de 399 fathoms sur chaque degré dans la direction longitudinale.

Sur le tout, il est suffisamment prouvé, dans l'état actuel des choses, que, dans l'étendue totale du royaume de France, depuis Strasbourg à l'est, jusqu'à Ushant à l'ouest, la différence entre les anciennes et les nouvelles longitudes peut s'évaluer à 17 et 20 secondes de temps; c'est à-dire que la différence réelle entre les méridiens de ces lieux, telle qu'on la déduira probablement des observations d'occultation d'étoiles fixes, devra être probablement diminuée de cette quantité, ou d'une quantité approchante.

**A R T. XVI.**

*On ne peut pas compter sur les observations des éclipses, pour déterminer avec une exactitude suffisante les différences de longitude des lieux voisins les uns des autres.*

Il ne sera pas hors de propos d'observer, quant aux différences de longitude, que, pour les lieux voisins, tels que Green-

---

sance des Temps de 1788, que le général Roy compare dans cette table, ont été calculées en supposant la terre sphérique. On les trouve dans les Connoissances des Temps des années suivantes, calculées sur une ellipsoïde dont le rapport des axes est de 229 à 230.

O

wich et Paris, les éclipses de soleil et les occultations des satellites de Jupiter ne peuvent pas, en général (1), donner des
résultats assez approchants de la vérité pour mériter même le
nom d'approximation. On en aura une preuve incontestable
en comparant les résultats astronomiques, donnés pour cet
objet, avec ceux que nous avons déduits de la mesure actuelle
de la surface de la terre et des observations de l'étoile polaire.
En prenant un milieu entre les meilleures observations d'é-
clipse, recueillies et corrigées avec grand soin, la différence
en temps entre Greenwich et Paris est de 9' 30''½ (2), au lieu
de 9' 19'', à-peu-près, que donnent nos opérations. Maintenant,
si la différence en temps entre les deux observatoires étoit réellement aussi grande, le degré de grand cercle perpendiculaire
au méridien, dans ces latitudes (51° 6' 50'' pour celui de Goudhurst, ou 51° 1' 48'' pour celui du point M, et il importe peu
lequel on choisisse) seroit de 1200 ou 1300 fathoms plus court
que le degré du méridien dans les mêmes latitudes. Ainsi la
terre, au lieu d'être un sphéroïde considérablement applati aux
poles, seroit extrêmement alongée, dans la proportion, avec la

---

(1) Le résultat déduit par le professeur Piazzi, de l'université de Palerme, de l'observation de l'éclipse de soleil du 3 juin 1788, faite à Greenwich par le docteur Maskelyne et
M. Darquier, et rapportée dans les *Trans. Philos.* de 1789, page 58, fait une exception
digne de remarque.

*Addition du traducteur.*

M. Maskelyne avoit déja rapporté dans son mémoire sur la latitude et la longitude de Greenwich, lu à la société royale le 22 février 1789, que les calculs de l'observation de l'éclipse
de soleil de 1769, faits par M. du Séjour, donnoient la différence des méridiens de Greenwich
et Paris de 9' 20''; que ceux de deux occultations de pléiades, du 5 mars 1786, donnoient
9' 18'',9, ou même plus probablement 9' 20'' : les observations des éclipses de soleil de
1787 et 1791, donnent encore à M. Méchain 9' 20''. Ainsi, lorsqu'on emploie de bonnes
observations, on obtient des résultats très approchés de la vérité, et qui peuvent bien mériter le nom d'approximation. Au reste le général Roy prend le résultat extrême de M. Maskelyne pour étayer son assertion. Cependant l'astronome royal avoit lui-même conclu,
dans le mémoire cité, en disant, pag 36, *For the present, I infer we may take the
difference of meridians 9' 20'', as being within a very few seconds of the truth, till some
more occultations of fixed stars by the moon, already observed or hereafter to be observed
in favorable circonstances, and carefully calculated, shall enable us to establish with the
last exactness.* C'est-à-dire, « Je conclus à présent que nous pouvons regarder la différence des méridiens égale à 9' 20'', à très peu de secondes près, jusqu'à ce que quelque
occultation d'étoile fixe, par la lune, soit déja observée, soit qui pourra s'observer dans
des circonstances favorables, puisse, étant calculée avec soin, nous mettre en état d'établir cette différence avec la plus grande exactitude ».

(2) Il paroît, par le mémoire du docteur Maskelyne, donné en 1787, *Trans. Philos.*,
page 183, que les éclipses du premier satellite de jupiter donnent immédiatement, pour
la différence des méridiens des deux observatoires, 9' 30''½, sans avoir été combinées avec
des observations faites dans d'autres endroits de Paris.

premiere figure, de plus de 3 à 1, ou dans celle de — 1200 ou — 1300 à environ + 400.

Les différences de longitude des lieux éloignés, tels que l'Europe et l'Amérique, l'Europe et les parties orientales de l'Asie, séparées l'une de l'autre par le vaste océan, ne peuvent s'obtenir que par le moyen des observations astronomiques; et comme elles sont toujours sujettes à quelque erreur, qui peut être aussi grande pour un, deux, ou un petit nombre de degrés de différence, que pour la demi-circonférence entiere, il est évident que, pour diminuer cette erreur autant qu'il est possible, il ne faut faire usage, pour les déterminations décisives, que des occultations des étoiles fixes.

Quant aux situations voisines l'une de l'autre, la meilleure méthode après celle des mesures angulaires, est, sans doute, d'observer plusieurs fois au moyen de pendules bien réglées, comme on a fait dans le sud de la France, l'explosion instantanée d'une lumiere, à des stations aussi éloignées, à l'est et à l'ouest du lieu de l'explosion, que les circonstances pourront le permettre, les distances ayant été exactement mesurées par des opérations trigonométriques. On fera voir dans la conclusion de ce mémoire quelles sont les stations à préférer pour les expériences de cette sorte.

Détail des observations faites dans le cours des opérations trigonométriques pour déterminer la réfractoin
terrestre.

### ARTICLE PREMIER.

#### *Préambule.*

La réfraction astronomique, ou celle qu'éprouvent les rayons
de lumiere en arrivant des corps célestes à la terre, a été, par
les recherches de différents philosophes, déterminée à très
peu près. Il est prouvé, par la théorie de la dioptrique, comme
par l'expérience, que les rayons, passant d'un milieu rare dans
un autre plus dense, sont graduellement détournés de leur situation rectiligne, et forment des courbes dont la courbure est plus
ou moins grande, suivant la distance angulaire des objets au zénith, où, l'obliquité cessant, la réfraction cesse pareillement : et
à partir de ce point, elle prend le plus court chemin pour arriver à l'œil de l'observateur à travers le milieu réfringent.
Il suit de là que les hauteurs apparentes des objets célestes
paroissent plus grandes qu'elles ne le sont réellement, de toute
la quantité de la réfraction, dont le *maximum* se trouve à
l'horizon, où elle est de 33′.

Feu le docteur Bradley a prouvé, par l'expérience, que dans
l'état moyen du barometre, pris à 29,6 pouces, et du thermometre de Fahrenheit, pris à 50°, la réfraction à 45° de hauteur
est de 57″ (ou, selon le docteur Maskelyne, de 56″⅓ seulement).
Dans les autres états de l'atmosphere, elle varie avec la hauteur du barometre, et diminue lorsque celle du thermometre
augmente dans la proportion de 350 à 400.

Il est donc certain que les objets célestes et terrestres éprouvent une réfraction plus ou moins grande selon qu'ils sont
moins ou plus éloignés de l'horizon; et, en supposant la réfraction céleste parfaitement connue, la mesure de la partie inférieure de sa courbure, coïncidant avec quelque objet particulier sur la surface de la terre, donneroit l'excès de la hauteur

apparente de l'objet sur la hauteur réelle, ou la valeur qu'auroit son angle d'élévation, s'il n'existoit pas de réfraction.

L'instrument employé aux opérations des triangles étoit, comme on peut se le rappeler d'après la description, très propre à mesurer avec beaucoup d'exactitude les petits angles d'élévation ou de dépression, et auroit été, par conséquent, fort utile pour remplir un tel but, si la multitude de nos autres travaux et le temps nous eussent permis d'en faire un objet principal, au lieu d'en faire un objet secondaire. Ceci sera promptement connu par tous ceux qui ont une idée de l'embarras qu'on a, sur-tout dans l'arriere-saison, pour conduire une opération de la nature de celle où nous étions engagés. Outre les feux allumés sur la rive françoise de la Manche, nous avions à veiller jour et nuit à nos propres observations dans l'isle ; l'envoi des ordres aux hommes placés à différentes stations, à 12, 15, et 20 milles, en différentes directions autour de l'horizon, n'étoit pas une chose d'un petit détail, lorsque, quelques parties de l'arrangement venant à manquer, il étoit nécessaire de répéter les feux.

Mais, outre l'importante affaire des triangles, qui prenoit presque toute notre attention, il est évident que, pour pouvoir obtenir des observations concluantes, il auroit fallu, à la rigueur, avoir les hauteurs relatives des stations d'après un nivellement; les déterminations géométriques, quelque bonnes qu'elles soient d'ailleurs, ne devroient point être admises ici, parcequ'elles ont le grand inconvénient de supposer ce qu'on cherche, c'est-à-dire la hauteur qui devroit être obtenue indépendamment de toute mesure angulaire. Outre les barometres et les thermometres nécessaires aux deux stations, il faut encore que deux observateurs munis d'instruments de la même espece y prennent au même instant les angles réciproques d'élévation et de dépression (1).

---

(1) Le docteur Maskelyne remarque, dans une lettre qu'il a écrite dernièrement, qu'il faudroit une personne pour tenir note des degrés du thermometre tant à l'objet qu'à la station de l'observateur, au moyen de quoi ( si de pareilles minuties peuvent être de quelque conséquence) la réfraction se calculeroit plus exactement, en y appliquant une nouvelle correction. Ainsi faisant $r = \frac{a}{10} = \frac{1}{10}$ de l'arc de distance; $h =$ la hauteur de l'atmosphere uniforme; $t =$ la différence du thermometre aux deux stations; $x =$ la différence de hauteur des deux stations, au-dessus d'un niveau commun; la correction seroit $\frac{rth}{400x}$; et la réfraction vraie ou totale $= r \mp \frac{rth}{400x}$, selon que le thermometre seroit plus bas ou plus haut à la station supérieure.

Quoique, d'après cela, les circonstances ne nous aient pas permis de faire des observations concluantes sur les valeurs, ou moyennes ou extrêmes, de la réfraction terrestre, cependant, ayant pris réciproquement, aux mêmes stations, nombre d'angles d'élévation et de dépression, il faut espérer que ces observations, quoique faites à différentes époques, jetteront as-sez de nouvelles lumieres sur cette matiere pour engager à des recherches ultérieures sur un sujet curieux, mais encore vague et indéterminé. Il paroît par ces observations que la réfraction terrestre, au lieu d'être $\frac{1}{9}$ de l'arc compris, d'après M. Bouguer, $\frac{1}{10}$ d'après le docteur Maskelyne, ou $\frac{1}{14}$ d'après M. Lambert, va-rie depuis $\frac{1}{3}$ jusqu'à $\frac{1}{24}$ de cet arc ; et peut être, s'il nous avoit été possible de faire des essais sur des hauteurs beaucoup plus considérables, aurions-nous trouvé qu'elle se seroit entièrement évanouie.

A R T.  I I.

### *Hauteurs relatives.*

Avant de donner aucun détail sur les angles d'élévation et de dépression réciproquement observés aux stations pour trou-ver la réfraction terrestre, il est utile de rappeler que, lors de la mesure de la base de Honslow-heath, la bouche du tuyau de Hampton-poor-house avoit été trouvée plus élevée de 6o pieds que les basses marées d'équinoxe, autant qu'on avoit pu s'en assurer en la rapportant à la surface des hautes eaux de Isleworth ; et que l'extrémité de la base près de King's-arbour avoit été trouvée par le nivellement plus haute que la pre-miere de 31 pieds 3 pouces.

La bouche du tuyau, à l'extrémité sud-est de la base de véri-fication à High-nook, près Dimchurch, dans le Romney-marsh, est, d'après le nivellement du lieutenant Fiddes, plus haute de 22,1 pieds que les basses marées d'équinoxe ci-dessus men-tionnées.

Le dessus du parapet de la tour septentrionale du donjon de Douvres a été trouvé, par le lieutenant Hay, ingénieur royal, de 465,8 pieds plus haut que les basses eaux d'équinoxe : il a vérifié sa mesure par des opérations géométriques, et les résultats se sont trouvés d'accord à moins d'un pied près. Je dois rendre à cet habile officier la justice de dire que, non seulement dans cette occasion, mais encore pendant toute la durée des opérations près de Douvres, son secours nous a été très utile.

La hauteur de la boule de Saint-Paul au-dessus de la Tamise, au quai Saint-Paul, et la hauteur de l'auberge de Shoorter's-hill au-dessus du quai de l'artillerie, dans le Woolwich-Warren, ont été déterminées plusieurs fois en 1773, lorsqu'on faisoit des expériences pour perfectionner la théorie de la mesure des hauteurs par le baromètre.

La hauteur du château de Severndroog, dernièrement bâti sur Shooter's-hill, a été déduite de celle de l'auberge.

Enfin, les hauteurs des stations intermédiaires, insérées dans les trois colonnes à droite de la table générale des résultats, qui est à la fin de la section précédente, ont été déterminées par des angles réciproques d'élévation ou de dépression mesurés d'une station à l'autre, dans toute l'étendue de la suite de triangles, au moyen de quoi les deux extrémités sont liées entre elles : on n'a pas trouvé à Hampton-poor-house une incertitude plus grande que quelques pieds, occasionnée, sans doute, par l'incertitude de la réfraction terrestre ; car il faut observer qu'à l'ouest de Greenwich on n'a pas fait les observations doubles, mais simples ; au moyen de quoi les hauteurs relatives de ces stations ont été déterminées en comptant $\frac{1}{10}$ de l'arc intercepté pour l'effet de la réfraction terrestre.

A R T.   I I I.

*Théoréme général.*

Soient C ( planche 10, Fig. 11) le centre de la terre considérée comme une sphere ; S$s$ la surface ; H, $h$, deux points à même hauteur au-dessus de la surface ; HO l'horizon ou le niveau apparent du point H ; $h$o le niveau apparent du point $h$ ; soit encore C$m$ divisant l'angle C en deux parties égales.

Puisque les angles $m$HC et $mn$H sont droits, l'angle $m$H$n$ ou $m$h$n$ est égal à l'angle $m$CH ou $m$C$h$ ; c'est-à-dire que si deux lieux H et $h$ sont à égales hauteurs, l'un vu de l'autre paroît abaissé au-dessous de l'horizon du point d'observation, d'un angle égal à la moitié de l'arc de grand cercle contenu entre eux, ou à la moitié de l'angle C. Il suit de là qu'un objet quelconque, distant, est plus élevé ou plus bas que le lieu de l'observation, selon que la dépression est plus petite ou plus grande que la moitié de l'arc compris, le tout en supposant qu'il n'existe aucune réfraction.

A R T.   I V.

*Détermination de la réfraction entre le château de Douvres et*
*Folkstone-turnpicke.*

Soient D (Fig. 12) le lieu de l'axe de la lunette sur la tour septentrionale du donjon de Douvres ; T le terrain à la station
de Folkstone-turnpicke ; DO la ligne horizontale ; et SL = CD.

La distance des stations est de 31554,6 pieds, qui, en ayant
égard à l'obliquité de la direction, donne 61188 fathoms = 1°,
et par conséquent à-peu-près 5' 9",4 pour l'arc compris, dont
la moitié vaut 2' 34",7 = l'angle ODL.

A la station D, le terrain en T étoit, d'après l'observation,
élevé de 8' 37" = l'angle TDO, auquel ajoutant ODL =
2' 34",7, on a l'angle TDL = 11' 11",7.

Maintenant, si on prend la distance des stations pour rayon,
les lignes TO, TL, etc. seront à-peu-près les tangentes des angles qui leur sont opposés ; ainsi l'angle TDL donnera, pour
une distance de 31554,6, TL = 102,7 pieds, qui seroient la hauteur du terrain, à la station T, au-dessus de l'axe de la lunette
placée en D, s'il n'y avoit pas de réfraction terrestre.

Mais l'axe de la lunette, à la station T, étoit à 5,5 pieds au-
dessus du terrain ; ainsi 102,7 + 5,5 = 108,2 pieds, seroient
la hauteur de l'axe en T au-dessus de l'axe en D.

Maintenant soient T (Fig. 13) le lieu de l'axe de la lunette,
lorsque l'instrument étoit à Folkstone-turnpicke ; D le dessus
du parapet de la tour septentrionale du donjon de Douvres ;
TO la ligne horizontale ; et CL = ST.

A la station T, la dépression du parapet de la tour a été observée de 14' 17",5 = OTD, d'où soustrayant la moitié 2' 34",7
de l'arc compris, il reste, pour l'angle LTD, 11' 42",8. Ce
dernier angle avec la distance connue donne LD = 107,5 pieds
qui seroient l'abaissement du parapet au-dessous de l'axe T, s'il
n'y avoit pas de réfraction.

Mais lorsque la lunette étoit en D, son axe étoit de 3,2 pieds
plus élevé que le parapet ; d'où 107,5 — 3,2 = 104,3, quantité
dont l'axe en D auroit été plus bas que l'axe en T.

Il est évident que dans ce cas la demi-somme de 108,2 et 104,3
pieds, ou 106,25 pieds, est, pour une réfraction moyenne, la
différence des hauteurs relatives de l'axe aux deux stations ;
et cette réfraction moyenne est soustendue par la moitié de

la differ., ou $\frac{108.2 - 104.3}{2} = 1,95$ pieds; d'où on tire la proportion,

distance $= 31554,6$ : ray. : : $1,95$ : tang. $12'',8$, moy. réfraction.

En effet, soit $t$ (fig. 12) la vraie place du terrain, alors l'élévation TDO — la réfraction $=$ TD$t$, ou $8'\,37''-12'',8 = 8'\,24'',2 =$ l'angle $t$DO; ainsi $t$DO $+$ ODL $= 10'\,58'',9 = t$DL; d'où $t$L $= 100,8$ pieds; à quoi ajoutant $5,5$ pieds, hauteur de l'axe au-dessus du terrain, on a $106,3$, comme ci-dessus, pour la hauteur de l'axe en T au-dessus de l'axe en D.

Soit encore $d$ (fig. 13) la vraie place du parapet, nous aurons, dépression $+$ réfraction $=$ OTD $+$ TD$d =$ OT$d = 14'\,30'',3$; et OT$d$ — OTL, ou $14'\,30'',3 - 2'\,34'',7 = 11'\,55'',6 =$ angle LT$d$. On tire de là L$d = 109,5$ pieds, qui seroit l'abaissement du parapet de la tour au-dessous de l'axe en T : retranchant de ce nombre $3,2$ pieds, hauteur de l'axe au-dessus du parapet, il reste comme ci-devant $106,3$ pieds, pour la différence de hauteur des deux stations.

L'axe de la lunette étoit à Douvres plus haut que les basses marées d'équinoxe de . . . . . . . . . . . . . . . . . . . $469$ pieds.

A quoi ajoutant l'élévation de l'axe de Turnpicke à Douvres . . . . . . . . . . . . . . . . . . . . . . $106,3$

Il reste pour la hauteur de l'axe à Turnpicke au-dessus des basses mers, environ . . . . . . . . . . . $575,3$

Et les $5'\,9'',4$, valeur de l'arc de grand cercle compris entre les deux stations, étant divisées par $12''8$, réfraction moyenne aux deux stations, nous aurons, dans le cas dont il s'agit, *environ $\frac{1}{24}$ de l'arc compris pour la valeur de la réfraction terrestre.*

### ART. V.

#### *Réfraction entre le château de Douvres et Calais.*

Soient D (fig. 14) le lieu de l'axe de la lunette sur la tour septentrionale du donjon du château de Douvres; G le dessus de la grande balustrade du clocher de l'église Notre-Dame à Calais; DO une ligne horizontale; et CL $=$ SD.

La distance de Douvres à Calais est, d'après les triangles, de $137450$ pieds, qui, en prenant $61169$ fathoms pour un degré,

P

donnent 22' 28",2, à-peu-près, pour la valeur de l'arc intercepté ;
la moitié de cet arc est 11' 14",1 $=$ angle ODL.

La hauteur de D au-dessus des basses mers d'équinoxe est,
comme ci-dessus, de . . . . . . . . . . . . . . . .    469 $^{pieds.}$

La hauteur de G est de . . . . . . . . .    140,5

Ainsi la différence est de. . . . . . . . .    328,5 $=$ G L.

Ainsi, 137450 : rayon : : 328,5 : tangente. .    8' 13" $=$ L D G.

A quoi ajoutant l'angle O D L . . . . . . .   11   14,1

on a . . . . . . . . . . . . . . . . . . .   19   27,1 , valeur
de l'angle ODG, ou pour la dépression de G au-dessous du lieu
de l'observation, dans le cas où il n'y auroit pas eu de réfraction : mais la dépression a été trouvée par l'observation de 17' 59" ;
ainsi la différence est 1' 28",1 , par quoi, divisant la longueur
22' 28",2 de l'arc intercepté, on a pour quotient 15,3, ou *une
valeur de la réfraction terrestre, qui est entre le $\frac{1}{15}$ et le $\frac{1}{16}$ de l'arc
intercepté.*

A R T.   V I.

*Réfraction entre Allington-Knoll et Tenterden.*

Soient K ( fig. 15 ) le lieu de l'axe de la lunette à **Allington-
Knoll** ; T le sommet du signal sur le clocher de Tenterden ;
SC la surface de la terre ; KO une ligne horizontale à angle
droit sur KC ; et SL $=$ KC.

La distance entre Allington-Knoll et Tenterden est, d'après
les triangles, de 61775,3 pieds, qui, en faisant 61234 fathoms $=$ 1°,
donnent 10' 5",3, à-peu-près, pour la valeur de l'arc intercepté :
la moitié de cet arc $=$ 5' 2",6 $=$ angle OKL ; d'où soustrayant
l'angle de dépression observé lorsque T a été vu de K, ou l'angle
OKT $=$ 3' 51", il reste l'angle TKL $=$ 1' 11",6, et conséquemment cet angle est sous-tendu par 21,4 pieds $=$ LT, ou la hauteur du dessus du signal à Tenterden au-dessus de l'axe de la
lunette à Knoll, dans le cas où il n'y auroit point de réfraction.

Mais le dessus du signal, au clocher de Tenterden, étoit de
3,1 pieds plus haut que l'axe de la lunette, à la même station ;
ainsi 21,4 — 3,1 $=$ 18,3, et c'est ce dont l'axe, à Tenterden,
auroit été plus haut que l'axe à Knoll, s'il n'y avoit pas eu de
réfraction.

Soient T ( fig. 16 ) le lieu de l'axe de la lunette au clocher de

Tenterden; K le terrain à la station d'Allington-Knoll; TO une ligne horizontale; et $CL = ST$.

A la station T, la dépression du terrain en K, ou l'angle OTK, a été observée de 3' 55", qui, soustraites de 5' 2",6 = OTL = la moitié de l'arc compris, il reste 1' 27",6 = l'angle KTL. Ce dernier angle, avec la distance 61775,3 pieds entre les stations, donne $KL = 26,3$ pieds, élévation du terrain en K, au-dessus de l'axe à Tenterden, dans le cas où il n'y auroit point de réfraction.

Mais l'axe de la lunette, à la station K, étoit de 5,5 pieds au-dessus du terrain; ainsi $26,3 + 5,5 = 31,8 =$ ce dont l'axe à Knoll seroit plus haut que l'axe à Tenterden.

Il suit de là qu'en supposant que la réfraction ait été la même lorsqu'on a observé à chaque station, la moitié de la différence de ces hauteurs, ou $\frac{31,8 - 18,3}{2} = 6,7$ pieds, seroit la différence entre les hauteurs relatives de l'axe aux deux stations, et que l'angle de réfraction seroit sous-tendu par la demi-somme, ou $\frac{31,8 + 18,3}{2} = 25,05$ pieds; ainsi, pour trouver la réfraction moyenne, on a la proportion, distance des stations : rayon : : 25,05 pieds : tang. 1' 23"$\frac{1}{2}$, réfraction moyenne.

En effet, supposant $t$ (fig. 15) la vraie place du dessus du signal, nous aurons, angle OKT de dépression + angle TK$t$ de réfraction, ou 3' 51" + 1' 23"$\frac{1}{2}$ = 5' 14"$\frac{1}{2}$ = angle OK$t$. De là angle OKT — angle OKL = 5' 14"$\frac{1}{2}$ — 5' 2",6 = 0' 11",9 = angle LK$t$. Maintenant ce dernier angle, et la distance 61775,3 entre les stations, donnent L$t$ = 3,6 pieds, ou ce dont le dessus du signal à Tenterden auroit été plus bas que l'axe à Knoll; ce nombre ajouté à 3,1 pieds (quantité dont l'axe à Tenterden étoit plus bas que le dessus du signal), on a comme ci-devant 6,7 pieds pour la hauteur de l'axe à Knoll au-dessus de l'axe à Tenterden.

De même, supposant K (fig. 16) le terrain à Knoll, on a la somme de la dépression et de la réfraction, ou OTK + KT$k$ = 3' 35" + 1' 23"$\frac{1}{2}$ = 4' 58"$\frac{1}{2}$ = OT$k$; et OTL — OT$k$ = 5' 2",6 — 4' 58"$\frac{1}{2}$ = 0' 4",1 = angle $k$TL. D'où $k$t = 1,2 pied; et c'est la hauteur du terrain à Knoll, au-dessus de l'axe à Tenterden, qui, ajoutée à 5,5 pieds, hauteur de l'axe à Knoll, au-dessus du terrain, donne comme ci-dessus 6,7 pieds pour la différence des hauteurs.

La hauteur de l'axe de la lunette à Allington-Knoll au-dessus des basses mers d'équinoxe, déterminée par les observations faites à cette station, et à celle de High-nook est de . . . . . 329<sup>pieds.</sup>

On a vu que l'axe étoit plus bas au clocher de Tenterden qu'à Knoll de . . . . . . . . . . . . . . . . . 6,7

Ainsi l'axe, sur le clocher de Tenterden, étoit au-dessus des basses mers de . . . . . . . . . . . . . . . 322,3

L'arc compris entre les deux stations $= 10' 5'',3$, étant divisé par $1' 23'',\frac{1}{2}$, réfraction moyenne, le quotient est $7\frac{1}{4}$, *ce qui donne la réfraction terrestre entre le $\frac{1}{7}$ et le $\frac{1}{8}$ de l'arc compris.*

Nous avons donné en détail l'exemple de l'art. 4 et celui-ci, parceque si, dans le premier, les points où étoit l'axe de la lunette, dans les stations respectives, avoient été observés, l'un auroit donné une dépression et l'autre une élévation ; mais, dans celui-ci, l'un et l'autre point auroient été vus sous un angle de dépression.

A R T. VII.

## *Observations générales.*

Les trois exemples qui précedent étant suffisants pour faire connoître la méthode qu'on a constamment suivie dans le calcul des effets de la réfraction terrestre, nous avons rassemblé tous les résultats dans la table suivante, en commençant par les distances où elle a été trouvée la plus grande et finissant par celles où elle a été trouvée la plus petite.

Les titres qui sont au haut des colonnes expliquent suffisamment cette table, qui contient un nombre d'observations plus que double du nombre de celles faites ci-devant, et une plus grande variété de distances exactes, ces observations ayant été faites avec le meilleur instrument pour la détermination des petits angles d'élévation et de dépression. Les résultats ne sont cependant pas donnés comme absolument exempts d'erreur ; au contraire, si les circonstances nous eussent permis d'en faire l'objet principal de notre travail, les répétitions successives des observations, en différents temps, auroient sans doute fourni des conclusions plus satisfaisantes. Il faut espérer cependant que celles-ci, telles qu'elles sont, auront leur utilité, ne fût-ce que pour montrer les variations de la réfraction terrestre, et pour engager à faire d'autres épreuves qui, comme on l'a déja observé, conduiroient à une connoissance plus détaillée de ce sujet intéressant.

On a marqué les hauteurs du barometre et du thermometre, pour les jours où les observations ont été faites, seulement afin de faire voir quel étoit, dans les temps respectifs, l'état de l'atmosphere. Nous n'avons tenté aucunes corrections à cet égard, parceque nous n'aurions pu le faire d'une maniere satisfaisante, et qu'elles auroient été inutiles, à moins que les circonstances ne nous eussent permis de faire des observations réciproques, dans des temps correspondants, avec un double assortiment d'instruments, ce qui nous a été impossible.

On verra en général, par les résultats de la table, que les réfractions, tant terrestres que célestes, diminuent lorsque les hauteurs des stations au-dessus de la mer, augmentent; et que, au moins dans certains temps, elle est plus grande qu'on ne l'a supposée jusqu'à présent, et va jusqu'à $\frac{1}{2}$ ou $\frac{1}{3}$ de l'arc intercepté, au lieu d'en être seulement le $\frac{1}{9}$ ou le $\frac{1}{14}$. Outre l'exemple qu'on voit dans la table de cet effet extraordinaire, entre Allington-Knoll et Ruckinge, où la distance des stations est petite, et l'une d'elles peu élevée au-dessus du niveau de la mer, nous aurions pu en donner un autre d'une distance et d'une hauteur encore plus considérables, savoir Shooter's-hill et la boule de l'église Saint-Paul; supposant le premier de 482 et le second de 403 au-dessus des basses mers, la réfraction observée à Shooter's-hill le matin du premier septembre 1787 étoit de 1′47″, ce qui est entre $\frac{1}{3}$ et $\frac{1}{4}$ de l'arc compris.

Si les circonstances nous eussent permis de faire des expériences réitérées sur la réfraction, entre Douvres et Calais, en se plaçant au bas du talut, au haut du talut, et ensuite au haut du château, on auroit vraisemblablement trouvé une réfraction très différente à chacune de ces trois stations, l'arc compris étant constant, ou variant d'une quantité insensible.

Mais, pour faire de pareilles observations d'une maniere touchante, il faut en former un objet distinct de travail, ou au moins un objet lié avec d'autres opérations relatives aux modifications de l'atmosphere. Ce travail exigeroit un excellent niveau; et on trouveroit des positions très convenables sur quelques unes des plus hautes montagnes de l'Ecosse, situées près de la mer, telles que *Ben-nevis* et *Cruachan-Ben*, où les hauteurs relatives des stations pourroient être déterminées par un nivellement très exact.

## Triangles secondaires, sous-divisés en deux classes, pour perfectionner la carte du pays et le plan de la cité de Londres et de ses environs.

Toute la suite de triangles, au moyen de laquelle la distance entre les observatoires royaux de Greenwich et de Paris est déterminée, a été observée avec un seul excellent instrument, qui, placé à chaque station de notre côté de la Manche, a servi à mesurer tous les angles avec le plus grand soin : il est résulté de là que la base de Hounslow-heath et celle de Romney-marsh sont réciproquement données l'une par l'autre, à peu de pouces près, ce qui fournit l'exemple d'une exactitude telle, qu'on n'en a probablement jamais rencontré de pareille dans aucune opération de cette sorte. L'extrême petitesse de l'erreur sur la somme des trois angles de chaque triangle prouve suffisamment que le résultat général eût été sensiblement le même en se contentant d'observer seulement deux angles. Mais une opération de cette espece exigeoit qu'on ne laissât rien de douteux, et on a apporté dans son exécution, l'attention la plus minutieuse à tout ce qui pouvoit en assurer l'exactitude, particulièrement à placer réciproquement l'instrument et les signaux sur le même point de station, afin qu'on n'eût à craindre aucune erreur de parallaxe ou d'excentricité.

On concevra aisément qu'avec une semblable maniere d'opérer nous aurions déterminé exactement, si le temps nous l'eût permis, la situation d'une multitude d'autres points dans le pays, outre ceux qui formoient les sommets des triangles, au moyen de quoi les cartes ordinaires se seroient trouvées très perfectionnées, lorsqu'on auroit, dans la suite, fait usage de toutes les distances données. Mais les circonstances ne nous ayant pas permis de multiplier les points autant que nous l'aurions voulu, ce qui auroit pu, néanmoins, se faire aisément si les opérations eussent été commencées dans une saison de l'année moins avancée, nous nous sommes restreints à un petit nombre de points les plus apparents et les mieux connus.

Les triangles secondaires sont divisés en deux classes ; la premiere est composée de trente-cinq triangles, au moyen desquels les situations relatives d'autant de points ont été déterminées

d'après certaines stations de la principale série, en commençant par les objets observés des stations les plus occidentales,
et en continuant ensuite vers l'orient. Comme on n'a observé
que deux angles de ces triangles, le troisieme, c'est-à-dire celui
à l'objet, où étoit l'intersection, est le supplément à 180°. Quoique les distances ainsi obtenues ne soient pas aussi exactes que
les côtés de la principale série, cependant il n'y a aucune raison
de craindre qu'elles different beaucoup de la vérité, lorsqu'on
les vérifiera par quelque opération future qui seule peut leur
servir de preuve.

CALCUL de la premiere classe de triangles secondaires.

| N°. | TRIANGLES. | ANGLES. | | | DISTANCES, En pieds, des stations aux points d'intersection des rayons visuels. | |
|---|---|---|---|---|---|---|
| | | ° | ′ | ″ | | Pieds. |
| 1 | King's-arbours .... | 8 | 52 | 57 | De Stanwel. . . . . . . | 10927 |
| | Saint-Ann's-hill. . . . | 4 | 4 | 44 | | 23720 |
| | *Eglise de Stanwell.* . | 167 | 2 | 19 | | |
| 2 | King's-arbours .... | 28 | 35 | 34 | De la colline de Har-row. | 42944 |
| | Tour de Hanger-hill. | 89 | 23 | 52 | | 20553,3 |
| | *Colline de Harrow.* | 62 | 0 | 34 | | |
| 3 | King's-arbours .... | 70 | 1 | 47 | De l'église de Bans-tead. | 80994 |
| | Tour de Hanger-hill. | 82 | 19 | 25,1 | | 76807,4 |
| | *Eglise de Banstead.* | 27 | 38 | 47,9 | | |
| 4 | Hampton-poor-house | 88 | 58 | 23 | De la pagode de Kew | 22849 |
| | King's-arbours. . . . . | 40 | 14 | 25 | | 35364,5 |
| | *Pagode de Kew...* | 50 | 47 | 12 | | |
| 5 | Colline de Harrow.. | 69 | 43 | 8 | De la maison de Spring-grove. | 55851 |
| | Eglise de Saint-Paul. | 35 | 58 | 9 | | 57253,9 |
| | *Spring-grove, maison du chev. J. Bancks.* | 74 | 18 | 43 | | |

| N°. | TRIANGLES. | ANGLES. | | | DISTANCES,<br>En pieds, des stations aux points d'intersection des rayons visuels. | Pieds. |
|---|---|---|---|---|---|---|
| 6 | Tour de Hanger-hill. | 19° | 33′ | 4,3″ | De l'observat. royal de Richmond. | 20164,4 |
| | Spring-grove...... | 82 | 46 | 15,9 | | 57253,9 |
| | Observatoire royal de Richmond...... | 77 | 40 | 39,8 | De Spring-grove à Hanger-hill. | 19857,8 |
| 7 | Hundred-acres..... | 14 | 13 | 27 | De l'église de Battersea | 50664,5 |
| | Saint-Paul....... | 34 | 3 | 49,2 | | 22226 |
| | Eglise de Battersea . | 131 | 42 | 43,8 | | |
| 8 | Hundred-acres..... | 27 | 51 | 55,6 | De l'église de Streatham. | 35957,3 |
| | Eglise de Fulham... | 46 | 12 | 54,4 | | 23279,3 |
| | *Eglise de Streaham.* | 105 | 55 | 10 | | |
| 9 | Hundred-acres .... | 36 | 59 | 35,8 | De la commune de Clapham. | 43351,7 |
| | Château de Severndroog........ | 33 | 28 | 20,5 | | 47296,4 |
| | *Commune de Clapham , apparten. à M. Cavendish..* | 109 | 32 | 3,7 | | |
| 10 | Norwood........ | 76 | 19 | 14,5 | De l'oservatoire d'Argill-street. | 40083,2 |
| | Château de Severndroog........ | 52 | 41 | 37 | | 39963 |
| | *Observatoire du major général Roy, en Argill-street ....* | 50 | 59 | 8,5 | | |
| 11 | Norwood ....... | 62 | 30 | 23,5 | De l'église de Saint-Paul. | 37840,9 |
| | Château de Severndroog........ | 57 | 8 | 8,5 | | 39963 |
| | Eglise de Saint-Paul. | 60 | 21 | 28 | | |

N. B. *En combinant les résultats de ces **deux derniers**, on en a formé un troisieme qui donne pour la distance d'Argill-street à l'église de Saint-Paul,* ........... 9632

| N°. | TRIANGLES. | ANGLES. | DISTANCES, En pieds, des stations aux points d'intersection des rayons visuels. | |
|---|---|---|---|---|
| | | | | Pieds. |
| 12 | Norwood. . . . . . . . | 56° 56′ 32″ | Du college de Bromley | 22695,4 |
| | Château de Severn-droog. . . . . . . . | 52 52 48 | | 24950,6 |
| | *Collège de Bromley* . | 110 50 40 | | |
| 13 | Norwood . . . . . . . | 51 55 5 | De l'église de Chisle-hurst. | 55777,9 |
| | Château de Severn-droog . . . . . . . | 67 48 12,5 | | 20981,1 |
| | *Eglise de Chislehurst* | 80 18 44,5 | | |
| 14 | Observatoire royal de Greenwich . . . . . | 92 58 13,5 | Du château de Wan-stead. | 34413,6 |
| | Château de Severn-droog. . . . . . . . | 64 46 55,5 | | 37999,7 |
| | *Fronton oriental du château de Wanstead* | 22 35 13 | | |
| 15 | Observatoire royal de Greenwich . . . . . | 131 45 43 | De la colline de Loampit. | 6352,6 |
| | Château de Severn-droog . . . . . . . . | 14 7 0 | | 19428,4 |
| | *Colline de Loampit.* | 34 7 17 | | |
| 16 | Observatoire royal de Greenwich. . . . . | 85 49 9 | De l'église de Becken-ham. | 25622 |
| | Château de Severn-droog. . . . . . . . | 63 29 48 | | 28555 |
| | *Eglise de Beckenham* | 50 41 3 | | |
| 17 | Observatoire royal de Greenwich . . . . | 22 41 53 | De l'église d'Eltham. | 15531 |
| | Château de Severn-droog. . . . . . . . | 87 18 31,5 | | 5998,5 |
| | *Eglise d'Eltham. . .* | 69 59 55,5 | | |

| N°. | TRIANGLES. | ANGLES. | | | DISTANCES, En pieds, des stations aux points d'intersection des rayons visuels. | |
|---|---|---|---|---|---|---|
| | | ° | ′ | ″ | | Pieds. |
| 18 | Château de Severn-droog.......... | 21 | 56 | 44 | Knockholt Beeches. | 58933 |
| | Botley-hill........ | 54 | 48 | 27 | | 26951 |
| | *Knockhol Beeches* . | 103 | 14 | 49 | | |
| 19 | Château de Severn-droog......... | 51 | 40 | 29,4 | De la tour Leet-hill. | 144761 |
| | Botley-hill........ | 124 | 53 | 14 | | 92668 |
| | *Tour de Leet-hill* . . | 23 | 26 | 16,6 | | |
| 20 | Botley-hill........ | 39 | 17 | 16,5 | De la tour de Firedean. | 44780,4 |
| | Eglise de Frant.... | 26 | 58 | 39 | | 62507 |
| | *Tour de Firedean* . . | 113 | 44 | 4,5 | | |
| 21 | Botley-hill........ | 19 | 51 | 19,5 | Du signal à feu de Crowborough. | 88977 |
| | Eglise de Frant.... | 77 | 52 | 33 | | 30949,7 |
| | *Signal à feu de Crow-borough*........ | 82 | 36 | 7,5 | | |
| 22 | Botley-hill........ | 24 | 22 | 7 | Du moulin à vent de Sevenoaks. | 44032,4 |
| | Wrotham-hill...... | 28 | 57 | 42 | | 37519,8 |
| | *Moulin à vent de Se-venoaks*....... | 126 | 40 | 11 | | |
| 23 | Eglise de Frant .... | 46 | 5 | 9 | De l'égl. de Wadhurst. | 20674 |
| | Eglise de Goudhurst. | 26 | 21 | 46,5 | | 33538,7 |
| | *Eglise de Wadhurst.* | 107 | 33 | 4,5 | | |
| 24 | Eglise de Goudhurst. | 42 | 6 | 25 | Du moulin à vent de Brightling. | 58616,3 |
| | Fairlight-down .... | 58 | 5 | 33 | | 63707,4 |
| | *Moulin à vent de Brightling*...... | 99 | 48 | 2 | | |

| N°. | TRIANGLES. | ANGLES. ° | ' | " | DISTANCES, En pieds, des stations aux points d'intersection des rayons visuels. | Pieds. |
|---|---|---|---|---|---|---|
| 25 | Fairlight-down | 22 | 46 | 17 | De l'église de Rye | 57598 |
|  | Eglise de Lydd | 21 | 23 | 25 |  | 39754 |
|  | *Eglise de Rye* | 135 | 56 | 18 |  |  |
| 26 | Fairlight-down | 19 | 54 | 30 | Du phare de Dengeness. | 81082,7 |
|  | Château de Douvres, tour du nord | 13 | 54 | 24,6 |  | 113030 |
|  | *Phare de Dengeness* | 146 | 51 | 5,4 |  |  |
| 27 | Fairlight-down | 60 | 29 | 28 | De l'église d'Ore | 7605,3 |
|  | Eglise de Goudhurst. | 4 | 12 | 42 |  | 90123,2 |
|  | *Eglise d'Ore* | 115 | 17 | 50 |  |  |
| 28 | Fairlight-down | 23 | 32 | 3 | De l'église de Fairlight | 5385 |
|  | Eglise de Lydd | 1 | 50 | 43 |  | 66787,7 |
|  | *Eglise de Fairlight* | 154 | 36 | 54 |  |  |
| 29 | Eglise de Tenterden. | 30 | 42 | 37 | De l'église d'Ashford. | 46096 |
|  | Allington-knoll | 46 | 45 | 7 |  | 32519,2 |
|  | *Eglise d'Ashford* | 102 | 32 | 16 |  |  |
| 30 | Eglise de Lydd | 43 | 54 | 50,5 | De l'égl. de Ruckinge. | 41682,2 |
|  | High-nook près Dymchurch | 87 | 40 | 22 |  | 28758,4 |
|  | *Eglise de Ruckinge.* | 48 | 44 | 47,5 |  |  |
| 31 | High-nook | 85 | 44 | 33,5 | De la nouvelle église de Romney. | 16965,4 |
|  | Ruckinge | 52 | 17 | 35,5 |  | 31566,5 |
|  | *Nouvelle église de Romney.* | 63 | 57 | 51 |  |  |

| N°. | TRIANGLES. | ANGLES. | | | DISTANCES, En pieds, des stations aux points d'intersection des rayons visuels. | |
|---|---|---|---|---|---|---|
| 32 | High-nook . . . . . . | 42° | 44′ | 44″,5 | Du château de Lymne. | 23741,6 |
| | Allington-Knool. . . | 70 | 21 | 48 | | 17109,6 |
| | *Château de Lymne.* | 66 | 53 | 27,5 | | |
| 33 | Eglise de Lydd . . , . | 2 | 10 | 29,2 | De l'église de Folkstone. | 78946,9 |
| | Folkstone turnpicke. | 27 | 26 | 22 | | 6501,3 |
| | *Eglise de Folkstone.* | 150 | 23 | 8,8 | | |
| 34 | Folkstone-turnpicke. | 24 | 35 | 59 | Du pavillon de Beachborough. | 23325,2 |
| | Padlesworth . . . . . | 123 | 46 | 53,2 | | 11681,6 |
| | *Pavillon de Beachborough. . . . . .* | 31 | 37 | 25,8 | | |
| 35 | Padlesworth . . . . . | 52 | 56 | 0 | Du monument de Waldershare. | 37862,5 |
| | Château de Douvres. | 62 | 24 | 5 | | 23081,4 |
| | *Monument de Waldershare . . . . . . .* | 84 | 59 | 55 | | |

## Seconde suite de triangles secondaires.

On a donné, dans le mémoire de 1787, des raisons suffisantes pour ne pas faire de S.-Paul une station de la suite des grands triangles; et vraiment le seul inconvénient de la fumée de la capitale étoit plus que suffisant, quand il n'y en auroit pas eu d'autres. Nous l'avons éprouvé à Shooter's-hill, où nous sommes restés une semaine entiere, avant que les feux blancs, malgré leur grande lumiere, pussent être vus à la tour de Hanger-hill, et même à Argyll-street; le vent de nord-est qui régnoit alors, ayant accumulé une masse de fumée impénétrable entre l'instrument et les points observés, nous finîmes par être obligés de veiller toute la nuit, jusqu'au matin, où, les feux de Londres étant éteints, les feux blancs purent s'appercevoir.

Il n'est donc pas étonnant que des stations de Norwood, Greenwich et Shooter's-hill, nous n'ayons pu déterminer d'une maniere satisfaisante que deux points de Londres, savoir Saint-Paul et Argyll-street. On a pris, il est vrai, les déclinaisons de quelques autres; mais il a fallu, pour que les angles ne fussent pas trop aigus, se servir des observations que j'avois faites précédemment à Argyll-street, avec mon propre instrument, dans sa position verticale, et à Saint-Paul, avec un quart-de-cercle astronomique. De plus, pour finir l'opération et fournir aux habitants de la métropole, qui sont curieux de ces sortes de matieres, un recueil de distances qui ne peuvent manquer de leur être utiles, on a choisi deux nouvelles stations pour le grand instrument, au nord de Londres, l'une à *Hornsey-hill*, et l'autre à *Primrose-hill*. Ainsi nous avons pu, par les opérations combinées faites à ces différents lieux, déterminer la situation de trente-sept points apparents, comprenant principalement les clochers les plus remarquables de la capitale et de ses environs.

On voit dans la planche 11, qui est le cannevas, mais sur une petite échelle, d'un plan perfectionné de Londres et de ses environs, les situations relatives de ces points à l'égard de Saint-Paul, ainsi que les quatre stations les plus proches de la grande série. Quelques uns des principaux de ces triangles secondaires sont marqués dans le plan par des lignes ponctuées. On y auroit introduit de la confusion, si on en eût exprimé davantage de cette maniere. Nous remarquerons ici que la distance, 9632 pieds, d'Argyll-street à Saint-Paul, résultant des dixieme et onzieme triangles secondaires de la premiere classe, devient la base d'un quadrilatere formé par *Saint-Paul*, *Argill-street*, *Hornsey-hill* et *Primrose-hill*; ainsi, avec les angles observés à ces deux dernieres stations, et en prenant pour module un des côtés inconnus, on obtiendra tous les angles du quadrilatere, au moyen desquels et de la vraie longueur donnée d'un des côtés, on calculera tous les autres côtés.

CALCUL de la seconde classe des triangles secondaires.

<table>
<tr><td rowspan="18" style="writing-mode:vertical-lr">Situations déterminées avec le grand instrument placé à Hornsey-hill et Primrose-hill.</td></tr>
<tr><th>N°.</th><th>TRIANGLES.</th><th>ANGLES.</th><th colspan="2">DISTANCES,<br>En pieds, des stations aux points d'intersection des rayons visuels.</th></tr>
<tr><td></td><td></td><td></td><td></td><td>Pieds.</td></tr>
<tr><td rowspan="3">1</td><td>Hornsey-hill . . . . . .</td><td>46 42 41</td><td rowspan="2">De l'église Saint-Paul.</td><td>23297,1</td></tr>
<tr><td>Primrose-hill . . . . .</td><td>83 21 27,5</td><td>17072,8</td></tr>
<tr><td>*Saint-Paul* . . . . . .</td><td>49 55 51,5</td><td>De Primrose - hill à Hornsey-hill.</td><td>17949,5</td></tr>
<tr><td rowspan="3">2</td><td>Hornsey-hill . . . . .</td><td>23 8 34</td><td rowspan="3">De l'observatoire d'Argill-street.</td><td>23803,4</td></tr>
<tr><td>Primrose-hill . . . . .</td><td>112 49 57</td><td>10150,7</td></tr>
<tr><td>*Observat. d'Argill - street* . . . . . . . .</td><td>44 1 29</td><td></td></tr>
<tr><td rowspan="3">3</td><td>Hornsey-hill . . . . . .</td><td>23 53 59</td><td rowspan="3">De l'église de Hamp-stead.</td><td>17972</td></tr>
<tr><td>Primrose-hill . . . . .</td><td>78 23 43</td><td>7335,5</td></tr>
<tr><td>*Eglise de Hampstead*</td><td>78 2 18</td><td></td></tr>
<tr><td rowspan="3">4</td><td>Hornsey-hill . . . . .</td><td>29 11 3,5</td><td rowspan="3">De la coupole de M. Duveluz.</td><td>7198,2</td></tr>
<tr><td>Primrose-hill . . . . . .</td><td>16 44 50</td><td>12181,2</td></tr>
<tr><td>*Coupole de M. Duve luz, Hornsey lane, Highgate* . . . . . .</td><td>134 4 6,5</td><td></td></tr>
<tr><td rowspan="3">5</td><td>Hornsey-hill . . . . .</td><td>47 30 42</td><td rowspan="3">De l'église d'Isling-ton.</td><td>14272,5</td></tr>
<tr><td>Primrose-hill . . . . .</td><td>51 42 39</td><td>13409</td></tr>
<tr><td>*Eglise d'Islington* . .</td><td>80 46 39</td><td></td></tr>
</table>

Situations déterminées avec le grand instrument placé à Hornsey-hill et Primrose-hill.

| N°. | TRIANGLES. | ANGLES. | DISTANCES, En pieds, des stations aux points d'intersection des rayons visuels. | |
|---|---|---|---|---|
| 6 | Hornsey-hill..... | 55° 28 32" | De la maison d'High-bury. | Pieds. 8867,7 |
| | Primrose-hill.... | 29 28 52 | ................. | 14845,4 |
| | Maison d'Highbury, appartenant à M. Aubert...... | 95 2 36 | | |
| 7 | Hornsey-hill..... | 50 52 33 | De l'église de S.-Luc. | 19325 |
| | Primrose-hill.... | 68 59 37 | ................. | 16057,5 |
| | Eglise de Saint-Luc, Old-street..... | 60 7 50 | | |
| 8 | Hornsey-hill..... | 62 9 30 | De l'église de Saint-Léonard. | 19816 |
| | Primerose-hill.... | 63 36 33,5 | ................. | 15560,5 |
| | Eglise de S.-Léonard. | 54 13 56,5 | | |
| 9 | Hornsey-hill..... | 61 19 7,5 | De l'église du Christ. | 22733 |
| | Primerose-hill..... | 70 33 39 | ................. | 21149,3 |
| | Eglise du Christ... | 48 7 13,5 | | |
| 10 | Hornsey-hill..... | 49 20 38,5 | De l'église de Bow. | 23404,4 |
| | Primrose-hill..... | 81 21 4,5 | ................. | 17959,6 |
| | Eglise de Bow.... | 49 18 17 | | |
| 11 | Hornsey-hill..... | 42 33 43 | De l'église de S.Bride. | 23158 |
| | Primrose-hill..... | 86 44 24 | ................. | 15689,1 |
| | Eglise de S.-Bride.. | 54 41 52 | | |
| 12 | Hornsey-hill..... | 51 16 11 | De l'église de Saint-George. | 21977 |
| | Primrose-hill..... | 94 11 25 | ................. | 11344 |
| | Eglise de S.-George. | 54 52 29 | | |

| N°. | TRIANGLES. | ANGLES. | DISTANCES, En pieds, des stations aux points d'intersection des rayons visuels. | |
|---|---|---|---|---|
| | | | | Pieds. |
| 13 | Hornsey-hill. . . . . | 29 52 8,5 | De l'église de Saint-Gilles. | 22978,4 |
| | Primrose-hill. . . . . | 100 13 30,5 | . . . . . . . . . . . . . . | 11510,4 |
| | *Eglise de Saint-Gilles.* | 50 14 21 | | |
| 14 | Hornsey-hill. . . . . | 28 2 38 | De l'église de Sainte-Anne. | 24197,1 |
| | Primrose-hill. . . . . | 106 40 20 | . . . . . . . . . . . . . . | 11875,4 |
| | *Eglise de Ste.-Anne.* | 45 17 2 | | |
| 15 | Hornsey-hill. . . . . | 59 52 55,5 | De la chapelle de Highgate. | 9237,8 |
| | Observatoire d'Argill-street . . . . . | 22 37 47,6 | . . . . . . . . . . . . . . | 20766,9 |
| | *Chapelle de High-gate. . . . . . . . .* | 97 29 16,9 | | |
| 16 | Primrose-hill. . . . . | 20 30 40 | De l'église de Saint-Clément. | 14390,8 |
| | Observatoire d'Argill-street. . . . . . . | 123 0 9,4 | . . . . . . . . . . . . . . | 6074,0 |
| | *Eglise de Saint-Clé-ment. . . . . . . . . .* | 36 16 0,6 | | |
| 17 | Primrose-hill. . . . . . | 17 52 31 | De l'église de Sainte-Marie. | 14148,5 |
| | Observatoire d'Argill-street . . . . . . . . | 127 21 15 | . . . . . . . . . . . . . . | 5463,4 |
| | *Eglise de Sainte-Ma-rie dans le Strand.* | 34 46 14 | | |
| 18 | Primrose-hill . . . . . | 7 32 8,5 | De l'église de Saint-Martin. | 13631,6 |
| | Observatoire d'Argill-street. . . . . . . | 152 0 27 | . . . . . . . . . . . . . . | 3808,8 |
| | *Eglise de Saint Mar-tin des-Champs. . .* | 20 27 24,5 | | |

| | N°. | TRIANGLES. | ANGLES. | DISTANCES, En pieds, des stations aux points d'intersection des rayons visuels. | Pieds. |
|---|---|---|---|---|---|
| Un angle pris avec le grand instrument et l'autre avec celui d'Argyll-street. | 19 | Primrose-hill . . . . . | 3° 12' 59",5 | Du Panthéon. . . . . | 10295,5 |
| | | Observatoire d'Argill-street. . . . . . . . | 102 32 59,4 | | 591,8 |
| | | *Panthéon*. . . . . . . . | 74 14 21,1 | | |
| Avec le petit sextant de Hadley employé à Argyll-street. | 20 | Primrose-hill . . . . . | 5 35 34 | De l'église de Saint-George. | 10816,5 |
| | | Observatoire d'Argyll-street. . . . . . . . | 120 13 56 | | 1220,1 |
| | | *Eglise de S.-George, place d'Hanovre* . | 54 10 30 | | |
| | 21 | Primrose-hill. . . . . | 16 7 10 | De South-audeley-chapel. | 11359,3 |
| | | Observatoire d'Argyll-street. . . . . . . . | 103 34 59 | | 3244,5 |
| | | *South-audeley-chapel* . . . . . . . . . . | 60 17 51 | | |
| Avec le petit sextant de Hadley employé à Saint-Paul. | 22 | Hornsey-hill . . . . . . | 38 14 6 | De l'église de Newington. | 8136 |
| | | Eglise de Saint-Paul. | 16 35 7 | | 17640,3 |
| | | *Eglise de Newington.* | 125 10 47 | | |
| | 23 | Hornsey-hill . . . . . . | 20 29 59 | De l'église de Saint-Matthieu. | 21321 |
| | | Eglise de Saint-Paul. | 66 7 5 | | 8165,8 |
| | | *Eglise de S.-Matthieu, plaine de Bethnall.* | 92 22 56 | | |
| Observés en 1783 avec le quart-de-cercle astron. employé à S.-Paul. | 24 | Hornsey-hill . . . . . . | 18 22 9 | De l'église de Saint-George à Ratcliff. | 27045,2 |
| | | Eglise de Saint Paul . | 105 32 24 | | 8845,4 |
| | | *Eglise de S.-George à Ratcliff* . . . . . . | 56 5 27 | | |

| | N°. | TRIANGLES. | ANGLES. | DISTANCES, En pieds, des stations aux points d'intersection des rayons visuels. | Pieds. |
|---|---|---|---|---|---|
| Observés en 1787 avec le quart-de-cercle astronomique employé à Saint-Paul. | 25 | Primrose-hill . . . . . . <br> Eglise de Saint-Paul . <br> *Eglise de S.-James.* . | 30° 44′ 17″ <br> 45 39 31 <br> 103 36 12 | De l'église de Saint-James. | 12562,7 <br><br> 8978 |
| | 26 | Observatoire royal de Greenwich . . . . . . <br> Eglise de Saint-Paul . <br> *Eglise de Limehouse.* | 31 5 38 <br> 27 52 40 <br> 121 1 42 | De l'église de Limehouse. | 13999,3 <br><br> 15462 |
| | 27 | Observatoire d'Argyll-street. . . . . . . . <br> Eglise de Saint-Paul. <br> *Eglise de Saint-Pierre, à Westminster, tour au sud, tourillon du sud-ouest.* . | 61 47 27 <br> 39 42 24,5 <br><br><br> 78 30 8,5 | De l'église de S.-Pierre à Westminster. | 6279,5 <br> 8661,8 |
| Avec le grand instrument et celui d'Argyll-street. | 28 | Norwood . . . . . . . . <br> Observatoire d'Argill-street . . . . . . . <br> *Le Monument.* . . . . | 18 5 5 <br> 64 9 55,7 <br> 97 44 59,3 | Du Monument. . . . | 36409,7 <br><br> 12557,5 |
| Tous deux avec le quart-de-cercle astronomique. | 29 | Station de Jews-harp. <br> Station de Black-lane. <br> *Eglise de Saint-Paul.* | 52 52 53 <br> 92 12 30 <br> 34 54 37 | De l'église de S.-Paul. <br><br> De Jews-harp à Black-lane, la base de 1783. | 13522,0 <br> 10790,3 <br> 7744,3 |
| L'un avec l'instrument d'Argyll et l'autre avec le quart-de-cercle astronomique. | 30 | Station de Jews-harp. <br> Station de Black-lane. <br> *Observat. d'Argyll-street.* . . . . . . . . . | 89 56 55,9 <br> 56 9 50 <br> 53 53 14,1 | D'Argyll-street . . . . | 5656,8 <br><br> 9586,2 |

| | N°. | TRIANGLES. | ANGLES. | DISTANCES, En pieds, des stations aux points d'intersection des rayons visuels. | |
|---|---|---|---|---|---|
| Un angle avec l'instrument d'Argyll-street et l'autre avec le quart-de-cercle astronomique. | 31 | Observatoire d'Argyll street.......... | 95° 30′ 56″,5 | Du Musée britanniq. | Pieds. 3488,3 |
| | | Station de Jews harp. | 30 5 26 | | 6925,4 |
| | | Girouette du Museum britannique..... | 54 23 37,5 | | |
| | 32 | Observatoire d'Argyll-street.......... | 74 26 16,6 | De la Chapelle de Charlotte street. | 1848,1 |
| | | Station de Jews-harp. | 19 1 55,9 | | 5459,4 |
| | | Chapelle de Charlotte-street........ | 86 31 47,5 | | |
| Les deux angles observés en 1785 avec le quart-de-cercle astronomique. | 33 | Station de Jews harp. | 85 27 45 | De la chapelle de Portland. | 4097,7 |
| | | Station de Black-lane. | 28 53 30 | | 8474,2 |
| | | Chapelle de Portland. | 65 38 45 | | |
| | 34 | Station de Jews harp. | 60 43 55 | De la chapelle Fitzroy. | 4015,5 |
| | | Station de Black-lane. | 31 12 45 | | 6759,6 |
| | | Chapelle de Fitzroy. | 88 3 20 | | |
| | 35 | Station de Jews-harp. | 63 25 50 | Du Tabernacle..... | 4780,8 |
| | | Station de Black-lane. | 37 14 40 | | 7048,4 |
| | | Tabernacle....... | 79 19 30 | | |
| | 36 | Station de Jews-harp. | 19 45 45 | De l'Hôpital de la petite vérole. | 6670,5 |
| | | Station de Black-lane. | 56 57 45 | | 2690,4 |
| | | Hôpital de la petite vérole......... | 103 16 30 | | |
| | 37 | Station de Jews-harp. | 4 41 45 | De l'église de Saint-Pancras. | 5728,1 |
| | | Station de Black-lane. | 12 58 25 | | 2088,8 |
| | | Eglise de S.-Pancras. | 162 19 50 | | |

Afin de rendre cette seconde suite de triangles secondaires d'un usage plus général, pour les habitants de Londres et des environs, on a rassemblé dans la table ci-jointe les angles que les 53 points, compris dans la planche XI, forment respectivement l'un avec l'autre au centre du dôme de Saint-Paul, avec leurs distances à ce point central. Les objets sont rangés en deux classes, l'une de ceux à l'est, et l'autre de ceux à l'ouest du méridien de S.-Paul; la premiere part de la ligne méridienne du côté du nord, et parcourt le demi-horizon oriental jusqu'à 180°; la seconde commence à la ligne méridienne du côté du midi, et parcourt le demi-horizon occidental jusqu'à 180°. Cette table donne, par une simple soustraction, l'angle entre deux objets; et les distances de ces objets à Saint-Paul étant données, leur distance l'un de l'autre se calculera aisément: ainsi, celui qui, dans cette grande métropole, voudra connoître exactement sa position, y parviendra avec facilité, en prenant du sommet de sa maison, avec un bon sextant d'Hadley ou un théodolite, deux angles entre des points connus et voisins, les mieux situés. Au moyen de ces données et d'un calcul trigonométrique très simple, il trouvera la position cherchée; il sera même en état de faire une autre vérification qui pourra exciter sa curiosité, savoir, celle des opérations originales, en essayant différents triangles et voyant jusqu'à quel point ils s'accordent, pour un même résultat. Il est clair que pour de pareilles épreuves, il faut choisir de préférence les points dont les situations ont été déterminées par le grand instrument; après ceux-là viennent les points qui ont été fixés par un angle pris avec l'instrument que j'avois à Argyll-street, et qui sont plus sûrs que ceux observés avec le quart-de-cercle astronomique ou le sextant. Ainsi on a une excellente base pour la perfection du plan de Londres et de ses environs, qu'on peut, par ces triangles, rendre plus exact qu'il n'auroit été possible de le faire par aucun autre moyen.

*TABLE des distances des objets situés dans Londres et aux environs, au centre du dôme de Saint-Paul, avec les angles formés par ces objets et le méridien de ce dôme.*

| | OBJETS. | DÉCLINAISONS orientales à partir de la ligne méridienne du côté du nord. | | | DISTANCES en pieds. |
|---|---|---|---|---|---|
| | | ° | ′ | ″ | Pieds. |
| | Eglise de Newington . . . . . . . . . . . . | 9 | 59 | 39,5 | 17641 |
| | Eglise de Saint-Luc, Old street . . . . . | 12 | 37 | 37 | 4262,7 |
| | Eglise de Saint-Léonard, Shoreditch . . | 44 | 54 | 58,8 | 6743,2 |
| | Le fronton occidental de Wanstead-house | 55 | 53 | 46,4 | 36308,4 |
| | Eglise de Saint-Matthieu, Bethnal-green. | 59 | 31 | 37,3 | 8165,8 |
| | Eglise du Christ, Spital-fields . . . . . . | 70 | 38 | 37,3 | 5878,4 |
| À l'est de la méridienne de S.-Paul. | Eglise de Bow, Cheapside . . . . . . . . | 87 | 48 | 4,1 | 1078,1 |
| | Eglise de Limehouse . . . . . . . . . . . . | 92 | 51 | 6 | 1546,2 |
| | Eglise de S.-George, à Ratcliff-highway . | 88 | 56 | 56,3 | 8846,4 |
| | Le Monument . . . . . . . . . . . . . . . . | 115 | 15 | 45,7 | 3114,2 |
| | Château de Severndroog, Shooter's-hill. | 115 | 25 | 50,4 | 39963 |
| | Chambre de l'instrument des passages de l'Observatoire royal de Greenwich . . | 120 | 43 | 46 | 25655,5 |
| | Eglise d'Eltham. . . . . . . . . . . . . . . | 123 | 46 | 4 | 41091 |
| | Colline de Loampit . . . . . . . . . . . . . | 134 | 40 | 48,7 | 23450,1 |
| | Station à Norwood . . . . . . . . . . . . . | 175 | 47 | 18,4 | 3784,1 |
| | Méridienne de Saint-Paul. | 180 | 0 | 0 | |

| | OBJETS. | DÉCLINAISONS occidentales à partir de la ligne méridien. du côté du nord. | | | DISTANCES en pieds. |
|---|---|---|---|---|---|
| | | ° | ′ | ″ | Pieds. |
| | Eglise de Stretham. . . . . . . . . . . . . | 13 | 57 | 7,8 | 31739,5 |
| | Plaine de Clapham appartenant à M. Cavendisch . . . . . . . . . . . . . . . . | 26 | 29 | 52 | 24563,5 |
| | Eglise de Battersea. . . . . . . . . . . . . | 52 | 22 | 27,6 | 22226 |
| | Eglise de S.-Pierre à Westminster, tour au sud, tourillon du sud-ouest . . . . | 52 | 32 | 15,2 | 8661.8 |
| À l'ouest de la méridienne de S.-Paul. | Eglise de Fulham . . . . . . . . . . . . . . | 57 | 39 | 44,6 | 30746,3 |
| | Pagode de Kew. . . . . . . . . . . . . . . . | 71 | 2 | 56 | 47577,7 |
| | Observatoire royal de Richmond. . . . . | 71 | 42 | 0,1 | 51941,1 |
| | Eglise de Saint-Martin, dans le Strand . | 74 | 28 | 59,2 | 6748,6 |
| | Spring-grove, maison du chev. Joseph Bancks. . . . . . . . . . . . . . . . . . | 76 | 9 | 49,3 | 57253,9 |
| | Eglise de Saint-James . . . . . . . . . . . | 77 | 49 | 9,8 | 8978 |
| | South-audeley-chapel . . . . . . . . . . . | 81 | 49 | 42,7 | 12211,1 |
| | Nouvelle église de Sainte-Marie, dans le Strand. . . . . . . . . . . . . . . . . . | 81 | 57 | 27,7 | 4291,6 |

| | OBJETS. | DÉCLINAISONS occidentales à partir de la ligne méridien. du côté du nord. | | | D STANCES en pieds. |
|---|---|---|---|---|---|
| A l'ouest de la méridienne de Saint-Paul. | | | | | Pieds. |
| | Eglise de Saint-Clément. . . . . . . . . . | 85° | 57′ | 56″,7 | 3592,4 |
| | Eglise de Sainte-Anne, Soho. . . . . . . | 86 | 9 | 58,7 | 7753,9 |
| | Eglise de Saint George . . . . . . . . . . | 86 | 23 | 12,9 | 10304,5 |
| | Eglise de Saint Bride, Fleet-street . . . . | 90 | 12 | 42,8 | 1687,6 |
| | Observatoire d'Argyll-street, appartenant au major-général Roy . . . . . . . . . . | 92 | 14 | 37,7 | 9632 |
| | Le Panthéon . . . . . . . . . . . . . . . | 93 | 19 | 17,2 | 9066,8 |
| | Tour de Hanger-hill. . . . . . . . . . . . | 94 | 24 | 59,6 | 45845,2 |
| | Eglise de Saint-Gilles . . . . . . . . . | 94 | 56 | 28,3 | 6917,3 |
| | Chapelle de Portland . . . . . . . . . . | 100 | 34 | 38,7 | 10301,4 |
| | Chapelle de Charlotte-street. . . . . . . . | 101 | 30 | 23,9 | 8500,4 |
| | Eglise de Saint-George. . . . . . . . . . | 103 | 15 | 50 | 6221,1 |
| | Girouette du Musée britannique. . . . . | 105 | 45 | 45,7 | 6701,5 |
| | Le Tabernacle . . . . . . . . . . . . . . | 107 | 19 | 47 | 8876,2 |
| | Chapelle Fitzroy . . . . . . . . . . . . . | 109 | 41 | 10,2 | 9559,9 |
| | Eglise de Harrow-hill . . . . . . . . . . | 112 | 7 | 58,3 | 58764,2 |
| | Station de Jews-harp en 1783 . . . . . . | 112 | 58 | 30,7 | 13522 |
| | Station de Primrose-hill en 1788 . . . . . | 123 | 28 | 40,8 | 17072,8 |
| | Eglise d'Hampstead . . . . . . . . . . . . | 128 | 56 | 11,8 | 24148,7 |
| | Eglise de Saint-Pancras . . . . . . . . . | 136 | 43 | 25,8 | 10600,7 |
| | Hôpital de la petite vérole . . . . . . . | 137 | 38 | 37,8 | 8732,3 |
| | Station de Black-lane en 1783 . . . . . . | 147 | 53 | 7,7 | 10790,3 |
| | Chapelle d'Highgate. . . . . . . . . . . . | 150 | 59 | 18,1 | 24062 |
| | Coupole de M. Duveluz, Hornsey-lane, High-gate . . . . . . . . . . . . . . . | 155 | 27 | 12,8 | 22646 |
| | Station de Hornsey-hill en 1783. . . . . . | 173 | 24 | 32,3 | 23297,1 |
| | Eglise d'Islington. . . . . . . . . . . . . | 174 | 40 | 21,4 | 9028,2 |
| | Maison d'Highbury, appartenant à M. Aubert . . . . . . . . . . . . . . . . . | 178 | 43 | 14,6 | 14595,7 |
| | Ibid., chambre de l'instrument des passages de son observatoire. . . . . . . . | 179 | 1 | 56,6 | 14561,4 |
| | Méridienne de Saint-Paul. | 180 | 0 | 0 | |

*Latitudes et longitudes calculées de quelques lieux de la table précédente.*

| LIEUX. | LATITUDES. | LONGITUDES à compter de Greenwich, | |
| --- | --- | --- | --- |
| | | en degrés, etc. | en temps. |
| Eglise de S.-Paul . . . . . . . . . | 51° 30′ 49″,43 | 5′ 46″,8 | 0′ 23″,12 |
| Maison d'Highbury, chambre de l'instrument des passages . . . | 51 33 12,8 | 5 50,5 | 0 23,37 |
| Eglise de Saint-James . . . . . . | 51 30 30,7 | 8 5 | 0 32,33 |
| Observatoire d'Argyll-street. . . | 51 30 53,05 | 8 18,36 | 0 33,224 |
| Commune de Clapham, chambre de l'instrum. des passages. | 51 27 12,7 | 8 39,2 | 0 34,613 |
| Observatoire royal de Richmond | 51 28 7,9 | 18 42,3 | 1 14,82 |

# CONCLUSION.

On a donné dans ce mémoire tous les détails du commencement, des progrès, et de la fin d'une opération, la premiere de son espece qu'on ait faite dans ce pays, entreprise par les ordres, et exécutée sous les auspices d'un grand souverain le protecteur des sciences.

L'usage du meilleur instrument qu'on ait jamais employé dans de pareilles circonstances, et tout ce qui a, d'ailleurs, contribué au succès de notre travail, doit, sans doute, procurer de grands avantages; car, outre une méthode de mesurer les bases plus exacte qu'aucune de celles qu'on ait mises en pratique, on a relevé les angles avec tant de précision, que les situations géodésiques des stations déterminées par la seule trigonométrie plane n'offrent aucune erreur sensible.

L'instrument a été, au moyen de sa lunette montée comme celle de l'instrument des passages, parfaitement bien combiné pour donner, avec une grande précision, la vraie direction des méridiens, leur convergence entre eux, et par conséquent les différences de longitude, le tout par les seules mesures angulaires, sans avoir besoin de prendre des différences de temps, qui sont toujours plus ou moins erronées, même avec les meilleurs garde-temps, et qui laissent, peut-être, une incertitude de près d'une demi-seconde sur la valeur moyenne déduite de plusieurs comparaisons. L'idée de cette méthode, des mesures angulaires, étoit dans le mémoire de 1787, et nous pensons que le résultat des opérations, et l'accord des observations de l'étoile polaire entre elles, ont pleinement prouvé sa bonté. On peut dire que c'est une nouvelle maniere de lever les cartes, en regardant l'étoile polaire comme un point fixe, destiné à assurer l'exactitude d'une opération qui se continue successivement d'un méridien à l'autre; et il seroit avantageux de l'adopter à l'avenir.

Je dois encore observer que j'ai dans le même temps proposé les feux blancs pour les stations éloignées; sans le secours de ces feux, observés avec un instrument comme le nôtre, il nous auroit été impossible de déterminer exactement les distances de Montlambert et Blancnez, le premier étant à près de quarante-sept milles, et le second à environ quarante-huit milles de Fairlight-down.

Je

Je ne puis m'empêcher dans cette récapitulation de recommander, avec le plus vif intérêt, la continuation des opérations trigonométriques, si heureusement commencées, et leur extension graduelle dans toute notre isle; la dépense annuelle, eu égard à la grandeur de son objet, est si peu de chose qu'elle ne mérite pas qu'on en fasse mention : d'ailleurs la plus grande partie de cette dépense, c'est-à dire celle des instruments, est déja faite; et il seroit fâcheux de les laisser sans usage. L'honneur de la nation est intéressé à ce qu'elle ait enfin une carte aussi parfaite que celle d'aucun autre pays; mais, en continuant le travail comme il a été commencé, avec les meilleurs instruments qu'on ait jamais eus, dont quelques uns sont employés d'une maniere nouvelle, on peut avoir, au bout d'un certain temps, une carte des isles britanniques bien supérieure en exactitude à toutes les cartes qui existent.

On auroit besoin d'un instrument de plus, savoir un secteur pour le zénith, qui serviroit à déterminer les latitudes lorsque les opérations commenceroient à s'étendre à une distance considérable du parallele de Greenwich. Mais il n'est pas encore nécessaire; et pendant que M. Ramsden y travailleroit, et en feroit indubitablement l'instrument le plus complet de son espece, l'opération pourroit se continuer, sur le parallele de Greenwich ou sur la perpendiculaire de son méridien, dans tout le côté occidental de l'isle.

Nous avons plus d'une fois, dans ce mémoire, témoigné notre regret de ce que la suite de triangles ne fournissoit pas des distances assez grandes, entre les points réciproquement visibles, pour appliquer de la maniere la plus avantageuse les observations de l'étoile polaire à la détermination des différences de longitude. Il est probable que les observations approchent beaucoup de la vérité, mais qu'elles ne sont cependant pas absolumen texemptes d'erreur; et, quelle que soit cette erreur, elle auroit été certainement réduite à la moitié ou au tiers, si on avoit eu des distances doubles ou triples.

Shooter's-hill et les hauteurs de Nettlebed, sur la lisiere orientale d'Oxford-shire, sont réciproquement visibles, à la distance d'environ 46 ou 47 milles. Les hauteurs de Nettlebed, et une petite touffe d'arbres placée sur la rangée de collines de Glouter-shire, appelée *Paul's-epistle*, deux milles, environ, à l'ouest de *Frog-mill*, à gauche de la route qui mene de là à Gloucester, peuvent également être réciproquement vues, à la distance de 50 ou 52 milles. La derniere station offre, par-delà, une vue

S

très étendue sur les plaines de Severn et les montagnes du pays de Galles. *Pen-y-voel-hill*, aussi appelé le pain de sucre d'Abergavenny, dans Montmouth-shire, seroit la troisieme station à l'ouest; et, en deux ou trois autres stations de plus, on pourroit atteindre S.-David's-head, à l'opposé de Wexford en Irlande.

Mais supposons d'abord que la suite de triangles s'étende seulement jusqu'à la troisieme station, il seroit inutile, dans tout cet espace, d'observer aucune latitude; les observations de l'étoile polaire, suffisamment répétées des deux côtés du pole à chaque station, donneroient, avec la plus grande exactitude, la longueur d'un degré de grand cercle, perpendiculaire au méridien, et conséquemment les différences de longitude. Une pareille détermination seroit absolument constante à l'égard de la longueur de la verticale et du rayon du parallele pour les latitudes des stations respectives, qu'on détermineroit par le moyen de leurs distances à la perpendiculaire au méridien de Greenwich.

La seconde partie de l'opération consisteroit dans la continuation de la suite de triangles, au sud de *Pen-y-voel-hill*, dans la direction de son méridien, jusqu'à la Manche; on étendroit ensuite ces triangles à la maniere ordinaire, dans toute la partie méridionale de l'isle entre le Kent et *Land's-end*. Si, outre le secteur pour le zénith, on se procuroit un autre instrument circulaire, et qu'on allouât chaque année quelques fonds additionnels pour terminer plus promptement un ouvrage aussi utile, il faudroit, en même temps que les opérations se continueroient vers le sud, prolonger vers le nord la suite de triangles dans la direction du méridien de *Pen-y-voel-hill*, dans toute l'étendue de l'isle jusqu'au bord du golfe de Murray; on pourroit alors prendre un autre méridien plus à l'ouest, qui seroit peut-être celui d'Inverness ou de quelque colline voisine, au moyen duquel la série s'étendroit jusqu'à la mer du nord qui baigne les côtes de Sutherland et Caithness.

Il est inutile d'entrer ici dans aucun détail minutieux sur les parties qu'on entreprendroit ensuite, ces sortes de choses se présenteront d'elles-mêmes, dans le cours d'opérations aussi importantes, à ceux à qui on en confiera l'exécution. Il est bien évident que, lorsqu'on aura, comme on l'a supposé, obtenu la mesure d'une portion continue du méridien, d'environ 16 degrés de latitude, comprise entre les Pyrénées et l'extrémité septentrionale de l'Angleterre, ce qui fait plus de ⅛ de la distance entre

l'équateur et le pole , les déterminations de l'importance la plus
immédiate seront celles des rayons d'un vertical et d'un parallele dans les basses terres d'Ecosse , c'est-à-dire à la latitude d'E-
dimbourg , et sur la côte septentrionale. Il est encore évident
bu'on pourra mesurer, avec beaucoup de précision , trois degrés
de longitude dans chacune de ces situations : au nord, par exem.
ple , le cap *Wrath* étant la station centrale , les isles d'*Orkney*
à l'est, et la butte des isles de *Lewes* à l'ouest, qui peuvent en
être apperçues distinctement, seront par conséquent les stations
à droite et à gauche.

Quant aux feux blancs, dont l'usage est si indispensable dans
de pareilles opérations, on n'a pas encore eu l'occasion d'évaluer exactement la distance immense à laquelle ils peuvent être
vus, lorsque le temps est favorable, et qu'ils sont suffisamment
élevés au-dessus de la mer. Ceux dont on s'est servi, dans les
nouvelles opérations, avoient ordinairement trois ou quatre
pouces de diametre, et six ou sept pouces pour les plus grandes
dimensions : si on leur donnoit neuf à dix pouces, et que, placés sur le sommet d'une haute colline, il fussent observés du
sommet d'une autre, sans clair de lune, pluie ni brouillard, on
les appercevroit probablement de 80 ou 100 milles de distance.
En un mot, ces feux, par leur lumiere extraordinaire, s'ap-
percevront indubitablement, dans une nuit obscure et avec
un air bien pur, par-tout où l'on pourra distinguer, dans un
jour très clair, les plus foibles apparences de terre.

On voit par là avec quelle facilité et quelle exactitude les
opérations trigonométriques, faites en Angleterre et en Irlande,
pourroient être liées ensemble, par le moyen de ces feux, alternativement présentés et observés, par exemple, sur la pointe
de *Brach-y-pwl, Holyhead hill*, et l'isle de *Man*, d'un côté, et
ensuite de l'autre sur les montages de *Wicklow*, la colline de
*Howth*, et les montagnes de *Mourne* en Irlande.

Nous avons eu occasion d'observer, dans le mémoire de 1787
et dans celui-ci, qu'il n'étoit pas probable qu'on pût déterminer
les différences de longitude, par l'explosion instantanée de la
lumiere, avec l'exactitude que donnent les mesures angulaires
prises avec un excellent instrument tel que celui dont on s'est
servi dans les nouvelles opérations. Mais comme il y aura sans
doute différentes opinions sur ce sujet, il sera bon d'essayer
les deux méthodes et de comparer leurs résultats.

La station, pour l'explosion , à l'ouest de Greenwich, peut
être *Montlambert*, le moulin de Fienne entre Montlambert et

Calais, ou *Folkstone Turnpike*, afin de rendre la distance des stations extrêmes la plus grande possible. Plusieurs de ces points seroient visibles de *Crowborough-beacon*, qui seroit la station de l'astronome anglois, avec sa pendule et ses instruments. Celle de l'astronome françois seroit choisie dans le lieu le plus convenable du continent, sur la rangée de collines crayeuses qui se trouveroit visible du lieu de l'explosion, et la plus facile à lier avec les triangles de la méridienne de Paris, dans le voisinage d'*Helfaut* et *Bouvigny*. *Crowborough* est à environ 70 milles de *Moutlambert*; et un point pris sur la ligne passant par les deux, près d'*Helfaut*, seroit à 32 milles de Moutlambert, ce qui donneroit environ 102 milles pour la distance extrême.

Si on vouloit faire les mêmes expériences à l'ouest de Greenwich, les stations déja proposées pour la continuation des opérations triangulaires seroient les meilleures qu'on pût choisir.

Supposons maintenant que les opérations à faire dans le parallele de Greenwich sont en exécution, que la méridienne de Pen-y-voel-hill est prolongée jusqu'à l'extrémité septentrionale de l'Ecosse, et, qu'à cette latitude, on a mesuré trois degrés de longitude, tandis que la compagnie des Indes orientales a fait des opérations de même nature sur la côte de Coromandel, l'Angleterre aura, dans ce cas, fait dans ses possessions tout ce qu'elle peut faire pour la détermination de la figure et des dimensions de la terre. S'il reste, après cela, quelque doute, les Portugais pourront aisément le lever en mesurant un ou deux degrés du méridien sous l'équateur, ainsi qu'une portion de l'équateur lui-même; pendant ce temps, quelque autre nation peut répéter les opérations du cercle polaire, ou en faire de nouvelles plus près du pole, s'il est possible, ainsi que j'en ai donné l'idée dans le mémoire de 1787. Il sera bon, pour le plus grand éclaircissement de cette matiere, de consulter la (fig. 3) de la planche 10.

Il reste encore un point à discuter relativement aux opérations qui seront probablement entreprises à l'avenir en Angleterre, je veux parler de la mesure de nouvelles bases. On n'en a pas moins mesuré que seize, dans la confection de la grande carte de France. Mais un moindre nombre peut suffire avec les instruments dont on s'est servi dans ce pays-ci; leurs situations les plus favorables se présenteront naturellement dans le cours des opérations.

Celles qui s'offriront immédiatement à ceux qui liront ce mémoire, comme les plus convenables, sont les suivantes.

1. Sedgemoor dans Sommerset-shire.

2. Le marais de Boston dans Lincoln-shire.

3. Les sables de la côte du nord dans le pays de Galles entre Pen-man-Mawr et Beau-maris.

4. Les sables entre l'Isle Holy et Berwich sur Tewece.

} aux basses mers d'équinoxe.

5. Kincairden et Flanders-moss, à l'ouest de Stirling.

6. Les sables de la côte d'Aberdeen-shire entre la bouche du Don et Newburg.

7. Les sables de la côte de Murray entre les bouches des rivieres de Findhorn et Nairn.

} aux basses mers d'équinoxe.

8. Les marais de Moan, dans l'intérieur de Whiten-head, sur la côte de Sutherland.

La mesure de ces bases, qui auroient au moins six milles, et, aussi souvent qu'on le pourroit, 8 à 10 milles de longueur, n'exigeroit pas l'étonnante exactitude qui étoit nécessaire pour déterminer les longueurs de la premiere et de la seconde base à Hounslow-heath et Romney-marsh. En les supposant mesurées avec la chaîne d'acier, à un petit nombre de pieds près, cette précision seroit suffisante pour prouver qu'il ne se seroit glissé aucune erreur de conséquence dans le prolongement des opérations jusqu'à des points aussi distants que ceux qui se trouvent sur la rive de l'océan septentrional.

Enfin, pour conserver l'échelle primitive des distances, de laquelle dépend l'exactitude tant de la nouvelle opération que de celles qu'on peut, à l'avenir, lier avec elle, il est indispensable de fixer sans perdre de temps, d'une maniere permanente, les extrémités de la base de Honslow-heath (1). Il faudroit pour cela de petits bâtiments bas et circulaires, s'élevant à peu de pieds au-dessus de la surface du sol, composés de matériaux très durs, tels que le granit, et construits de la maniere la plus durable, les pierres étant assemblées à queue-d'aronde l'une avec l'autre. Ils ressembleroient à ces bases d'ancienne croix qu'on rencontre souvent, qui sont formées en marches régulieres, au moyen desquelles on pourroit aisément monter aux plates-formes supérieures, qui seroient formées chacune d'une

---

(1) Aussitôt, après la mesure de la base, M. Mylne a eu l'honnêteté, à ma demande, de faire le dessin d'un bâtiment de cette espece, qui, construit à-peu-près dans le genre du phare d'Eddystone, exécuté par l'ingénieux M. Smeaton, rempliroit très bien l'objet proposé.

table circulaire, de dimensions suffisantes pour recevoir, dans tous les temps, le grand instrument.

On placeroit, dans l'intérieur de ces bâtiments, des tables de métal, contenant le nom du monarque bien aimé sous le regne duquel l'opération a été commencée et les bâtiments construits, leur distance l'un de l'autre, l'angle de la base avec le méridien, et la variation magnétique.

Il ne faut pas douter que les propriétaires respectifs des lieux n'investissent promptement la société royale de la propriété des deux petites portions de la bruyere suffisantes pour l'érection de ces *termes*. On les construira promptement, car il est à craindre que l'oubli ne soit la suite du retard. Dans peu d'années les tuyaux de bois se détérioreront, et alors on aura perdu irrévocablement l'échelle primitive des distances, dont la détermination a coûté tant de peines et de dépenses.

**F I N.**

# APPENDICE.

Notre très respectable collegue, le major général Roy, après avoir fini, en septembre 1788, les opérations trigonométriques décrites dans la premiere partie de ce volume, revint à Londres avec une santé médiocrement bonne : il occupa les loisirs que lui laissoient son incommodité et ses diverses affaires à preparer le mémoire dans lequel il rend compte de son travail à la Société royale ; mais ses infirmités s'accrurent tellement vers l'automne 1789, qu'un médecin, qu'il consulta, lui conseilla de passer l'hiver suivant à Lisbonne, et, en conséquence, il s'embarqua au commencement de novembre. Il avoit, avant ce temps, rédigé son mémoire ; mais, à cause de la trop grande hâte, la derniere partie n'avoit pas la perfection que le général y auroit mise, avec plus de temps et une meilleure santé. Il revint en Angleterre au mois d'avril 1790, et le mémoire fut mis sous presse avant la fin du même mois. Malheureusement le général ne vécut point assez pour voir achever l'impression ; il corrigea cependant toutes les feuilles, excepté trois, mais sans comparer la copie de son manuscrit avec les papiers originaux et les observations. La découverte, faite pendant l'impression, de quelques erreurs et de quelques passages obscurs a engagé plusieurs amis du général, membres de la Société royale, à faire revoir le tout par un savant en état de comparer le texte avec les documents originaux, de corriger les fautes qu'il y appercevroit et d'y ajouter les explications nécessaires. Personne n'étoit plus propre à remplir cette tâche que M. d'Alby, le même dont le général parle si honorablement dans son mémoire, et qui, après l'avoir aidé dans toutes ses opérations, en connoissoit les détails aussi bien que le général lui-même. Le résultat de l'examen de M. d'Alby est consigné dans les remarques suivantes, qui étant trop longues pour être contenues dans un errata, destiné uniquement aux fautes d'impression, ont été imprimées séparément en forme d'appendice.   C. Blagden.

*Remarques sur la description des opérations trigonométriques du major général Roy*, par M. Isaac d'Alby.

*Page* 19, *ligne* 34. Les angles des bases avec les méridiens ont été déterminés dans l'hypothese de la sphere, et ainsi leur détermination n'est qu'approchée.

1<sub></sub>44

*Page 57, ligne* 17. Triangle 71855, *lisez* 71885.

*Page* 60. Cette méthode de vérifier l'une par l'autre de petites bases, très distantes entre elles, et à-peu-près de même longueur, me semble préférable à celle de conduire directement le calcul d'une base à l'autre. Des déterminations de cette espece comportent cependant des incertitudes, renfermées dans des limites particulieres dépendantes de l'inexactitude des instruments et des observations, combinée avec la figure inconnue de la terre. Si la terre étoit une sphere d'une grandeur connue, la méthode la plus naturelle seroit d'employer la trigonométrie sphérique, après avoir corrigé, en conséquence, les angles observés. Cette méthode ( en supposant une parfaite exactitude dans les observations des angles) montreroit quelle est celle des bases dont la mesure approche le plus de la vérité. La même chose pourroit également s'obtenir par la trigonométrie plane, en se servant des cordes des bases mesurées et des angles formés par les cordes des autres côtés des triangles ( angles inclinés qu'il faudroit déduire des horizontaux), qu'on substitueroit aux angles observés.

Lorsqu'on applique la trigonométrie plane aux observations, la portion de la terre sur laquelle les opérations ont été faites est considérée comme plane, et les bases mesurées, comme des lignes droites sur un plan : mais, soit que les calculs soient faits sur ce principe, ou sur celui de considérer les bases ou les autres côtés des triangles comme des cordes, il ne paroît pas qu'il y ait de regles certaines pour réduire les angles observés de chaque triangle à 180°, de maniere à avoir les distances exactes, comme si les angles des triangles avoient été relevés dans le même plan : il est même certain que la méthode de correction comporte de l'arbitraire jusqu'à un certain point. En effet, quoique la somme des trois angles orbservés approche, en général, beaucoup de la valeur qu'elle doit avoir ( en supposant la terre sphérique), cependant lorsque, en réduisant les angles à des angles plans, leur somme n'est pas exactement de 180°, l'un des angles doit être regardé comme plan, et les deux autres augmentés, dans le cas où ils pécheroient par défaut ; ils doivent être diminués s'ils pechent par excès. Il est évidemment nécessaire, en faisant cette réduction, d'avoir égard à l'exactitude avec laquelle les angles ont été déterminés, et de les corriger en conséquence : mais ces considérations doivent être abandonnées au jugement de l'observateur.

Il résulte de là que les angles des triangles, considérés comme plans, peuvent varier dans de certaines limites, ce qui a conséquemment

quemment un pour les côtés opposés qu'on déduit des angles ;
mais il est évident qu'un résultat moyen, pris entre les plus grandes variations, approche beaucoup de la vérité : ainsi cette méthode d'établir une comparaison me semble moins sujette à objection que celle d'une seule correction des mêmes angles. Si
donc nous faisons varier les angles ( en réduisant les triangles à
180°) depuis Honslow-heath jusqu'au treizieme triangle, de maniere à produire le plus grand et le plus petit effet sur les longueurs des côtés opposés, il en résultera 141750,5 et 141746,5
pieds, environ, pour la plus grande et la plus petite distance
de Fairlight-down à Hollingborn, la distance moyenne étant
141748,5. Pareillement, en partant de la base de Romney-marsh,
on aura 141745,6 et 141744,4 pieds, environ, le résultat moyen
étant 141745 pieds pour la distance des mêmes stations ; la différence des résultats moyens est de 3 ½ pieds sur une distance de
près de 27 milles : ainsi la base de Honslow-heath mesure l'autre, par ses déterminations, à environ 9 pouces près ; et celle
de Romney-marsh, qui est la plus longue, doit mesurer celle
de Honslow-heath, à quelque chose de moins.

La distance de Fairlight à Hollingborn, dans le treizieme
triangle, de 141747,1 pieds a servi pour le calcul de toutes les
distances à l'est ; mais si les bases sont mesurées avec une égale
exactitude, la distance des stations précédentes, ou 141745 pieds
résultants de la base de Romney-marsh, doit être plus correcte
que l'autre, parceque la liaison de Fairlight et Hollingborn avec
cette base est formée par trois ou quatre triangles seulement,
au lieu que de l'autre côté il y en a huit ou neuf. La différence
cependant n'est que de 2 pieds, et cela sur une étendue d'environ 27 milles, ce qui ne donneroit qu'à-peu-près 7 ½ pieds de
diminution sur les distances des méridiens de Greenwich et de
Paris.

On s'appercevra que quelquefois la correction d'un angle ne
répond pas à ce que la valeur observée de cet angle devroit produire ; c'est parceque, dans ce cas, on doit moins compter sur
cet angle que sur les deux autres du même triangle ; par exemple, dans le premier triangle, l'angle observé à Hanger-hill
42° 2′ 34″ est écrit pour le calcul 42° 2′ 34″, parceque cet angle n'a
pas été observé avec toute l'exactitude désirable, et que les autres ont été vérifiés plusieurs fois.

*Page* 62, 29° triangle, 186113, *lisez* 147386,9.

*Page* 64, 34° triangle, triangle 252469,9, *lisez* 252496,9.

Comme les observations à Fairlight et à Douvres, sur les-

T

quelles sont fondés les angles des trente-troisieme et trente-quatrieme triangles, sont omises, il est à propos de les donner, ainsi
que la maniere d'obtenir ces angles.

Au château de Douvres, l'angle entre le feu blanc, à Montlambert, et la lampe à Padlesworth a été observé
de . . . . . . . . . . . . . . . . . . . . . . . . . 109°   8'   25″,5.
    Correction pour le calcul . . . . . . . . . 109   8   25, 0.
    A Fairlight, l'angle entre les feux blancs, à
Montlambert et Blancnez, a été observé . . . 17   46   5, 0.
    Pour le calcul . . . . . . . . . . . . . . . . 17   46   3, 5.
    Entre la lampe à Lydd et le feu blanc à
Blancnez . . . . . . . . . . . . . . . . . . . . 18   2   31, 0.
    Pour le calcul . . . . . . . . . . . . . . . 18   2   31, 5.

L'angle aigu du trente-deuxieme triangle résulte de l'autre
angle et des 147386,9 et 42561,18 qui les renferment.

Angle à Fairlight $\Big\{$ dans le 29ᵉ triangle . . . 13°   38'   2″,95.
                  dans le 32ᵉ triangle . . . 6   6   39,43.

    Angle à Fairlight entre Douvres et Lydd. . 7   31   23,52.
    Angle à Fairlight entre Lydd et Montlam-
bert ( 17° 46' 3″,5 + 18° 2' 31″5 ) . . . . . . . 35   48   35,00.
    Angle à Fairlight dans le trente-troisieme
triangle. . . . . . . . . . . . . . . . . . . . . 43   19   58,52.

    Angle à Douvres entre Padlesworth et
Montlambert. . . . . . . . . . . . . . . . . . . 109°   8'   25″,00.
    A Douvres dans le trente-deuxieme triangle 21   37   55,42.
    Angle à Douvres dans le trente-troisieme
triangle. . . . . . . . . . . . . . . . . . . . . 87   30   29,58.

Le troisieme triangle ou 49° 9' 31″,9 à Montlambert est un
supplément à la somme des autres.

Si de l'angle à Fairlight, dans ce triangle, on ôte 17° 46' 3″,5,
il reste 25° 33' 55″, 02 pour l'angle à Fairlight dans le trente-quatrieme triangle ; et si à 87° 30' 29″, 58 on ajoute 23° 25' 0″, 25
( angle à Douvres dans le vingt-cinquieme triangle ), on a 110°
55' 29″, 83 pour l'angle à Douvres ; celui de Blancnez est un
supplément.

La situation de la station à Montlambert, déterminée par les
observations faites de ce côté de la Manche, n'est pas entièrement
fondée sur celles de Fairlight et de Douvres ; et on s'est servi,
pour les vérifier, d'une autre observation faite à Padlesworth.
Cette derniere a été faite dans un temps très favorable , et l'an-

gle entre le signal de Douvres et le mât placé à Montlambert a été trouvé de 58° 27′ 11″,5 : ce qui est, à très peu près, conforme au résultat du calcul ; car les distances respectives de Douvres à Padlesworth et Montlambert, qui sont de 42561,18 et 168821,07 pieds et qui renferment un angle de 109° 8′ 25″, donnent pour cet angle 58° 27′ 10″,9.

Il faut remarquer que l'angle à Blancnez de 119° 41′ 28″,9, communiqué par M. de Cassini, est horizontal ; celui du trente-cinquieme triangle, savoir 119° 41′ 41″,6, est le résultat d'un calcul de trigonométrie plane, qui, s'il est exact, doit être moindre que l'angle horizontal au même point : ainsi le *maximum* de la différence doit être un peu plus grand que 12″,7.

*Page 66, etc.* Les triangles après le trente-sixieme et ce qui suit à la fin de l'article ne semblent pas nécessaires, de notre côté, pour compléter la suite triangulaire entre Greenwich et Paris, parcequ'on peut arriver au même but de la maniere suivante, avec le triangle formé à Douvres, Calais et Dunkerque. Dans ce triangle, le côté entre Douvres et Calais est de 137449,9 pieds ( Voy. le trente-sixieme triangle ), et il paroît par le mémoire de M. de Cassini, communiqué en 1789, que le côté entre Calais et Dunkerque est de 19349,34 toises ( = 123729,3 pieds ), et l'angle compris à Calais de 139° 17′ 35″,6 : on déduit de là pour les deux autres angles 19° 14′ 13″,1 et 21° 28′ 11″,3, et, pour la distance de Douvres à Dunkerque, 244919 pieds ; de plus, 28232,7 et 243287 pieds pour les distances méridionales et orientales de Douvres à Dunkerque ; la derniere ajoutée à 307366,8, distance de Douvres au méridien de Greenwich, donne 547053,8 pieds pour la distance orientale du méridien de Greenwich à Dunkerque, prise sur un parallele à la perpendiculaire ; mais la longueur de l'arc de grand cercle qui passe par Dunkerque et qui est perpendiculaire au méridien de Greenwich, approche beaucoup de celle de ce parallele ou de 547053,8 pieds ( quoiqu'à la rigueur elle soit un peu plus petite ) ; donc, si on suppose 6127,5 fathoms = 1°, la valeur de cet arc sera de 1° 29′ 19″,1, et la latitude de Dunkerque étant de 51° 2′ 9″,3 ( voy. l'art. 12 de la sect. IV ), on a

cos. 51° 2′ 9″,3 : rayon :: sin. 1° 29′ 19″,1 : sin. 2° 22′ 3″,8 longitude de Dunkerque ( conforme à celle trouvée dans l'art. 12 );

et, rayon : tang. 51° 2′ 9″,3 :: tang. 1° 29′ 19″,1 : cos. 88° 9′ 34″, qui est l'autre angle du triangle dont la colatitude de Dunkerque est l'hypoténuse.

T ij

Dunkerque est à l'est du méridien de Paris de 1416 ou 1430 toises ( voy. la section VI, art. 12 ); la valeur moyenne donne 1' 29",14 pour l'arc de grand cercle, dont l'angle avec le méridien est, en employant la colatitude de Dunkerque, comme hypothén., de 89° 58' 10"; et on aura 89° 58' 10"—88° 9' 34"= 1° 48' 36", pour l'angle formé à Dunkerque par deux arcs perpendiculaires, l'un au méridien de Greenwich, l'autre à celui de Paris. Si on considere 1416 ou 1430 toises comme le côté d'un triangle plan adjacent à cet angle, on aura 9059 ou 9148,5 pieds pour la distance de Dunkerque au méridien de Paris, qui, retranchés de 547053,8, donnent 537994,8 ou 537905,3 pieds pour la distance, sur ce cercle, entre les méridiens de Greenwich et de Paris, en supposant que Dunkerque est à 1416 ou à 1430 toises du méridien de Paris.

En supposant qu'il soit plus exact de se servir de la distance entre Calais et Dunkerque, déduite du trente-cinquieme triangle donné par les observations angloises au travers de la Manche, on a la proportion

12077,85 toises ( distance françoise entre Blancnez et Montlambert ) : 77235 pieds (distance angloise) : : 19349,34 toises ( distance françoise de Calais à Dunkerque ) : 123734,5 pieds,

comme dans le quarantieme triangle, plus grande que la distance françoise d'environ 5 pieds ; ce qui donne pour la distance entre les méridiens de Greenwich et Paris 4,4 pieds de plus que la détermination précédente.

En se servant de la base de Romney-marsh, on auroit trouvé la distance moindre d'environ 3 pieds ; ainsi les résultats des triangles françois, sur leur côté, s'accordent mieux avec les mesures déduites de cette base qu'avec celles déduites de la base de Honslow-heath.

*Page* 70, *lignes* 1 *et* 8, *à partir du bas de la page,* 358,6, *lisez* 349,4, et par conséquent à la page 71, ligne 1, 133409,0, *lisez* 133419. Cette erreur est la cause de la différence dans les distances des paralleles de latitude de Greenwich et Paris, donnée art. 10 et 13 de la section VI ; en effet, pages 69 et 70, on a 133746,3 et 133768,4 fathoms pour les distances septentrionales de Paris à Dunkerque; la moyenne est de 133757,4 ; si on en retranche 358,6, il reste 133398,8 comme dans l'art. 10 ; mais si on en retranche 349,4, on a 133.408 pour la distance septentrionale de Paris au point M, qui, ajoutée à 27248,2, donne 160656,2, valeur conforme à celle de l'art. 13.

Page 74, *Table des résultats des opérations trigonométriques* : on s'appercevra aisément que les colonnes de cette table ont été remplies par une méthode semblable à celle dont on se sert pour représenter la route d'un navire. On avoit formé d'avance, pour faciliter le calcul, la table suivante, par le moyen de laquelle on pourra, dans tous les temps, vérifier aisément les distances énoncées dans les deux premieres colonnes.

L'intelligence de cette table est très aisée; si on suppose des paralleles au méridien de Greenwich menés par les stations à gauche, les angles à droite sont ceux que les stations adjacentes forment avec ces paralleles.

| | | | | | |
|---|---|---|---|---|---|
| Observatoire royal de Greenwich . . . . | Norwood . . . . . . . . . . . . | 38° | 7' | 16" | S.-O. |
| Norwood . . . . . . | Observat. roy. de Greenwich. 38 | | 7 | 16 | N.-E. |
| | Hundred-acres . . . . . . . 42 | | 22 | 39,2 | S.-O. |
| | Hanger-hill . . . . . . . . . 49 | | 31 | 22,7 | N.-O. |
| Hundred-acres. . . . | Norwood . . . . . . . . . . 42 | | 22 | 39,2 | N.-E. |
| | Hanger-hill . . . . . . . . . 19 | | 50 | 1,7 | N.-O. |
| | S.-Ann's-hill . . . . . . . . 73 | | 48 | 38,3 | N.-O. |
| Hanger-hill . . . . . | Norwood . . . . . . . . . . 49 | | 31 | 22,7 | S.-E. |
| | Hundred-acres . . . . . . . 19 | | 50 | 1,7 | S.-E. |
| | Hampton-poor-house . . . . 23 | | 30 | 53,4 | S.-E. |
| | S.-Ann's-hill . . . . . . . . 48 | | 34 | 42,2 | S.-O. |
| | King's-arbour. . . . . . . . 65 | | 33 | 27,4 | S.-O. |
| Hampton-poor-house | Hanger-hill. . . . . . . . . 23 | | 30 | 53,4 | N.-E. |
| | King's-arbour. . . . . . . . 44 | | 24 | 45,6 | N.-O. |
| | S.-Ann's-hill . . . . . . . . 74 | | 8 | 40,9 | S.-O. |
| King's-arbour . . . . | Hanger-hill. . . . . . . . . 65 | | 33 | 27,4 | N.-E. |
| | Hampton-poor-house. . . . 44 | | 24 | 45,6 | S.-E. |
| | S.-Ann's-hill . . . . . . . . 29 | | 49 | 49,4 | N.-O. |
| | Windsor . . . . . . . . . . 87 | | 29 | 43,1 | N.-O. |
| S.-Ann's-hill . . . . | King's-arbour. . . . . . . . 29 | | 49 | 49,4 | N.-E. |
| | Hanger-hill. . . . . . . . . 48 | | 34 | 42,2 | N.-E. |
| | Hampton-poor-house . . . . 74 | | 8 | 40,9 | N.-E. |
| | Hundred-acres . . . . . . . 73 | | 48 | 38,3 | S.-E. |
| | Windsor . . . . . . . . . . 29 | | 19 | 24,6 | N.-O. |

| | | | | | |
|---|---|---:|---:|---:|---|
| Observatoire royal de Greenwich. | Château de Severndroog. . . | 73 | 49 | 34 | S.-E. |
| Château de Severndroog. | Observat. roy. de Greenwich. | 73 | 49 | 34 | N.-O. |
| | Botley-hill . . . . . . . . | 11 | 23 | 18,5 | S.-O. |
| | Wrotham-hill . . . . . . . | 46 | 18 | 30 | S.-E. |
| Botley-hill. . . . . . | Château de Severndroog. . . | 11 | 23 | 18,5 | N.-E. |
| | Wrotham-hill . . . . . . . | 79 | 16 | 28,7 | N.-E. |
| | Goudhurst . . . . . . . | 60 | 38 | 49,3 | S.-E. |
| | Frant. . . . . . . . . | 43 | 28 | 20,3 | S.-E. |
| Frant . . . . . . . . | Botley-hill . . . . . . . | 43 | 28 | 20,3 | N.-O. |
| | Wrotham-hill. . . . . . . | 6 | 50 | 57,7 | N.-E. |
| | Hollingborn-hill . . . . . | 55 | 19 | 35,3 | N.-E. |
| | Goudhurst . . . . . . . . | 82 | 24 | 11,4 | N.-E. |
| | Fairlight-down . . . . . . | 45 | 17 | 22,7 | S.-E. |
| Wrotham-hill. . . . | Château de Severndroog. . . | 46 | 18 | 30 | N.-O. |
| | Botley-hill . . . . . . . . | 79 | 16 | 28,7 | S.-O. |
| | Frant . . . . . . . . . | 6 | 50 | 57,7 | S.-O. |
| | Goudhurst. . . . . . . . | 25 | 12 | 14,7 | S.-E. |
| | Hollingborn-hill. . . . . . | 77 | 21 | 25,7 | S.-E. |
| Goudhurst . . . . . | Hollingborn-hill. . . . . . | 38 | 51 | 47,3 | N.-E. |
| | Tenterden. . . ; . . . . . | 72 | 54 | 53,3 | S.-E. |
| | Fairlight-down . . . . . . | 23 | 15 | 17,5 | S.-E. |
| | Frant . . . . . . . . . . | 82 | 24 | 11,4 | S.-O. |
| | Botley-hill. . . . . . . . | 60 | 38 | 49,3 | N.-O. |
| | Wrotham-hill. . . . . . . | 25 | 12 | 14,7 | N.-O. |
| Fairlight-down . . . | Frant. . . . . . . . . . | 45 | 17 | 22,7 | N.-O. |
| | Goudhurst . . . . . . . . | 23 | 15 | 17,5 | N.-O. |
| | Hollingborn-hill. . . . . . | 3 | 8 | 32,3 | N.-E. |
| | Tenterden. . . . . . . . . | 12 | 5 | 40,9 | N.-E. |
| | Allington Knoll. . . . . . | 45 | 46 | 21,3 | N.-E. |
| | Lydd . . . . . . . . . . | 67 | 4 | 58,3 | N.-E. |
| | Blancnez . . . . . . . . . | 85 | 7 | 29,7 | N.-E. |
| | Montlambert . . . . . . . | 77 | 6 | 26,7 | S.-E. |
| Hollingborn-hill. . . | Wrotham-hill. . . . . . . | 77 | 21 | 25,7 | N.-O. |
| | Frant . . . . . . . . . | 55 | 19 | 35,3 | S.-O. |
| | Goudhurst . . . . . . . . | 38 | 51 | 47,3 | S.-O. |

| | | | | | |
|---|---|---|---|---|---|
| Hollingborn-hill. | Fairlight-down | 3 | 8 | 52,3 | S.-O. |
| | Tenterden | 5 | 46 | 56,8 | S.-E. |
| | Allington Knoll. | 45 | 47 | 55,7 | S.-E. |
| Eglise de Tenterden. | Hollingborn-hill. | 5 | 46 | 56,8 | N.-O. |
| | Goudhurst | 72 | 54 | 53,3 | N.-O. |
| | Fairlight-down. | 12 | 5 | 40,9 | S.-O. |
| | Lydd | 50 | 27 | 11,6 | S.-E. |
| | Allington Knoll | 85 | 47 | 25,3 | N.-E. |
| Eglise de Lydd. | Fairlight-down | 67 | 4 | 58,3 | S.-O. |
| | Tenterden | 50 | 27 | 11,6 | N.-O. |
| | Ruckinge. | 6 | 16 | 20,4 | N.-O. |
| | Allington Knoll. | 12 | 46 | 58,3 | N.-E. |
| | High-nook | 37 | 4 | 28,1 | N.-E. |
| | Padlesworth. | 41 | 10 | 52,6 | N.-E. |
| | Folkstone-turnpicke | 50 | 49 | 22 | N.-E. |
| Ruckinge | Lydd | 6 | 16 | 20,4 | S.-E. |
| | High-nook | 55 | 15 | 9,8 | S.-E. |
| | Allington Knoll. | 70 | 25 | 31,6 | N.-E. |
| Allington Knoll. | Hollingborn-hill | 45 | 47 | 55,7 | N.-O. |
| | Tenterden | 85 | 47 | 25,3 | S.-O. |
| | Fairlight-down | 45 | 46 | 21,3 | S.-O. |
| | Lydd | 12 | 46 | 58,3 | S.-O. |
| | High-nook | 21 | 1 | 47,8 | S.-E. |
| | Folkstone-turnpicke | 82 | 56 | 18,9 | N.-E. |
| High-nook. | Allington Knoll. | 21 | 1 | 47,8 | N.-O. |
| | Ruckinge | 55 | 15 | 9,8 | N.-O. |
| | Lydd | 37 | 4 | 28,1 | S.-O. |
| | Folkstone-turnpicke | 58 | 39 | 12,6 | N.-E. |
| | Padlesworth. | 43 | 50 | 47,1 | N.-E. |
| Padlesworth. | High-nook | 43 | 50 | 47,1 | S.-O. |
| | Lydd | 41 | 10 | 52,6 | S.-O. |
| | Folkstone-turnpicke. | 64 | 18 | 47,4 | S.-E. |
| | Château de Douvres. | 81 | 11 | 30,1 | N.-E. |
| | Swingfield. | 44 | 47 | 7,1 | N.-E. |

# APPENDICE.

| | | | | | |
|---|---|---|---|---|---|
| | Lydd | 50 | 49 | 22 | S.-O. |
| | High-nook. | 58 | 39 | 12,6 | S.-O. |
| Folkstone-turnpicke. | Allington Knoll. | 82 | 56 | 18,9 | S.-O. |
| | Padlesworth. | 64 | 18 | 47,4 | N.-E. |
| | Swingfield. | 3 | 51 | 7,8 | N.-O. |
| | Château de Douvres. | 65 | 52 | 45,6 | N.-E. |
| | Padlesworth. | 44 | 47 | 7,2 | S.-O. |
| Swingfield. | Folkstone-turnpicke | 3 | 51 | 7,8 | S. E. |
| | Château de Douvres | 79 | 27 | 47,8 | S. -E. |
| | Swingfield. | 79 | 27 | 47,8 | N.-O. |
| | Padlesworth. | 81 | 11 | 30,1 | S.-O. |
| | Folkstone-turnpicke | 65 | 52 | 45,6 | S.-O. |
| | Montlambert | 27 | 56 | 54,8 | S.-E. |
| | Blancnez. | 51 | 21 | 55,1 | S.-E. |
| Château de Douvres. | Calais. | 64 | 8 | 37,1 | S.-E. |
| | Dunkerque. | 83 | 22 | 52,9 | S.-E. |
| | *Ibid.*, d'après la distance entre Dunkerque et Calais, déterminée par M. Cassini. | 83 | 22 | 50,2 | |
| | Point M | 82 | 53 | 14,4 | S.-E. |

La différence entre le complément de 82° 33′ 14″,4 et l'angle en M, dans le quarantieme triangle, est de 14° 51′ 3″,9; c'est l'angle R M C employé dans les art. 10 et 11 de la section VI.

*Page* 76. Il est dit que l'angle A B *v* ( planche 10, fig. 2 ) est égal à l'angle BA*r*, et conséquemment, page 80, que la somme des angles observés PAB, PBA, est la même que celle qu'on trouveroit sur une sphere. Cette propriété ( quoiqu'ayant lieu à très peu près sur tous les sphéroïdes auxquels on a rapporté jusqu'à présent la figure de la terre ) n'a pas lieu rigoureusement, lorsque les points d'observation sont sur la surface du sphéroïde et que chaque angle est pris exactement dans le plan de l'horizon ; car il est évident que pour avoir *exactement* la même somme, les points A, B ( lieux de l'observation ) doivent être à égales distances de G et W ; par conséquent, si à deux points quelconques, ainsi déterminés sur les verticales GA, WB, les angles sont supposés observés dans des plans paralleles aux horizons respectifs en A et B, leur somme sera toujours la même. Mais, comme verticale WB est plus grande que GA, si les angles en A et B sont horizontaux, leur somme doit être plus grande du côté du

nord

nord et plus petite du côté du sud, que sur la sphere, à moins
que les latitudes de A et B ne soient égales: la différence, néanmoins, est si petite, que dans la pratique on peut supposer qu'il
y a égalité sans erreur sensible, et c'est ce qu'on a fait dans la
cinquieme section et dans le corollaire de l'art. 8 de la sixieme
section. Dans l'exemple de la page 78, la différence entre la
somme des angles horizontaux, en A et B, sur le sphéroïde et
sur la sphere, est une petite fraction de seconde; il faudroit
un calcul très minutieux pour en obtenir la valeur exacte. La
méthode, cependant, est de calculer l'angle en B de la même
maniere qu'on l'a fait en A, ou en prenant le point d'observation dans la verticale G A prolongée à 168 fathoms (différence
des verticales W B et G A) au-dessus de la surface en A, et déterminant par un second calcul la diminution de l'angle horizontal.

Par une méthode semblable à celle employée pour le point
A, page 78, on peut évidemment déterminer, sur un sphéroïde
donné, les trois angles horizontaux d'un triangle quelconque.

*Page* 84. Il semble qu'il y a une erreur à la fin de l'art. 1,
car on verra qu'on ne s'est servi de pareils triangles sphériques,
pour le calcul, qu'à l'art. 3, page 86.

*Page* 85, *ligne* 8, à compter du bas de la page : cela doit s'entendre d'une des stations seulement; car, dans cette opération
( où les latitudes n'ont pas été observées ), un grand avantage
consiste à avoir une des stations ( comme Botley-hill ) sur le méridien de Greenwich, ou tout auprès, afin d'obtenir sa latitude
plus exactement; mais plus l'autre station est éloignée et plus
on a d'avantage.

*Page* 87, *ligne* 11, P★, *lisez* sinus P★.

*Ibid.*, depuis la huitieme ligne à partir du bas de la page jusqu'à la neuvieme ligne de la page suivante poursuivez ainsi : Si
la latitude du point B étoit donnée et que la terre fût une sphere,
la colatitude B P et les angles observés P B G = 119° 21' 13″,2 et
P G B = 60° 17' 15″,7 donneront P G colatitude de G, et l'angle
B P G différence de longitude de B et de G.

Prenons une sphere dont le diametre soit à-peu-près moyen
entre ceux du sphéroïde de M. Bouguer : la longueur d'un degré de grand cercle est de 60859,1 fathoms, et la latitude de B
sera de 51° 16' 41″,45; ainsi B P = 38° 43'.18″,54; ce qui, avec
les angles observés en B et en G, donne P G = 38° 53 6',72, et
l'angle B P G ou la différence de longitude = 27' 36',7 ; ainsi,
dans le triangle sphérique rectangle P R G, on a

V.

ray. : tang. G P :: cos. ang. R P G : tang. $38° 53' 3'', 47 = $ **R P.**

et ray. : sinus G P ::     sinus R P G : sin. $17' 20'' = $ **R G.**

*Page* 88 , *ligne* 5, à compter du bas de la page, $51° 16' 46''$, *lisez* $51° 16' 46'', 1.$

*Page* 91 , dans le titre de l'article 7, substituez aux mots *observations de l'étoile polaire* ceux-ci *mesures géodésiques.*

*Page* 95 , *ligne* 3 , *au lieu de* ainsi que les différences de longitude et de latitude avoient été déduites d'observations très exactes de l'étoile polaire, faites à quelques stations à l'ouest de Greenwich, *lisez* ainsi que la différence de longitude entre Botley-hill et Goudhurst ont été obtenues par les observations de l'étoile polaire.

Cette correction a paru nécessaire, parceque les observations de l'étoile polaire n'ont point servi à déterminer les différences de latitude. La valeur ( en parties de degrés ) de l'arc mesuré du grand cercle perpendiculaire au méridien a été déterminée par les directions des méridiens aux stations précédentes ; c'est de là qu'on a déduit les longueurs des degrés de la table, page 102. Les distances du méridien de Greenwich ( table générale des résultats ) ont été converties en degrés, etc. conformément à cette table ; les distances à la perpendiculaire sont conformes aux hypotheses de M. Bouguer ( on les obtient avec une exactitude suffisante et par une approximation aisée de la table, page 298, *Figure de la terre*, ou de celle qui est à la fin de l'*Exposition de la méthode proposée pour les opérations, etc.* ); ces arcs méridionaux, appliqués à la colatitude de Greenwich, forment avec les autres arcs perpendiculaires au méridien les côtés des triangles par lesquels les latitudes et les longitudes des stations ont été calculées. Les arcs méridionaux ont cependant été corrigés, comme, par exemple, dans cet article ( où la valeur de R *r* a été ajoutée ), lorsque les distances des stations au méridien de Greenwich étoient considérables.

En déterminant la latitude de M dans cet article, on a appliqué une correction *sphéroïdique* au résultat donné par la trigonométrie sphérique, ainsi que dans l'article 7 : mais ce calcul est fait sur une figure de dimensions connues, et conséquemment la latitude de *r* ( fig. 7 ) est donnée; mais il ne s'ensuit pas que la vraie latitude de *r* ( fig. 10 ) corresponde exactement avec l'hypothese de M. Bouguer, malgré l'accord de cette hypothese avec toute la longueur de l'arc méridional compris entre Greenwich et Paris ; ainsi on n'a point appliqué de semblables corrections aux autres latitudes dans la table générale des résultats.

Il est cependant nécessaire de mettre la plus grande précision dans la détermination de la direction des méridiens, si on veut en tirer des conclusions satisfaisantes, lorsque les stations sont situées obliquement par rapport au méridien, et à une distance l'une de l'autre, qui n'excede pas celle de Botley-hill à Goudhurst, parcequ'une erreur d'une seconde dans l'angle horizontal, à l'une ou l'autre des stations, produiroit une erreur dans leur différence de longitude de $1''$, 2 de degré, et conséquemment une variation d'environ $6''$ dans la longitude de Dunkerque ou de Paris.

Si la différence des stations étoit d'environ 36 milles, l'erreur en longitude seroit la même que celle dans l'angle horizontal, savoir d'une seconde.

La longueur de l'arc R G ( planche 10, fig. 5 ) est de 17695 fathoms, et sa valeur, lorsqu'on le considere comme arc de grand cercle perpendiculaire au méridien, est de $17'$ $20''$,06. Si la terre étoit une sphere, la longueur d'un arc quelconque seroit au nombre de degrés qu'il contient, comme 17695 est à $17'20''$,06: mais il n'en est pas ainsi dans le cas du sphéroïde ; quoiqu'alors l'erreur de la longitude ( qui peche par défaut ), déduite d'un arc de grand cercle, obtenu de la maniere précédente, doit être petite pour l'étendue de 3 ou 4 degrés ( dans les latitudes des stations ) sur un sphéroïde aussi peu applati que la terre.

Il faut observer que, lorsqu'on détermine les différences de longitude par le moyen de l'étoile polaire, les stations doivent être, l'une par rapport à l'autre, autant dans la direction de l'est à l'ouest que la nature du pays le permet, parceque, dans cette position, toute erreur qui pourroit résulter de l'inclinaison incertaine des verticaux sur le sphéroïde s'évanouit ; et, ce qui est plus important, on pourra, avec la même distance, déterminer un arc de grand cercle perpendiculaire au méridien, plus étendu qu'on ne le feroit avec toute autre direction. D'après cela on peut se servir des stations de Botley-hill et Hollingborn-hill, visibles l'une de l'autre ; leur distance est d'environ $28\frac{1}{2}$ milles, et mesure à-peu-près $24'$ de degré d'un grand cercle perpendiculaire au méridien.

*Page* 96, l'art. 11 semble avoir besoin de correction ; car si M$g$

est un petit cercle parallèle au méridien GR, il coupe les grands cercles *r*M, G*g* à angles droits ; de là RMC — RM*r* (14° 51′ 3′,9 — 19″ 42 ) = 14° 50′ 44″,5 = *r*MC, qui, ajouté à 90° ( *r*M*g* ), donne 104° 50′ 44″,5 pour l'angle *g*MC ; si on en ôte 1° 48′ 38″,6 ( PM*g* ), on aura 103° 2′ 5″,9 pour l'angle PMC, obtenu par cette méthode. Mais on ne peut pas dire qu'il résulte des observations angloises, parcequ'on a fait usage des angles françois à l'est de Douvres pour obtenir l'angle RMC dont il dépend.

*Page* 102. Les longueurs des degrés de longitude de cette table ont été trouvées de la maniere suivante :

> *Comme le rayon*
> *Est au cosinus de latitude,*
> *Ainsi la longueur d'un degré de grand cercle perpend. au mérid.*
> *Est à la longueur du degré de longitude.*

Cette proportion est exacte sur une sphere, mais ne l'est pas rigoureusement sur un sphéroïde.

*Page* 104, latitude de S.-Malo 43° 39′, *lisez* 48° 39′.

Comme les nouvelles longitudes de cette table n'ont pas été toutes obtenues de la même maniere, il est à propos de donner la méthode de calcul.

La latitude de Strasbourg ( *Descript. géomét. de la France* ) est de 48° 34′ 50″, et sa distance au méridien de Paris de 204779 toises ( = 218243,17 fathoms ), qui, si nous prenons 61225 fathoms = 1° ( voy. la table, page 102), donne 3° 33′ 52″,6, et on a la proportion

cos. 48° 34′ 50″ : rayon :: sin. 3° 33′ 52″,6 : sin. 5° 23′ 35″ = longit.

La latitude de Strasbourg ( dans la Connoissance des Temps de 1788 ) est évaluée à 48° 34′ 35″ ; la longitude à 5° 26′ 18′ ; d'où

rayon : cos. 48° 34′ 35′ :: sin. 5° 26′ 18″ : sin. 3° 35′ 42′,3, arc de grand cercle perpendiculaire au méridien de Paris, passant par Strasbourg, d'après lequel sa longitude a été calculée.

D'après l'avertissement joint à la carte de la France, les calculs françois ont été faits avec un degré contenant 57060 toises ( = 60811,7 fathoms ) ; ainsi, en réduisant 3° 55′ 42″3 dans la proportion de 61225 à 60811,7, nous aurons 3° 34′ 14″,9 pour la valeur de cet arc, en supposant que le degré est de 61225 fathoms ;

et　　cos. 48° 34′ 35′ : rayon :: sin. 3° 34′ 14″,9 : sin. 5° 24′ 6″ autre longitude de Strasbourg.

La longitude de Cordouan a été calculée par la dernière méthode ; mais les autres longitudes ont été calculées par la premiere. La distance au méridien de Paris se trouve dans les ouvrages cités précédemment.

*Page* 115, *ligne* 4, 3' 55", *lisez* 3' 35".

*Ibid.*, *ligne* 23, de là angle O K T, *lisez* angle O K $t$.

*Ibid.*, *ligne* 6, à compter du bas de la page, $kt = 1,2$, *lisez* $kL = 1,2$.

## TABLE des réfractions, *page* 117.

Il sera à propos de joindre l'observation suivante à celles données sur les réfractions, dans la section VII ; elle prouve que la réfraction terrestre, quoique souvent plus grande qu'on ne la suppose ordinairement, doit cependant être plus petite, dans certains cas particuliers.

Le 7 octobre 1787, à la station près Padlesworth, la dépression de l'horizon de la mer fut observée de 26' 27" dans une direction à-peu-près sud-ouest. Un degré de grand cercle, dans cette direction, est d'environ 61000 fathoms ; ainsi $61000 \times 6 \times 57,2957795 = 20970255$ pieds sera à-peu-près le rayon de la courbure. La hauteur de la station au-dessus des basses mers de printemps ( déterminée à cette station et au château de Douvres par des observations réciproques ) est de 642 pieds ; d'où $\frac{20970255}{20970255 + 642} = 0,9999693861$, cosinus naturel de 26' 54" ; ainsi 26' 54" — 26' 27" = 27", quantité dont l'horizon a été élevé par la réfraction. On n'a point fait entrer en considération l'état de marée, mais il étoit environ midi.

Le temps étoit calme et couvert ; l'horizon clair ; le barometre à 29,6 ; le thermometre à 70°.

L'observation précédente a été faite avec beaucoup de soin et d'attention.

*Page* 119, 3ᵉ triangle 76807,4, *lisez* 76812,4.

*Page* 120, 10ᵉ triangle 39963, *lisez* 48964.

*Page* 121, 14ᵉ triangle 34413,6, *lisez* 34412,8.

*Page* 124, 35ᵉ triangle 23081,4, *lisez* 23018,4.

# REMARQUES


*Sur le mémoire de M. Dalby par M. Lalande.*

M. Dalby, qui a travaillé avec le général Roy aux triangles qui ont servi à la jonction de l'Angleterre et de la France, vient de publier, dans les Transactions Philosophiques de 1791, page 239, un mémoire sur la différence qui en résulte entre les grands observatoires de Paris et de Greenwich : il la trouve de 0ʰ 9′ 20″,3 et 9′ 19″,7. Mais ces résultats supposent des hypotheses qui ne me paroissent pas les meilleures, et qui donnent trop peu pour la différence des méridiens, parcequ'elles supposent l'applatissement trop fort.

Dans la premiere, qui donne 9′ 20″,3, M. Dalby suppose le degré du méridien vers l'équateur, 56621 toises, plus petit de 132 toises que celui qui fut mesuré, et le degré moyen entre Paris et Greenwich, 57090 toises, pour 50° 10′, ce qui fait seulement deux toises de plus que le résultat des mesures. La diminution faite sur la mesure du Pérou n'a pour objet que de donner un applatissement qui approche de celui de Newton ou de $\frac{1}{230}$ : c'est cet attachement religieux aux résultats de l'illustre Anglois qui gâte tous les calculs. En effet il est reconnu actuellement que la terre n'est pas un sphéroïde homogene : au temps de Newton on pouvoit faire cette hypothese ; on ne le peut plus aujourd'hui : j'en ai donné de nouvelles preuves par les expériences du pendule ( *Mém. de l'acad.* 1785, pag. 1 ) ; et la comparaison de tous les degrés mesurés donne tout au plus $\frac{1}{300}$ pour l'applatissement de la terre.

La table que j'ai donnée pour tous les degrés de latitude, dans la troisieme édition de mon Astronomie, est fondée sur cette hypothese ; elle donne,

Pour le degré vers l'équateur, 56747 toises au lieu de 56753.

Pour 45 degrés . . . . . . . . . 57031. . . . . . . . 57023.

Pour 50° 10′, milieu entre Paris et Greenwich, . . . . . . . . . 57083. . . . . . . . 57088.

Les corrections que je fais aux mesures sont −6, +8 et −5, c'est à-dire absolument insensibles.

Il est vrai que pour le degré de Lapponie il y a 69¼ toises de moins ; mais celui-là donnant plus que tous les autres, on peut croire que l'attraction des montagnes a influé sur cette mesure.

## REMARQUES, etc.

C'est une chose à laquelle on n'avoit pas encore pensé en 1736 ; mais M. Mallet, professeur de mathématiques à Upsal, ayant été à Pello en 1769 pour observer le passage de vénus sur le soleil, examina les stations qui avoient servi à la mesure du degré , et il vit que le pays est plein de hautes montagnes dont l'attraction devoit influer sur la direction de la pesanteur, et par consé-quent sur le résultat du degré : c'est ce qu'on voit dans la discus-sion des différents degrés mesurés qu'il a donnée dans le premier volume de la *Description physique du monde*, qu'il publia en 1772 à Upsal conjointement avec M. Bergman et M. Insulin. On peut ajouter que les angles des triangles n'ont pas la précision qu'on auroit pu espérer : il y a 29″,4 de différence dans le pre-mier triangle (voyez *Figure de la terre* par M. de Maupertuis, 1738, page 80).

Il y a des angles qui sont employés autrement qu'ils n'avoient été trouvés.

C T K , page 80 ,          24° 22′ 58″,8 et p. 90 ,     24° 22′ 54″,3.

H A C , page 82 ,          112 21 48 ,6                 112 21 32 ,9.

K H N , page 81 et 82 ,  143  6 19 ,0                  143  6  3 ,2.

Enfin l'arc mesuré en Lapponie est beaucoup plus petit que celui du Pérou ; ainsi la correction doit tomber plutôt sur le premier que sur le second.

M. Dalby, dans la seconde hypothese , diminue de 65 toises les degrés du nord et du Pérou, et il augmente celui de 50° : mais l'arc entre Paris et Greenwich se trouve trop grand de 11″, qui font environ 174 toises. L'applatissement est de $\frac{1}{330}$ et la différence des méridiens 9′ 19″,7, c'est-à-dire encore plus petite que la pre-mière.

M. Dalby dit que les degrés mesurés dans les moyennes lati-tudes s'accordent avec le rapport de Newton : mais ces degrés s'accordent également avec le mien ; tout dépend de la suppo-sition ou du choix que l'on fait pour les degrés éloignés. Mais, puisque les géometres sont d'accord actuellement à faire l'appla-tissement plus petit que dans le sphéroïde homogene, la diffé-rence des méridiens entre Paris et Greenwich doit être plus grande que M. Dalby ne l'a faite , et peut être portée à 9′ 21″, comme le général Roy la trouvoit (*Philos. Trans.* 1787, p. 194 et 214 ), et comme on l'avoit trouvée par beaucoup d'éclipses des satellites (*Philos. Trans.* 1787, pag. 181). Il est vrai que des éclip-ses de soleil et d'étoiles et les chronometres ont donné plusieurs fois entre 9′ 19″ et 9′ 20″ : mais il paroît, par ce qui précede, qu'on doit s'en tenir à 9′ 21″.

TABLE … la longueur apparente a été trouvée de … st de 28532,92 pieds.

| JOURS. | ESPACES mesurés. | TENSION … m… de la d…nce. th… |
|---|---|---|
| Octob. | verges. | des. |
| 15 | 100 | 5720 |
| 16 | 200 | 6226 |
| | 300 | 6973 |
| 17 | 400 | 5442 |
| | 500 | 5924 |
| | 600 | 5371 |
| 20 | 700 | 4829 |
| | 800 | 5985 |
| 23 | 900 | 5731 |
| | 1000 | 5382 |
| 24 | 1100 | 5551 |
| | 1200 | 5960 |
| | 1300 | 5804 |
| 26 | 1400 | 5479 |
| | 1500 | 6540 |
| 27 | 1600 | 5635 |
| | 1700 | 6322 |
| | 1800 | 6611 |
| | 1900 | 5816 |
| 29 | 2000 | 6647 |
| | 2100 | 6623 |
| | 2200 | 6056 |
| | 2300 | 5551 |
| 30 | 2400 | 5215 |
| | 2500 | 5345 |
| | | 756 |

| JOURS. | ESPACES mesurés. | TEMPÉRATURE moyen de 15 therm. | différence avec 62 degrés. | CORRECTION pour la différence. |
|---|---|---|---|---|
| Nov. | verges. | deg. | degrés | pouces. |
| 26 | 7600 | 39,8 | — 22,2 | — 0,50816 |
| | 7700 | 38,5 | — 23,5 | — 0,53791 |
| 27 | 7800 | 33,6 | — 28,4 | — 0,65098 |
| | 7900 | 38,9 | — 23,1 | — 0,52876 |
| 28 | 8000 | 32,7 | — 29,3 | — 0,67068 |
| | 8100 | 36,3 | — 25,7 | — 0,58827 |
| | 8200 | 39,2 | — 22,8 | — 0,52189 |
| | 8300 | 39,5 | — 22,5 | — 0,51502 |
| 29 | 8400 | 34,8 | — 27,2 | — 0,62261 |
| | 8500 | 40,5 | — 21,5 | — 0,49213 |
| | 8600 | 42,3 | — 19,7 | — 0,45093 |
| 30 | 8700 | 30,5 | — 31,5 | — 0,72103 |
| | 8800 | 44,3 | — 17,7 | — 0,40515 |
| Déc. | 8900 | 46,0 | — 16,0 | — 0,36624 |
| 1 | 9000 | 43,0 | — 19,0 | — 0,43491 |
| | 9100 | 45,6 | — 16,4 | — 0,37540 |
| | 9200 | 48,7 | — 13,3 | — 0,30444 |
| 3 | 9500 | 41,1 | — 20,9 | — 0,47840 |
| | 9400 | 46,9 | — 15,1 | — 0,34564 |
| 4 | { 9512 / + 0,2454 } | 48,4 | — 13,6 | — 0,34942 |
| | | | | — 9,86797 |
| | | | | —11,71736 |
| | | | | — 6,76170 |
| | | | | — 2,30274 |
| | | Correction totale | | — 30,64977 |

|  | | pieds. | pouces. |
|---|---|---|---|
| La longueur ae, de 9512,2454 verges, valant. | | 28536 | 8,835 |
| La somme de . . . . . . . . . . . . . . . . . . | | 3 | 9,799 |
| Il reste p. . . . . . . . . . . . . . . . . . . | | 28532 | 11,056 |

162,1 toises.

TABLE générale de la base de vérification mesurée à Romney-marsh pendant l'automne 1787, dont la longueur apparente a été trouvée de 9512,2454 verges, et dont la longueur vraie, réduite à la température de 62 degrés, est de 28532,92 pieds.

| JOURS | ESPACES mesurés | TEMPÉRATURE moyen de 15 therm. | différence avec 62 degrés | CORRECTION pour la différence |
|---|---|---|---|---|
| Octob. | verges. | deg. | degrés. | pouces. |
| 15 | 100 | 54,7 | — 7,5 | — 0,16710 |
| 16 | 200 | 62,7 | + 0,7 | + 0,01602 |
|  | 300 | 61,3 | — 0,7 | — 0,01602 |
| 17 | 400 | 57,0 | — 5,0 | — 0,11445 |
|  | 500 | 52,2 | — 9,8 | — 0,22432 |
|  | 600 | 53,6 | — 8,4 | — 0,19228 |
| 20 | 700 | 46,8 | — 15,2 | — 0,34793 |
|  | 800 | 58,9 | — 3,1 | — 0,07096 |
| 23 | 900 | 53,9 | — 8,1 | — 0,18541 |
|  | 1000 | 55,3 | — 6,7 | — 0,15356 |
| 24 | 1100 | 55,7 | — 6,3 | — 0,14421 |
|  | 1200 | 50,0 | — 12,0 | — 0,27468 |
|  | 1300 | 55,2 | — 6,8 | — 0,15565 |
| 26 | 1400 | 59,1 | — 2,9 | — 0,06638 |
|  | 1500 | 60,1 | — 2,0 | — 0,04578 |
| 27 | 1600 | 59,1 | — 2,9 | — 0,06658 |
|  | 1700 | 63,1 | + 1,1 | + 0,02518 |
|  | 1800 | 68,1 | + 6,1 | + 0,13963 |
|  | 1900 | 57,9 | — 4,1 | — 0,09385 |
| 29 | 2000 | 60,8 | — 1,2 | — 0,02747 |
|  | 2100 | 67,0 | + 5,0 | + 0,06867 |
|  | 2200 | 64,1 | + 2,1 | + 0,04807 |
|  | 2300 | 56,7 | — 5,5 | — 0,12152 |
| 30 | 2400 | 58,7 | — 3,5 | — 0,07554 |
|  | 2500 | 59,5 | — 2,5 | — 0,05782 |
|  |  |  |  | — 2,50174 |

| JOURS | ESPACES mesurés | TEMPÉRATURE moyen de 15 therm. | différence avec 62 degrés | CORRECTION pour la différence |
|---|---|---|---|---|
| Octob. | verges. | deg. | degrés. | pouces. |
| 31 | 2600 | 57,5 | — 4,7 | — 0,10758 |
|  | 2700 | 54,6 | — 7,4 | — 0,16939 |
| Nov. |  |  |  |  |
|  | 2800 | 53,9 | — 8,1 | — 0,18541 |
| 1 | 2900 | 49,0 | — 13,0 | — 0,29757 |
|  | 3000 | 54,0 | — 8,0 | — 0,18312 |
|  | 3100 | 50,9 | — 11,1 | — 0,25408 |
| 2 | 3200 | 49,1 | — 11,9 | — 0,29528 |
|  | 3300 | 50,4 | — 11,6 | — 0,26552 |
|  | 3400 | 48,5 | — 13,5 | — 0,30901 |
|  | 3500 | 42,6 | — 19,4 | — 0,44407 |
| 5 | 3600 | 52,3 | — 9,7 | — 0,22203 |
|  | 3700 | 53,0 | — 9,0 | — 0,20601 |
|  | 3800 | 52,4 | — 9,6 | — 0,21974 |
|  | 3900 | 47,3 | — 14,7 | — 0,33648 |
| 7 | 4000 | 55,6 | — 6,4 | — 0,14650 |
|  | 4100 | 55,2 | — 6,8 | — 0,15565 |
| 10 | 4200 | 55,3 | — 6,7 | — 0,15336 |
|  | 4300 | 53,6 | — 8,4 | — 0,19228 |
|  | 4400 | 49,0 | — 13,0 | — 0,29757 |
| 12 | 4500 | 50,1 | — 11,9 | — 0,27239 |
|  | 4600 | 47,9 | — 14,1 | — 0,32275 |
| 13 | 4700 | 44,7 | — 17,3 | — 0,39600 |
|  | 4800 | 44,8 | — 17,2 | — 0,39371 |
|  | 4900 | 41,5 | — 20,7 | — 0,47382 |
| 14 | 5000 | 41,8 | — 20,2 | — 0,46238 |
|  |  |  |  | — 6,76170 |

| JOURS | ESPACES mesurés | TEMPÉRATURE moyen de 15 therm. | différence avec 62 degrés | CORRECTION pour la différence |
|---|---|---|---|---|
| Nov. | verges. | deg. | degrés. | pouces. |
| 14 | 5100 | 42,9 | — 19,1 | — 0,43720 |
| 15 | 5200 | 45,3 | — 16,7 | — 0,38226 |
|  | 5300 | 44,1 | — 17,9 | — 0,40975 |
|  | 5400 | 40,4 | — 21,6 | — 0,49442 |
| 16 | 5500 | 41,5 | — 20,5 | — 0,46924 |
|  | 5600 | 44,8 | — 17,2 | — 0,39371 |
|  | 5700 | 44,6 | — 17,4 | — 0,39829 |
| 17 | 5800 | 40,6 | — 21,4 | — 0,48985 |
|  | 5900 | 39,4 | — 22,6 | — 0,51731 |
|  | 6000 | 41,5 | — 20,7 | — 0,47382 |
|  | 6100 | 42,1 | — 19,9 | — 0,45551 |
|  | 6200 | 39,3 | — 22,7 | — 0,51960 |
| 21 | 6300 | 43,3 | — 18,7 | — 0,42804 |
|  | 6400 | 46,5 | — 15,5 | — 0,35479 |
|  | 6500 | 45,6 | — 16,4 | — 0,37540 |
| 22 | 6600 | 42,5 | — 19,5 | — 0,44655 |
|  | 6700 | 42,2 | — 19,8 | — 0,45522 |
|  | 6800 | 41,2 | — 20,8 | — 0,47611 |
| 23 | 6900 | 39,8 | — 22,2 | — 0,50816 |
|  | 7000 | 39,0 | — 23,0 | — 0,52647 |
|  | 7100 | 37,7 | — 24,5 | — 0,56563 |
| 24 | 7200 | 36,2 | — 25,8 | — 0,59056 |
|  | 7300 | 42,1 | — 19,9 | — 0,45551 |
|  | 7400 | 40,5 | — 21,5 | — 0,49213 |
| 26 | 7500 | 35,2 | — 26,8 | — 0,61345 |
|  |  |  |  | — 11,71756 |

| JOURS | ESPACES mesurés | TEMPÉRATURE moyen de 15 therm. | différence avec 62 degrés | CORRECTION pour la différence |
|---|---|---|---|---|
| Nov. | verges. | deg. | degrés | pouces. |
| 26 | 7600 | 39,8 | — 22,2 | — 0,50816 |
|  | 7700 | 38,5 | — 23,5 | — 0,53791 |
| 27 | 7800 | 33,6 | — 28,4 | — 0,65098 |
|  | 7900 | 38,9 | — 23,1 | — 0,52876 |
| 28 | 8000 | 32,7 | — 29,5 | — 0,67068 |
|  | 8100 | 36,3 | — 25,7 | — 0,58827 |
|  | 8200 | 39,2 | — 22,8 | — 0,52189 |
|  | 8300 | 39,5 | — 22,5 | — 0,51502 |
| 29 | 8400 | 34,8 | — 27,2 | — 0,62261 |
|  | 8500 | 40,5 | — 21,5 | — 0,49213 |
|  | 8600 | 42,3 | — 19,7 | — 0,45093 |
| 30 | 8700 | 30,5 | — 31,5 | — 0,72103 |
|  | 8800 | 44,3 | — 17,7 | — 0,40515 |
| Déc. | 8900 | 46,0 | — 16,0 | — 0,36624 |
| 1 | 9000 | 43,0 | — 19,0 | — 0,43491 |
|  | 9100 | 45,6 | — 16,4 | — 0,37540 |
|  | 9200 | 48,7 | — 13,3 | — 0,30444 |
| 5 | 9300 | 41,1 | — 20,9 | — 0,47840 |
|  | 9400 | 46,9 | — 15,1 | — 0,34564 |
| 4 | 9512 {+0,2454} | 48,4 | — 13,6 | — 0,34942 |
|  |  |  |  | — 9,86797 |
|  |  |  |  | —11,71756 |
|  |  |  |  | — 6,76170 |
|  |  |  |  | — 2,30274 |
|  |  |  | Correction totale | — 30,64977 |

La longueur apparente de la base, résultante de sa mesure immédiate avec la chaîne d'acier, est, comme on voit par la table précédente, de 9512,2454 verges, valant. [pieds] 28536 [pouces] 8,835

La somme des corrections indiquées par la table et de celles désignées dans le texte, étant retranchée de la longueur apparente . . . . . . . . . . . . . . . . . . . . . . . 3  9,799

Il reste pour la vraie longueur de la base à la température de 62 degrés du thermomètre de Fahrenheit . . . . . . . . . . . . . . . . . . . . . . . . . . . . . . . . 28532  11,036

Les 28532 pieds 11,036 pouces anglois valent 28532,92 pieds anglois, et 26772,61 pieds françois = 4462,1 toises.

ts de la réfraction terrestre.

| | HAUTEURS en pieds de la lunette au-dessus de la mer. | DISTANCES DES STATIONS | | | RÉFRACT. moyenne. | | RAPPORT entre la réfraction et l'arc contenu. | |
|---|---|---|---|---|---|---|---|---|
| | | En fathoms. | En parties du cercle. | | | | | |
| | | Fathoms. | ′ | ″ | ′ | ″ | | |
| A.<br>R. | 329<br>37,4 | 2675,4 | 2 | 38 | 1 | 8 | $\frac{1}{2}$ | $\frac{1}{3}$ |
| H.<br>L. | 27,6<br>130,4 | 5227,1 | 5 | 8 | 0 | 55 | $\frac{1}{5}$ | $\frac{1}{6}$ |
| A.<br>H. | 329<br>27,6 | 3864,1 | 3 | 48 | 0 | 38 | | $\frac{1}{6}$ |
| A.<br>T. | 329<br>322,3 | 10296,0 | 10 | 5 | 1 | 23½ | $\frac{1}{7}$ | $\frac{1}{8}$ |
| P.<br>L. | 624<br>130,4 | 13255,5 | 13 | 2 | 1 | 31 | | $\frac{1}{8}$ |
| F.<br>B. | 659<br>880 | 15060,7 | 14 | 48 | 2 | 1 | | $\frac{7}{8}$ |
| D.<br>P. | 469<br>642 | 7093,5 | 6 | 57 | 0 | 42 | | $\frac{1}{10}$ |
| F,<br>T. | 599<br>322,3 | 11939,1 | 11 | 46 | 1 | 12 | | $\frac{1}{10}$ |
| T.<br>L. | 322,3<br>130,4 | 11027,8 | 10 | 50 | 0 | 55½ | $\frac{1}{11}$ | $\frac{1}{12}$ |
| G.<br>F. | 497<br>659 | 7598,3 | 7 | 15 | 0 | 38½ | $\frac{1}{11}$ | $\frac{1}{12}$ |
| F.<br>L. | 599<br>130,4 | 11948,3 | 11 | 43 | 0 | 55 | | $\frac{1}{13}$ |
| G.<br>T. | 497<br>322,3 | 9062,4 | 8 | 53 | 0 | 35 | | $\frac{1}{15}$ |
| A.<br>L. | 329<br>130,4 | 7975,0 | 7 | 51 | 0 | 21 | | $\frac{1}{22}$ |
| D.<br>F. | 469<br>575,3 | 5259,1 | 5 | 9,4 | 0 | 12,8 | | $\frac{1}{24}$ |

, combinées avec celles faites sur les côtes de France.

| | | En fathoms. | ′ | ″ | ′ | ″ | | |
|---|---|---|---|---|---|---|---|---|
| F.<br>C. | 575,3<br>140,5 | 26697 | 26 | 4 | 3 | 54,8 | $\frac{1}{6}$ | $\frac{1}{7}$ |
| D.<br>C. | 469<br>140,5 | 22908 | 22 | 28,2 | 1 | 28,1 | $\frac{1}{15}$ | $\frac{1}{16}$ |
| F.<br>M. | 575,3<br>639,5 | 28967 | 28 | 29 | 1 | 45 | | $\frac{1}{17}$ |

| DATES des observations. | LIEUX. | Barom. | Ther. | NOMS DES STATIONS. | HAUTEURS en pieds de la lunette au-dessus de la mer. | | DISTANCES DES STATIONS En fathoms. | En parties du cercle. | RÉFRACT. moyenne. | RAPPORT entre la réfraction et l'arc contenu. |
|---|---|---|---|---|---|---|---|---|---|---|
| 1787, oct. 21<br>25 | Allington Knoll<br>Ruckinge | 26,61<br>29,82 | 56°<br>51½ | Allington Knoll et Ruckinge | A.<br>R. | 329<br>37,4 | 2675,4 | 2 58 | 1 8 | [illegible] |
| 19 | Auberge de Dymchurch | 29,9 | 55½ | High-nook et Lydd | H.<br>L. | 27,6<br>130,4 | 5227,1 | 5 8 | 0 55 | [illegible] |
| 21<br>19 | Allington Knoll<br>Auberge de Dymchurch | 29,61<br>29,9 | 56<br>65½ | Allington Knoll et High-nook | A.<br>H. | 329<br>27,6 | 3864,1 | 3 48 | 0 38 | [illegible] |
| 21<br>26 | Allington Knoll<br>Auberge de Tenterden | 29,61<br>29,54 | 56<br>56½ | Allington Knoll et Tenterden | A.<br>T. | 329<br>322,3 | 10296,0 | 10 5 | 1 25½ | [illegible] |
| 7 | Padlesworth | 29,6 | 70 | Padlesworth et Lydd | P.<br>L. | 624<br>130,4 | 13255,5 | 13 2 | 1 31 | [illegible] |
| 1788, août 18<br>23 | Auberge de Frant<br>Botley-hill | 29,36<br>28,89 | 58<br>62 | Frant et Botley-hill | F.<br>B. | 659<br>880 | 15060,7 | 14 48 | 2 1 | [illegible] |
| 1787, sept. 28<br>oct. 7 | Château de Douvres<br>Padlesworth | 29,62<br>29,6 | 58½<br>70 | Le château de Douvres et Padlesworth | D.<br>P. | 469<br>642 | 7003,3 | 6 57 | 0 42 | [illegible] |
| 13<br>26 | Fairlight-down<br>Auberge de Tenterden | 28,81<br>29,54 | 55½<br>56½ | Fairlight-down et Tenterden | F.<br>T. | 599<br>322,5 | 11959,1 | 11 46 | 1 12 | [illegible] |
| 26 | Auberge de Tenterden | 29,54 | 56½ | Tenterden et Lydd | T.<br>L. | 322,3<br>130,4 | 11027,8 | 10 50 | 0 55½ | [illegible] |
| 1788, août 11<br>18 | Cimetière de Goudshurst<br>Auberge de Frant | 29,74<br>29,30 | 58½<br>68 | Goudshurst et Frant | G.<br>F. | 497<br>659 | 7798,3 | 7 15 | 0 38½ | [illegible] |
| 1787, oct. 13 | Fairlight-down | 28,81 | 55½ | Fairlight-down et Lydd | F.<br>L. | 599<br>130,4 | 11948,3 | 11 43 | 0 55 | [illegible] |
| 1788, août 11<br>1787, oct. 26 | Cimetière de Goudshurst<br>Auberge de Tenterden | 29,74<br>29,54 | 58½<br>56½ | Goudshurst et Tenterden | G.<br>T. | 497<br>322,5 | 9062,4 | 8 55 | 0 35 | [illegible] |
| 21 | Allington Knoll | 29,61 | 56 | Allington Knoll et Lydd | A.<br>L. | 329<br>130,1 | 7975,0 | 7 51 | 0 21 | [illegible] |
| sep. 28<br>1788, sep. 2 | Château de Douvres<br>Folkstone-turnpicke | 29,62<br>29,55 | 58½<br>64 | Château de Douvres et Folkstone-turnpicke | D.<br>F. | 469<br>575,5 | 5259,1 | 5 9,4 | 0 12,8 | [illegible] |

RÉSULTATS des observations faites sur les hauteurs du château de Douvres et de Folkstone-turnpicke, combinées avec celles faites sur les côtes de France.

| DATES des observations. | LIEUX. | Barom. | Ther. | NOMS DES STATIONS. | HAUTEURS | | DISTANCES DES STATIONS En fathoms. | En parties du cercle. | RÉFRACT. moyenne. | RAPPORT |
|---|---|---|---|---|---|---|---|---|---|---|
| 1788, sept. 2 | .................. | 29,55 | 64 | Folkstone-turnpicke et N. D. de Calais | F.<br>C. | 575,5<br>140,5 | 26697 | 16 4 | 5 54,8 | [illegible] |
| 1787, sept. 28 | .................. | 29,62 | 53½ | Château de Douvres et N. D. de Calais | D.<br>C. | 469<br>140,5 | 22908 | 12 28,3 | 1 28,1 | [illegible] |
| 1788, sept. 2 | .................. | 29,55 | 64 | Folkstone-turnpicke et la station de Mont-lambert. | F.<br>M. | 575,5<br>659,5 | 28967 | 18 29 | 1 45 | [illegible] |

ques.

| | S. | LONGITUDES | | | | | | HAUTEURS VERTICALES | | SOMME des deux hauteurs. |
|---|---|---|---|---|---|---|---|---|---|---|
| | | En degrés, etc. | | | En temps. | | | Du terrain au-dessus de la mer. | De la lunette au-dessus du terrain. | |
| | | ° | ′ | ″ | h. | m. | s. | Pieds. | Pieds. | Pieds. |
| à l'ouest de Greenwich. | | . . . . | . . . . | . . . . | . . . | . . . | . . . | 170,5 | 43,5 | 214 |
| | 4 | 0 | 5 | 2,4 | 0 | 20 | 9,6 | 380,3 | 9,2 | 389,5 |
| | | 0 | 11 | 19,5 | 0 | 45 | 18,0 | 433,8 | 9,2 | 443 |
| | 6 | 0 | 17 | 46,5 | 1 | 11 | 6,0 | 213,0 | 38 | 251 |
| | | 0 | 21 | 45,3 | 1 | 27 | 1,2 | 63,5 | 37,5 | 101 |
| | 6 | 0 | 26 | 48,5 | 1 | 47 | 14,0 | 94,8 | 37,5 | 132,3 |
| | | 0 | 31 | 14,7 | 2 | 4 | 58,8 | 321,3 | 20,7 | 342 |
| | | 0 | 35 | 55,8 | 2 | 23 | 43,2 | | | |
| à l'est de Greenwich. | 4 | 0 | 0 | 2,7 | 0 | 0 | 17,8 | 859,3 | 20,7 | 880 |
| | | 0 | 3 | 40,65 | 0 | 14 | 42,6 | 417,8 | 64,2 | 482 |
| | | 0 | 16 | 12,5 | 1 | 4 | 50,0 | 604,1 | 54,9 | 659 |
| | 36 | 0 | 19 | 12,3 | 1 | 16 | 49,2 | 761,8 | 9,2 | 771 |
| | 32 | 0 | 27 | 39,45 | 1 | 50 | 37,8 | 437,9 | 59,1 | 497 |
| | 4 | 0 | 37 | 5,0 | 2 | 28 | 20,0 | 593,5 | 5,5 | 599 |
| | | 0 | 39 | 25,2 | 2 | 37 | 40,8 | 611,0 | 5,5 | 616,5 |
| | 5 | 0 | 41 | 8,15 | 2 | 44 | 32,6 | 220,6 | 101,7 | 322,3 |
| | | 0 | 53 | 12,6 | 3 | 32 | 50,4 | 31,9 | 5,5 | 37,4 |
| | | 0 | 54 | 15,4 | 3 | 37 | 1,6 | 31,7 | 98,7 | 130,4 |
| | | 0 | 57 | 9,4 | 3 | 48 | 37,6 | 323,5 | 5,5 | 329 |
| | | 0 | 59 | 14,6 | 3 | 56 | 58,4 | 22,1 | 5,5 | 27,6 |
| | 36 | 1 | 8 | 4,0 | 4 | 32 | 16,0 | 621,3 | 20,7 | 642 |
| | | 1 | 11 | 14,6 | 4 | 44 | 58,4 | 473,1 | 56,9 | 530 |
| | | 1 | 11 | 29,3 | 4 | 45 | 57,2 | 569,8 | 5,5 | 575,3 |
| | | 1 | 19 | 2,1 | 5 | 16 | 8,4 | 373,9 | 95,1 | 409 |
| | | 1 | 38 | 45,0 | 6 | 35 | 0,0 | 639,5 | | |
| | | 1 | 42 | 17,9 | 6 | 49 | 11,6 | 444,5 | | |
| | 37 | 1 | 50 | 48,8 | 7 | 23 | 15,2 | 140,5 | | |
| | | 2 | 19 | 42,5 | 9 | 18 | 50,0 | | | |
| | | 2 | 22 | 4,0 | 9 | 28 | 16,0 | | | |

TABLE contenant les résultats généraux des opérations trigonométriques.

| | | PAR LA TRIGONOMÉTRIE PLANE. | | | | | | | LATITUDES. | | | LONGITUDES | | | | | | HAUTEURS VERTICALES | | SOMME des deux hauteurs. |
| | STATIONS. | DISTANCES EN PIEDS. A partir du méridien de Greenwich. | A partir de la perpendicul. à ce méridien. | DÉCLINAISONS ou angles avec le méridien. | | | | DISTANCES directes de Greenwich. | | | | En degrés, etc. | | | En temps. | | | Du terrain au-dessus de la mer. | De la lunette au-dessus du terrain. | |
|---|---|---|---|---|---|---|---|---|---|---|---|---|---|---|---|---|---|---|---|---|
| | | Pieds. | Pieds. | ° | ′ | ″ | | Pieds. | ° | ′ | ″ | ° | ′ | ″ | h. | m. | s. | Pieds. | Pieds. | Pieds. |
| à l'ouest de Greenwich. | Chambre de l'instrument des passages de l'observatoire royal de Greenwich | | | | | | | | 51 | 28 | 40 | | | | | | | 170,5 | 43,5 | 214 |
| | Norwood | 19306,54 | 24603,86 | 38 | 7 | 16 | S O | 31274,48 | 51 | 24 | 37,34 | 0 | 5 | 2,4 | 0 | 20 | 9,6 | 380,3 | 9,2 | 389,5 |
| | Hundred Acres | 43333,9 | 5093,9 | 40 | 23 | 18,5 | S O | 66876,75 | 51 | 20 | 17,3 | 0 | 11 | 19,5 | 0 | 45 | 18,0 | 433,8 | 9,2 | 443 |
| | Hanger-hill Tower | 67740,69 | 16729,21 | 76 | 7 | 40,2 | N O | 69775,8 | 51 | 51 | 24,16 | 0 | 17 | 46,5 | 1 | 11 | 6,0 | 215,0 | 58 | 251 |
| | Hampton-poor-house | 85086,16 | 18537,98 | 77 | 25 | 20,3 | S O | 85129,1 | 51 | 25 | 35,2 | 0 | 21 | 45,3 | 1 | 27 | 1,2 | 63,5 | 37,5 | 101 |
| | King's arbour | 102264,55 | 1057,69 | 89 | 25 | 7,7 | N O | 102269,8 | 51 | 28 | 47,16 | 0 | 26 | 48,5 | 1 | 47 | 14,0 | 94,8 | 37,5 | 132,3 |
| | Saint-Ann's-hill | 119404,04 | 28852,77 | 76 | 24 | 55,7 | S O | 122840,6 | 51 | 23 | 51,4 | 0 | 31 | 14,7 | 2 | 4 | 58,8 | 321,3 | 20,7 | 542 |
| | Tour de la garde-robe du château de Windsor | 137050,54 | 2562,72 | 88 | 55 | 43,5 | N O | 157074,5 | 51 | 28 | 59,7 | 0 | 35 | 55,8 | 2 | 23 | 43,2 | | | |
| à l'est de Greenwich. | Botley-hill | 171,6 | 7288,5 | 0 | 8 | 5,6 | S E | 7288,7 | 51 | 16 | 41,54 | 0 | 0 | 2,7 | 0 | 0 | 17,8 | 859,3 | 20,7 | 880 |
| | Château de Severndroog sur Shooter's-hill | 14032,3 | 4069,8 | 73 | 49 | 34 | S E | 14610,58 | 51 | 27 | 59,8 | 0 | 3 | 40,65 | 0 | 14 | 42,6 | 417,8 | 64,2 | 482 |
| | Frant | 62342,5 | 158460,4 | 24 | 14 | 25,6 | S E | 151848,2 | 51 | 5 | 53,9 | 0 | 16 | 12,5 | 1 | 4 | 50,0 | 604,1 | 54,9 | 659 |
| | Wrotham-hill | 71850,3 | 59505,8 | 50 | 27 | 48,5 | S E | 93164,6 | 51 | 18 | 53,86 | 0 | 19 | 12,3 | 1 | 16 | 49,2 | 761,8 | 9,2 | 771 |
| | Goudhurst | 106342,5 | 13252 | 58 | 43 | 50,1 | S E | 169968,8 | 51 | 6 | 49,62 | 0 | 27 | 39,45 | 1 | 50 | 37,8 | 437,9 | 59,1 | 497 |
| | Fairlight-down | 143508,1 | 218611,6 | 53 | 14 | 46,8 | S E | 261396,7 | 50 | 52 | 58,84 | 0 | 37 | 5,0 | 2 | 28 | 20,0 | 593,5 | 6,5 | 599 |
| | Hollingborn-hill | 151078,1 | 77077,6 | 62 | 58 | 12,2 | S E | 169604,1 | 51 | 15 | 53,5 | 0 | 39 | 25,2 | 2 | 37 | 40,8 | 611,0 | 5,5 | 616,5 |
| | Tenterden | 158317,6 | 148567 | 46 | 49 | 11,4 | S E | 217109,7 | 51 | 4 | 8,15 | 0 | 41 | 8,15 | 2 | 44 | 32,6 | 220,6 | 101,7 | 322,3 |
| | Ruckinge | 204801,6 | 149410,3 | 53 | 53 | 16,5 | S E | 255509,6 | 51 | 3 | 54,9 | 0 | 53 | 12,6 | 3 | 32 | 50,4 | 31,9 | 5,5 | 37,4 |
| | Lydd | 209359,3 | 190697,6 | 47 | 40 | 6 | S E | 285174,5 | 50 | 57 | 7,4 | 0 | 54 | 15,4 | 3 | 37 | 1,6 | 31,7 | 98,7 | 130,4 |
| | Allington Knoll | 219992,3 | 144075,5 | 56 | 46 | 43,5 | S E | 262893,5 | 51 | 4 | 46,1 | 0 | 57 | 9,4 | 3 | 48 | 37,6 | 323,5 | 6,5 | 329 |
| | High-nook près Dymchurch | 228246,4 | 163673,9 | 54 | 1 | 33,4 | S E | 282033,3 | 51 | 1 | 11,7 | 0 | 59 | 14,6 | 3 | 56 | 58,4 | 22,1 | 5,5 | 27,6 |
| | Padlesworth | 261707,6 | 130836,4 | 63 | 26 | 16,8 | S E | 292590,2 | 51 | 6 | 50,56 | 1 | 8 | 4,0 | 4 | 32 | 16,0 | 621,3 | 20,7 | 642 |
| | Swingfield | 273722,7 | 118750,9 | 66 | 33 | 2 | S E | 298564,1 | 51 | 8 | 47,8 | 1 | 11 | 14,6 | 4 | 44 | 58,4 | 473,1 | 56,9 | 530 |
| | Folkstone-turnpike | 274067,3 | 157214,2 | 63 | 28 | 47,6 | S E | 303301,3 | 51 | 5 | 45,5 | 1 | 11 | 29,3 | 4 | 43 | 57,2 | 539,8 | 5,5 | 575,3 |
| | Château de Douvres, tour septentrionale du Keep | 303766,8 | 124309,1 | 67 | 44 | 34 | S E | 328222,0 | 51 | 7 | 47,7 | 1 | 19 | 2,1 | 5 | 16 | 8,4 | 375,9 | 95,1 | 409 |
| | Montlambert près Boulogne | 358889,6 | 275426,5 | 54 | 27 | 59,4 | S E | 470609,8 | 50 | 43 | 2,5 | 1 | 38 | 45,0 | 6 | 35 | 0,0 | 659,5 | | |
| | Blancnez | 394891,7 | 197155,5 | 65 | 28 | 8 | S E | 441571,7 | 50 | 55 | 31,3 | 1 | 42 | 17,9 | 6 | 49 | 11,6 | 444,5 | | |
| | Notre-Dame de Calais | 407456,5 | 184165,5 | 66 | 40 | 50,2 | S E | 465480,5 | 50 | 57 | 30,07 | 1 | 50 | 48,8 | 7 | 23 | 15,2 | 140,5 | | |
| | Point M près Dunkerq., mérid. de l'observ. de Paris | 558048,2 | 156958,2 | 73 | 56 | 7,2 | S E | 559912,8 | 51 | 1 | 48,3 | 2 | 19 | 42,5 | 9 | 18 | 50,0 | | | |
| | Dunkerque | 547058,1 | 152539,1 | 74 | 25 | 7,2 | S E | 567909,4 | 51 | 2 | 9,5 | 2 | 22 | 4,0 | 9 | 28 | 16,0 | | | |

[illegible]

r Cassini, et des mêmes Degrés

e, d'après les données actuelles,

le.

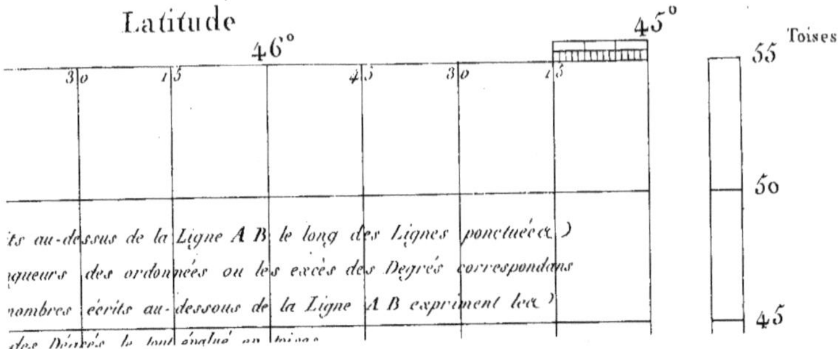

TABLEAU de comparaison des Degrés moyens, mesurés en France par Cassini, et des mêmes Degrés corrigés par la Caille pour parvenir à connoître le plus éxactement possible, d'après les données actuelles, la longueur de l'Arc du Méridien comprise entre le 45.° et le 50.° parallele.

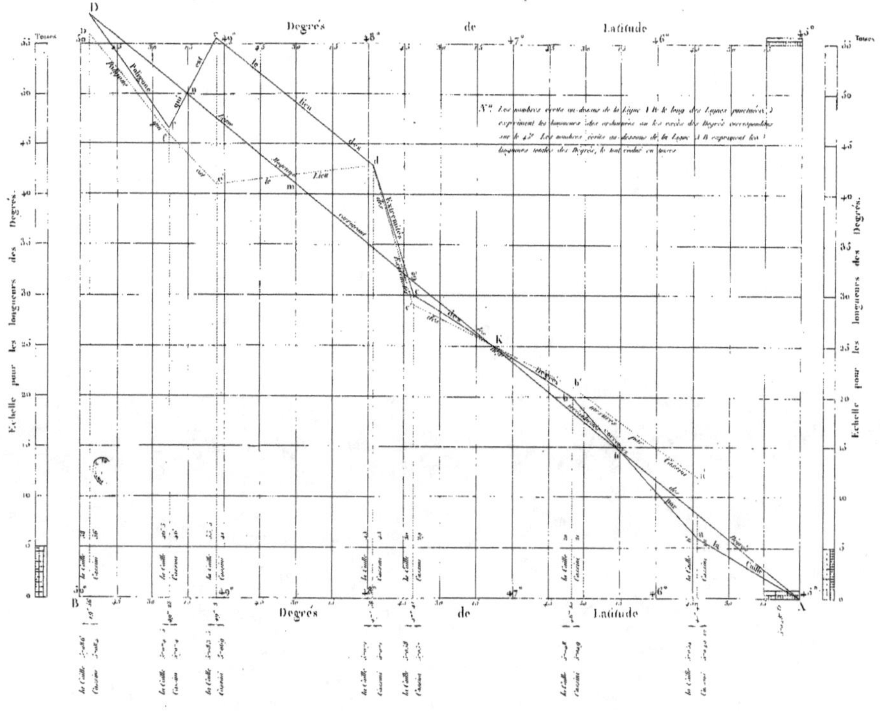

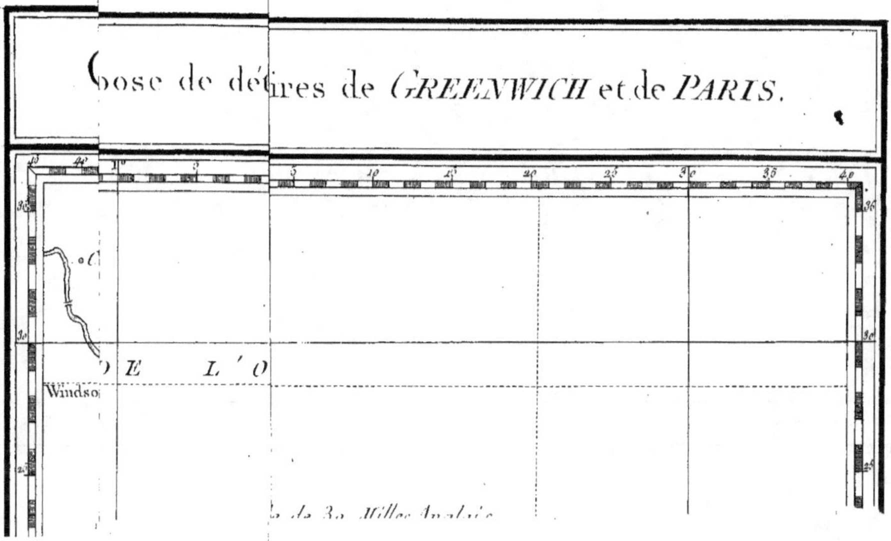

Gose de détires de *GREENWICH* et de *PARIS*.

DE L'O

Windso

de 3o Milles Anglais

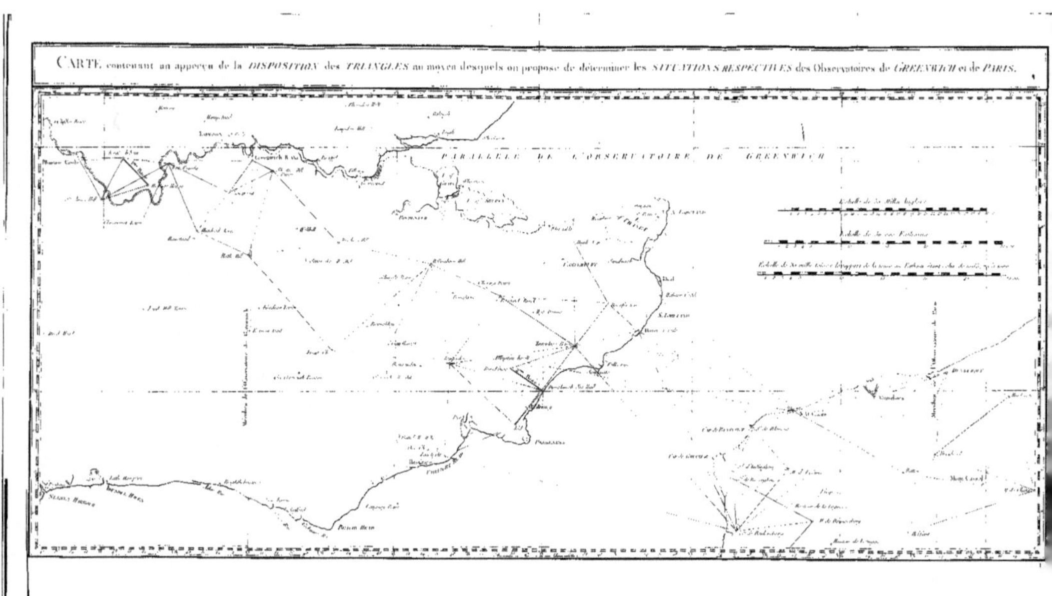

CARTE, contenant un apperçu de la DISPOSITION des TRIANGLES au moyen desquels on propose de déterminer les SITUATIONS RESPECTIVES des Observatoires de GREENWICH et de PARIS.
PARALLELE DE L'OBSERVATOIRE DE GREENWICH
Echelle de 30 Milles Anglois
Echelle de 30 000 Fathoms

'HAINE D'ACIER PENDANT L'AUTOMNE DE 1787. Pl.1.

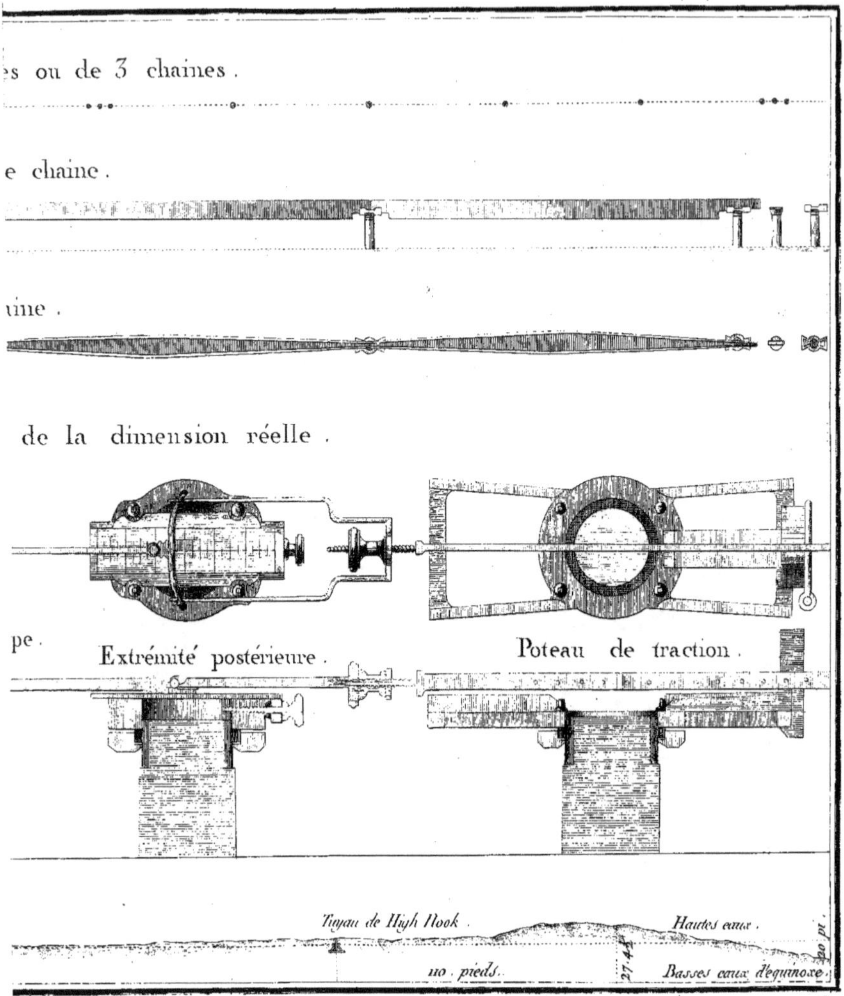

es ou de 3 chaines.
e chaine.
ine.
de la dimension réelle.
pe.
Extrémité postérieure.
Poteau de traction.
Tuyau de High Hook.
Hautes eaux.
110. pieds.
27.42
Basses eaux d'equinoxe.
20 pi.

Arrangement des poteaux pour chaque longueur de 100 verges ou de 5 chaines.
Élévation des caisses pour chaque longueur de chaine.
Plan des caisses pour chaque longueur de chaine.
Plan et coupe de l'appareil pour les extrémités de la chaine au ⅛ de la dimension réelle.
Poteau isolé avec sa ferrure
Echelle de pouces Anglais pour le Plan et la coupe.
Poteau du poids
Extrémité antérieure
Extrémité postérieure
Poteau de traction.
PROFIL GÉNÉRAL DE LA BASE.
Terme de Ruckow
Terme de High Nock

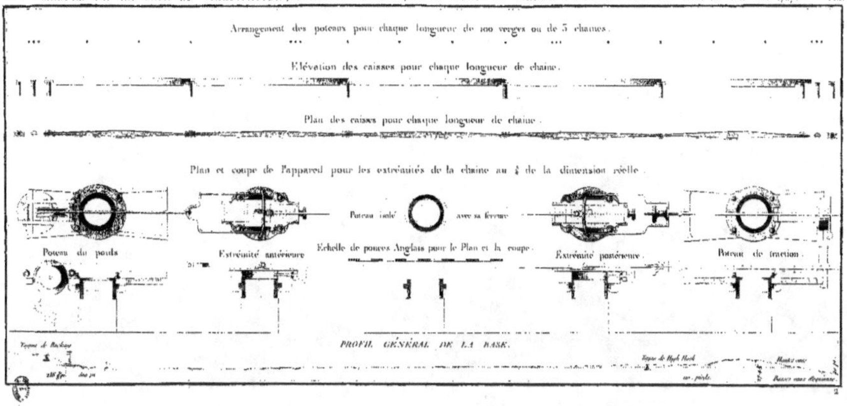

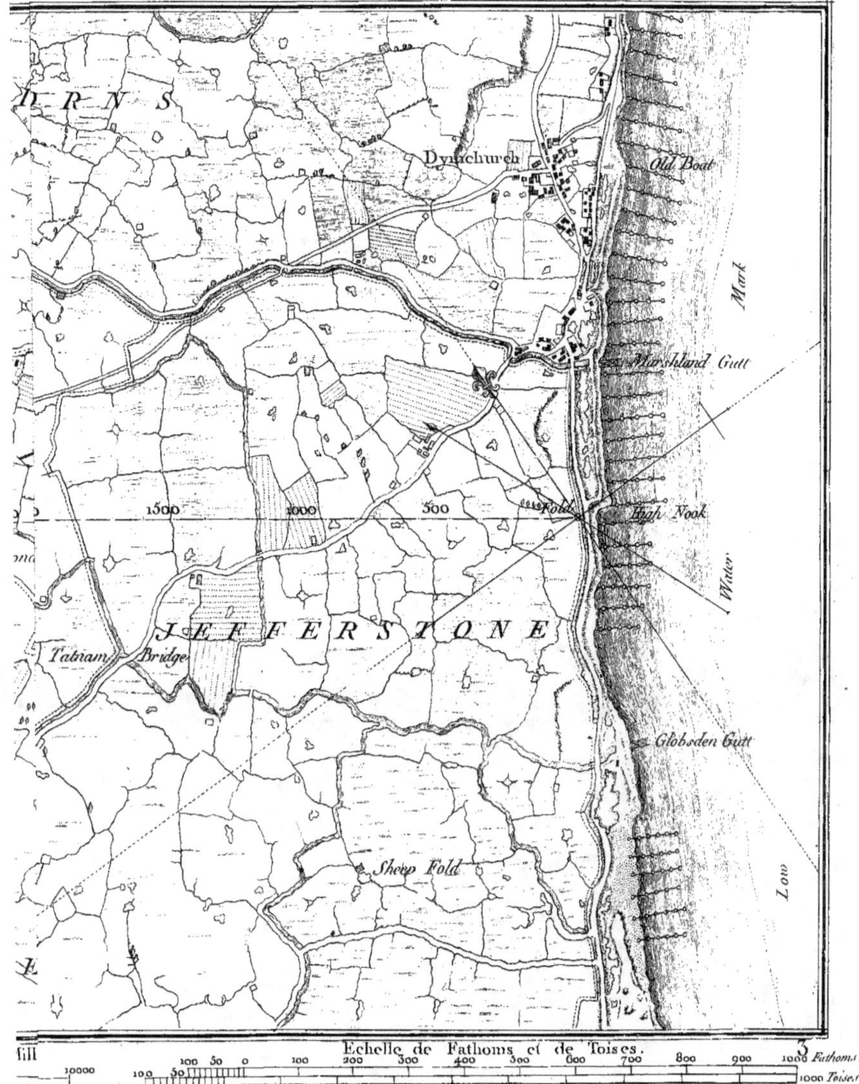
DRNS
Dymchurch
Old Boat
Mark
Marshland Gutt
1500    1000    500    Fold    High Nook
Water
JEFFERSTONE
Tatnam    Bridge
Globsden Gutt
Low
Sheep Fold
E.
fill
Echelle de Fathoms et de Toises.
100 50 0    100    200    300    400    500    600    700    800    900    1000 Fathoms.
10000
100
50    1000 Toises.

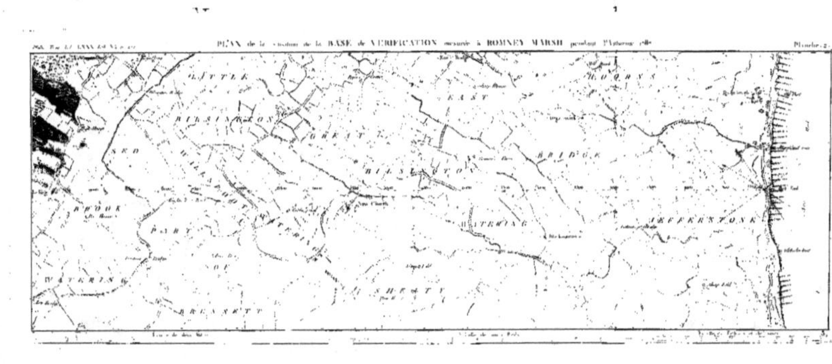

PLAN de la réduction de la BASE de VÉRIFICATION mesurée à ROMNEY MARSH pendant l'hiver 1787
Planche 2
LITTLE
BILSINGTON
GREAT
HORNS
EAST
BILSINGTON
SEO
WILLESBOROUGH
BRIDGE
BROOK
PART
WATERING
JEFFERSTONE
WATERING
OF
BRENZETT

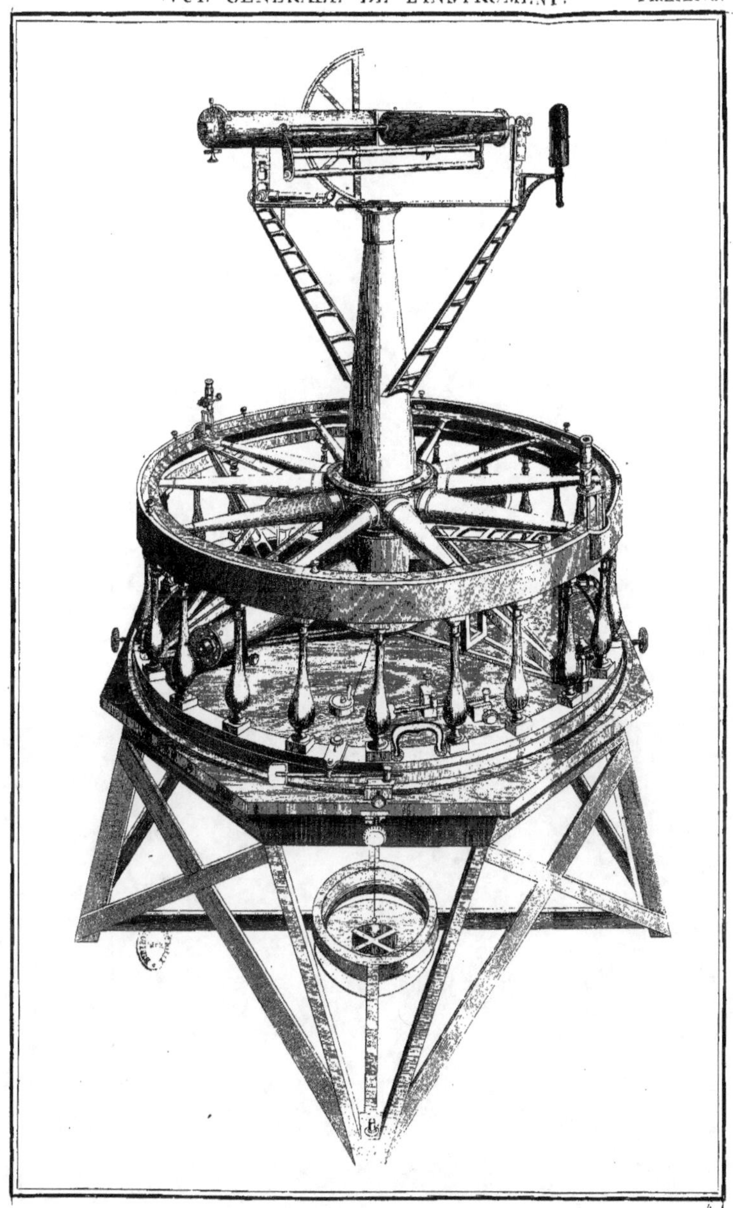

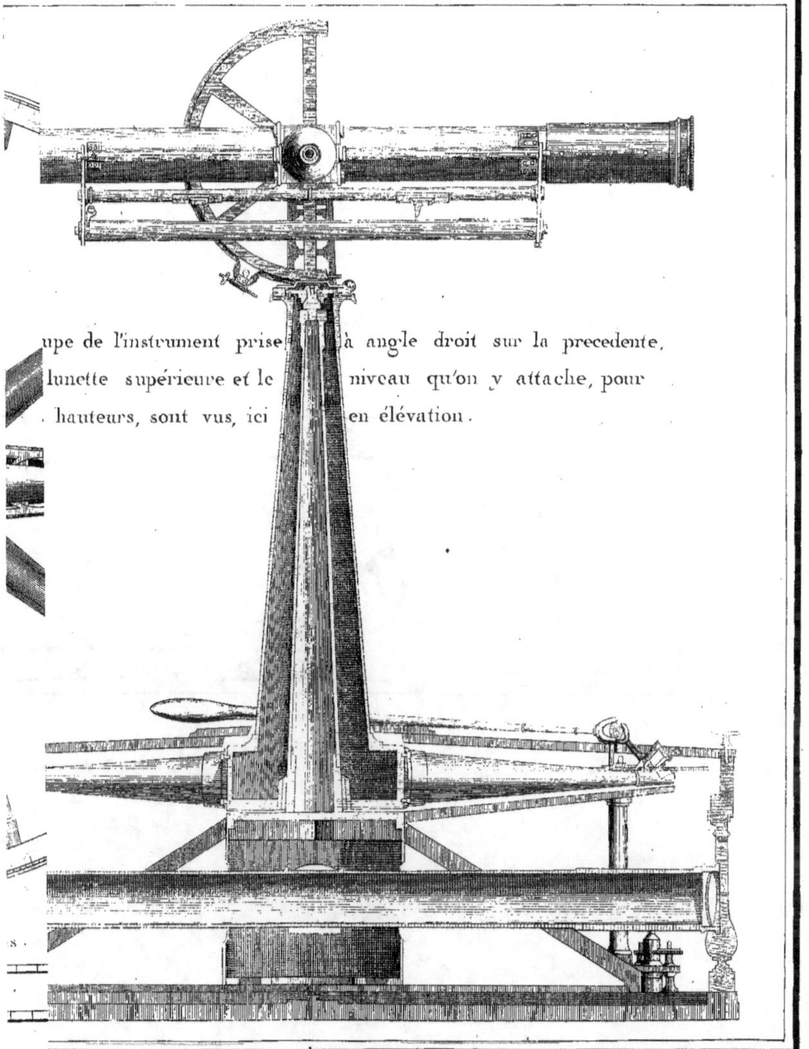

...upe de l'instrument prise... ...à angle droit sur la precedente.
...lunette supérieure et le... ...niveau qu'on y attache, pour
...hauteurs, sont vus, ici... ...en élévation.

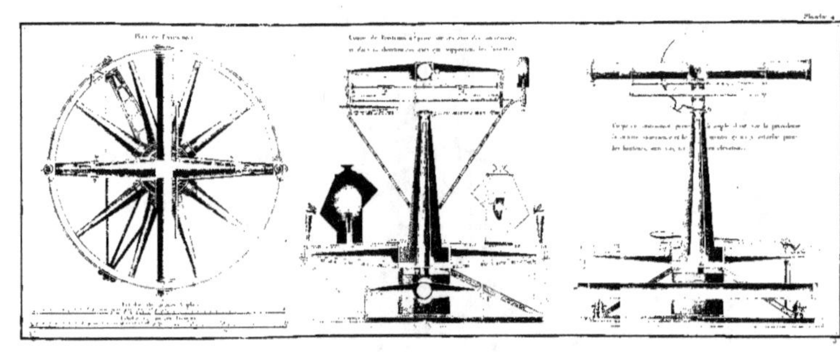

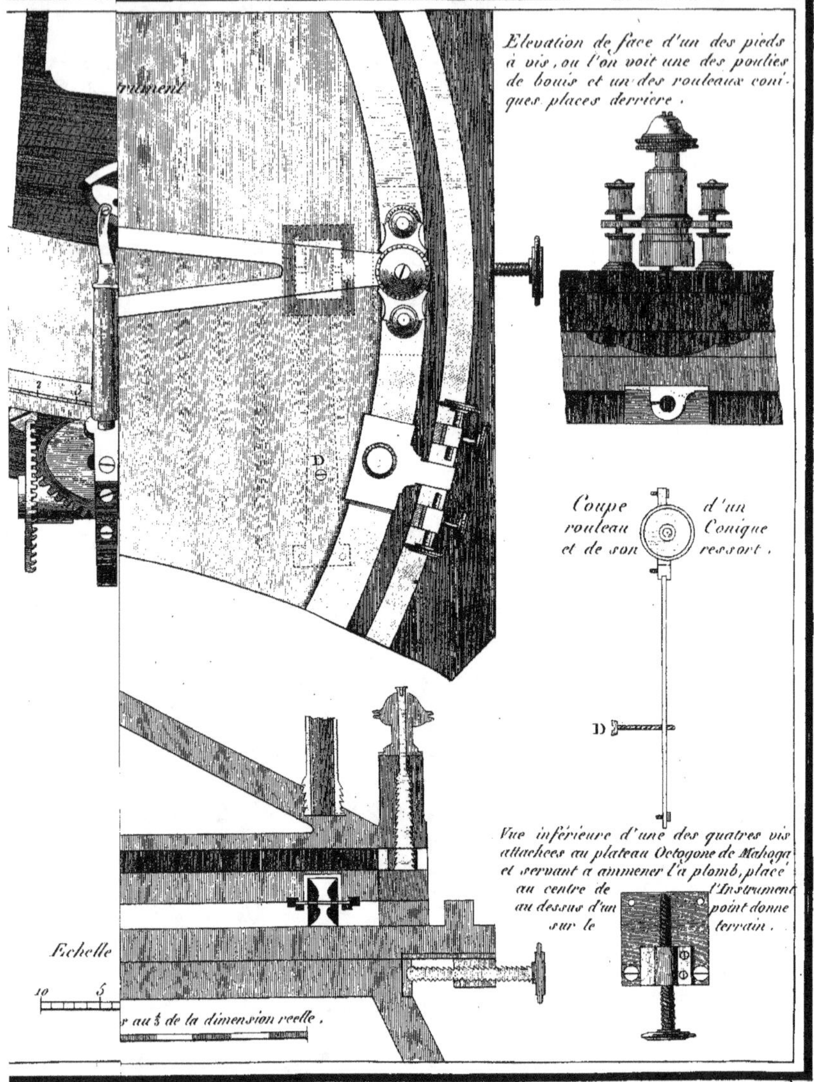
rument

Elevation de face d'un des pieds
à vis, ou l'on voit une des poulies
de bouis et un des rouleaux coniques places derrière .

Coupe          d'un
rouleau         Conique
et de son      ressort .

D

Vue inférieure d'une des quatres vis
attachées au plateau Octogone de Mahoga
et servant a ammener l'a plomb, placé
au centre de          l'Instrument
au dessus d'un          point donne
sur le                terrain .

Echelle

10      5

au ½ de la dimension reelle .

D

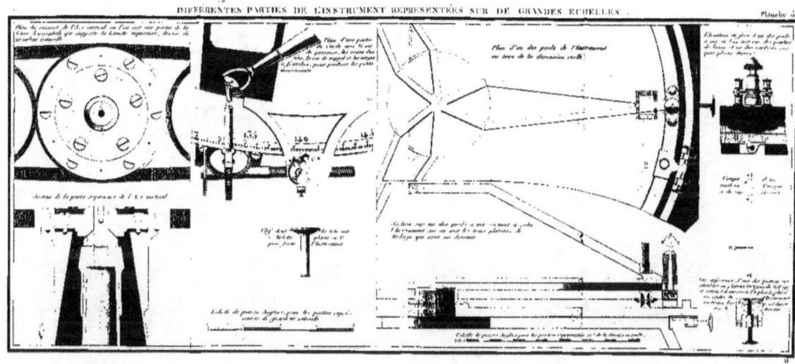

u tuyau de l'Oculaire Prismatique
coulisse portant les verres noirs
vau de l'Oculaire Prismatique de la lunette
ntal

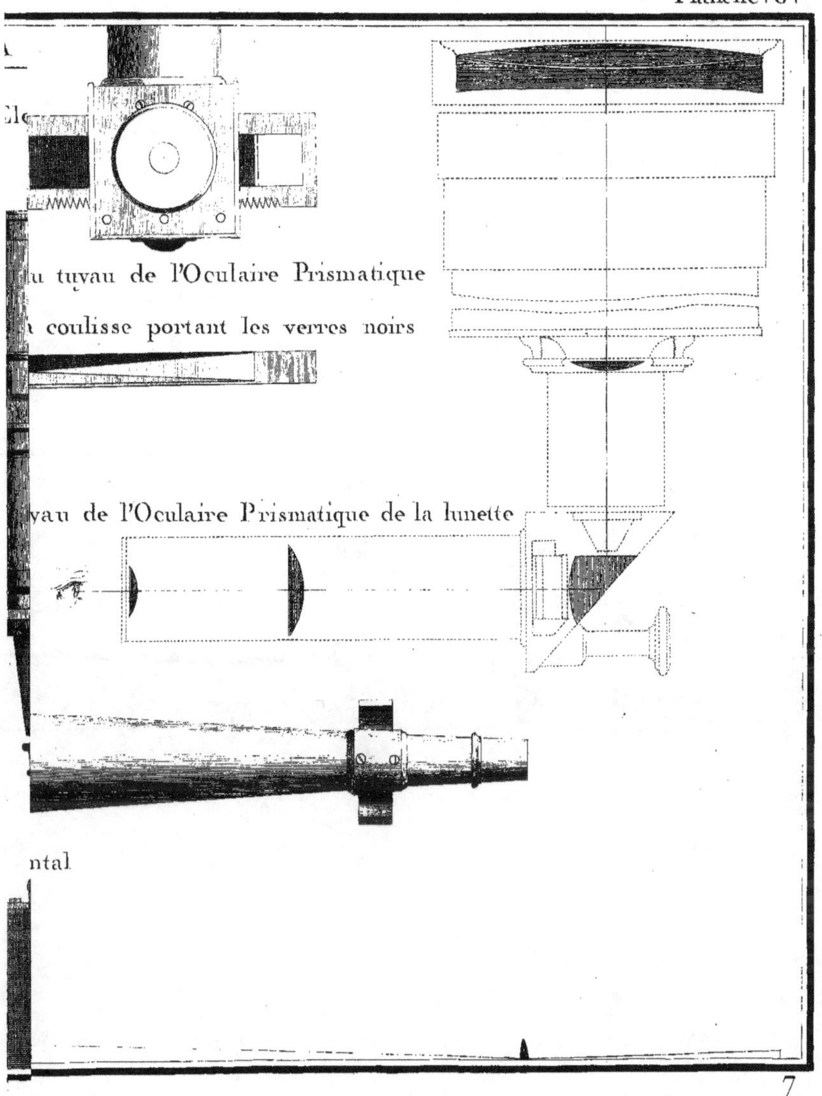

7

Planche 6.

Microscope A

Plan.
Coulisse Supérieure de noure

Élévation

Position des lentilles

Échelle de Pouces

Échelle Amplifiée du Microscope Horizontal

Coulisse d'Azur

Face du tuyau de l'Oculaire Pneumatique

Plan de la coulisse portant les verres unis

Plan Général

Fils de l'Oculaire de la Lunette Supérieure

Têle du Micromètre

Tuyau de l'Oculaire Pneumatique de la lunette

Plan du Piédestal

Échelle Amplifiée

Microscope Horizontal

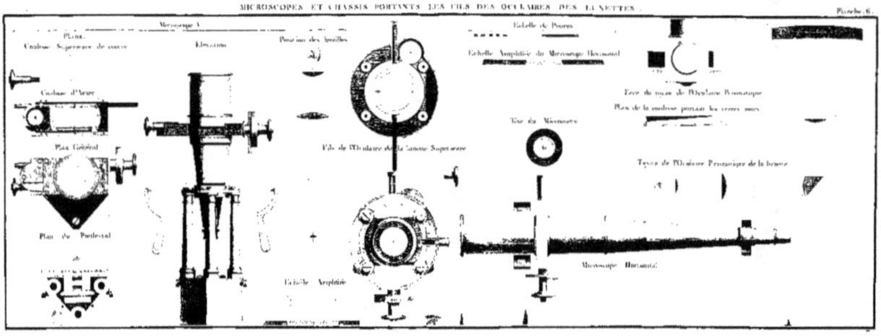

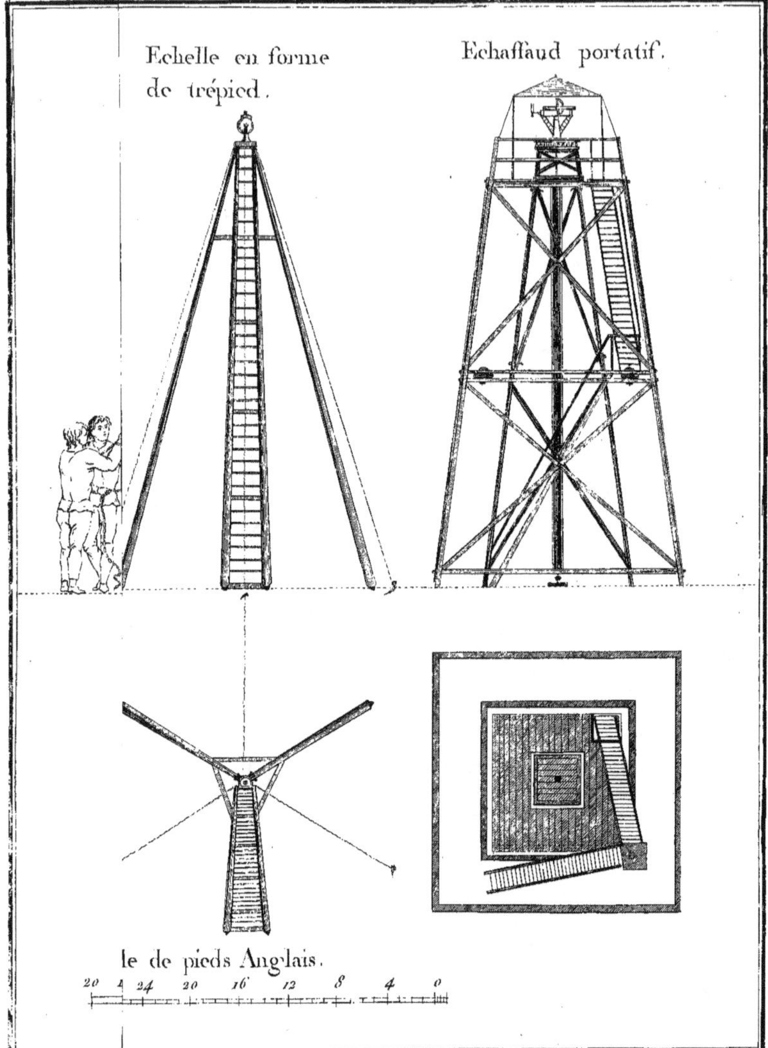
Echelle en forme
de trépied.
Echaffaud portatif.
le de pieds Anglais.
20  24  20  16  12  8  4  0

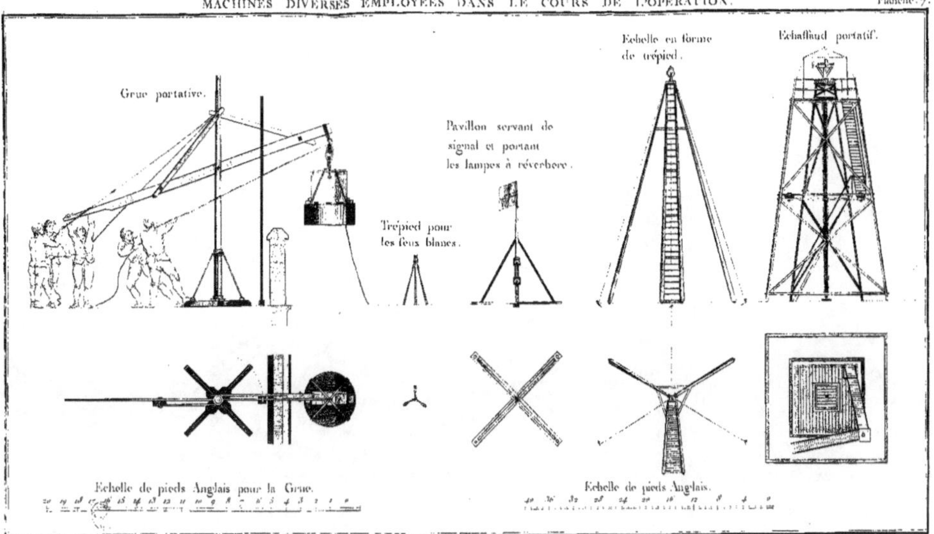
Grue portative.
Pavillon servant de signal et portant les lampes à réverbère.
Trépied pour les feux blancs.
Echelle en forme de trépied.
Echafaud portatif.
Echelle de pieds Anglais pour la Grue.
Echelle de pieds Anglais.

Donjon du Chateau de Douvres
Girouette
Echelle de pieds pour tous les Plans.
10  5  0    10    20    30    40    50    60    70    80    90    100    110    120
Chateau de Tenterden
Chateau de Goudhurst
Chateau de Frant

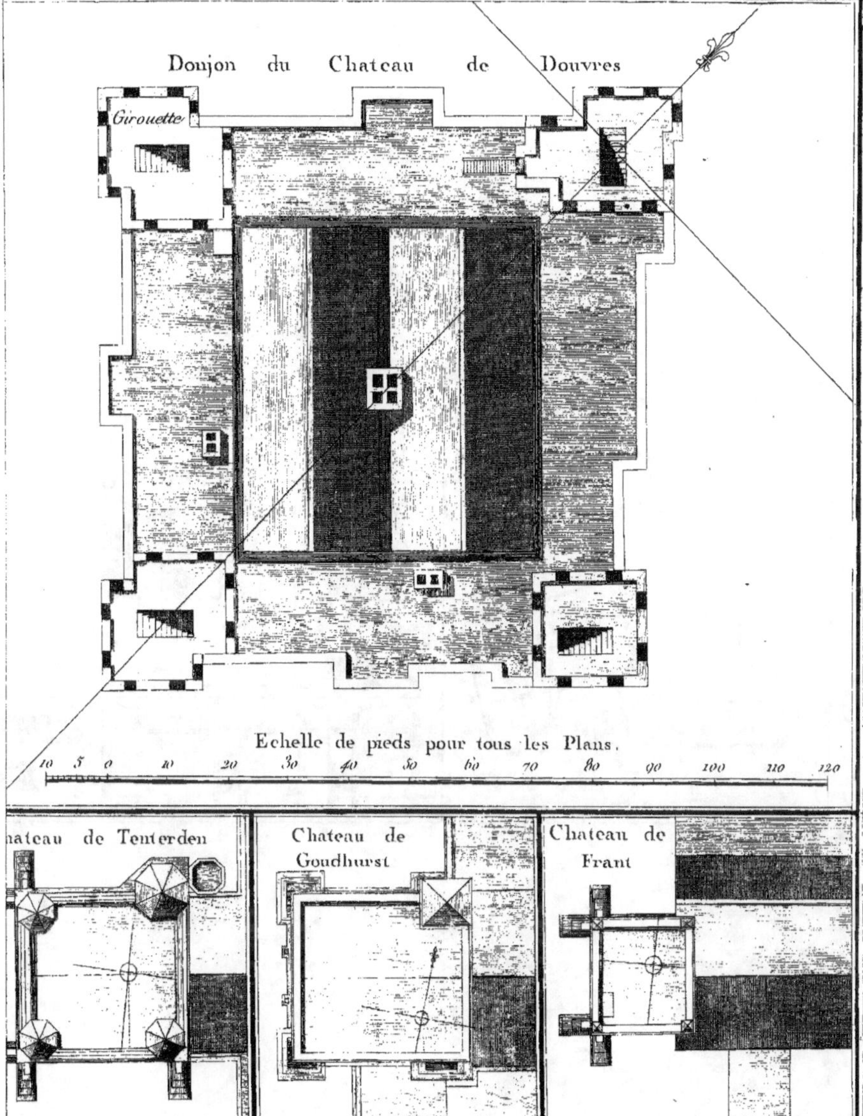

9

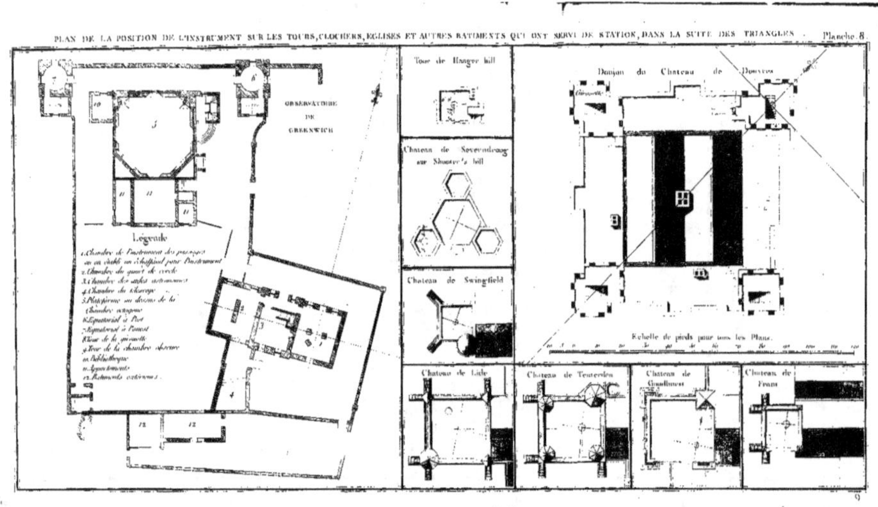
OBSERVATOIRE
DE
GREENWICH

Légende
1. Chambre de l'instrument des passages
   où on établit un échafaud pour l'instrument
2. Chambre du quart de cercle
3. Chambre des autres instruments
4. Chambre des horloges
5. Plateforme au dessus de la
   Chambre anguleuse
6. Équatorial à l'Est
7. Équatorial à l'Ouest
8. Tour de la girouette
9. Tour de la chambre obscure
10. Bibliothèque
11. Appartements
12. Bâtiments extérieurs

Tour de Hanger hill

Château de Sevendroug
sur Shooter's hill

Château de Swingfield

Donjon du Château de Douvres

Échelle de pieds pour tous les Plans.

Château de Lide

Château de Tenterden

Château de Goudhurst

Château de Frant

Pl. 9

Greenwich Lat .5º. 28. 40.

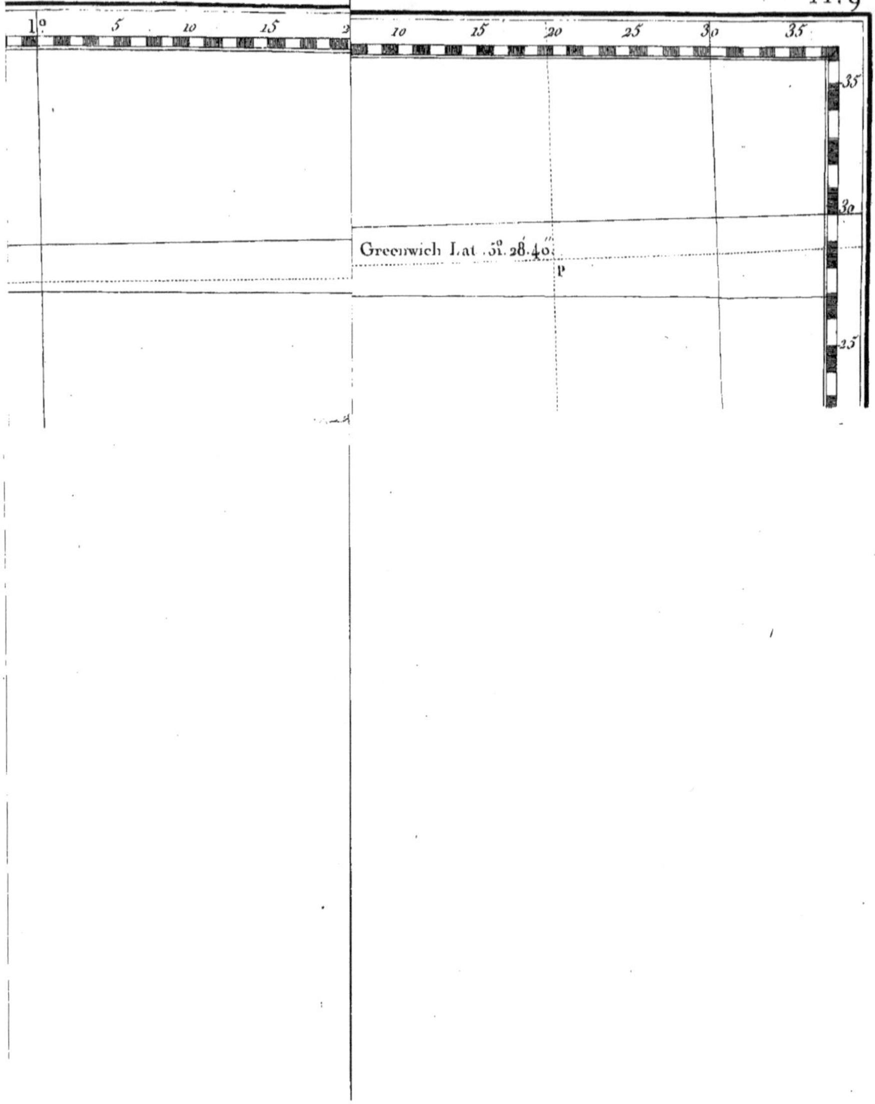

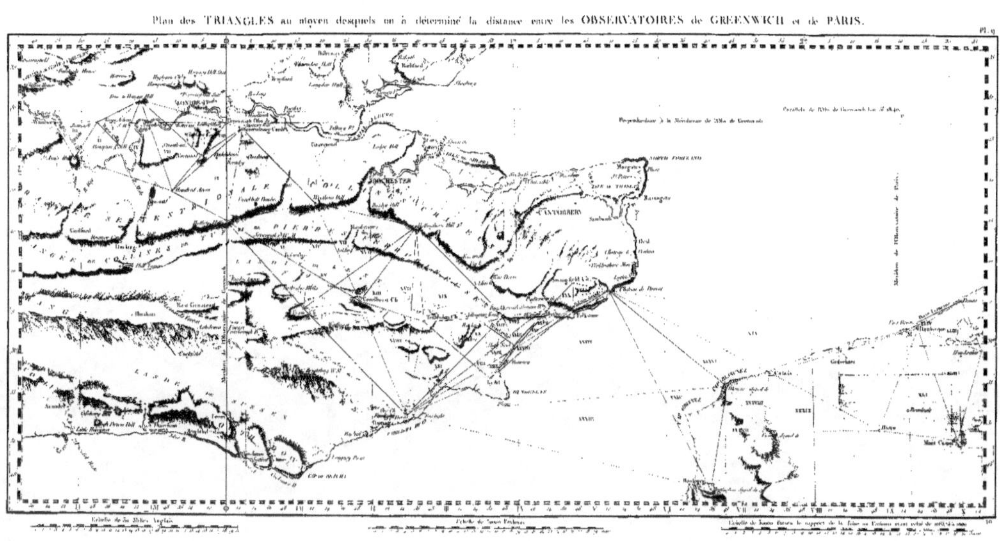

Plan des TRIANGLES au moyen desquels on a déterminé la distance entre les OBSERVATOIRES de GREENWICH et de PARIS.
Pl. 9
LONDON
ROCHESTER
CANTERBURY
NORTH FORELAND
Margate
Ramsgate
Deal
Douvres
Calais
Boulogne
Parallèle de l'Obs. de Greenwich Lat. 51.28.40.
Perpendiculaire à la Méridienne de l'Obs. de Greenwich
Méridienne de l'Obs. central de Paris
Mont Couple
Echelle de 30 Milles Anglais
Echelle de 5000 Toises
Echelle de 5000 mètres

Fig. 1.
W
p        p
w
N
H        s
Fig. 4.
P
B
A
Fig. 5.
P
G
W
B
C
R
T
P
G
r
R
Fig.
Fig. 9.
G
R        S        T        C        B
D
Fig. 10.
P
G
R        D
W
o
m
H        n
z
Fig.
C
Fig. 15.
O
T
L
l        K
S        C
Fig. 16.
O
K
T        k
L
S        C

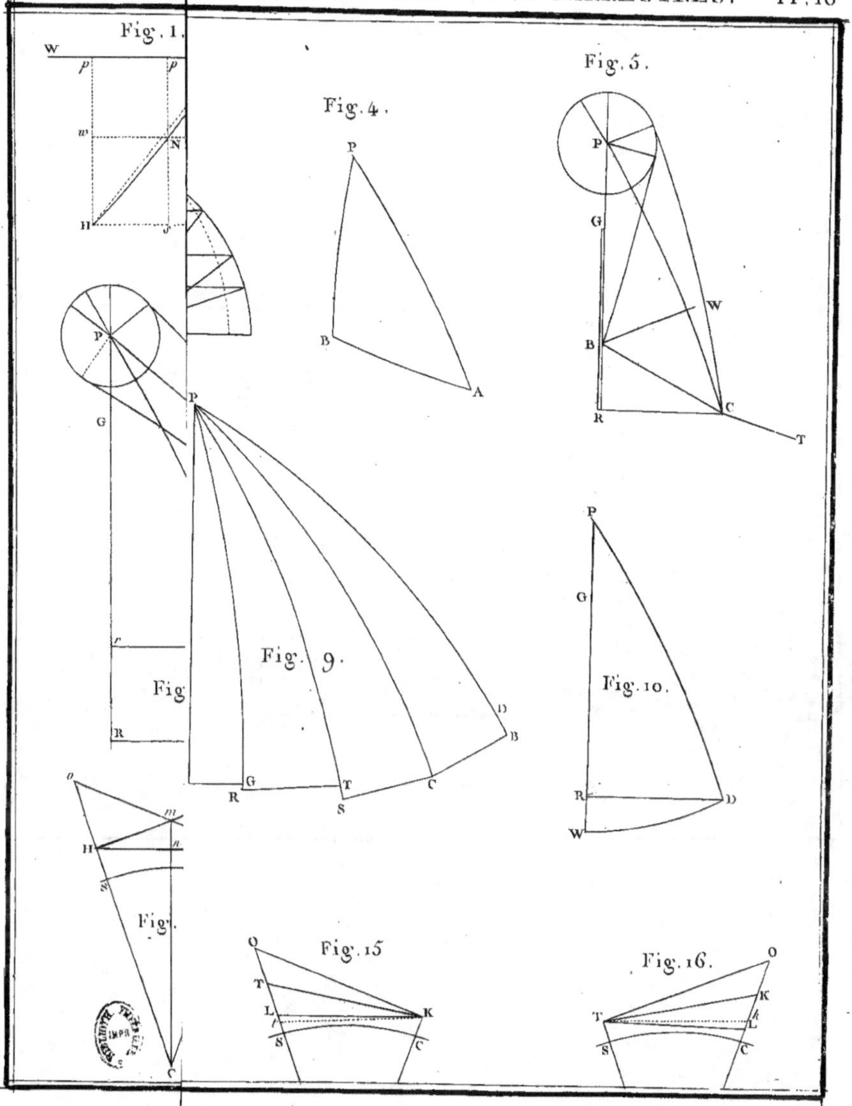

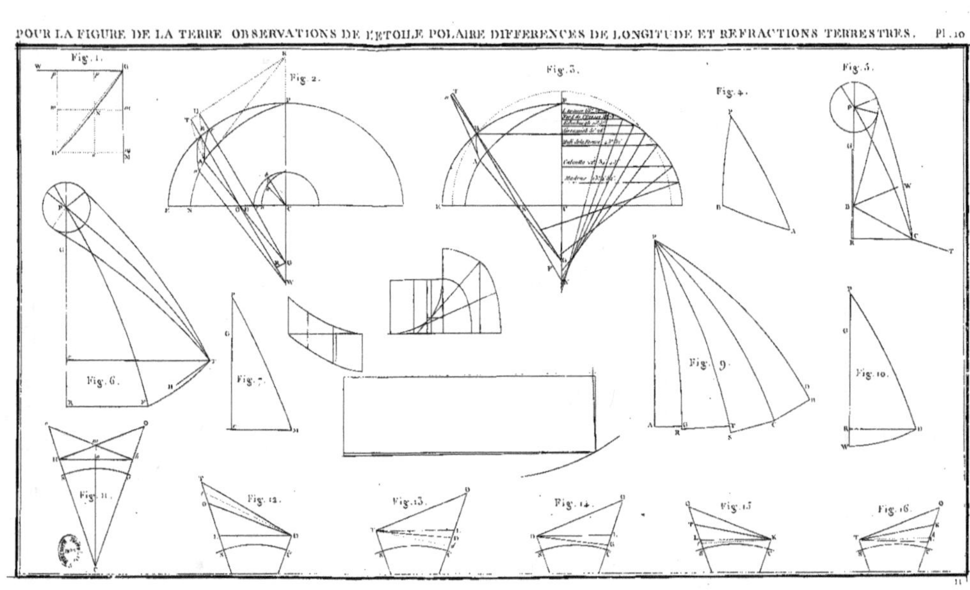

Fig. 1.
Fig. 2.
Fig. 3.
Fig. 4.
Fig. 5.
Fig. 6.
Fig. 7.
Fig. 9.
Fig. 10.
Fig. 11.
Fig. 12.
Fig. 13.
Fig. 14.
Fig. 15.
Fig. 16.

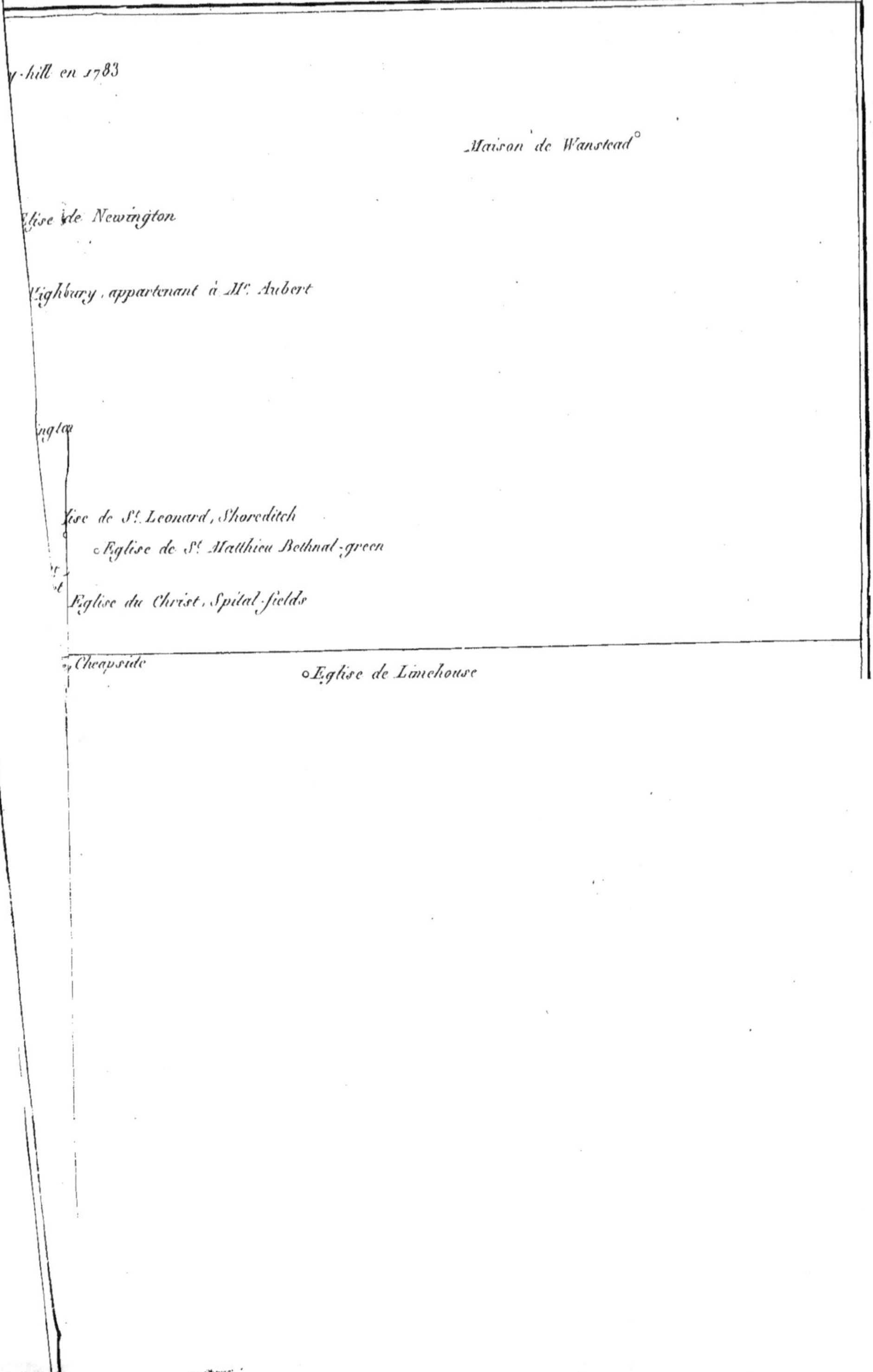

...y-hill en 1783

Maison de Wanstead

Eglise de Newington

...ighbury, appartenant à Mr. Aubert

...nglon

...ise de St. Leonard, Shoreditch

Eglise de St. Matthieu Bethnal-green

Eglise du Christ, Spital-fields

Cheapside          Eglise de Limehouse

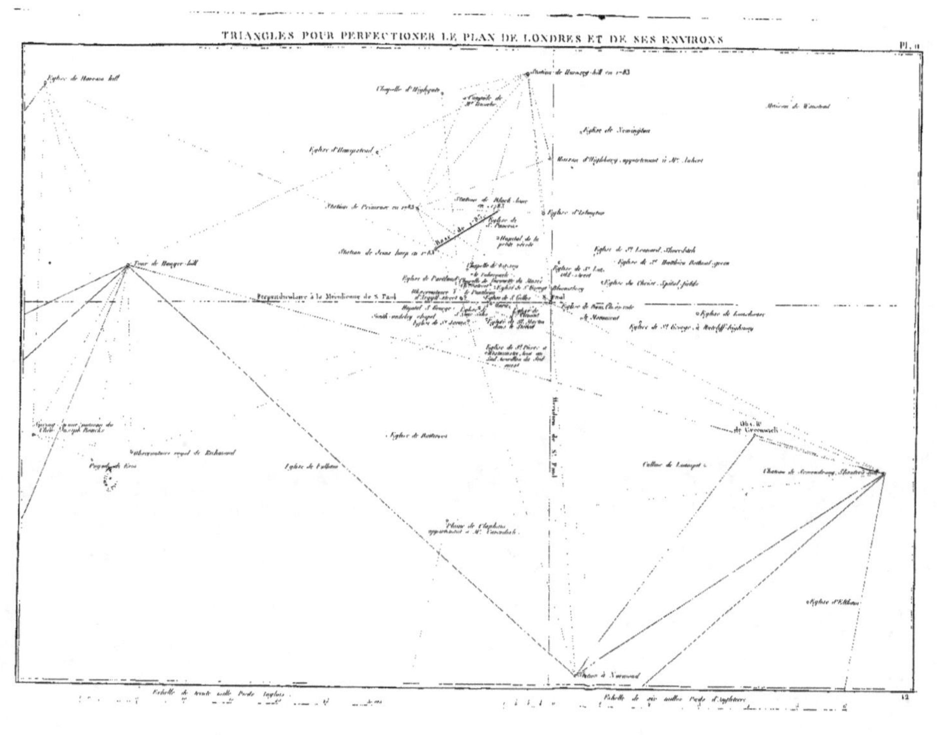

Pl. 11
Eglise de Harrow hill
Chapelle d'Highgate
Chapelle de M.r Rowcher
Station de Hunisey-hill en 1783
Maison de Wanstead
Eglise de Newington
Eglise d'Hampstead
Maison d'Highbury, appartenant à M.r Aubert
Station de Primerose en 1783
Station de Black-hour en 1783
Eglise de Primerose
Eglise d'Islington
Station de Jesus houp en 1783
Hospital de la petite vérole
Eglise de S.t Leonard, Shoredtch
Eglise de S.t Luc, Old-street
Eglise de S.t Matthieu, Bethnal-green
Tour de Hanger-hill
Chapelle de Bapteme
Eglise de Pardhout
Chapelle de l'Indépendent
Chapelle de Barnette du M024
Eglise du Christ, Spital-fields
Observatoire Eglise de S.t George
Eglise de Paulhout
Eglise de S.t Gilles
Perpendiculaire à la Méridienne de S.t Paul
Hospital S.t George
Eglise de Deux-Paroisses
South ordeley chapel
Eglise de S.t James
Eglise de S.t Martin
Eglise de H. Mariin
Eglise de Ranchvare
Eglise de S.t Georges, à Ratcliff-highway
Eglise de S.t Pierre à Westminster, tour au Sud-Ouest de la Nef du Sud-ouest
Méridienne de S.t Paul
Observatoire royal de Greenwich
Eglise de Battersea
Colline de Lesnegat
Château de Severndroog, Shooters-hill
Eglise de Fulham
Observatoire royal de Richmond
Pagode de Kew
Maison de Clapham appartenant à M.r Cavendish
Eglise d'Eltham
Station de Norwood
Echelle de trente mille Pieds Anglais
Echelle de six mille Pieds d'Angleterre